KB155055

사회 속의 **주거**
주거 속의 **사회**

사회 속의 **주거**
주거 속의 **사회**

박경옥 | 김미경 | 박지민 | 신수영 | 유호정
은난순 | 이상운 | 이현정 | 최유림 | 최윤정

EVOLUTION OF HOUSING AND SOCIETY

교문사

주거는 사회 속에서 변화하며, 주거를 보면 사회를 알 수 있다.

2000년대 후반 이후 주거에 영향을 미치는 사회환경은 빠르게 변화해 왔다. 1인 가구 증가와 고령화 가속, 주택보급률 100% 초과, 소득 증가에 따른 삶의 질에 대한 요구 증대, 장기적인 세계 경제 불황으로 인한 가계소득 불안 등으로 인해 주택의 소유와 거주에 대한 의식은 이전과 다르게 변화하였다. 주택정책은 양적 공급 우선에서 질적인 측면을 중시하는 방향으로 전환되었고, 주거복지와 기존 주택의 관리에 중점을 두게 되었다.

각종 대중매체에서는 개성 있는 신축 주택, 실내 개조에 대한 내용을 필수적으로 다루게 되었다. 공간을 개조해서 보여 주는 예능 프로그램이 등장할 정도로, 주거공간은 재테크를 넘어 일상을 풍요롭게 해 주는 정상적인 생활공간으로 자리 잡게 되었다. 한편으로는 소득 양극화로 인한 청년층의 열악한 주거공간, 가계소득으로 감당할 수 없는 높은 주택가격으로 인한 비자발적 자가 수요의 감소, 전세에서 월세로 전환하면서 생겨난 임대주택 거주비용의 증대 등이 사회적인 문제로 떠올랐다.

최근의 주거, 주거환경에 대한 관심은 새로운 국면을 맞이했다. 사회의 이동성이 높아지면서 주거에 대한 주체적인 결정을 해야 하는 거주자의 연령이 낮아졌으며, 주택에 관한 결정을 해야 하는 빈도는 높아졌다. 이러한 상황에 맞추어 이 책은 대학교의 교양 과목의 교재로 사용되는 것을 목표로, 20대 청년들의 눈높이에 맞추어 주거는 어떠해야 하는지, 생애주기에서 주거에 대한 계획을 어떻게 세워야 하는지에 대한 기본 지식을 담아 개인 주거행동의 의사 결정 상황에서 활용할 수 있도록 하였다.

내용을 살펴보면 현재 주거의 흐름을 반영하는 주제를 3개로 집약하여 내용을 구성하였다. 1부에서는 사회성·공공성·지원성의 측면을 살펴보았고, 2부에서는 다양성의 측면을, 3부에서는 지속가능성의 측면을 살펴보았다. 앞부분에 등장하는 1부 1장은 사회 변화로 인해 나타난 주거의 경향을 설명하는 전체 장의 개관 부분에 해당된다. 각 부의 장에는 집을 바라보는 사람들의 인식이 단순한 '집'에서 거주자의 생활에 중점을 둔 '주거'로 어떻게 변화되고 있는지를 서술하였다.

2015년 말에는 주거 관련 법령이 대폭 개정되어 최신 법령과 자료로 내용을 수정하면서 주거 관련 정책의 변화를 실감할 수 있었다. 이 밖에도 지면의 한계로 서술할 수 없는 내용은 각 장 마지막의 '생각해 보기' 코너를 통해 독자 스스로 정보를 찾고 정리해 볼 수 있게 하였다. 이러한 노력에도 불구하고 미흡한 부분이 있을 것이며 독자들의 지적을 참고하여 개정판에서 더욱 충실하게 보완해 나갈 계획이다.

다수의 공저자가 있어서 원고의 취합과 진행이 어려웠음에도 불구하고, 읽기 좋은 책으로 만들기 위해 물심양면으로 지원해 주신 교문사의 사장님 외 직원 여러분께 감사드린다.

2016년 8월

저자 일동

차례

1부 | 주거의 사회성과 지원성

1장 사회 변화를 반영하는 주거

2장 다양한 주거 선택

3장 주거권과 주거복지

4장 안전을 위한 환경디자인

2부 | 주거의 다양성

5장 다양한 주거, 새로운 주거

6장 전통성을 살린 주거

7장 공유주거

8장 누구나 살기 편한 주거

3부 | 주거의 지속가능성

9장 건강주거

10장 그린홈, 그린라이프

11장 스톡시대의 주거관리

1부

SOCIAL ASPECT

주거의 사회성과 지원성

1장

사회 변화를 반영하는 주거

주택은 물리적인 건축물을 의미하며, 주거는 주택을 기반으로 나타나는 생활적·심리적·사회적·문화적 측면을 포함하는 의미를 담고 있다. 개인이나 가족은 생활을 영위하기 위한 주택이라는 물리적 공간으로부터 연장하여 주변환경, 이웃, 지역과의 관계를 통해 주거의 의미를 확장하며 주거요구를 갖게 된다. 개인이 사회적 관계를 통해 생활이 이루어지는 것과 마찬가지로 주거도 주변환경과 사회적 변화를 수용하면서 변화해 가는 것이다.

현대사회에서는 공급주체가 주거수요를 파악하여 주택을 공급하는 것이 중요하다. 주거수요에 영향을 주는 요인은 인구, 가구, 가계소득, 주택재고, 주택가격 등 다양하며 영향요인의 비중은 시대에 따라 다르게 변화해 왔다. 정부는 주거수요의 방향을 예측하고 정책을 통해 주거공급의 방향을 제시하여 국민이 안정된 주거환경에서 생활할 수 있도록 하는 역할을 한다.

본 장에서는 주택정책이 주택의 대량공급 중심의 양적 확대를 추진했던 2000년대 이전과, 주택의 질적 수준 향상에 대한 방향으로 전환되기 시작한 2000년대부터 현재까지를 중심으로 사회적 상황과 주거 간의 관련성을 고찰하고 앞으로의 주거에 대해 전망한다.

1 사회 변화와 주거수요

국내 주거환경은 1970년대부터 2000년대까지 산업화·도시화의 영향으로 가구 분화가 가속화되어 주택 대량공급 중심의 양적 확대시기를 거쳤으며, 신주택보급률이 2008년 100%에 도달한 이후로는 주택의 질적 성장을 더욱 중시하는 환경이 되었다. 2000년대 이후 지속적인 저출산·고령화의 인구 구조와 경제적 저성장의 영향으로 주택수요자의 주거에 대한 인식도 빠르게 변하고 있다.

주거수요에 영향을 미치는 요인은 다양하지만, 인구 구조 및 가구 구조, 경제적 요인, 주택보급률, 주택보유의식을 중심으로 1980년대부터 현재까지의 요인별 변화와 이에 따

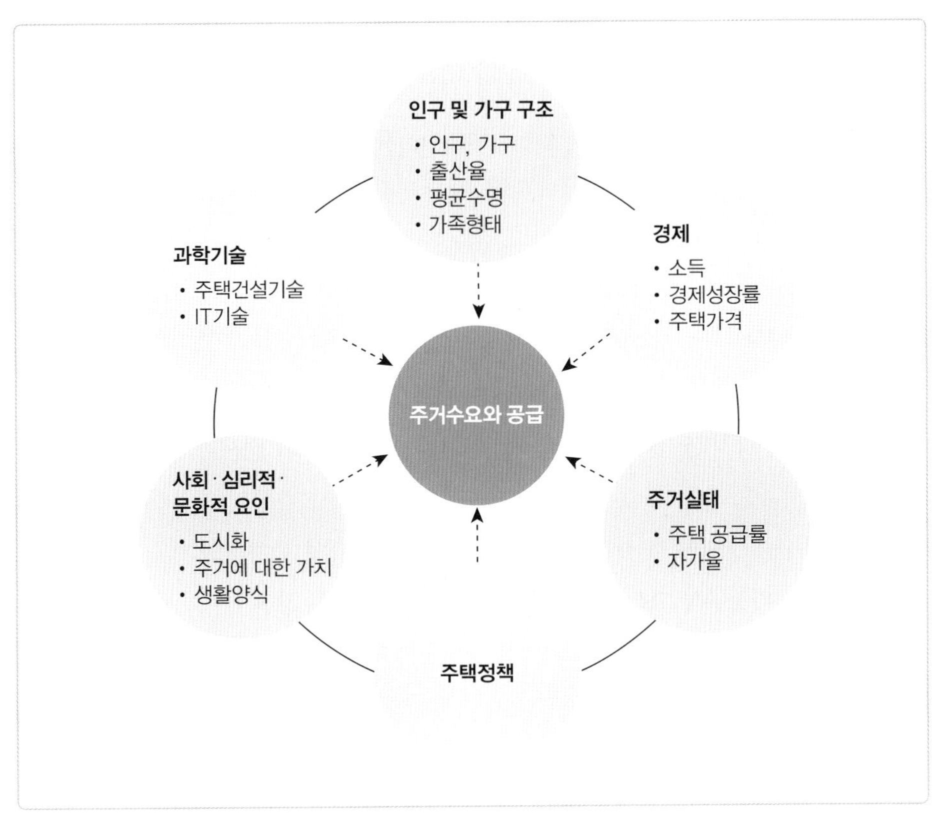

그림 1-1 주거수요와 공급에 영향을 미치는 요인

른 주거수요의 변화를 살펴본다.

1) 인구 및 가구의 구조 변화

인구 및 가구 구조 중 특히 주거수요에 영향을 주는 출산율과 생산인구의 감소, 가구 유형의 변화, 고령화 등을 중심으로 인구 및 가구 구조의 변화를 살펴본다.

(1) 인구 구조

국내 인구 규모는 1949년 이후 지속적으로 증가해 왔으나 인구성장률은 1990년부터 1.0 이하로 낮아졌다. 인구주택총조사에 따르면 평균 가구원 수는 1980년 4.5명에서 2010년 2.7명으로 감소하였는데, 이것은 저출산, 핵가족화뿐만 아니라 1인 가구의 증가 추세와 관련이 있다.

2013년 우리나라 합계출산율*은 약 1.2명으로 초저출산 사회이며 생산인구의 감소로 이어져 사회동력 약화를 우려해야 하는 상황이다. 30~40대 인구가 가장 많으며 유소년 인구가 감소하고 노년인구가 증가함에 따라 인구 피라미드는 항아리형으로 변화하였다.

(2) 가구 구조

가구 구조는 지속적으로 단순화되어 왔다. 가구규모는 2010년 이전까지는 전체 가구 중 4인 가구의 비율이 가장 높았으나, 점차 1~2인 가구의 비율이 높아져서 2010년 이후에는 2인 가구가 가장 많고, 1인 가구, 4인 가구, 3인 가구의 순서가 되었다. 특히 가구규모 면에서 1인 가구의 증가가 빠른 속도로 이루어져서 가구의 세분화가 가속화되었다. 1인 가구는 1980년 4.8%에서 2010년 23.9%로 급격히 증가하였는데 노인 1인 가구뿐만 아니라 비정규직 고용과 실업 등으로 결혼이 늦어진 청년 1인 가구와 젊은 비혼 여성 비율의 증가가 영향을 미쳤다. 우리나라 1인 가구의 비율이 빠른 속도로 높아지는 상황을 고려해 볼 때, 1인 가구의 비율이 우리나라보다 높은 노르웨이(39.7%), 일본(31.2%), 영국(29.0%) 등의 1인 가구 주거상황을 정책적으로 참고할 필요가 있다.

세대별 구성에서는 1세대 가구가 1980년 8.3%에서 2010년 17.5%로 증가하였고, 2세대 가구와 3세대 가구는 감소하는 현상을 보이는데 성인 자녀들의 독립으로 인한 1인 가구 구성, 장년·노인부부 가구의 증가가 작용하였다.

가구주의 성별에서는 여성 가구주가 1980년대에 14.7%였으나 2010년에 25.9%로 증가한 것이 특징이다. 1인 비혼 여성 가구의 증가, 고령화에 따른 남녀 수명 차이에 따른 1인 여성 노인 가구의 비율이 높아지는 데 따른 영향도 있다.

표 1-1 **1인 가구 비율의 국제 비교**

구분	한국 (2010)	미국 (2010)	영국 (2010)	일본 (2010)	노르웨이 (2011)
1인 가구 비율	23.9	26.7	29.0	31.2	39.7

* 미국 Census Bureau, 영국 Office of National Statistics(ONS), 일본 Statistics Bureau, 노르웨이 Statistics Norway
출처 : 통계청(2011. 7. 7). p.27.

* 여성 1명이 평생 낳을 것으로 예상되는 자녀의 수로, 합계출산율 1.3명 이하인 경우 초저출산 사회로 분류한다.

가구와 세대

가구(household) 1인 또는 2인 이상이 모여서 취사, 취침 등 생계를 같이하는 생활단위를 말한다. '가족'은 혈연관계가 있는 사람으로 구성되며, '세대(世帶)'는 주민등록상으로 같이 있는 경우를 의미한다는 점에서 차이가 있다. 가구는 일반가구와 집단가구로 구분한다.

- 일반가구 : 혈연가구, 비혈연 5인 이하 가구, 1인 가구
- 집단가구 : 집단시설가구, 비혈연 6인 이상 가구

세대(世代) 일반가구에 한하여 가구주와 그 가족의 친족관계에 따라 1세대 가구, 2세대 가구 등으로 구분한다.

- 1세대 가구 : 가구주와 동일 세대에 속하는 친족만이 같이 사는 가구
  예) 부부, 부부 + 형제자매, 가구주 + 형제자매 등
- 2세대 가구 : 가구주와 그 직계 또는 방계의 친족이 2세대에 걸쳐 같이 사는 가구
  예) 부부 + 자녀, 부 + 자녀, 모 + 자녀, 부부 + 부모 등

출처 : 통계청 인구주택총조사.

표 1-2 가구 및 가족 구조 관련 변화 추이

(단위 : %)

연도			1980	1985	1990	1995	2000	2005	2010
평균 가구원 수(명)			4.5	4.1	3.7	3.3	3.1	2.9	2.7
가구 규모	1인 가구		4.8	6.9	9.0	12.7	15.5	20.0	23.9
	2인 가구		10.5	12.3	13.8	16.9	19.1	22.2	24.3
	3인 가구		14.5	16.5	19.1	20.3	20.9	20.9	21.3
	4인 가구		20.3	25.3	29.5	31.7	31.1	27.0	22.5
	5인 가구		20.0	19.5	18.8	12.9	10.1	7.7	6.2
	6인 이상 가구		29.9	19.5	9.8	5.5	3.3	2.3	1.8
세대 구성	친족가구	1세대	8.3	9.6	10.7	12.7	14.2	16.2	17.5
		2세대	68.5	67.0	66.3	63.3	60.8	55.4	51.3
		3세대	16.5	14.4	12.2	9.8	8.2	6.9	6.1
		4세대 이상	0.5	0.4	0.3	0.2	0.2	0.1	0.1
	비친족 가구		1.5	1.7	1.5	1.4	1.1	1.4	1.1
성별 가구주	남성 가구주 가구		85.3	84.3	84.3	83.4	81.5	78.1	74.1
	여성 가구주 가구		14.7	15.7	15.7	16.6	18.5	21.9	25.9

출처 : 통계청(2012). 2011 한국의 사회지표 ; 국가통계포털(KOSIS). 해당연도 한국의 사회지표, 가구 세대구성은 해당년도 인구 센서스.

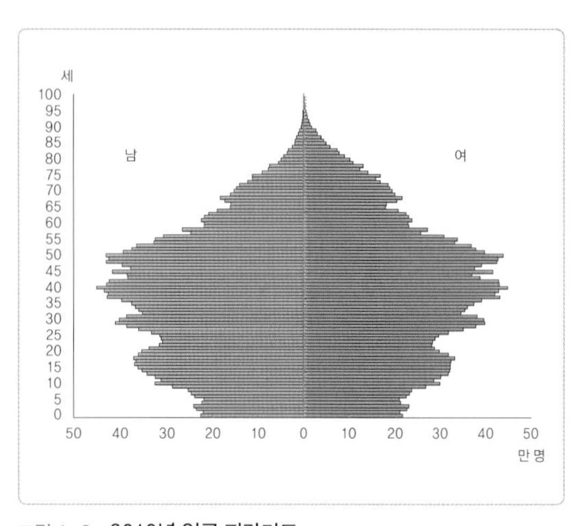

그림 1-2 **2010년 인구 피라미드**

출처 : 통계청(2011. 5. 31), p.2.

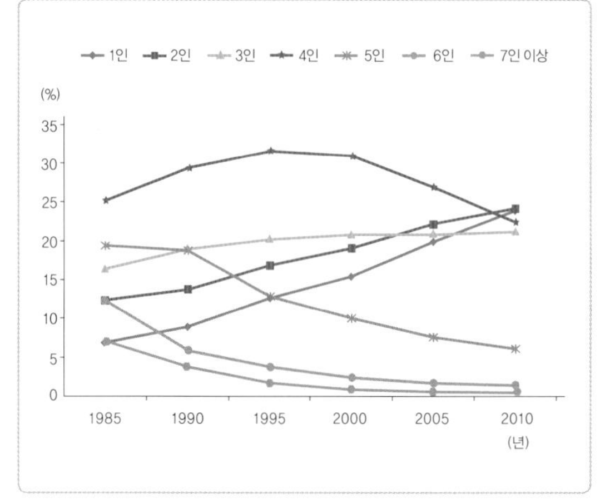

그림 1-3 **가구원 수별 가구 비율(1985~2010)**

출처 : 통계청(2012. 3. 21), p.4.

(3) 가족형태

가족형태는 전통적인 부부와 자녀로 구성되는 핵가족이 1980년에는 68.5%이었던 것이 2010년에는 51.3%로 감소하였고 그 외에 1인 가구, 노인 단독 가구, 한부모 가족 등 비전형적인 가족의 비율이 점차 증가하였다.

1인 가구는 소가족화뿐만 아니라 새로운 가족형태의 관점으로도 볼 수 있다. 노인 단독 가구가 늘어나는 것은 인구 구조상 빠르게 고령화사회로 진입하는 것과 관련이 있다. 65세 이상 노인의 비율이 2014년에는 12.7%에 이르고 있으며, 74세 이하의 전기노인(young-old)이 주를 이루고 있으나 점차 전기노인의 비율이 감소하는 반면, 75세 이상의 후기노인(old-old) 비율이 증가하였다.

이와 같은 우리나라의 인구 및 가구 구조의 변화는 주택공급의 양과 주택형태(주택유형), 단위주택 규모의 적정 규모 등의 결정에 영향을 준다. 주택보급률이 낮은 시기에는 정책적으로 주택의 대량공급이 우선되어야 한다. 이에 따라 1972년 12월에 「주택건설촉진법」을 제정하였으며 제2조에 '국민주택'이라는 용어를 사용하였는데 "한국주택은행과 지방자치단체가 조달하는 자금 등으로 건설하여 주택이 없는 국민에게 저렴한 가임 또는 가격으로 임대 또는 분양되는 주택"이라고 규정하였다. 시행령 제19조에 국민주택의 단위규모는, 단독주택은 60m^2 이상~85m^2 이하, 연립주택과 아파트는 1세대당 40m^2 이상~85m² 이하로 하였다. '민영주택'은 국민주택 이외의 주택으로 100호 이상 건설하여 공급되었다.

현재 국민주택은 주택법 제2조 5호에서 「주택도시기금법」에 따른 '주택도시기금'* 으로부터 자금을 지원받아 건설되거나 개량되는 주택이다. 국민주택규모는 주거 전용면적이 1호(戶) 또는 1세대당 85m² 이하인 주택(수도권을 제외한 도시지역이 아닌 읍 또는 면지역은 100m²)이다. 85m²라는 기준은 1970년대에 4~5인 가구 규모가 주를 이루었기 때문에 만들어졌으며 1~2인 가구가 50% 이상인 현재는 기준 면적을 축소해야 한다는 논의도 있다.

2) 경제적 변화

(1) 소득과 주택가격

경제성장률은 1970년대부터 1990년대까지는 6~10%대의 안정적 성장기를 거쳐 2000년대에 4%대, 2010년 이후는 대략 3%대의 성장률을 나타내고 있다. 국민들의 생활수준을 파악할 수 있는 지표인 1인당 국민총소득은 1990년 6,505달러였으며 2013년 2만 6,205달러(2010년이 기준 연도)로 1990년에 비해 4배 증가하였다. 2010년 가계자산 중 부동산이 차지하는 비율이 75.8%(통계청, 2010. 12. 30)로 매우 높은 편인데 주택이나 토지의 매매가격 상승률이 높아서 가계의 우선적인 자산 형성의 수단이 되었기 때문이다.

우리나라의 전국 평균소득 대비 주택가격비율(PIR ; Price to Income Ratio)은 2010년 기준으로 4.4이었다. 이 수치는 영미권 국가들인 미국 3.5, 호주 6.1, 캐나다 3.4, 영국 5.2와 홍콩 11.4과 비교할 때 높은 수준은 아니라고 하지만(이창무, 2012), KB국민은행보고서에 따르면 2015년에는 5.2로 높아졌으며 서울은 평균주택 PIR이 9.4(한국경제, 2015. 12. 4)로 경제적으로 상당히 부담스러운 수준이었다.

---

* 국민주택기금은 1972년 12월 30일 「주택건설촉진법」 제정으로 1973년 1월 국민주택자금계정을 한국주택은행에 설치하는 것으로 시작되었다. 그 후 국민주택기금을 재위탁은행에서 취급하는 과정을 거쳐 2015년 1월 6일 「주택도시기금법」이 제정(2015년 7월 1일 시행)되어 국민주택기금을 주택도시기금으로 개편하였고 '주택도시보증공사'를 설립하였다.
출처 : 주택도시기금 홈페이지.

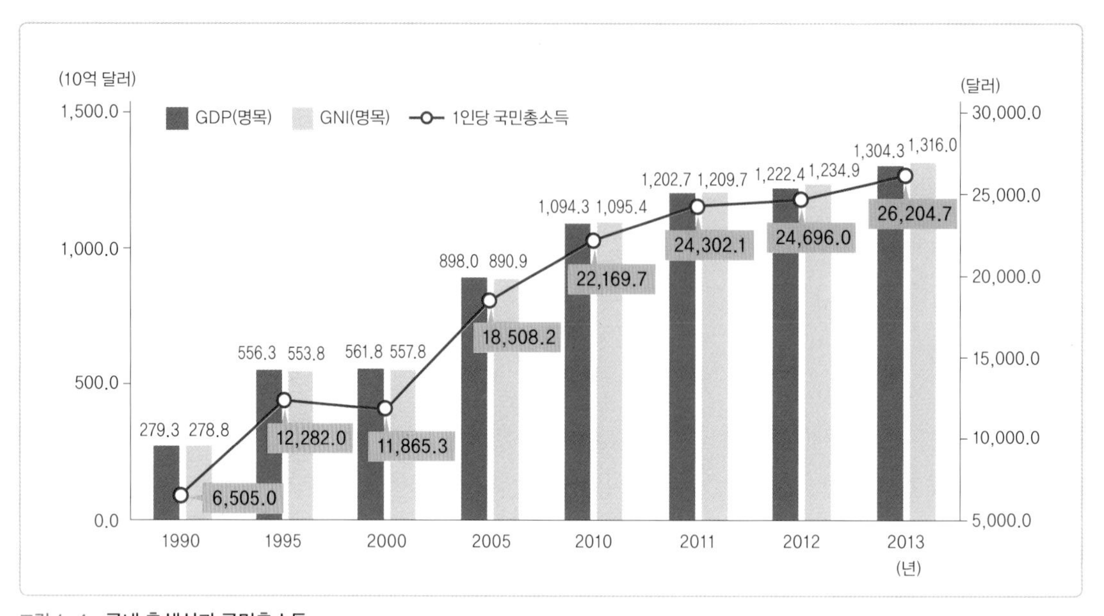

그림 1-4 **국내 총생산과 국민총소득**

* 한국은행, 「국민계정」 각 연도(2010년 기준)
출처 : 통계청(2015. 3. 19). p.14.

(2) 주택 매매가격과 전세가격 변동률

주택 매매가격과 전세가격의 변동률을 보면 1980년대에는 연 15% 이상의 높은 상승을 보여 주택을 소유하는 것이 자산 형성의 중요한 수단이었다. 1990년대에는 수도권의 신도시 건설 등으로 주택가격이 안정되었으며 2000년대 이후 주택보급률이 100%를 넘게 되면서 주택가격 변동 폭이 5% 정도로 낮아졌다. 2008년 세계 금융위기 이후 국내 경기도 침체되었으며 가계소득 감소, 새로운 주거수요 계층인 청년층의 비정규직 고용 증가에 따른 경제적 불안정과 이로 인한 평균 결혼 연령 상승 등으로 주거수요가 감소하였다. 주택가격은 안정되었으며 주택가격의 연평균 변동률도 2%대를 나타냈다.

그러나 1980년대부터 2010년까지 자가보유율은 50%대로 낮기 때문에 임대거주방식이 높은 비율을 차지하였다. 그중 전세는 우리나라의 독특한 임대차 방식이다. 전세제도는 금리가 높은 시기에 임대자에게는 전세금이 금융소득을 올릴 수 있는 자금이 되고, 임차자에게는 차후 주택 구입을 위한 강제 저축의 효과가 있다. 주택가격이 상승기에 있을 때는 전세가격의 연평균 변동률이 매매가격의 변동률보다 높아(1987~1989년, 1999~2001년) 주택가격 상승의 선행지표였다. 주택의 대량공급으로 매매변동률이 낮

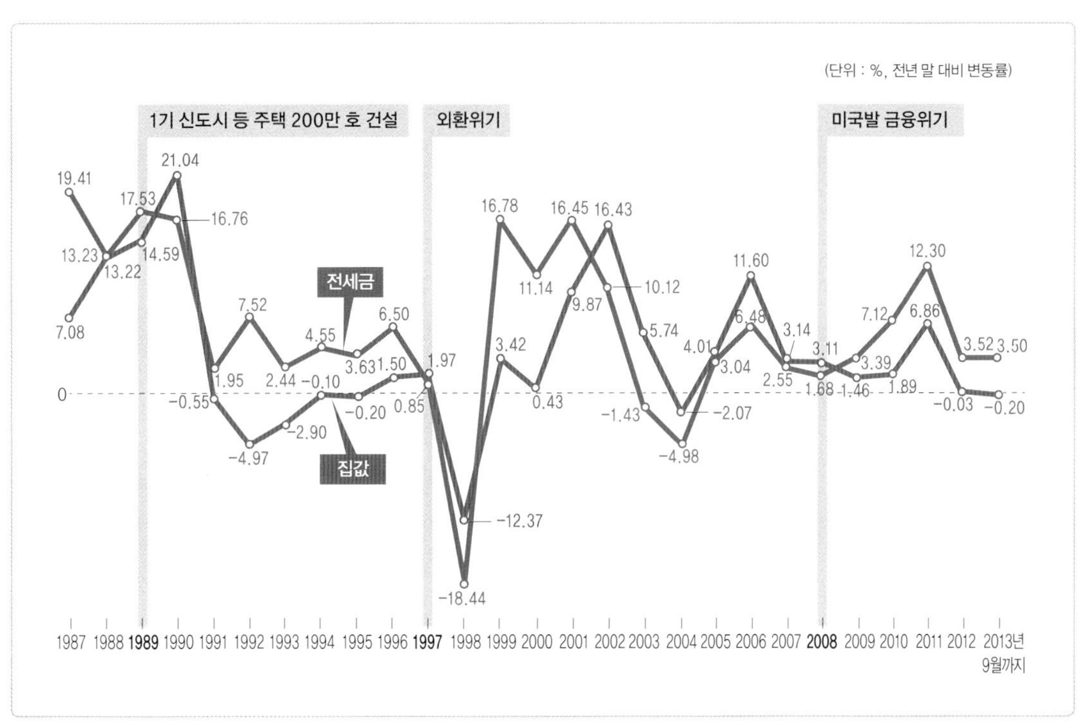

그림 1-5 **전국 집값, 전세금 변동률 추이**

출처 : 이태훈·정임수(2013. 10. 12).

은 시점(1991~1997년 12월 IMF 구제금융)이나 사회·경제적 요인에 의해 주거수요가 줄어드는 2008년 이후부터는 주택가격의 상승에 대한 기대가 줄어들면서 수요자 입장에서 전세 선호가 증가하였다. 그러나 임대자는 금융시장의 낮은 금리에 맞추어 전세금으로 금융소득을 올릴 수 있도록 전세가격을 급상승시켜 높은 전세가격 변동률을 나타냈다(그림 1-5).

주택형태별로 보면, 주택 수요자의 선호가 높은 아파트의 전세가격 변동률이 연립주택이나 단독주택보다 높았다. 2010년 이후 금리가 빠르게 2~3%대로 낮아지면서 전세 중심의 주택 임대차 시장의 구조를 월세 형태로 변화시켰다. 임대인은 전세자금을 통한 수익률보다 월세를 받는 것이 이득이므로 월세로 임대차 계약을 전환하려는 경향이 높아졌고, 대도시를 중심으로 전세의 월세 전환(전월세 전환율)도 가속화되어 임차가구의 주거비 부담이 더욱 증가하였다.

3) 주거실태와 주거수요

(1) 주택보급률과 점유형태

국내 주택보급률 통계는 구주택보급률과 신주택보급률을 구분하여 사용한다. 구주택보급률은 가구 수에 보통가구(혈연가구)만 포함하고 1인 가구와 비혈연 5인 이하 가구는 포함하지 않았으며, 주택 수에 다가구 구분거처를 반영하지 않았다. 이에 반하여 2005년부터 도입된 신주택보급률은 가구 수에 1인 가구와 비혈연 5인 이하 가구 수를 포함하고, 주택 수에 다가구 구분거처를 반영하여 주택보급률 산정방식을 현실에 더욱 맞게 수정하였다.

구주택보급률은 1990년 72.4%에서 2005년 105.9%로 100%를 넘어서면서, 주택정책은 이전의 양적 공급 위주에서 질적인 측면에 중점을 두고 주거복지를 강화하는 방향으로 추진되었다. 신주택보급률은 2008년에 100.7%가 되어 주택 수가 일반가구 수를 넘었으며 주택보급률이 꾸준히 높아지는 추세이다. 일반적으로는 주택 노후화, 멸실 등

- 주택보급률 = 주택 수/가구 수 × 100
- 구주택보급률의 주택 수에는 다가구 구분거처가 반영되지 않고, 가구 수에 보통가구(혈연가구)만 포함되고 1인 가구와 비혈연 5인 이하 가구가 포함되지 않는다.
- 신주택보급률 : 주택 수에 다가구 구분 거처가 반영되며, 가구 수에 보통가구와 1인 가구, 비혈연 5인 이하 가구가 포함된다.

표 1-3 **주택보급률 및 주택 건설 실적**

(단위 : 천 가구, 천 호)

	가구 수[1]		주택보급률[1](%)		연간 주택 건설 실적
	일반가구[2]	보통가구	신(新)	구(舊)	
1990	–	10,167	–	72.4	750
1995	–	11,133	–	86.0	619
2000	–	11,928	–	96.2	433
2005	15,887	12,491	98.3	105.9	464
2010	17,339	12,995	101.9	112.9	387
2013	18,408	13,395	103.0	116.7	440

주 : 1) 인구주택총조사 실시년도에는 총 조사 자료 기준
2) 보통가구(혈연가구), 1인 가구, 비혈연 5인 이하 가구 포함
* 국토교통부, 「국토교통통계연보」 각 연도 ; 통계청, 「인구주택총조사」 각 연도
출처 : 통계청(2015. 3. 19). p.17.

을 감안하여 주택보급률 115~125%가 적정수준이라고 보는 견해가 우세하다.

우리나라 통계에서는 자가보유율과 자가점유율(자기 소유주택에 거주하는 비율)을 구분하여 사용한다. 자가보유율은 2005년에는 60.3%이었으나 2010년에는 61.3%로 증가하였고, 자가거주비율은 1980년대 58.6%에서 2010년 54.2%로 감소하였다. 영국은 주택보급률이 105.3%로 우리나라와 유사하지만 자가점유율이 67.4%인 것과 비교해 보면 우리나라의 자가점유율이 상대적으로 낮은 것을 볼 수 있다. 또한 타지에 주택을 소유한 비율이 2005년 11.3%에서 2010년 15.5%로 증가했다는 것을 같이 대비하여 보면, 모든 점유형태에서 타지 주택보유비율이 상승했으며 특히 전세 거주이면서 타지 주택보유비율이 2005년 14.2%에서 2010년 21.9%로 높게 상승하여 주택을 보유하고도 임차형태로 거주하는 경우가 증가한 것을 알 수 있다.

- 우리나라 자가보유율 : 자기 집을 가지고 있는 가구의 비율
  (자가 거주 + 전월세·무상 가구 중 타지 주택 소유 가구)/일반가구 × 100

출처 : 통계청(2011. 7. 7). p.25.

- 외국의 자가점유가구율은 가구를 기준으로 하지 않고 주택을 기준으로 한다.
  자가 거주 주택 수/빈집을 제외한 총 주택 수 × 100

출처 : 염철호·하지영(2011). p.28.

표 1-4 **점유형태**

(단위 : 천 가구, %)

구분	1980	1985	1990	1995	2000	2005	2010
일반가구	7,969 (100.0)	9,571 (100.0)	11,355 (100.0)	12,958 (100.0)	14,312 (100.0)	15,887 (100.0)	17,339 (100.0)
자가	4,672 (58.6)	5,127 (53.6)	5,667 (49.9)	6,910 (53.3)	7,753 (54.2)	8,828 (55.6)	9,390 (54.2)
전세	1,904 (23.9)	2,202 (23.0)	3,157 (27.8)	3,845 (29.7)	4,040 (28.2)	3,557 (22.4)	3,766 (21.7)
월세	1,231 (15.5)	1,893 (19.8)	2,173 (19.1)	1,536 (11.9)	1,803 (12.6)	2,728 (17.2)	3,490 (20.1)
사글세	–	–	–	339 (2.6)	310 (2.2)	284 (1.8)	230 (1.3)
무상	162 (2.0)	350 (3.7)	358 (3.1)	328 (2.5)	406 (2.8)	490 (3.1)	464 (2.7)

* 1980년, 1985년, 1990년 월세에는 사글세 포함.
출처 : 통계청(2011. 7. 7). p.22.

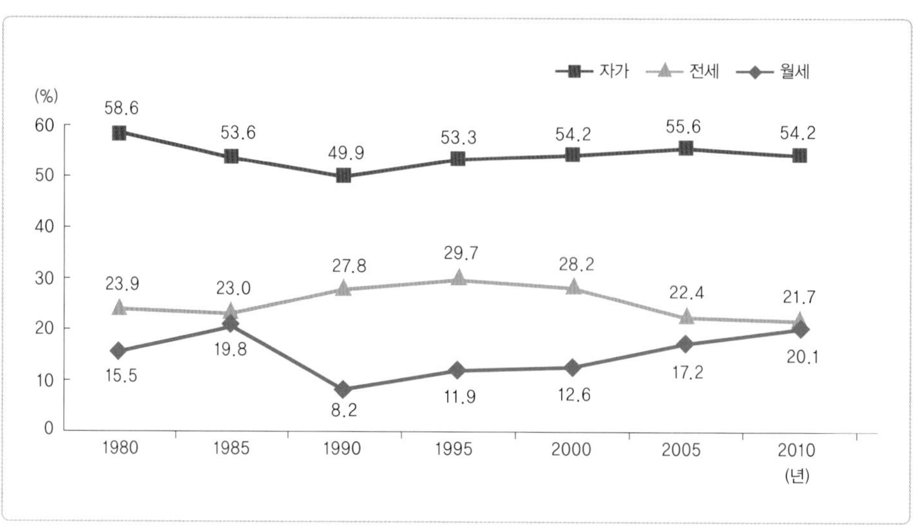

그림 1-6 **자가, 전세, 월세 구성비 추이**

출처 : 통계청(2011. 7. 7). p.23.

표 1-5 **점유형태별 타지 주택 소유 비율**

(단위 : 천 가구, %, %p)

구분	2005	타지 주택 소유	비율(A)	2010	타지 주택 소유	비율(B)	증감 (B-A)
일반가구	15,887	1,794	11.3	17,339	2,682	15.5	4.2
자가	8,828	1,047	11.9	9,390	1,443	15.4	3.5
전세	3,557	505	14.2	3,766	827	21.9	7.7
월세	2,728	149	5.4	3,490	297	8.5	3.1
사글세	284	14	5.0	230	17	7.4	2.4
무상	490	79	16.2	464	99	21.3	5.1

출처 : 통계청(2011. 7. 7). p.25.

표 1-6 **주요국 주택보급률과 자가점유율 비교**

(단위 : %, 연도)

구분	미국	영국	프랑스	싱가폴	일본	한국
주택보급율	115.4('10)	105.3('10)	120.5('04)	112.0('90)	115.2('10)	101.9('10)
자가점유율	68.4('10)	67.4('10)	56.0 ('10)	79.0('90)	61.1('10)	54.2('10)

* 프랑스, 싱가포르는 국토해양부, 주택업무편람 ; 미국, 영국, 일본은 박신영 외(2011). pp.43~95.
출처 : 염철호·하지영(2011). p.30. 재인용.

전세거주비율은 1995년 29.7%에서 2005년 기점으로 22.4%, 2010년 21.7%로 대폭 감소한 반면, 월세거주비율은 2005년 급격히 증가하여 17.2%, 2010년에는 20.1%로 증가했다는 것이 특징이다. 임대차 계약형태가 전세에서 월세로 전환되는 이유는 낮은 자가점유율, 저금리, 주거의식의 변화 등의 영향이 크다. 주택보급률이 100%를 넘어서면서 주택가격 급등에 대한 기대감이 사라진 것에 기인한 새로운 주거수요계층의 낮은 주택구매의사, 혼인 연령대가 높아진 젊은 층의 주거수요 감소, 1~2인 가구와 노인 가구가 증가하면서 중소형의 임대주택, 오피스텔, 다가구주택의 임대 수요가 증가하였으나, 2010년 이후 금리가 3% 이하로 낮아지면서 임대자의 수익성을 최대한 확보할 수 있는 월세시장의 투자로 변화한 것이다.

(2) 거처유형

거처유형은 1980년에 단독주택에 거주하는 가구는 89.2%로 대부분을 차지하였으며 1980년대에 아파트 위주의 대량건설에 의해 단독주택 거주 비율은 점차 감소하여 2010년에 39.6%를 나타냈다. 아파트에 거주하는 가구는 1980년에는 4.9%에 불과하였으나 2010년에는 47.1%로 거처유형 중 가장 높은 비율을 차지하였다. 연립주택과 다세대주택 거주도 1980년대 이후 꾸준히 증가하여 1980년에 2.6%였던 것이 2010년에는 10.1%를 차지하게 되었다. 신규 주택공급이 아파트 중심으로 이루어졌으며 민간건설 위주의

표 1-7 거처유형(1980~2010)

(단위 : 천 가구, %)

구분	1980	1985	1990	1995	2000	2005	2010
일반가구	7,969 (100.0)	9,571 (100.0)	11,355 (100.0)	12,958 (100.0)	14,312 (100.0)	15,887 (100.0)	17,339 (100.0)
단독주택	7,107 (89.2)	7,838 (81.9)	8,506 (74.9)	7,716 (59.5)	7,103 (49.6)	7,064 (44.5)	6,860 (39.6)
아파트	391 (4.9)	863 (9.0)	1,678 (14.8)	3,478 (26.8)	5,238 (36.6)	6,629 (41.7)	8,169 (47.1)
연립/다세대	205 (2.6)	442 (4.6)	729 (6.4)	1,139 (8.8)	1,294 (9.0)	1,695 (10.7)	1,744 (10.1)
비거주용 건물 내 주택	224 (2.8)	393 (4.1)	388 (3.4)	576 (4.4)	593 (4.1)	282 (1.8)	212 (1.2)
주택 이외 거처	43 (0.5)	36 (0.4)	54 (0.5)	49 (0.4)	84 (0.6)	217 (1.4)	354 (2.0)

출처 : 통계청(2011. 7. 7). p.18.

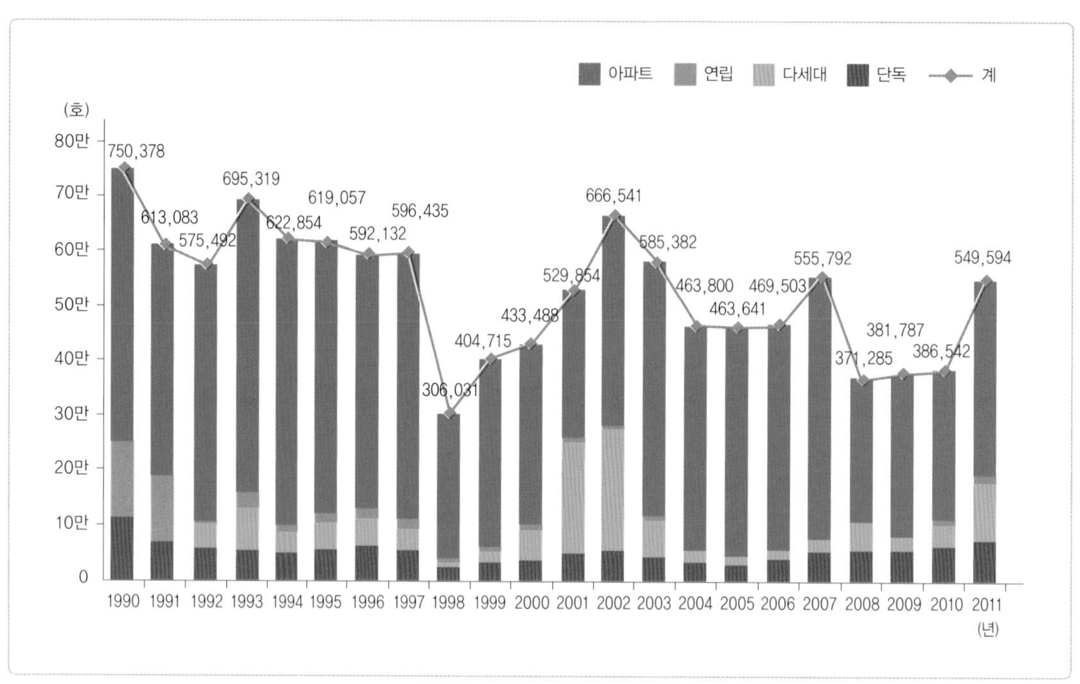

그림 1-7 **신규 주택공급 추이(인허가 기준)**

출처 : 주택산업연구원(2012. 11. 1). p.3.

분양시장에서 분양률을 높이기 위해 양호한 주거환경을 조성하여 거주자의 주거선호를 높인 것이 주효하였다.

가구의 거처유형으로 아파트가 증가한 것은 신규 주택의 공급을 통해서 구체적으로 살펴볼 수 있다. 1990년대 초 신도시 건설 등 주택공급 200만 호 건설 추진으로 주택공급이 크게 증가하여 1997년까지 연간 평균 60만 호 수준의 공급이 이루어졌으며, 1997년 외환위기 발생으로 주택공급은 30만 호 수준으로 크게 축소되었지만, 2000년대 초반 경제 회복과 함께 신행정수도 건설 등 각종 건설 호재로 주택시장이 회복되어 공급이 증가하였다(주택산업연구원, 2012. 11. 1).

1990년 이후의 주택공급은 아파트가 다수를 차지하였으며 아파트 이외의 주택형태로는 1990~1991년의 연립주택과 2001~2002년에 다세대주택의 공급 비율이 높았으며, 2007년 이후에 다가구주택을 포함한 단독주택의 공급이 증가하였다.

표 1-8 **가구당 방 수와 면적의 변화**

연도	1975	1980	1985	1990	1995	2000	2005	2010
주택당 면적(m^2)				80.8	80.7	81.7	83.3[1)]	83.4[1)]
가구당 면적(m^2)	35.8	41.1	44.5	51.0	58.6	63.1	66.4[1)]	67.4[1)]
1인당 면적(m^2)				13.8	17.2	20.2	22.9[1)]	24.9[1)]
가구당 방 수(개)	2.4	2.0	2.1	2.5	3.1	3.4	3.6	3.7

주 : 1) 주택(단독주택, 아파트, 연립주택, 다세대주택, 비거주용 건물 내 주택)의 총가구를 대상으로 합계(빈집 제외)
* 국토교통부, 「국토교통통계연보」 각 연도 ; 통계청, 「인구주택총조사」 각 연도
출처 : 통계청(2015. 3. 19). p.17.

(3) 주거수준

1990년과 2010년을 비교해 보면 주택당 주거공간은 80.8m^2에서 83.4m^2로, 가구당 주거공간은 51.0m^2에서 67.4m^2로, 1인당 주거공간은 13.8m^2에서 24.9m^2로 크게 증가하였다. 가구당 방 수도 2.5개에서 3.7개로 증가하였다. 인구주택총조사로 주택설비 부문에 대해 부엌, 화장실, 목욕시설을 조사하는데 2010년에 입식 부엌이 98.4%, 수세식 화장실이 97.0%, 온수 목욕시설이 97.6%로 대부분의 주택에서 현대화된 설비를 갖추었다.

(4) 주택보유의식

일반가구를 표본조사한 2014년 주거실태조사(국토교통부, 2014)의 주택보유의식을 살펴보면 '내 집이 꼭 필요하다'는 의식은 2010년 83.7%에서 2014년에는 79.1%로 감소하였다. 수도권, 광역시, 도 지역을 구분하여 비교하면 수도권 거주자의 주택보유의식이 2010년 81.8%에서 2014년 73.5%로 낮아진 데 비해, 도지역 거주자의 주택보유의식은 2010년 86.6%에서 2014년 87.3%로 증가하였다. 수도권의 주택보유의식이 낮아진 것은

표 1-9 **지역별 주택보유의식** (단위 : %)

구분		2010			2014		
		그렇다	아니다	계	그렇다	아니다	계
전체		83.7	16.4	100.0	79.1	20.9	100.0
지역	수도권	81.8	18.2	100.0	73.5	26.5	100.0
	광역시	83.3	16.7	100.0	79.8	20.2	100.0
	도지역	86.6	13.4	100.0	87.3	12.7	100.0

출처 : 국토교통부(2014). p.117.

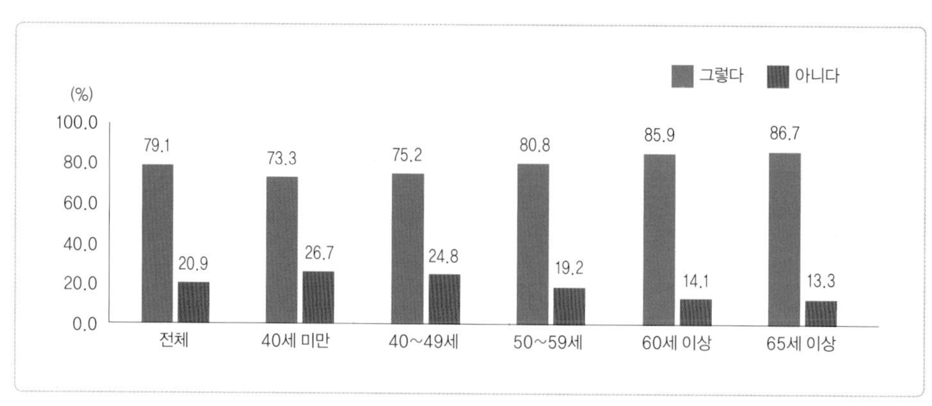

그림 1-8 가구주 연령별 주택보유의식

출처 : 국토교통부(2014). p.117.

주택가격이 소득으로 지불할 수 있는 것보다 높아 구매하기 어려운 상황인 것이 중요 요인이다.

가구주 연령별 주택보유의식은 연령이 낮아질수록 주택보유의식도 낮아지는 것으로 나타났다. 가구주 연령이 40세 미만인 경우에 내 집 마련이 꼭 필요하다는 인식은 2010년에 79.9%였는데, 2014년에는 73.3%로 다른 연령층에 비해 가장 많이 감소하였다. 주택을 마련하려는 가구는 주거안정 차원에서 필요다고 생각하였지만, 내 집 마련이 꼭 필요하지 않은 가구는 불편하지 않다는 응답이 44.4%인 것으로 나타나 주거의식이 소유의 개념에서 생활을 위한 주거로 이동하는 경향이 높아지고 있음을 보여준다.

2 정책 변화와 주택공급

1) 시대별 정책 변화

주택정책의 목표는 시대에 따라 변화하였는데 주택보급률이 낮았던 1960년대부터 2000년대까지는 주택의 양적 확대를 위한 1가구 1주택 소유에 중점을 둔 주택정책을 시행하였다. 1960년대는 주택정책기반 조성기로 주택의 대량공급을 위한 자원 마련을 위해 주택금융을 체계화하였다. 1970년대는 주택의 대량공급을 위하여 1972년 12월 「주택

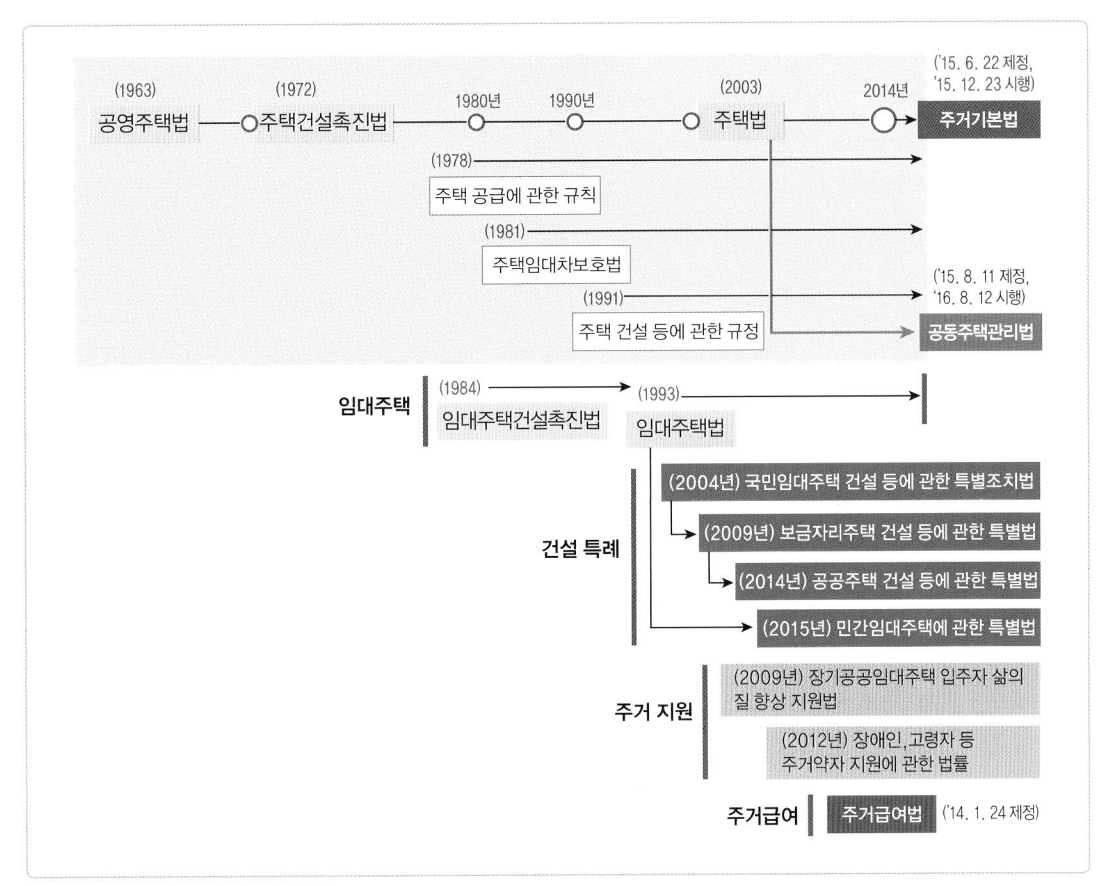

그림 1-9 **주택 관련 법의 변화**

건설촉진법」을 제정하였고, 1980년대는 주택 가격 안정과 투기적 수요를 억제하는 데 중점을 두면서 저소득층을 위한 「임대주택건설촉진법」(1984), 「주택임대차보호법」(1981), 「다세대주택법 시행령」* 등을 제정하였다. 1990년대는 토지공개념을 적용하였던 시기로 주택 건설 및 관리기준 강화, 「택지소유상환제법」, 「개발이익환수법」이 제정되었다.

주택정책은 「주택건설촉진법」을 2003년 「주택법」으로 전면 개정하면서 방향 전환의 기점이 되었다. 「주택건설촉진법」이 주택의 양적인 측면에서 주택건설을 최우선으로 생

* 다세대주택의 정의는 1980년대 초까지 주택 수의 절대적 부족으로 인하여 단독주택에 2가구 이상이 거주하는 주택이었으며, 1985년 8월 16일 건축법에서는 연면적 330m² 이하로서 2가구 이상이 거주할 수 있는 주택이며 건축법 시행령에서 주택으로 쓰이는 1개 동의 연면적 660m² 이하, 층수가 4개 층 이하인 공동주택으로 규정하였다.

각하는 주택공급이었다면, 「주택법」은 거주자의 삶의 질 향상, 주거수준의 향상을 지향하고 있다.

「주택법」 제정 이후 정부는 장기공공임대주택 재고율을 선진국 수준으로 높이기 위해 2003년 12월에 「국민임대주택 특별법」을 제정하였다. 이 법으로 임대주택정책의 기본 방향은 기존의 저소득층 중심의 임대주택 공급에서 탈피하여 다양한 소득계층별 수요에 맞는 임대주택 유형을 건설 공급할 수 있게 하였다. 2009년 3월 「보금자리 특별법」에 따라 무주택세대주, 신혼부부, 다자녀, 고령가구 등을 위한 분양, 임대주택 형태의 보금자리주택, 국민임대주택 등의 공급 방안이 마련되었으며 임대주택의 입주 자격도 대학생, 사회초년생까지 확대되었다(백혜선 외, 2014). 「보금자리 특별법」은 2014년 1월 「공공주택건설등에 관한 특별법」으로 개정되었고, 2015년 8월 「임대주택법」은 민간임대주택의 건설·공급 및 관리와 민간 주택임대사업자 육성을 목적으로 「민간임대주택에 관한 특별법」으로 전부 개정되었다.

2003년 제정된 「주택법」은 하나의 법률에 포괄·선언적인 사항부터 세부적·기술적인 사항까지 많은 내용을 담고 있어 주택시장의 요구를 반영하는 데 한계가 있기에 2014~2015년에 걸쳐 「주택법」의 일부 기능을 분리하여 법을 제정하였다. 「주거급여법」(2014. 1. 24 공포, 10. 1 시행), 「주택도시기금법」(2015. 1. 6 공포, 7. 1 시행), 「주거기본법」(2015. 6. 22 공포, 12. 23 시행) 및 「공동주택관리법」이 제정(2015. 8. 11 공포, 2016. 8. 12 시행)되었고, 기업형 임대사업 등 민간임대주택 활성화를 위한 「민간임대주택에 관한 특별법」 제정 및 「공공주택 특별법」이 개정(2015. 8. 28 공포, 12. 29일 시행)되었다. 2015년 12월 「주택법」은 주택의 건설·공급 및 주택시장의 관리에 관한 기본법으로서 기능할 수 있도록 개정되었다.

주거복지 정책기능을 강화하기 위한 「주거기본법」에는 국민이 법령에 따라 물리적·사회적 위험에서 벗어나 쾌적한 주거환경에서 인간다운 주거생활을 할 권리인 주거권을 선언적으로 규정하였고 주거정책 기본법의 지위를 부여한 것이 특징이다. 「주거기본법」은 주거에 대한 상위법으로서 주택건설·공급, 임대주택공급, 주거정책 자금, 주거비 보조, 주거환경 개선, 주거약자 지원 등의 개별법이 이 법에 부합되도록 하였다(자세한 내용은 3장 참조).

현재 정부의 주택정책은 소득 분위에 따라 주택에 대한 목표와 공급주체, 주택규모를 설정하고 있다. 소득 1~4분위의 주거취약계층에게는 공공이 전용면적 60m^2 이하 10년

목표	주거안전망 구축 / 내 집 마련 촉진						주택가격 안정			
소득계층	1분위	2분위	3분위	4분위	5분위	6분위	7분위	8분위	9분위	10분위
수요 특징	임대료 부담 능력 취약계층		자가 구입능력 취약계층		정부 지원 시 자가 구입 가능 계층		자력으로 자가 구입 가능 계층, 교체 수요 계층			
분양주택							중대형 민간 분양(200만) (규제 개선 등)			
				다세대 단독주택(100만)						
					중소형 민간 분양(40만) (택지, 기금 지원 등)					
			공공분양(70만)							
임대주택			공공임대(30만)			민간임대 (10만)				
		국민임대(40만)								
	영구임대 (10만)									
공급 주체	공공 부문 주도			공공 부문 + 민간 부문			민간 부문 주도			
공공지원	재정, 주택기금, 택지			주택기금, 택지			규제 개선			
주택 규모	전용 50m² 이하			전용 60~85m²			전용 85m² 초과			

그림 1-10 **소득계층별 주택정책**

* 음영 부분이 보금자리 임대주택(공공임대, 국민임대, 영구임대)
출처 : 백혜선 외(2014). p.22.

이상의 장기공공임대주택을 공급하여 주거 안전망을 구축하는 것이며, 소득 5~6분위는 자가 구입 가능 계층으로 전용면적 60~85m²의 공공이나 민간임대주택 또는 택지나 기금 지원을 하여 중소형 민간분양주택을 구입할 수 있도록 목표를 설정하고 있다. 소득계층 7분위 이상 가구에 대해서는 자력으로 자가 구입이 가능한 계층으로 보고 전용면적 85m² 초과의 주택규모로 민간분양시장의 활성화를 통해 주택을 구입하도록 하고 있다(백혜선 외, 2014).

2) 도시주택의 전개

(1) 주택유형 분류

현재 건축법상 주택은 공동주택과 단독주택으로 구분되며, 건축법에 준하여 입지나 용도에 따라 도시형 생활주택, 준주택 등으로 구분한다. 이러한 주택유형은 시대의 변화에 맞게 주택공급을 하기 위하여 제도적으로 새로이 기준이 만들어져 규정되기도 하고 조건이 변경되기도 한다. 도시에 증가하는 1~2인 가구의 주거수요에 대응하기 위하여 도시형 생활주택(2009. 4)과 준주택이 신설되었다(2010. 4). 준주택은 주택으로 분류되지 않으면서 사실상 주거기능을 하는 건축물을 통칭하는 개념이다.

(2) 1960년대 이후 현재까지의 시대적 변화

우리나라의 주택정책은 1가구 1주택의 자가소유를 주된 목표로 하였고 주택 부족 문제가 컸던 서울·수도권에 공급이 집중되었으므로 도시주택의 변화를 서울·수도권 중심으로 살펴본다. 도시 주거형태는 1960년대까지는 단독주택이 주로 건설되었고 1970년대부터는 아파트 위주로 공급되었다.

1945년 광복 이후 도시의 주택 부족문제를 해결하기 위하여 1960년대 중반까지는 공영주택으로 9~20평*까지 평면형을 만들어 1층 단독주택이 공급되었다. 대한주택영단은 1962년부터 대한주택공사로 명칭을 변경하고 민영주택보다 평수가 작은 시멘트 블록을 사용한 단독주택을 건설하였다. 평면구성 변화에 영향을 끼친 것은 난방방식과 취사연료였다. 연탄용 아궁이가 온수보일러로 변경되어 부엌과 인접하여 식사공간을 확보하고 거실과도 연결시킨 리빙키친(living kitchen) 형식으로 계획하였다. 광복 이후의 근대적 주거유형을 조정하는 과정에서 안방–마루–건넌방으로 구성되는 평면에 대한 재래 질서에 근대적 주요구를 결합하는 방법으로 해석한 '마루 중심' 평면형(1963년 14.8평 표준형)이 성립되었고, 민간에서 이를 대폭 수용해 새로워진 근대 주거형이 정착되었다.

---

* 정부는 1961년 계량법을 제정하여 1964년 1월 1일부터 미터법을 전면 실시하였으나 실생활에서는 여전히 면적을 표시하는 비법정 계량단위 '평'을 사용하였다. 2007년 7월 1일부터 당시 주무부처인 산업자원부는 '평'의 사용을 금지하고 m^2로 표시하도록 하였다. 단, 2010년까지는 소비자들의 편의를 고려해 나란히 병기하지 않는 한 평형으로 부연 설명을 할 수 있도록 하였다. 1평은 약 $3.3m^2$이다.

표 1-10 **주택유형**

구분			주요 내용	관련 법규
주택	단독주택	단독주택	단독주택 형태의 가정어린이집, 공동생활가정, 지역아동센터 및 노인복지시설 포함	건축법 주택법
		다중주택	3개 층 이하, 연면적* 330m² 이하. 다인수 거주 욕실 설치 가능, 취사시설 설치 불가	
		다가구주택	3개 층 이하, 1개 동 연면적 660m² 이하, 19세대 이하, 구분소유 불가	
		공관		
	공동주택	아파트	5개 층 이상	
		연립주택	4개 층 이하, 1개 동 연면적 660m² 초과	
		다세대주택	4개 층 이하, 1개 동 연면적 660m² 이하	
	세대구분형 공동주택		내부공간의 일부를 세대별로 구분하여 생활이 가능한 공동주택(구분소유 불가)	
도시형 생활주택	단지형 연립주택		도시지역, 국민주택 규모의 연립주택 중 원룸형 주택을 제외, 5층 이하(심의받은 경우)	주택법
	단지형 다세대주택		도시지역, 국민주택 규모의 다세대주택 중 원룸형 주택을 제외, 5층 이하(심의받은 경우)	
	원룸형 주택		도시지역, 독립주거가 가능하도록 욕실, 부엌 설치. 하나의 공간, 주거 전용 50m² 이하	
준주택	기숙사		학생 또는 종업원 등 거주, 독립된 주거 형태를 갖추지 않은 것(학생복지주택 포함)	
	다중생활시설		다중이용업 중 고시원의 시설로서 독립된 주거 형태를 갖추지 않은 것(바닥 면적 500m² 미만)	
	노인복지주택		단독주택과 공동주택에 해당하지 않는 것으로서 노인복지시설 중 노인복지주택	
	오피스텔		일반업무시설 중 일부의 구획에서 숙식 가능	
그 외 주택	공업화주택		「건설기술진흥법」에 따라 고시한 새로운 건설기술을 적용하여 건설하는 주택	
	블록형 단독주택		블록형 단독주택 용지에 공급하는 주택(단독형 집합주택, 3층 이하 공동주택)	택지지침

출처 : 권혁삼(2014). p.30. 일부 수정함.

* 면적 산정은 현재 주택법에서는 눈으로 보이는 벽체 사이의 거리를 기준(안목치수)으로 하고, 건축법에서는 벽체 중심선을 기준으로 측정한다. 아파트와 300세대 이상 대규모 주상복합건물은 주택법을 적용받아 안목치수로 측정하여 전용면적이 산정된다. 안목치수(眼目値數)란 눈으로 보이는 벽체 안쪽을 기준으로 하는 것을 말한다. 1998년 10월 안목치수를 전용면적 산출에 적용하도록 법제화하기 전까지 아파트는 벽체 중심선을 기준으로 전용 면적을 계산했으므로, 벽체 두께만큼의 공간이 전용면적에 포함되었다.

1960년대 중반 이후로는 토지구획정리사업에 의해 계획적으로 조성된 주택지에 민간 건설업자에 의해 단독주택이 건설되었다. 1970년대 중반 이후는 아파트 공급 위주의 주택시장이어서 단독주택 건설은 축소되었다. 1990년 4월에는 건설교통부 건축기준에 분양을 하는 경우는 다세대주택으로 하고, 임대를 하는 경우는 다가구주택으로 구분하여 명시하고, 건축 시 융자 혜택을 주었다. 노후화된 단독주택 밀집지역에 상업시설 수요와 경제적 요인에 의해 단독주택이 다가구주택, 다세대주택으로 재건축되어 단독주택은 급속히 소멸되어 갔다. 기존의 단독주택지의 상업화, 공동주택화는 공원, 주차장 등과 같은 도시기반시설의 부족으로 인해 주거환경의 악화를 초래하였다.

1960년대에는 도시의 인구집중으로 주택이 절대적으로 부족한 시기였으므로 아파트 형식으로 하여 단지화·고층화를 지향하는 방향이 시작되었다. 1962년 공공에 의해 최초로 건설된 마포아파트는 서민층을 위한 소규모 아파트로 현대적인 생활양식을 도입하고 토지의 이용도를 최대로 높이기 위하여 6층으로 건설되었다. 1970년대 이후에

표 1-11 주택제도와 주택시장의 변화

구분	1970년 이전	1970년대	1980년대	1990년대	2000년대	2010년대
주택공급의 특징	–	대량공급	총량적 주택공급	신도시 및 재개발 확산	주거안정 및 주거수준 향상	보편적 주거복지 (수요자 중심)
주택제도의 변화	공영주택법(1963)	주택건설촉진법(1972)	• 500만호 계획(1980~1986) • 200만호계획(1988~1992)	5개 1기 신도시 건설(1989~1996)	• 주택법(2003) • 경관법, 건축기본법(2007) • 분양가 원가공개(2007) • 보금자리주택(2009)	• 주택 미분양 해소 및 거래 활성화 방안(2010.4.) • 소단위 정비 도입을 위한 도시 및 주거환경정비법 개정(2012)
주거의 특성	• 단독주택 형태의 국민주택 • 민간 아파트 건설(중앙, 종암, 행촌 아파트, 1950년대 후반) • 단지형 아파트 도입(마포아파트, 1962)	• 중앙온수 공급(한강맨션, 1970) • 고층아파트(여의도 시범아파트, 1971) • 반포, 잠실지구(1972~1975)	• 고층 아파트의 일반화(상계, 목동지구 초고층아파트, 1986) • 수도권 5개 신도시 개발(1989) 도시차원 생활공간개념 도입 • 다세대주택 도입	• 재건축 • 국민임대주택 도입 • 다가구주택 도입 • 초고층주상복합아파트 등장(1999)	• 수도권 고급연립주택단지 • 블록형 단독주택지 등장 • 발코니 확장 합법화(2005) • 친환경 설계와 외부공간 특화 • 도시형 생활주택 도입	• 국제현상설계 공모시행 • 특별건축구역제도 도입 • 소단위 주택정비방식 도입 • 준주택 도입 • 협동조합 기본법 제정 • 행복주택공급

출처 : 최상희·김두환·김홍주·신우재(2013). p.42 ; 권혁삼(2014). p.30 수정.

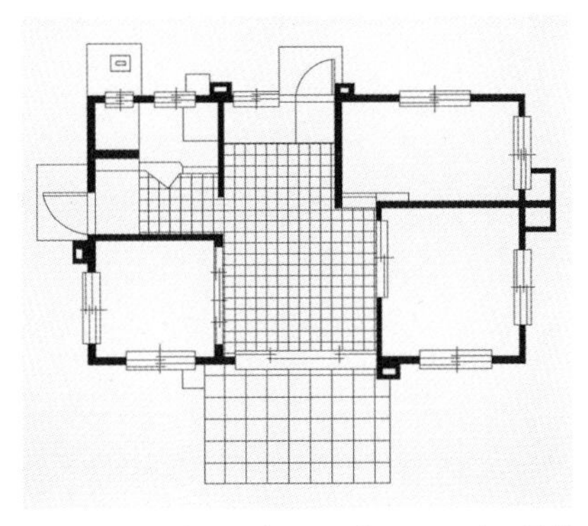

그림 1-11 **단독주택 1963년도 14.8평 표준형 평면**

그림 1-12 **최초의 단지형 아파트인 마포아파트(서울)**

출처 : 대한주택공사(2002). p.39.

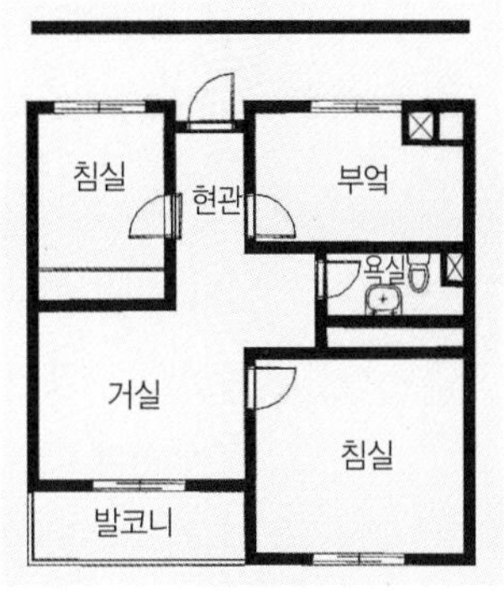

그림 1-13 **마포아파트(1962) 12평형 평면**

는 서울시가 12~13층 높이의 고밀도 여의도 시범아파트(1971)를 건설하고, 대한주택공사가 반포주공아파트를 성공적으로 분양하여 이후 민간건설을 유도하게 되었고 대규모 단지 대형 평형의 고층 아파트 건설이 증가하였다. 분양 아파트의 가격 폭등으로 선호도는 높아졌으며 주택정책은 중산층을 위한 아파트 대량공급으로 방향을 잡게 되었다.

1980년대는 산업 노동자들을 위시한 저소득 가구의 사회적 동요를 완화하기 위하여 저소득층을 위한 주택공급이 중요한 문제로 등장하였으며, 1988~1992년까지 5년간 200만 호 주택건설계획을 수립하고 강력하게 추진하였다. 대표적인 주택개발사업은 수도권에 대규모 신도시 개발을 추진한 것으로 성남시 분당, 고양시 일산, 안양시 평촌, 부천시 중동, 군포시 산본 등 5개 신도시에 총 30만 호 규모의 주거단지들이 개발되었다. 신도시 주거단지에는 25층 이상의 고층 아파트가 주로 건설되었으며, 4층 이하의 연립주택, 단독주택지구 내에 단독주택도 건설되었다.

1990년대 말의 분양가 자율화는 아파트 평면, 설비, 외부공간 등에 개성화·첨단화·디지털화, 친환경 설계, 커뮤니티 시설과 자연환경적 조경 요소 도입 등 다양한 변화를 불러 왔다. 특징적인 것은 초고층 주상복합아파트의 등장이다. 상업용지에 주상복합아파트 건립이 허용되면서 상류층을 수요계층으로 하여 건물 내에서 모든 일상생활이 해결되도록 한 새로운 형식의 주택으로 등장하였으며 이는 전망 중시의 타워형 평면으로 변경되는 기점이 되었다.

2000년대에는 주택형태의 변화를 시도하려는 움직임으로 인해 도시 근교에 접지형 타운하우스(건축법상 연립주택)가 건설되었고 2010년대 이후에는 소규모 건설인 도시형 생활주택, 다세대주택 형식의 공유주택, 단독주택 2호의 맞벽 형식인 듀플렉스 주택(duplex house) 등이 건설되고 있다.

(3) 아파트 평면 및 단지 계획 특징

아파트가 획일적인 주택형태로 비판을 받으면서도 가장 보편적이며 국민이 선호하는 주택형태로 자리잡은 데는 여러 가지 이유가 있다. 정부가 정책적으로 주택 대량공급을 위해 토지이용률이 높은 아파트 형식으로 유도한 점, 최신 설비와 기술을 적용하여 편리성을 높여 중산층이 선호하는 주택이미지를 만들었으며 분양 이후 가격 상승 폭이 높아 자산 형성의 주된 수단으로 작용한 점, 평면계획에 한국인의 생활양식을 반영하며 발전해 온 점 등이 바로 그것이다.

한국적 생활양식을 반영한 점으로는 전면 폭이 넓은 전통적인 맥락의 평면구성, 온돌과 같은 바닥 난방, 집의 중심성을 부여한 안방, 가사보조활동을 위한 물을 쓰는 공간인 다용도실의 배치 등이었다. 아파트 단위평면 계획은 거실의 구성방식을 둘러싸고 중요한 갈등과 변화 과정을 겪으면서, 단독주택에서의 경향과 유사하게 후면에 위치한 부엌, 식사실이 연결된 LDK 형식의 거실 중심의 개방적 공간구성방식으로 하여 실내공간의 개방적 공간감을 강화하였다. 거실은 단독주택 평면에서 지속적으로 이어 온 마루와 같은 성격으로 전통주택의 대청과 마당의 속성이 복합된 공간과 같았다. 이 평면 형식은 1980년대 이후에 대표적인 평면으로 정착되었다. 중대형 평면에서나 가능했던 전면 '방-거실-방'의 구성 방식은 1990년대 들어서면서 85m^2 이하에서도 나타났으며 건설사의 사업성이 불리함에도 전면을 넓게 확보하는 한국적인 계획규범으로 2000년대까지 이어지게 되었다.

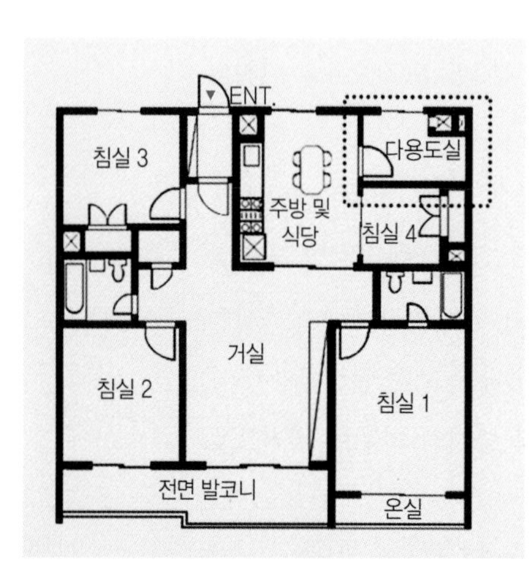

그림 1-14 거실 중심형 아파트 평면

출처 : 윤정숙 외(2007). p.177.

아파트단지의 문제점은 도시와 유리되어 단지 내부의 자족성과 폐쇄성을 띤다는 것이다. 이러한 문제의 원인으로는 1973년에 「특정지구 개발촉진법」으로 아파트지구를 지정하고 근린지구론을 적용하여 계획한 것이 중요하게 작용하였으며 서울 잠실아파트단지(1975~1978)가 최초의 사례이다. 결과적으로는 생활권의 폐쇄성 및 주변가로와 연결성이 부족하여 도시와 단절되었다는 비판

그림 1-15 **초고층 주상복합아파트(서울)**

그림 1-16 **아파트단지 외부공간의 주민이용시설**

을 받게 되어 이를 극복하기 위한 계획이 시도되었다. 과천신도시(1980~1984), 서울 상계신가지(1986~1989) 등에는 생활공간을 도시공간으로 확대하여 인식하는 공간계획이 이루어졌고 서울시의 은평뉴타운(2004~2012)에서는 도시공간에서 일상생활을 활력 있게 이어갈 수 있도록 생활가로(living street)의 개념이 도입되었으며 주거동을 가구(街區)형(블록형)으로 구성하는 시도가 나타났다.

도시공간을 아파트단지와 유리시키지 않고 일상생활공간으로 이용하고자 하는 시도에도 불구하고, 대부분의 아파트단지계획은 개인의 익명성과 프라이버시를 중시하는 실내공간계획 중심으로 진행되어 왔기 때문에 외부공간 또는 공동생활공간의 활용이 적고 이웃과의 공동체의식을 형성하는 데 어려움을 겪고 있다.

3 앞으로의 주거수요

앞으로 우리나라의 주거수요가 어떻게 변화할 것인지는 현재의 동태를 통해 그 방향을 예측할 수 있다. 선진국이 앞서 경험한 저출산과 고령화 심화로 인한 경제활동 가능인구의 감소, 베이비붐 세대(1955~1963년생)의 은퇴, 세계적인 경제적 저성장의 영향은 앞으로도 지속될 것으로 예상된다. 20세기 과학기술의 눈부신 발전의 혜택으로 주택에도 첨단기술이 도입되어 편리성을 추구하는 주택이 선호되었으나, 점차 고갈되는 지구 자원을 위해 에너지 소비를 줄이고 지속가능한 주거환경에 대한 고려가 더욱 중요해졌다.

미래전망보고서를 살펴보면 앞으로의 주거수요는 양적 주택공급에서 주택스톡의 관리, 주거지재생, 주거복지에 중점을 두는 방향으로 진행될 것으로 전망된다. 주택에 대한 수요자의 인식은 소유에서 거주로 변화하고, 이동성의 증가로 일시적·단기적 거주형태가 증가하며, 주택의 양적 성장시대에 도외시되었던 커뮤니티가 중시되어 지역 커뮤니티 활성화에 역점을 두게 될 것이다.

1) 주택시장의 여건 변화

국토교통부(2013. 12. 30)는 제2차 장기(2013~2022) 주택종합계획에서 인구 및 가구, 사회경제, 도시공간의 이용방식, 주거문화의 4가지 측면에서 나타나는 주택시장의 여건 변화를 요약하고 이러한 변화에 대응하여 정책 패러다임의 변화를 제시하였다.

(1) 인구 및 가구 변화

통계청(2012. 4. 26)의 장래 인구 추계(2010~2035)에 의하면 인구 및 가구 변화 측면

표 1-12 주택시장 여건 변화

변화	내용
인구 및 가구 변화	• 인구·가구 수는 증가하고 있으나, 증가 속도는 둔화 • 1~2인 가구의 급속한 증가 • 고령가구 비중 증가 가속화
사회·경제 변화	• 안정성장시대로 진입(향후 잠재 성장률은 3% 내외로 전망) • 베이비부머(2010년, 약 713만 명) 은퇴 • 핵심소비계층 감소, 가계부채 증가 등으로 주택구매력 감소
도시공간 이용방식 변화	• 도시화율 정체 및 외연적 확산 한계 • 도시화율(1970)50.1% → (2010)90.9% • 도심선호 증가와 주거지재생사업 확대 • 재고주택 관리의 중요성 대두
주거문화 변화	• 친환경 및 커뮤니티 중심의 거주가치 중시 • IT 및 에너지절감기술 등이 접목된 주택 보급 활성화 • 주거의 다양성 추구(아파트 중심 → 다양한 주택형태, 다품종 소량공급) • 다양한 주거양식(다지역 거주, 가족 간 근거리 거주, 재택근무 등) 대두

출처 : 국토교통부(2013. 12. 30). p.1.

에서는 현 시점보다 인구·가구 증가율의 둔화, 저출산 고령화의 심화, 1~2인 가구 수 급증으로 소규모 가구의 증가 등이 더욱 가속화될 전망이다. 인구는 2030년에 5,216만 명으로 정점을 이룬 후 점차 감소할 것으로 보인다. 생산가능인구(15~64세)는 저출산과 고령화로 감소하여 2014년에는 전체의 73.1%였으나 2030년에는 3,289만 명으로 전체의 63.1%를 차지할 것으로 추산되고 있다. 30대 이하 연령층은 감소하고 있어 새로운 주거수요 계층은 감소할 것이다.

총 가구는 2010년 1,735만 9,000가구에서, 2035년에는 2,226만 1,000가구로 1.3배 증가할 것으로 보고 있는데 2030년 이후 마이너스로 전환되는 인구 증가율과는 달리 1인 가구, 부부 가구 등 가구 분화 및 가구 해체 진행에 기인할 것으로 보인다.

평균 가구원 수는 2010년 2.71명에서 2035년 2.17명으로 감소할 것이고, 가구 구성에서도 1~2인 가구가 증가하여 2035년에는 68.3%를 차지하며, 가족구성에서도 1인 가구(34.3%), 부부가구(22.7%), 부부 + 자녀가구(20.3%) 순으로 변화할 것으로 보인다. 1인 가구는 70대의 1인 가구가 19.8%로 가장 많을 것으로 예측되었다.

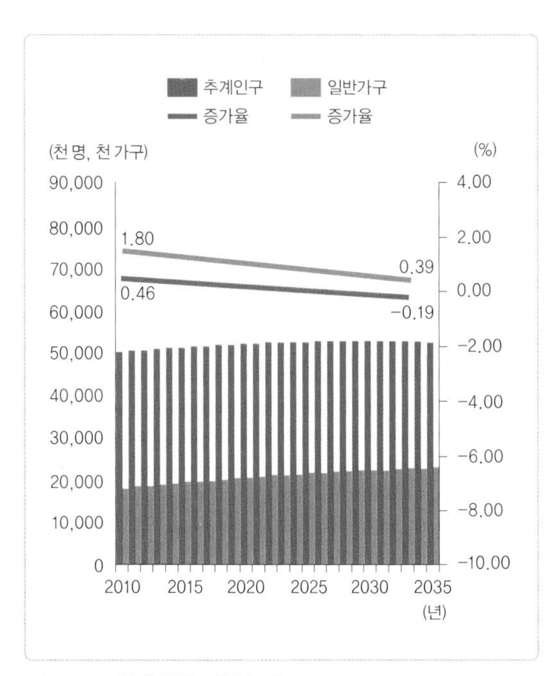

그림 1-17 **장래 인구·가구 추계**

출처 : 통계청(2012. 4. 26). p.1.

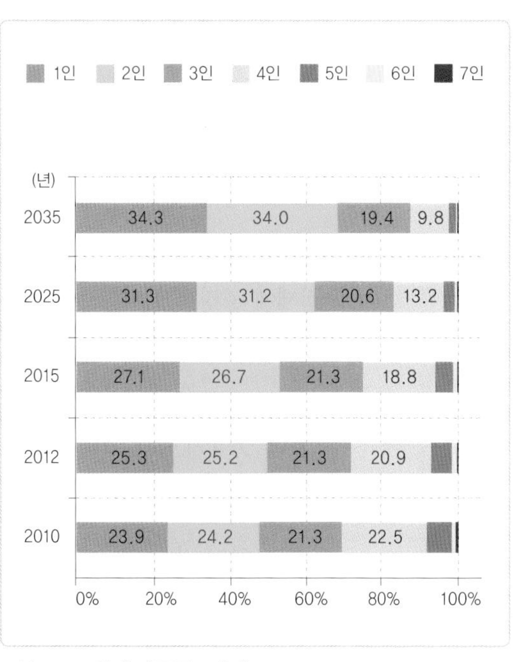

그림 1-18 **장래 가구 규모 추계**

출처 : 통계청(2012. 4. 26). p.1.

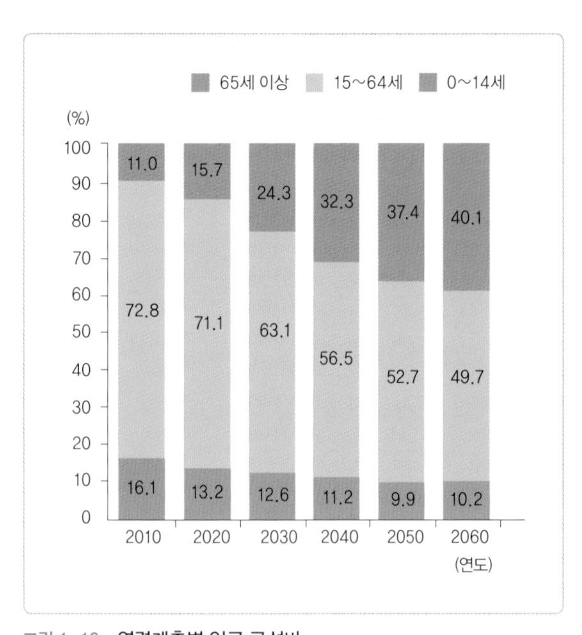

그림 1-19 연령계층별 인구 구성비
출처 : 통계청(2011. 12. 7). p.8.

65세 이상 노인인구가 차지하는 비율은 2030년 24.3%, 2040년 32.3%로 지속적으로 증가할 것으로 전망되며 75세 이상 가구의 증가, 75세 이상 가구 중 1인 가구가 51.4%를 차지할 것으로 보인다.

노년 부양비는 2014년 생산 가능 인구 100명당 17.3명에서 2040년 57.2명으로 3배 이상 증가할 것으로 전망되고 있다. 2035년까지는 여성 가구주 가구가 점차 증가하여 전체 가구의 35.1%를 차지할 전망이며, 이러한 변화는 여성의 사회·경제적 지위 향상, 기대수명의 증가, 직업 등의 이유에 의한 분리가구 증가 등에 기인한다.

(2) 사회·경제 여건의 변화

가까운 미래의 사회·경제 변화 요인으로는 저성장 저금리시대의 진입, 대외경제의 불확실성, 계층 간 양극화, 베이비부머의 은퇴, 다문화가구의 증가 등이 있다.

장기적으로 저출산고령화를 먼저 경험한 국가들처럼 우리 경제의 성장률은 점차 2~3%대로 낮아질 것으로 예상되며, 금리도 1%대 이하의 저금리가 유지될 것으로 보인다. 생산인구의 감소와 고용 불안으로 20~30대의 새로운 소비계층이 형성되지 못하는 것도 경제에 부정적인 영향을 줄 것이다. 2000년대 이후 심화된 소득의 양극화는 더욱 고착되어 서민층의 주거비 부담은 커지고 20~30대의 주거문제가 사회문제로 대두되어 정책적으로는 주거복지 강화로 이어질 것이다.

숙련된 경제활동인구로 전체 인구의 15.2%를 차지하는 베이비부머의 은퇴가 2010년부터 시작되었지만, 이들 다수가 자신을 위한 노후 준비가 부족하고 퇴직연금제도가 활성화되어 있지 않은 세대에 속해 자산 비중이 높은 주택을 노후 가계경제의 재원으로 사용할 방법을 모색할 것으로 보인다. 베이비부머의 주택연금제도* 활용, 주거규모의 축소나 귀촌 등의 주거이동 발생 등이 사회·경제적으로 영향을 미칠 것이다.

2010년 인구주택총조사에 의하면 다문화가구가 전체 가구의 2.2%를 차지하였으며 증가 추세이다. 다문화가구는 1인 가구의 비율이 30.5%로 높고, 주로 경기와 서울(60.3%) 지역 단독주택에 60%가 거주하며 월세가 50%이므로(통계청, 2011. 7. 7) 이러한 현황을 고려한 주거대책도 필요하다.

(3) 주택시장의 변화

주거수요와 공급 측면에서 보면 신규 주거수요가 줄어들기 때문에 재고주택 관리의 중요성이 높아질 것이다. 수백만 호의 주택을 대량공급했던 1기 신도시(1989~1996)의 주택은 30여 년이 경과했기 때문에 건물의 노후화가 가속화될 것이며 생활양식의 변화를 수용하지 못하는 주호공간, 복리시설에 대한 개선 요구가 높아질 것이다. 수직 증축 허용이나 세대 간 내력벽 일부 철거기준 등 리모델링에 관련된 법규가 정비되고 있으므로 경제성을 고려한 다양한 리모델링 방법이 제시되어야 한다.

도시공간에 대한 이용 정도를 볼 수 있는 도시화율**은 2000년 이후 90% 수준에 정체되어 있다. 도시환경이 개선되면서 주거수요자들은 교통·편의시설의 이용이 편리한 도심을 선호하는 경향이 높아지고 있다. 그러나 도심에는 노후지역이 많으므로 주거지 재생사업을 활성화하여 양호한 주거환경으로 개선하는 사업이 증가할 것이다.

주거문화 측면에서는 소득수준이 향상되어 1인당 국민소득이 3만 달러에 근접하면서 삶의 질을 중시하는 주거요구가 나타나 주거공간에서도 친환경이나 IT 및 에너지절감기술 등이 접목된 주택, 커뮤니티 중심의 거주가치를 추구하는 경향이 높아질 것이다. 가족에 대한 개념이 변화하여 혈연에 의한 가족이 동거한다는 의식에서 탈피하여 미혼 1인 가구의 증가, 노인 부부 가구 또는 독거가구의 증가, 여성의 사회활동 증가로 다양한 주거양식이 나타나 가족 간 다지역 거주 및 근거리 거주, 재택근무 등도 더욱 늘어날 전망이다.

---

* 주택연금(역모기지론)은 만 60세 이상의 고령자가 소유주택을 담보로 맡기고 평생 혹은 일정 기간 매월 연금방식으로 노후생활자금을 지급받는 국가 보증의 금융상품이다.

** 도시화율 산정방법은 용도지역기준과 행정구역기준의 2가지로 분류된다.

- 용도지역기준 : 2003년도 이전 도시인구는 도시계획구역 내 인구였으나, 2003년 이후부터는 국토이용체계가 개편되어(「국토의 계획 및 이용에 관한 법률」 시행) 도시지역 내 거주인구로 변경되었다. 도시지역은 주거, 상업, 공업, 녹지지역으로 본다.
  도시화율 = (용도지역상 도시인구 / 전국인구) × 100
- 행정구역기준 : 전국인구에서 읍급 이상 거주인구 비율
  도시화율 = (읍급 이상 인구 / 전국인구) × 100

표 1-13 주거수요에 따른 주택의 방향

변화요인, 환경	가구유형	서비스 요구	주택산업
고령화 가속	60대 이상 노인층 베이비 부머	소유주택 처분, 주거생활서비스	노인주택, 임대관리업
소인수 가족 증가	비혼가구 신혼가구(맞벌이)	소형주택 및 임차수요, 생활밀접서비스	임대주택, 도시정비, 생활서비스 연계
베이비부머 은퇴	50대 초반 이상 중고소득 3~4인 가구	대체주택 수요, 소유주택 처분	임대관리업, 임대주택, 세컨드하우스 등
임차구조 변화	중저소득 3~4인 가구 청장년층 1~2인 가구	임차 수요 및 연관 서비스 선호 강세	임대주택, 임대관리업, 생활서비스 연계
개성화, 여가 소비의 다양, 생활 요구의 상승	모든 가구	생활서비스 및 비용 절감 효과	서비스 융복합, 공급 집적화(도시 정비)
도시기능 제고	다도시 및 주변 도시 거주 가구	다양한 생활 및 주거서비스 욕구 증대	복합 개발, 도시 정비

출처 : 주택산업연구원(2012. 11. 6). p.6 일부 수정.

가구주가 고령화되고 비율이 높아지는 것을 통해 신규 주택시장보다 중고 주택시장 규모가 커질 것을 예상할 수 있다. 여성 가구주는 계속 증가하여 2020년에는 23.1%까지 늘어날 것으로 보인다. 이러한 주거수요 변화에 맞추어 아파트 중심의 주택건설로부터 다양한 주거수요에 맞는 주택형태를 다품종 소량공급하여 주거의 다양성을 추구하는 방향이 요구되고 있다.

2) 주택정책의 변화

국토교통부는 근 미래의 변화 예측에 대해 과거와 다른 주택정책 패러다임이 필요하다고 보고 물리적 환경의 주택공급 중심에서 사회적 환경을 고려하는 수요자 중심의 방향으로 정책 방향을 전환하였다(국토교통부 2013. 12).

정책 방향과 주요 과제로 설정한 것은 첫째, 주거복지의 대상을 저소득층으로 한정하였던 것에서 나아가 보편적 주거복지를 실현하기 위하여 치밀한 주거 안전망을 구축하는 것이다. 자가 가구의 비율이 여전히 낮으므로 주택 노후화와 멸실을 고려한 주택보급률의 향상도 필요하지만 전월세 가구의 비율이 높아지는 상황에서 공공은 다양한 주택건설 사업방식이 가능한 기반을 만들어야 하며 이에 따라 임대주택의 공급에 대한

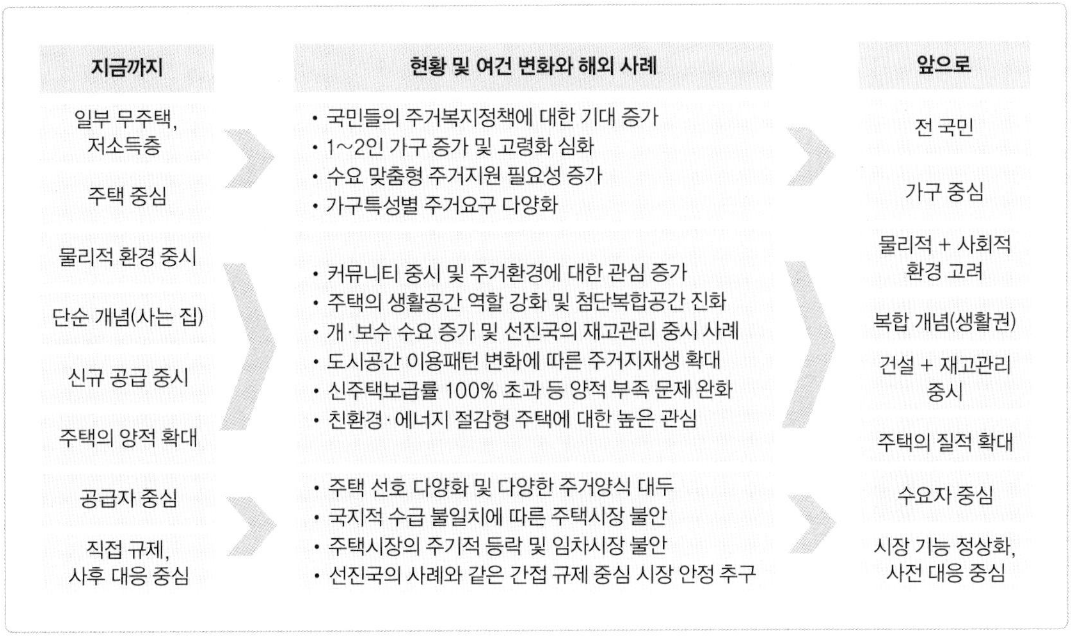

지금까지	현황 및 여건 변화와 해외 사례	앞으로
일부 무주택, 저소득층 주택 중심	• 국민들의 주거복지정책에 대한 기대 증가 • 1~2인 가구 증가 및 고령화 심화 • 수요 맞춤형 주거지원 필요성 증가 • 가구특성별 주거요구 다양화	전 국민 가구 중심
물리적 환경 중시 단순 개념(사는 집) 신규 공급 중시 주택의 양적 확대	• 커뮤니티 중시 및 주거환경에 대한 관심 증가 • 주택의 생활공간 역할 강화 및 첨단복합공간 진화 • 개·보수 수요 증가 및 선진국의 재고관리 중시 사례 • 도시공간 이용패턴 변화에 따른 주거지재생 확대 • 신주택보급률 100% 초과 등 양적 부족 문제 완화 • 친환경·에너지 절감형 주택에 대한 높은 관심	물리적 + 사회적 환경 고려 복합 개념(생활권) 건설 + 재고관리 중시 주택의 질적 확대
공급자 중심 직접 규제, 사후 대응 중심	• 주택 선호 다양화 및 다양한 주거양식 대두 • 국지적 수급 불일치에 따른 주택시장 불안 • 주택시장의 주기적 등락 및 임차시장 불안 • 선진국의 사례와 같은 간접 규제 중심 시장 안정 추구	수요자 중심 시장 기능 정상화, 사전 대응 중심

그림 1-20 **여건 변화에 따른 정책 패러다임의 변화**

출처 : 국토교통부(2013. 12. 30). p.1.

개념도 변화할 것이다. 기존의 공공임대주택이 가족단위의 5분위 이하 소득계층을 대상으로 공급되었다면 앞으로는 그 이상의 소득계층과 1~2인 가구를 위한 새로운 방식의 임대주택의 공급 방식과 유형이 공급될 것이다(백혜선 외, 2014). 또한 공공 주도의 임대주택 건설 위주에서 벗어나 민간임대시장을 활성화하고, 주거급여 및 금융·세제 지원 등 수요자 지원을 확대해 나갈 것이다.

둘째, 커뮤니티 중심의 살기 좋은 주거환경 조성이다. 단순히 사는 곳이라는 물리적 공간의 집에서 벗어나 사회적 환경을 중시하는 생활권에서의 사회적 공간으로 전환해 가는 것이다. 주택정비사업은 기존의 물량 확보 위주에서 지역주민과 지역경제 활성화와 연계되는 주거지재생으로 전환되고, 공공 지원을 강화해 나갈 것이다.

셋째, 주택품질 제고를 위한 주택공급 및 관리를 강화하는 것이다. 층간소음, 결로, 실내공기질 등에 대한 주택성능 향상과 에너지 절약, 장수명화 등을 유도하는 기반을 마련해 나갈 것이다. 공동주택의 관리 강화 및 건설경과연수 15~30년이 된 주택비율이 증가하여 노후 주택의 개·보수 지원을 강화하는 것이다.

넷째, 수요 맞춤형 주택공급 체계를 구축하는 것이다. 주택의 양적 확대를 위한 도시 외곽 신도시 택지개발을 통한 대량 주택공급은 지양하고, 수요에 맞게 도심 위주로 공급하고 시장 상황 및 공급 여건에 맞는 다양하고 유연한 분양 방식을 도입하여 소비자의 선택 폭을 확대하도록 하는 것이다.

다섯째, 지속가능한 주택시장 대응 체계를 확립해 나가는 것이다. 주택시장 구조 변화에 대응한 서민 주택금융, 부동산 세제를 정비하고 급격한 월세 전환, 하우스푸어 등 시장 리스크에 대응하는 시장 안정 기반을 마련하며, 미래 주택산업의 주거서비스 산업화 및 융·복합화 지원을 하는 것이다.

4 새로운 주거유형과 주거환경

주택산업연구원(2012)의 2020년 주택시장 변화에 대한 전망은 소형주택의 증가가 가장 유력했으며 노인전용주택의 증가, 실수요 중심의 주택시장 변화, 임대 중심의 주택시장 변화의 순서로 예측된다. 주택보급률이 100% 이상으로 높아도 주택 노후화, 멸실 등으로 인해 주택수요가 발생하고 소형주택에 대한 요구로 주거요구 파악이 중요해질 것이다.

소인수 가구를 위한 소형주택은 거주자의 소득계층, 연령, 지역에 따라 각각 다른 주거요구가 나타난다. 20~30대의 젊은 층은 비정규직 고용이 늘어나 결혼 연령이 늦어지거나 비혼의 1인 가구를 구성하며 개성 있는 생활양식을 추구한다. 자가 소유보다는 양질의 주거환경을 갖춘 임대주택에 대한 요구가 높다. 고령층의 1인 가구는 일상생활의 사고가 없는 안전한 주거, 생활편의와 건강을 지원하는 서비스시설 등에 대한 요구가 크다. 이와 같이 연령층에 따라 주택수요가 다변화하고 주거선호 행태가 다양화될 것이다. 이러한 주거수요자의 요구가 반영될 수 있도록 주거의 건설방식이나 주거환경의 보완이 필요하다.

1) 거주자 참여의 건설방식 증가

다양화되는 주거수요를 반영하기 위해 지금까지는 유형화된 주거요구를 반영한 주택을 공급하는 것이 다수였으나 앞으로는 주택 건설방식의 변화가 필요하다. 소규모 건설의 경우 입주자 모집 단계부터 거주자가 참여하여 거주자의 주거요구를 반영한 거주자 참여방식의 건설이 증가할 것이다.

우리나라에서도 「협동조합기본법」이 시행(2012. 12)된 이후 협동조합방식의 주택 건설이 새로운 건설방식으로 시도되고 있다. 협동조합주택은 1800년대 후반부터 북유럽의 스웨덴, 노르웨이, 독일 등에서 서민을 위한 주택공급시스템으로 자리 잡았다. 협동조합주택은 수요자가 주택협동조합을 구성하여 높은 품질의 주택을 합리적인 가격으로 건설하는 것으로, 건설과정에 수요자의 요구가 반영되고 이 과정에서 형성된 공동체의식 및 이웃관계를 통해 입주 후에도 양호한 주택관리가 가능하다는 장점이 있다. 일본에서는 1970년대 말부터 코오퍼러티브 주택(cooperative housing)이라는 명칭으로 자리 잡았다. 건설방식으로는 협동조합방식을 택하고 계획방법은 거주자들이 함께 사용하는 공유공간을 만드는 공유주택으로 하는 경우가 많다.

주택협동조합 운영의 근간이 되는 「협동조합기본법」이 시행되면서, 다양한 사업방식을 가진 거주자 주도의 소규모 주택공급이 가능해졌다. 「사회적 기업법」에 의한 사회적

그림 1-21 기존 건물을 리모델링한 공유주택 '자륵파브릭'(오스트리아 비엔나)

그림 1-22 자륵파브릭의 공동식당

그림 1-23 신축 코오퍼러티브 주택 '츠나네'(일본 나라시)

기업이 건설 부문의 역할을 할 수도 있다.

2) 생활 및 관리서비스가 강화된 주거

근 미래에는 경제 저성장으로 인한 주택 구입능력 계층의 감소, 주택의 자산가치로서의 비중 감소, 직업의 높은 이동성 등으로 주택을 소유의 개념보다 거주의 개념으로 생각하는 계층이 증가할 것이다. 또한 직장 근무에서도 타 지역으로의 이동성이 높아져, 직장과 가까운 곳에 단기 임대하는 방식으로 거주하려는 수요가 늘어날 것이다. 이러한 수요에 맞추어 임대형 공유주택, 서비스드 레지던스 등과 같은 임대주택 수요 증가와 주택임대사업 전문업체가 늘어날 것으로 예상된다. 입지적으로 문화, 여가, 직주 근접 등의 요구를 충족시킬 수 있는 도심의 주거수요 증가도 예상된다.

거주자 입장에서는 공간에 대한 만족도뿐만 아니라 생활서비스가 거주자의 만족도를 높이는 데 중요한 역할을 한다. 특히 노인가구, 여성가구, 1인 가구는 소형 규모의 주택에 거주하면서도 일반가구와 구분되는 생활서비스에 대한 요구가 높다. 임대주택사업이 본격화된 외국의 경우는 중산층은 물론 상류층을 대상으로 한 임대주택을 기획·개발하고 관리 운영, 유동화까지 모든 영역을 포괄하는 종합부동산서비스회사가 있다. 1~2인 가구와 고령자가구 등 가족 구성이나 생활양식에 맞추어 청소부터 장보기까지 최적의 주거서비스를 제공한다(백혜선 외, 2014). 우리나라에도 종합부동산서비스회사의 정착을 통해 가구 특성별로 생활안전, 식사, 건강·의료, 문화 여가, 운동관리 등의 프로그램이 다양한 관련 설비와 더불어 지원되는 시스템이 확립될 것이다. 이러한 생활

그림 1-24 공동주택 단지의 커뮤니티센터와 내부 식당(경기 파주시)

서비스는 주거생활지원서비스, 넓은 의미의 주거복지서비스 등으로 불리는데 근 미래의 주거는 이러한 서비스가 어느 정도의 적정수준으로 공급되는가에 따라 주거선호에 차이가 있을 것으로 보인다.

앞으로의 주거수요에 대응하는 새로운 임대주택 유형은 '단계별 사업주체(토지 확보–주택 건설–유지·관리)'와 '물리적 개발방식(건설방식, 조성 범위, 주택형태, 공간 공유방식)' 측면에서 다양하게 조합될 수 있다. 단계별 사업주체를 달리하고 신축 또는 기존 주택의 리모델링, 공동주택 또는 단독주택, 시설 공유 등의 방법으로 임대주택이 시도될 수도 있다(백혜선 외, 2014).

3) 친환경·에너지 절감 주거

건축물의 건설, 사용, 폐기과정에서 환경에 미치는 부정적 영향을 줄이기 위한 노력이 정책적으로 더욱 강조될 것이다. 정부는 건축물의 에너지 및 자원의 절약 등을 통해 환경오염 부하를 최소화하고 건축물의 온실가스 배출량 감소 및 친환경 건축물의 확대를 위한 다양한 인증제로 규제·장려를 한다. 이에 따라 녹색건축물인증제, 건축물의 에너지성능에 대해 객관적이고 정량적인 정보를 제공하는 '건축물에너지효율등급', 난방과 급탕·전열 등의 성능을 평가하는 '친환경주택 성능평가제도' 등을 시행하고 있다.

주택의 물리적·기능적인 수명을 일반주택보다 높여 다양한 변화에 대응할 수 있도록 계획하고 건설하도록 하는 '장수명주택건설 인증제도'는 2014년부터 의무적으로 1,000세대 이상의 공동주택의 내구성·가변성·수리용이성을 평가하도록 하였다. 일정 규모 이상

그림 1-25 LEED PLATINUM 친환경 건축물 '그린 투모로우'(경기 용인시)
출처 : (좌)삼성뉴스룸(2010. 11. 14).

그림 1-26 **내구성이 좋고 폐기물을 최소화한 건식공법으로 건설된 경량 철골구조 다세대주택의 구조와 외관**
사진 제공 : (주)스틸라이트.

의 공동주택에서는 건축물에너지효율등급, 친환경성능평가, 건강친화형 주택, 장수명주택건설인증을 의무적으로 받아야 하므로 에너지 절약형, 친환경주택이 증가할 것이다.

공동주택단지의 거주자들은 에너지 사용 절감을 통한 관리비 절감의 실질적인 혜택을 누릴 수 있으므로 에너지, 정보기술과 같은 신기술 접목에 따른 다양한 방식이 적용된 주택을 선호할 것이다.

4) 주거지재생과 커뮤니티 활성화

'마을만들기'는 2000년대 후반부터 주민 스스로 지역공동체를 활성화하고 유지하기 위한 활동으로 진행되어 왔다. 산업화와 도시화로 개인, 프라이버시, 주택으로 좁혀졌던 인식과 생활의 범위를 주민, 커뮤니티, 주거지로 넓힌 것이다.

노후화된 주거지의 재생계획은 물리적인 정비뿐만 아니라 지역의 경제·환경·복지 등의 종합적 지역 발전을 위한 방향으로 주민 참여를 통해 진행되었으며 근 미래에는 지역 중심의 주민활동이 더욱 많아질 것이다. 제도적인 지원을 통해 주민의 커뮤니티의식을 높이기 위한 사업들이 진행되어 왔으므로 선진적인 사례의 경험을 토대로 자생적인 힘을 기르는 주거지들이 늘어날 것이다. 저출산 고령사회의 주거지 내에서 발생하는 육아와 노인 돌봄의 문제, 청년층의 일자리 만들기 등의 문제를 지역 내 주민들이 해결할 수 있는 방법을 찾고 소득과도 연결되는 경제적인 커뮤니티 비즈니스 방식으로 전개해 나갈 것이다.

그림 1-27 주거지재생으로 조성한 주민 공동텃밭(전주 노송동)

그림 1-28 주거지재생으로 환경이 정비된 '이화마을'(서울)

향후 정부의 주택정책 방향은 주거의 수요와 공급 측면에서 인구·가구, 경제 여건, 사회환경, 주택시장의 변화에 대한 다수의 전망 보고서를 바탕으로 과거의 거시적 접근보다는 미시적 접근으로 주택유형 다변화와 공급방식 개편으로 수요 맞춤형 주택공급 체계를 구축하여 보편적 주거복지를 실현하는 일이 될 것이다. 공공 부문은 저소득층의 주거 안정이나 공공성이 요구되는 영역에, 민간 부문은 시장성을 중시한 부문으로 구분하여 역할을 수행하면서 상호보완적인 공조 체계를 유지하는 방향을 지향해야 한다. 따라서 주거 및 주거환경의 대안을 마련하기 위해 시도되는 공공의 시범사업을 통해 민간이 사업하는 데 적합한 기반환경이 형성될 수 있도록 제도를 정비해야 하며 주택 공기업과 민간기관과의 협력 및 지원을 할 수 있는 자문 역할조직의 구축, 사업을 진행할 수 있는 다양한 금융상품 개발 등이 이루어져야 한다.

생각해 보기

1. 우리나라 주택이 지난 50여 년간 아파트 위주로 공급된 이유를 공급자 측면과 수요자 측면에서 토론해 보자.
2. 20~60대의 연령대별 주거의식, 주거선호, 자가보유의식 등에 어떠한 차이가 있는지 주거실태 조사, 주거 관련 공적 기관의 보고서를 활용하여 비교해 보고 차이가 나는 이유를 토론해 보자.
3. 1인 가구의 비율이 40% 안팎인 국가들의 1인 가구의 특성, 주택유형, 주거지원서비스 등을 조사해 보고 우리나라에 적용해야 할 사항에 관해 토론해 보자.

2장

다양한 주거 선택

우리는 성인이 되어 부모로부터 독립하면 경제적 주체로서 주거를 선택·소비하게 된다. 주택은 개인과 가족이 사회에서 살아가는 데 꼭 필요한 거주의 공간이자 경제적 재화로서 중요한 자산이다. 주택을 소비할 때는 일상적인 소비와 달리 복잡한 의사 결정과정을 거쳐야 하며, 다양하고 정확한 정보와 지식이 필요하다.

본 장에서는 주거생활의 주체가 되는 가족의 관점에서 주거 선택을 초래하는 주요구의 변화와 주거조절행동에 관해 알아본다. 합리적인 주거 선택을 위한 재화로서 주택이 갖는 특성과 다양한 주택 소비 절차와 비용에 대해서도 살펴본다. 또 최근 증가하고 있는 집 짓기 과정에 관해서도 알아보도록 한다.

1 내 가족의 주거

1) 가족생활주기

사람은 시간의 흐름에 따라 성장, 결혼, 출산, 육아, 노후라는 단계를 거친다. 이러한 가족구성원 및 생활의 변화를 기술하는 개념이 바로 가족생활주기(family life cycle)이다. 일반적으로 가족은 결혼으로 형성되고 자녀 출산으로 확대되며 성인 자녀가 독립하면서 축소되고 사망으로 종결되는데, 이러한 과정을 6단계*로 나누어 설명하면 다음과 같다.

* 가족생활주기의 단계 구분은 학문의 관심 영역 및 연구자에 따라 차이가 있는데, 유영주(1984)는 한국 가족의 가족 발달 및 첫 자녀의 성장에 기준을 둔 6단계를 제시하였다.

1단계는 가정 형성기로 남녀가 결혼을 통해 새로운 가족을 형성하는 시기이다. 2단계는 자녀 출산 및 양육기로 첫 자녀를 출산하고 초등학교에 입학하기 전까지의 시기이다. 3단계는 자녀 교육기로 첫 자녀가 초등학교, 중학교, 고등학교를 다니는 학령기 동안 교육을 하는 시기이다. 4단계는 자녀 성년기로 첫 자녀가 고등학교를 졸업하고 대학 진학, 취업, 결혼 등으로 독립을 하기 전까지의 시기이다. 5단계는 자녀 결혼기로 첫 자녀부터 막내 자녀까지 독립된 세대를 구성하여 가족구성원이 축소되는 시기이다. 마지막 6단계는 노년기로 부부만 남거나 배우자 사별 후 가족이 해체되는 시기이다.

2) 주요구 변화와 대응

주택이라는 고정된 물리적 환경에서 생활하는 가족은 가족생활주기의 변화와 함께 끊임없이 새로운 주요구(housing needs)가 생겨나게 된다. 변화된 주요구로 인해 가족과 주거환경 간의 균형이 깨지면 가족은 주거 불만족을 해소하기 위해 다양한 주거조절행동을 하게 된다.

주거규범은 자신의 주택과 타인의 주택을 평가하는 기준이 된다. 주거규범은 가족이 속한 사회 안에서 사회화 과정을 통해 습득하는 문화규범과 개별 가족이 처해 있는 상황과 가치관에 따라 만들어지는 가족규범이 반영되어 형성된다. 주거규범에 의해 자신의 가족이 생활하는 주택에 대한 통상적인 기대와 가치, 주거목표를 정하게 된다. 주택의 공간, 소유권, 주거유형, 주거의 질, 주거비, 근린환경에 주거규범을 적용시키면서 현재 주거상황이 주거규범이라는 기준에 미치지 못하면 주거 결함과 함께 주거 불만족을 느끼게 된다. 이를 해소하기 위해 가족은 주거이동이나 주택개조와 같은 주거조절행동을 하게 된다.

주거이동이란 동일한 노동시장과 주거시장 내에서 거주지를 바꾸는 단거리 이사를 의미하며 기후, 직장, 경제적 기회와 같은 비주거적 요인에 의해 발생하는 장거리 이사인 이주와는 구별된다. 가족은 주거이동을 통해 원하는 주거공간의 규모나, 주택 유형, 소유권, 근린환경의 변화 및 개선을 도모할 수 있다. 주택개조는 주거지를 바꾸지 않고 유지하는 대신 현 주택의 공간 및 설비를 가족의 주요구에 맞게 개조하는 것을 말한다. 즉 주거공간의 배치를 바꾸거나, 증·개축을 통해 규모를 늘리거나, 인테리어나 설비를 바꾸어 주거의 질을 개선하는 것 등이다. 주택개조는 주거이동과 달리 주택 유형이

그림 2-1 **주요구 변화에 따른 주거이동**

가족은 주요구 변화에 대응하기 위해 주거이동을 한다. 이를 통해 가족은 주거공간의 규모나 주택 유형, 소유권, 근린환경의 변화 및 개선을 도모할 수 있다.
사진 제공 : Photostock.

그림 2-2 **주택개조**

주택개조는 공간에 대한 주요구의 변화를 제한된 수준에서 개선시킬 수 있다.
사진 제공 : Pixabay.

나 소유권, 근린환경을 변화시킬 수 없지만, 공간에 대한 주요구의 변화를 제한된 수준에서 개선시킬 수 있다. 주택개조의 범위는 방의 용도를 바꾸거나 가구를 이동·교체하는 것 같은 간단한 것부터 리모델링이나 증축, 재건축에 이르는 대규모 공사까지 다양하게 나타날 수 있다. 최근에는 이동가능한 벽체 및 가구를 적용하여 가족구성이 바뀌거나 가족생활주기 변화에 따라 주요구가 달라졌을 때 이에 대응할 수 있는 장수명 가변형 주택에 대한 연구도 활발히 이루어지고 있다.

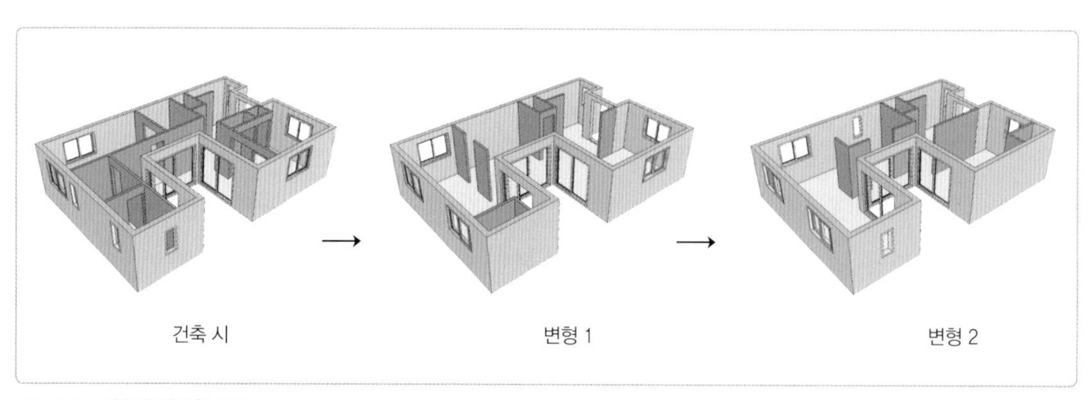

그림 2-3 **장수명 가변형 주택**

건물의 골격(skeleton)은 유지하면서 내장재(infill)를 쉽게 교체할 수 있는 주택으로, 가족의 주요구 변화에 대응하여 평면구조를 바꿀 수 있다.

한편 주거이동이나 개조에도 제약이 있을 경우, 조절행동 대신 적응행동을 할 수 있다. 적응행동에는 규범적 적응과 구조적 가족적응이 있다. 규범적 적응이란 일시적으로 주거규범의 수준을 낮추어 이상과 현실 사이의 긴장을 완화시키는 것이다. 구조적 가족적응은 현 주거상황에 맞춰 가족구성이나 역할관계를 조정하여 환경에 가족을 적응시키는 방식이다.

3) 주거생활주기

가족생활주기의 단계에 따라 가족구성원의 형성·확대·축소·해체가 이루어지고 그에 따른 생활의 변화를 수반하게 되는데, 가족생활의 기반인 주택 역시 단계별로 공간적·환경적 요구가 달라지게 된다. 주거생활주기는 이러한 가족생활주기 변화에 따른 주요구의 변화를 기술하는 개념이다. 즉 가족은 단계별로 주택 소유형태, 주택규모, 침실 수, 주택의 질, 주택유형, 근린환경에 대한 요구가 변화하며 이에 대하여 현 주거상황과 주거규범을 비교하면서 자신의 주요구에 대한 적절한 조절 및 적응행동을 하게 된다.

가정 형성기에는 부모로부터 단독세대로 분가를 하거나 결혼과 함께 가정을 형성하여 새로이 세대를 구성하고 그에 따른 적절한 주택을 탐색하고 주택자금을 준비하는 주거 탐색기이다. 이 시기의 사람들은 대개 젊고 사회 경험도 적기 때문에 경제적으로 여유가 많지 않다. 따라서 주택의 질, 공간, 소유권, 근린환경 등 다양한 측면에서 현 주거의 상황이 주거규범에 못 미칠 수 있다. 일반적으로 작은 규모의 주택을 임차하는 경우가 많다. 그러나 가족의 수가 적어 주택 내 공간의 종류나 규모에 대한 요구가 상대적으로 적고, 주택의 위치도 유동적으로 선택할 수 있다. 보통 직장과의 거리, 교통의 편리성을 가장 중요하게 고려한다.

자녀 출산 및 양육기에는 자녀 수가 증가하고 자녀 성장에 따른 공간 요구가 증가하며, 가사노동량이 늘어 주택 내 가사효율을 높일 수 있는 공간 및 설비를 요구하게 된다. 또 아이의 건강과 안전을 도모할 수 있는 근린환경에 대한 요구가 높아져 병원 및 보육시설이 가깝고, 자녀와 산책을 하거나 놀이를 즐길 수 있는 쾌적한 주변환경을 고려하게 된다. 그러나 경제적인 이유로 주택규모와 근린환경이 주거규범에 미치지 못하기가 쉽고, 자가를 마련하기 전까지의 거주기간이 짧고 자주 이동하게 되는 주거변동기에 해당된다.

자녀 교육기에는 학령기 자녀를 위한 공간과 환경에 대한 요구가 높아진다. 따라서 자녀 혼자 사용할 수 있는 개별 방이 요구되고 자녀가 사용하는 책, 의류 및 용품을 수납하고 정리할 수 있는 가구 및 공간계획이 필요하다. 또 거주지 이동으로 인하여 자녀의 학교 및 교우관계를 고려한 환경의 변화가 야기되는 것을 지양하며 자가를 마련하는 주거안정기에 해당한다. 이후 주택의 규모를 넓히고 사회적 지위에 맞는 거주 지역으로 이사를 한다. 주거안정기에 들어가게 되는 이 시기는 현 주거상황과 주거규범의 차이가 점차 줄어들어 일치하게 된다. 세부적으로는 주거안정기 중 주거규모 확대기와 주거의 질 향상기에 해당한다.

자녀 성년기와 자녀 결혼기에는 자녀의 진학, 취업, 결혼 등으로 자녀가 독립하게 되어 가족구성원의 축소가 이루어진다. 따라서 그동안 자녀를 중심으로 했던 생활양식과 공간 사용이 부부 중심으로 재편되면서 주요구에 변화가 생긴다. 자녀 성년기에는 부부의 취미나 부부가 사용하는 의류 및 용품 위주로 수납공간을 계획하게 되고 부부의 사회적 교제를 위한 주택 내 접객장소 및 취미장소가 요구된다. 이 시기는 모든 주거특성에서 주거규범과 현재의 주거상황이 완전히 일치하게 되어 주거 만족수준이 가장 높고 주거생활이 안정적으로 정착되는 주거안정기에 해당된다. 자녀 결혼기에는 실질적으로 가족구성원이 줄어들면서 공간에 대한 요구가 줄어 현 주거상황이 주거규범보다 더 나은 상태이며 이를 조절하기 위해 주거이동을 하거나 주거개조를 하는 등 주거규모를 축소하는 주거축소기에 해당한다.

노년기에는 은퇴와 함께 사회적 환경에 변화가 생기면서 여가 및 주거생활의 비중이

표 2-1 **주거생활주기 단계별 주거규범과 현 주거상황의 비교**

1. 주거탐색기	2. 주거변동기	3. 주거안정기	4. 주거축소기	5. 주거의존기
주거규범 > 현 주거 상황	주거규범 > 현 주거 상황	• 주거규모 확대기 주거 규범 ≥ 현 주거 상황 • 주거의 질 향상기 주거 규범 ≥ 현 주거 상황 • 주거 정착 안정기 주거규범 = 현 주거 상황	주거규범 ≤ 현 주거 상황	상황에 따라 다름

출처 : 이경희 외(1993). p.177 일부 수정.

커지는 한편 신체적 기능이 저하되면서 이에 대응할 수 있는 주거시설 및 설비에 의존하게 된다. 노인이 최대한 주택에서 자립적으로 생활할 수 있도록 무장애디자인으로 개조하거나 주택 유지·관리가 쉽고 생활서비스를 받을 수 있는 주거시설로 이동하는 주거 의존기에 해당한다.

이처럼 가족생활주기의 단계별 변화에 따른 주거생활주기의 특성을 파악하면, 향후 주거를 선택·소비 시 이를 적용하여 가족의 변화하는 주요구를 인지한 합리적인 의사결정에 도움이 될 수 있다.

다만, 추가로 고려해야 할 것이 있다면 최근 고령화를 비롯하여 혼인율·출산율의 감소, 이혼율의 증가 등 급격히 심화되고 있는 인구·사회학적 변화이다. 이러한 변화는 1·2인 가구의 증가와 같은 가족형태의 세분화와 라이프스타일의 다양화·개성화로 이어지고 있다. 따라서 앞서 살펴본 가족생활주기의 단계적 과정과 주거생활주기의 특성을 현대의 모든 개인 및 가족에게 단편적으로 적용하는 데는 한계가 있으므로 각 가족의 다양한 형태와 라이프스타일을 고려하여 차별적으로 적용해야 할 것이다.

2 주택의 선택과 소비

1) 주거 선택과 정보

(1) 주거의 특성

주택은 우리가 일생 동안 소비하는 재화 중 구매를 결정하기까지 가장 고민을 많이 하게 되는 재화일 것이다.* 이는 재화로서 주택이 갖고 있는 몇 가지 고유한 특성 때문인데, 대표적인 특성을 정리하면 다음과 같다.

첫째, 주택은 다른 상품에 비해 매우 고가이다. 따라서 주택시장에서는 주택금융의

---

* 주택은 고관여 재화(high involvement product)에 속한다. 고관여 재화란 소비자의 중요한 욕구 충족과 관련이 있고, 가격이 높아 거래로 인한 재정적·심리적 위험이 크다.

역할이 매우 크며, 집을 구입할 능력이 없거나 의사가 없는 계층에게는 임대시장이 형성된다. 둘째, 주택은 내구성이 크다. 주택의 수명은 보통 수십 년 이상이며, 철거에 상당한 비용이 소요된다. 셋째, 주택은 특정 지역에 고정되어 있다. 주택은 땅 위에 지어진 건축물로 이동이 불가능하며 주변과 관련된 각종 외부효과의 영향을 받는다. 또한 고정성으로 인해 주택공급의 신축성이 제약되어 수요와 공급에 탄력적으로 대응하지 못한다. 넷째, 주택은 동일한 상품이 없다. 같은 지역에 있는 똑같은 아파트라고 하더라도 층수, 향, 인테리어 등에 의해 성격이 달라지며 어떤 주택에도 다른 주택과 대체할 만한 동질성이 없다. 다섯째, 주택은 높은 거래 비용이 요구된다. 주택의 구입은 이주를 수반하며 여기에 시장조사 비용, 중개료, 취득세, 등록세 등이 요구되고 다른 재화에 비해 거래 빈도가 낮다. 여섯째, 주택은 건설에 상당한 시간이 소요되며 매년 일정량이 노후로 인해 소실된다. 마지막으로 주택은 불가분성이 있어 분리하여 구입할 수 없다.

이와 같이 주택은 재화의 가격이 높고 상당한 거래 비용이 수반되는 등 다른 재화와 구별되는 고유한 특성이 있을 뿐만 아니라, 주택 소비의 주체가 개인이 아닌 가족이며, 잘못된 구매의사 결정에 대한 리스크가 매우 크다. 따라서 주거 선택 시에는 적극적이고 신중한 정보 탐색이 필요하다.

(2) 주거 선택의 의사 결정과정

앞 장에서 살펴본 바와 같이, 가족은 변화된 주요구로 인해 주택과 가족 간의 불균형이 발생하면 이를 해소하기 위해 주거 조절을 하게 된다. 이때부터 정보 탐색과 대안의 평가과정을 통해 개조 혹은 주거이동을 결정하게 된다. 새로운 주거로 이동하고자 하면 그에 따른 여러 가지 주택 대안의 속성이라 할 수 있는 주거 선택의 하위요소를 평가하여 주택을 결정하게 된다(표 2-2).

이를테면, 가족이 주거를 이동하고자 할 때에는 우선 자가와 임차의 소유형태를 결정하게 될 것이다. 주택을 소비한다는 것은 거액의 자금이 중·장기적으로 투입되는 일인 만큼 경제성 측면에서 주택 소유 또는 임차에 따른 재무적 부담의 감당 여부를 검토해야 한다. 또 주택시장 및 자본시장의 전체적인 흐름을 보아 주택 소비의 경제적 효용에 대한 판단도 해야 할 것이다. 한편 가족의 거주성 측면에서도 주택을 소유할 것인지, 아니면 주택 소유를 미루고 주택을 임차할 것인지 결정해야 한다. 이를 위해 주택을 소유

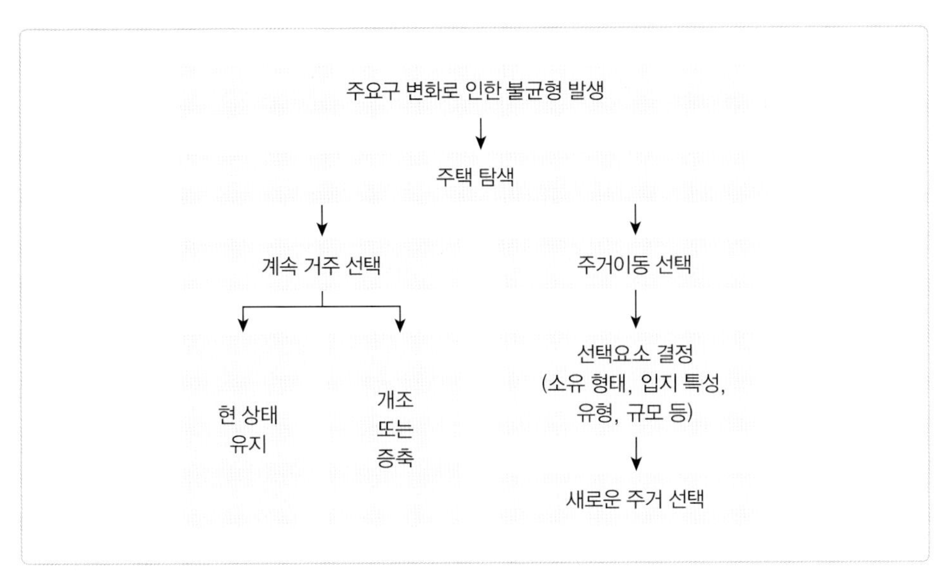

그림 2-4 주거 선택의 의사 결정과정

표 2-2 주거 선택요소 및 하위요소

주거 선택요소	하위요소	내용
입지 특성	교통편리성	대중교통, 주요 도로와의 인접성
	쾌적성	대기환경, 녹지, 공원
	생활편익시설	상업시설, 병원, 문화시설
	교육환경	학교, 보육시설
	이웃	친지·친구가 사는 곳, 이웃·커뮤니티수준
경제성	소유형태	자가, 임차
	투자 가치	매도시 효용 발생가능성
	주거비	주택가격, 거래비용, 세금, 관리비
주택 특성	유형	단독주택, 공동주택, 상가주택
	평면구조	방의 수, 배치, 면적 배분
	인테리어	마감재, 실내디자인
	설비	홈오토메이션, 빌트인 가전
	향	주택의 향, 조망
단지 특성	단지 규모	세대 수
	단지환경	단지 내 조경, 녹지공간
	단지공동시설	주민편의시설, 주차장, 놀이터
	안전시설	범죄, 화재, 재난에 대한 안전

표 2-3 자가 소유와 임차주택 거주의 장단점 비교

구분	자가 소유	임차
장점	• 내 집 마련의 성취감 및 안정감 • 시세 차익 발생 시 자산 증식효과 • 이사 부담·압박이 없는 거주 안정성 • 구조 변경 및 인테리어에 대한 자율성	• 주택 구입으로 인한 대출 부담이 없음 • 소유 대비 적은 비용으로 원하는 주택에서 거주 • 직장, 자녀교육으로 인한 이동이 자유로움 • 주택관리를 위한 시간과 비용 부담이 적음
단점	• 보유 기간 동안 재산세 부담 • 투자 가치 하락 시 자산 손실 • 주거이동의 불편함 • 주택 관리 의무 부담	• 임차비 상승의 압박 • 심리적 안정성의 결여 • 보증금 반환 문제로 인한 위험성 • 구조 변경 및 인테리어의 제약

할 때와 임차할 때의 장단점을 상세하게 비교하고 대상 주택의 종류를 검토해야 할 것이다(표 2-3).

(3) 주거 선택을 위한 정보

합리적인 주거 선택을 위해서는 정확한 정보 획득이 중요하다. 흔히 쉽게 접할 수 있는 주택 관련 광고나 부동산중개소 및 공급자 측은 여러 이해관계에 얽혀 있으므로 소비자에게 객관적이고 정확한 정보를 충분히 제공하기 어렵다. 과거에는 일반인들이 얻을 수 있는 주택에 관한 기초 자료가 제한적이어서 주택 소비자가 수동적인 정보 수신자에 불과했지만, 최근에는 주택 관련 기초 자료들이 인터넷에 공개되어 있어 주택에 관심이 있는 사람이라면 누구나 쉽게 주택 관련 지표와 자료를 탐색·해석할 수 있을 뿐만 아니라 이를 공유하면서 적극적인 정보 발신자로 발전할 수 있다. 다음은 주택 관련 정보를 얻을 수 있는 대표적인 홈페이지에 관한 설명이다.

① 국토교통부

2006년부터 아파트 실거래가 신고제가 시행되면서 국토교통부 홈페이지(www.molit.go.kr)에서 아파트 실거래 가격을 검색하여 확인할 수 있다. 또 재산세 등의 세금을 부과하기 위해 토지별로 매겨 놓은 개별공시지가도 확인할 수 있다. 국토교통통계누리에서는 주택을 포함한 국토교통 관련 통계를 편리하게 확인·이용할 수 있다. 주택과 관련된 공동주택 현황, 미분양주택 현황, 재고주택 및 임대주택 현황, 재건축 추진 현황, 주택가격 및 전월세가격 동향 등을 확인할 수 있다.

② 온나라부동산정보 통합포털

국토교통부가 운영하는 부동산정보 통합포털(www.onnara.go.kr)로 전국의 부동산 가격 및 거래 현황, 분양정보, 부동산정책 및 통계 등의 자료를 확인할 수 있다. 또한 부동산종합증명서를 열람하고 발급할 수 있다. 이를 통해 토지의 지목, 면적, 건물의 층수, 구조, 소유자 등을 한눈에 비교·확인할 수 있다.

③ 한국주택금융공사

한국주택금융공사 홈페이지(www.hf.go.kr)에서는 일반 은행보다 비교적 낮은 이율의 고정금리로 원(리)금 분할상환 방식의 모기지론 대출을 해 주거나, 전세자금 대출 및 아파트 중도금 대출을 위한 보증서를 발급해 준다. 이외에도 주택을 담보로 노후생활자금을 매달 연금형태로 지급받는 역모기지론에 대한 보증을 서 주거나, 금융기관으로부터 주택저당채권을 양도받아 유동화증권(MBS)을 발행한 후 투자자들에게 판매하여 장기 저리의 대금을 채권시장에 안정적으로 조달한다.

④ 금융결제원 주택청약서비스

금융결제원 주택청약서비스 홈페이지(www.apt2you.com)에서는 인터넷 청약 및 당첨 확인, 분양정보 등 아파트 청약 관련 정보를 제공한다. 여기서 인터넷 청약 및 당첨 확인 조회가 가능하며 분양 중인 주택 정보와 청약 접수 경쟁률을 확인할 수 있다. 이 밖에도 청약통장 가입 현황이 종류별·지역별·순위별로 매달 제공된다.

⑤ 전국은행연합회

대부분의 사람들은 집을 살 때 어느 정도의 돈을 은행에서 빌리게 된다. 이때 자신에게 맞는 대출상품을 고르기란 쉽지 않다. 또한 자신에게 맞는 대출상품을 찾기 위해 여러 은행에 가서 대출상담을 받다 보면 잦은 신용조회로 신용등급이 떨어질 수도 있다. 전국은행연합회 홈페이지(www.kfb.or.kr)에서는 전국 모든 은행의 대출상품, 이자, 상환조건 등을 한눈에 비교할 수 있어 자신에게 맞는 대출상품을 손쉽게 찾을 수 있게 해 준다.

⑥ 대법원인터넷등기소

세를 얻거나 집을 살 때 반드시 확인해야 하는 서류 중 하나가 바로 등기사항전부증명서이다. 대법원인터넷등기소 홈페이지(www.iros.go.kr)에서는 손쉽게 증명서를 발급받을 수 있다.

⑦ 기타

원하는 부동산 매물이 있는지 알아보고 싶을 때는 다수의 시세 홈페이지를 이용하면 된다. 여러 홈페이지에서 현재 시세를 비롯한 기간별 시세 추이를 조회할 수 있고, 매물 개수와 중개업소에 대한 안내가 이루어지며, 그 외의 중개수수료와 세금도 계산할 수 있다.

2) 주택 소비 절차와 비용

(1) 기존 주택 매입

① 매입 절차

주택을 매입할 때는 우선 거주 목적에 맞는 주거지를 선정해야 한다. 이때 그 지역을 직접 방문해서 주거환경을 확인하는데, 구체적으로는 대중교통의 편리성, 직장 및 학교와의 거리 및 접근성, 생활편의시설, 자연환경 및 공원 등 가족의 거주성이 적절한지를 살펴보게 된다.

관심 있는 지역의 주거환경을 확인했다면 인근 부동산 중개업소를 방문해서 정확한 시세를 알아본다. 인터넷 시세정보 홈페이지를 통해 가격을 미리 파악할 수도 있다. 부동산중개인에게서는 구매가능한 주택의 정보 제공, 매수인과 매도인의 중개 역할, 가격 협상의 중개, 주택구매계약의 체결 및 법적 등기에 대한 서비스, 사후관리 등을 제공받을 수 있다. 그러나 부동산 중개업자가 제공하는 정보에는 이해관계가 얽혀 있으므로 보다 정확하고 객관적인 정보 파악을 위해서는 스스로 관심 있는 대상 지역의 정보를 다양한 매체에서 수집할 필요가 있다.

대상 주택을 선정했다면 직접 주택을 방문하여 주택 내외부에 대한 대략적인 관찰은 물론 주변환경까지 다시 한 번 점검하는 것이 좋다. 필요로 하는 주택의 용도에 맞추어

부동산매매계약서

매도인과 매수인 쌍방은 아래 표시 부동산에 관하여 다음 계약 내용과 같이 매매계약을 체결한다.

1. 부동산의 표시 ❶

소 재 지				
토 지	지 목		면 적	m^2
건 물	구조·용도		면 적	m^2

부동산의 표시

사려는 집의 주소와 동호수, 구조, 용도, 면적, 집이 있는 대지의 지목, 대지권, 대지면적을 정확히 기재한다.

2. 계약내용

제 1 조 (목적) 위 부동산의 매매에 대하여 매도인과 매수인은 합의에 의하여 매매대금을 아래와 같이 지불하기로 한다. ❷

매 매 대 금	금 원정 (\ )
계 약 금	금 원정은 계약시에 지불하고 영수함. 영수자(㊞)
중 도 금	금 원정은 년 월 일에 지불한다.
	금 원정은 년 월 일에 지불한다.
잔 금	금 원정은 년 월 일에 지불한다.

계약 내용 1

매매 대금, 계약금, 중도금, 잔금의 액수와 지급일을 기재한다.

제 2 조 (소유권 이전 등) 매도인은 매매대금의 잔금 수령과 동시에 매수인에게 소유권이전등기에 필요한 모든 서류를 교부하고 등기절차에 협력하며, 위 부동산의 인도일은 _____년 ___월 ___일로 한다. ❸

제 3 조 (제한물권 등의 소멸) 매도인은 위의 부동산에 설정된 저당권, 지상권, 임차권 등 소유권의 행사를 제한하는 사유가 있거나, 제세공과금과 기타 부담금의 미납금 등이 있을 때에는 잔금 수수일까지 그 권리의 하자 및 부담 등을 제거하여 완전한 소유권을 매수인 에게 이전한다. 다만, 승계하기로 합의하는 권리 및 금액은 그러하지 아니하다.

제 4 조 (지방세 등) 위 부동산에 관하여 발생한 수익의 귀속과 제세공과금 등의 부담은 위 부동산의 인도일을 기준으로 하되, 지방세의 납부의무 및 납부책임은 지방세법의 규정에 의한다.

제 5 조 (계약의 해제) 매수인이 매도인에게 중도금(중도금이 없을 때에는 잔금)을 지불하기 전까지 매도인은 계약금의 배액을 상환하고, 매수인은 계약금을 포기하고 본 계약을 해제할 수 있다.

제 6 조 (채무불이행과 손해배상) 매도인 또는 매수인이 본 계약상의 내용에 대하여 불이행이 있을 경우 그 상대방은 불이행한자에 대하여 서면으로 최고하고 계약을 해제할 수 있다. 그리고 계약당사자는 계약해제에 따른 손해배상을 각각 상대방에게 청구할 수 있으며, 손해배상에 대하여 별도의 약정이 없는 한 계약금을 손해배상의 기준으로 본다.

제 7 조 (중개수수료) 중개업자는 매도인 또는 매수인의 본 계약 불이행에 대하여 책임을 지지 않는다. 또한, 중개수수료는 본 계약체결과 동시에 계약 당사자 쌍방이 각각 지불하며, 중개업자의 고의나 과실없이 본 계약이 무효·취소 또는 해제되어도 중개수수료는 지급한다. 공동 중개인 경우에 매도인과 매수인은 자신이 중개 의뢰한 중개업자에게 각각 중개수수료를 지급한다.(중개수수료는 거래가액의 %로 한다.)

제 8 조 (중개대상물확인·설명서 교부 등) 중개업자는 중개대상물 확인·설명서를 작성하고 업무보증관계증서(공제증서 등) 사본을 첨부하여 계약체결과 동시에 거래당사자 쌍방에게 교부한다.

계약 내용 2

매도인이 매수인에게 언제까지 집을 넘겨 준다든지, 전기요금이나 가스요금 등은 집을 판 사람이 잔금을 받기 전에 모두 해결해 놓는다든지, 계약을 해제하려면 어떻게 해야 한다든지, 중개수수료는 언제 준다든지 등에 관한 내용을 기재한다.

특약사항 ❹

특약사항

집을 판 사람 마음대로 잔금날짜를 앞당길 수 있다든지, 집을 판 사람이 내야 하는 중개수수료나 양도소득세를 산 사람한테 대신 내라든지 등 자신에게 불리한 내용이 없는지 확인한다.

본 계약을 증명하기 위하여 계약 당사자가 이의 없음을 확인하고 각각 서명·날인 후 매도인, 매수인 및 중개업자는 매장마다 간인하여야 하며, 각각 1통씩 보관한다. 년 월 일 ❺

계약일

계약한 날을 기재하는 칸이다.

매도인	주 소					❻
	주 민 등 록 번 호		전 화		성 명	㊞
매수인	주 소					
	주 민 등 록 번 호		전 화		성 명	㊞
중개업자	사 무 소 소 재 지					
	사 무 소 명 칭					
	대 표	서명및날인	㊞			
	등 록 번 호				전화	
	소속공인중개사	서명및날인	㊞			

매도인, 매수인, 중개인의 주소, 연락처, 주민등록번호

❼ **간인**

공간계획이 되어 있는지, 수리 및 개선의 필요성이 있는지 살피는 것이다. 한편 대상 주택의 등기부등본 및 건축물대장 등을 확인하여 소유권 이전에 어떤 법적 하자가 있지는 않은지 주의 깊게 살펴보아야 한다.

대상 주택의 주택가격협상은 보통 주택의 매도인과 매수인 사이에서 중개인이 의사 전달을 맡아 이루어진다. 보통 주택 매도인이 희망하는 매매가격을 주택 구매자에게 제시하는데, 가격 협상은 주택 구매자가 매도인에게 구매 가능한 가격을 제시함으로써 시작된다. 구매자의 가격 제시가 매도인에게 받아들여지면 계약이 진행된다.

주택거래가격이 협상되면 바로 주택매매계약서를 작성하게 된다. 계약서를 작성할 때는 일정 계약금을 지불하는 것이 보통이다. 매매계약서에는 거래 당사자의 인적사항, 거래 물건의 표시, 등기와 주택의 인도시기, 거래 대금으로서 계약금, 중도금, 잔금의 지불 방법 및 시기, 계약의 해제 사유와 절차 및 위약금 부담에 관한 사항, 기타 약정내용 등을 명확히 기재하고 거래 당사자는 중개인 입회하에 본인이 각자 서명·날인한다. 이때 계약서는 보통 3부를 작성하여 당사자와 중개인이 1부씩 보관하는 것이 일반적이다.

최근 종이나 인감 없이 공인인증서와 온라인 서명만으로 부동산을 거래하는 부동산 거래 전자계약시스템(irts.molit.go.kr)이 도입되어 운영되고 있다. 부동산 전자계약을 이용하면 시간과 공간의 제약 없이 계약을 체결할 수 있고, 실거래 신고 및 확정일자 부여가 자동으로 처리되며 계약서류가 공인된 문서보관센터에 보관되어 종이계약서를 보관할 필요가 없다.

주택구매대금은 계약서에 기재한 날짜에 약속된 방법에 의해 보통 계약금, 중도금, 잔금 순으로 지급하게 되어 있다. 대금을 지불할 때는 반드시 영수증을 받아 두고 잔금을 지불하고 나면 소유권이 법적으로나 실질적으로 구매자에게 넘어오게 된다.

대금 지불 후에는 관할 구청과 은행, 등기소를 방문하여 부동산등기부에 소유권이전 사실을 등재하고 취득세를 납부한다. 소유권이전 등기업무는 구매자 스스로 할 수도 있고, 법무사가 수수료를 받고 대행할 수도 있다.

등기사항전부증명서는 표제부, 갑구, 을구로 구성되어 있는데 표제부에는 부동산의 소재지와 내용이, 갑구에는 소유권 이전에 관한 사항이, 을구에는 담보에 관한 저당권·전세권 등의 사항이 기재된다. 여기에는 주택 매매를 통해 소유권이 완전히 이전되었음이 기재되어 있어야 한다.

② 매입자금

주택의 매입자금은 보유한 자산으로 충당할 수도 있지만, 주택 구입을 위해 금융기관으로부터 대출을 받는 경우가 일반적이다. 따라서 주택계약을 차질 없이 이행하기 위해서는 금융기관으로부터 대출받을 수 있는 자금의 규모와 조건을 보장받아 두는 것이 중요하다. 이때 자신에게 가장 유리한 대출조건(대출금리, 상환기간, 대출한도 등)을 제시하는 금융기관을 선택해야 한다.

모든 은행이 LTV(Loan to Value : 주택담보인정비율) 및 DTI(Debt to Income : 총부채상환비율) 같은 기준을 적용하기 때문에 대출 가능 금액은 어디나 크게 차이가 나지 않는다. LTV와 DTI는 2005년부터 시행되고 있는 것으로, 정부가 가계경제와 은행의 금융부실을 막기 위해 개인의 대출 금액 및 원리금의 한계를 정해 놓은 것이다. 이를 적용하여 대출한도가 나오면 자신에게 맞는 상환계획과 금리구조(고정금리 또는 변동금리)를 선택해야 한다. 또 같은 대출금액이라도 금리나 대출조건이 은행별로 차이가 나기 때문에 유리한 조건을 따져 봐야 한다. 은행별로 마련해 놓은 주택담보대출 금리의 우대조건이 있고 주거래 은행이라면 그동안 쌓아 놓은 신용상태로 금리 감면을 받을 수도 있다. 중도상환수수료가 얼마인지도 파악해 둔다. 중도상환수수료란 금융기관에서 돈을 빌린 고객이 만기 전에 대출금을 갚을 경우 금융기관이 고객에게 부과하는 수수료로,

주택담보대출의 적정 비율

대출금액을 결정하기 위해서는 주택가격 대비 대출원금의 비율과 대출자의 수입 대비 지불해야 하는 대출원리금 비율, 두 가지를 함께 고려해야 한다. 매달 상환하는 대출원리금은 매달 지불하는 돈, 즉 수입이 줄어들거나 중단되어도 지불해야 하는 고정 비용이다. 만약 약속된 날짜에 돈을 지불하지 못하는 상황이 반복되면 최악의 경우 금융기관에 의해 집이 경매 처분될 수 있다. 따라서 예기치 않은 일이 생겨 수입이 줄어도 큰 어려움 없이 대출원리금을 지불할 수 있는 수준에서 DTI를 결정하는 것이 바람직하다.

바람직한 대출원리금 지불액은 매달 평균적인 실질 수입의 최고 30%를 넘지 않는 수준에서 저축할 수 있는 돈의 50%를 넘지 않도록 한다. 예를 들어 월 소득 500만 원이 기준이라면 소득의 30%인 150만 원을 넘지 않도록 하고 또한 매달 저축 예산이 200만 원이라면 50%인 100만 원을 넘지 않아야 한다. 이 두 가지를 모두 만족하는 금액은 100만 원 수준이다. LTV와 관련한 대출원금은 집값의 최고 40%를 넘지 않는 게 좋다. 주택가격이 3억 원이라면 40%인 1억 2천만 원 이내에서 받는다. 동일한 금리라도 만기가 길어지면 매월 지불하는 원리금은 줄어든다. 하지만 전체 기간 동안 지불해야 하는 이자는 많아지며 대출 기간에 따라 금융회사에서 적용하는 금리도 차이가 날 수 있다. 이런 식으로 LTV와 DTI를 계산 후 대출을 얼마나 받을 것인지, 만기는 몇 년으로 할 것인지를 최종 결정한다.

금융기관별로 차이가 날 수 있으니 중도상환수수료 조건을 반드시 확인하여 상환 계획을 세워야 한다. 필요한 비용을 산출할 때는 부대비용도 함께 고려해야 한다. 부대비용에는 취득세, 중개수수료, 이사비용, 법무사비용, 등기비용 등이 있다.

주택을 소유하게 되면 주택 관련 세금이 부과된다. 주택 구입 시에는 취득세가 있고, 주택 보유기간 동안에는 재산세를 내야 하며, 살고 있던 주택을 팔 때는 양도소득세를 내야 한다. 취득세는 주택 매입 시 잔금을 치른 날로부터 60일 이내에 내야 한다.

집을 소유하는 동안에는 매년 재산세가 부과된다. 매년 6월 1일을 기준으로 그 시점에 부동산 소유자가 재산세를 내야 한다. 재산세는 시세가 아니라 시가표준액을 기준으로 부과된다. 금액은 정부에서 매해 산정하는 시가표준액에 따라 해마다 달라진다.

양도소득세는 주택을 팔 때 무조건 내는 것이 아니고 주택가격이 구입 시점보다 올라 차익이 생겼을 때 부과되는 세금이다. 단, 9억 원 이하 1세대 1주택자라면 주택 매도 시 차익이 생기더라도 2년간 주택을 보유했다면 거주기간과 지역에 상관없이 양도소득세를 면제받는다.

(2) 신규 분양

① 주택청약종합저축 가입

신규 주택을 분양받기 전에 선행되어야 하는 것은 주택청약종합저축의 가입이다. 주택청약종합저축은 주택 보유 여부와 상관없이 가입이 가능하여 미성년자도 가입할 수 있다. 1인당 통장 1개만 만들 수 있으며, 매월 2~50만 원까지 5,000원 단위로 자유로이 납입할 수 있다. 통장 가입 후 일정 기간이 지나 청약할 수 있는 조건을 만족시키면 분양 주택을 신청할 수 있다.

그림 2-5 **신규 주택 분양을 위한 청약통장**

청약은 아파트 계약을 신청한다는 뜻으로 분양하는 아파트가 있으면 청약을 하고 당첨이 되면 계약을 하게 된다.

청약통장에 가입 후 수도권은 1년 이상, 지방은 6개월 이상 경과하면 아파트를 먼저 분양받을 수 있는 1순위 자격이 주어진다. 정부 등이 공급하는 국민주택은 1순위 내에서 경쟁이 발생할 경우 저축 총액이 많거나(전용면적 400m² 초과 주택), 납입 횟수가 많은(전용면적 400m² 이하 주택) 자에게 우선 공급한다. 민영주택은 1순위 내 경쟁이 발생한 경우 청약가점제를 적용한다. 청약가점제는 실수요자 중심의 주택공급을 위해 무주택기간, 부양 가족 수, 청약통장 가입기간 등을 점수로 환산하여 당첨자를 선정하는 제도이다.

② 청약절차

청약통장에 가입 후에는 신문이나 인터넷 등을 통해 신규 아파트의 분양 공고가 나면 세대 수, 입주일자, 분양하는 아파트의 위치, 주변환경 등 대략적인 분양내용을 파악한다. 관심 주택이 생겼다면 직접 건설회사의 견본주택을 방문하여 세부적인 분양 안내를 받을 수 있다. 견본주택에는 아파트 위치를 알려주는 지도가 전시되어 있으며, 단지 모형도를 통해 동별 향과 전망, 조경, 주차장 진입로 등을 확인할 수 있다. 각 주호 면적별 주호 내부 견본이 설치되어 있어 분양 후 지어질 주택의 내부를 살펴볼 수도 있다.

내부 구조를 모두 본 후에는 계약조건을 확인한다. 계약금·중도금·잔금이 얼마인지, 중도금 대출의 가능 여부와 이자조건, 입주시점 등을 꼼꼼히 파악한다. 이는 분양안내서와 견본주택 직원과의 상담을 통해 자세히 확인할 수 있다. 견본주택 확인을 마친 후에 가능하다면 공사 현장을 답사하여 실제 아파트 주변환경을 검토한다.

청약 접수를 결정했다면 접수일에 분양 공고문에서 안내한 접수장소나 홈페이지에서 청약을 접수한다. 이때 본인의 청약가점을 확인하고 청약 순위별 자격요건을 검토하여 실수하지 않도록 한다. 자격 미달에 따른 청약 실수는 추후에 청약의 기회가 제한되는 등의 제약이 주어지므로 신중하게 진행해야 한다. 발표일에 당첨 사실이 확인되면 청약 계약날짜에 구비서류를 준비하여 계약금을 납입하고, 지정된 날짜에 중도금을 납입한다. 입주 안내를 전달받으면 잔금을 치르고 입주한다.

(3) 임차

① 임대차 절차

자신이 거주하려는 지역을 선정하고, 그 지역 임차주택의 전월세 보증금, 월세 및 기타 비용의 시세를 조사한다. 적당한 후보 주택이 선정되면 구체적으로 자신이 필요로 하는 주택의 요건과 비용을 비교·검토하여 내게 가장 알맞고 저렴한 주택을 고른다.

대상주택이 선정되면 임대차계약서를 작성하게 된다. 이때 주의해야 할 점은 임대차계약의 시작일, 계약기간, 보증금 지급방법 등이 명확하게 기록되어 있는지 확인하는 것이다. 불분명한 점은 부동산중개인이나 임대인에게 반드시 확인하고 이 과정에서 해당 주택의 등기사항전부증명서를 열람하는 것이 필수이다. 해당 주택의 담보 설정 유무를 확인하여 만약 담보가 설정되어 있다면 금액을 확인한다. 금액이 높으면 그 집이 경매되어 집주인이 바뀌는 경우 보증금을 받지 못할 수도 있기 때문이다. 자신의 보증금이 어떻게 반환될지를 명확하게 설정하여 필요하다면 전세권 등기 등의 조치를 취해야 한다. 계약이 완료된 후에는 전입신고를 하고 임대차계약서에 반드시 공증인에게 확정일자등록을 받아 놓는다. 전입신고를 해야 계약기간 도중 집주인이 바뀌더라도 전 집주인과 계약한 기간까지 계속 살 수 있다. 또 확정일자를 받아 놓아야 자신이 세를 얻어 살고 있는 집이 경매로 넘어가더라도 보증금을 보호받을 수 있다.

계약기간이 끝나 이사를 갈 때는 적어도 이사 예정일 1개월 전에 집주인에게 알린다. 집주인에게도 새로운 세입자를 구할 시간적인 여유가 필요하기 때문이다. 이사를 나가는 집에 새로운 세입자가 들어오기로 되어 있다면 대부분의 경우 그 세입자가 이사 오는 날에 보증금을 돌려받을 수 있다.

② 임차비용의 마련과 보전

임차비용의 지급을 위한 자금 마련은 소액의 경우 보유하고 있는 금액으로 충당하는 것이 보통이나, 임차비용이 많을 경우 정부에서 지원해 주는 주택도시기금을 기반으로 한 전월세자금대출과, 일반 시중 은행의 전월세자금대출을 이용할 수 있다.

주택도시기금을 기반으로 하는 전월세자금대출상품은 해당 주택의 보증금액 및 면적, 대출자의 연소득 등의 제한이 있지만, 세부 조건을 만족시킨다면 시중 금리보다 낮은 조건으로 대출을 지원받을 수 있다. 은행에서 대출해 주는 전월세자금대출상품은 은행마다 대출조건, 대출한도, 상환조건, 금리 등이 다르다. 따라서 은행 홈페이지에서 자신의 조건에 맞는 상품을 검색하고 은행을 방문하여 상담을 받는 것이 좋다.

대학생을 위한 전세자금을 지원해 주는 대학생 전세임대주택사업도 있다. 대학생의 주거 안정을 위하여 입주 대상자로 선정된 학생이 학교 인근에 거주할 주택을 물색하면 한국토지주택공사에서 주택 소유주와 전세 계약을 체결한 후 저렴하게 재임대해 주는

등기사항전부증명서의 구성

표제부	부동산에 대한 소재지 및 기본사항을 표시
갑구	부동산의 소유권에 관한 사항을 표시
을구	소유권 이외의 권리인 저당권, 전세권, 지역권, 지상권에 관한 등기사항을 표시

1. 표제부

[표제부](건물의 표시)				
① 표시번호	② 접수	③ 소재지번	④ 건물내역	⑤ 등기원인 및 기타사항

① 표시번호 : 등기한 순서를 표시
② 접수 : 등기신청서를 접수한 날짜를 표시
③ 소재지번 : 건물이 위치하고 있는 토지의 지번 및 건물의 명칭, 건물번호를 표시
④ 건물내역 : 구조, 지붕, 층수, 용도, 면적 순으로 표시
⑤ 등기 원인 및 기타사항 : 표제부에 관한 등기 원인 및 행정구역 명칭, 지번 변경 등의 사항 표시

2. 갑구

[갑구](소유권에 관한 사항)				
① 순위번호	② 등기목적	③ 접수	④ 등기원인	⑤ 권리자 및 기타사항

① 순위번호 : 등기한 순서를 숫자로 표시
② 등기목적 : 등기의 내용, 종류를 표시(예 : 소유권 보존, 소유권 이전, 압류 등)
③ 접수 : 등기신청서를 접수한 날짜와 신청서를 접수하면서 부여된 접수번호를 표시
④ 등기원인 : 등기의 원인 및 원인 일자를 표시(예 : 매매, 설정 계약, 해지 등)
⑤ 권리자 및 기타사항 : 부동산의 권리자 및 기타 권리 사항을 표시

3. 을구

[을구](소유권 이외의 권리에 관한 사항)				
① 순위번호	② 등기목적	③ 접수	④ 등기원인	⑤ 권리자 및 기타사항

① 순위번호 : 등기한 순서를 숫자로 표시
② 등기목적 : 등기의 내용, 종류를 표시(예 : 근저당권 설정, 전세권 설정 등)
③ 접수 : 등기신청서를 접수한 날짜와 신청서를 접수하면서 부여된 접수 번호를 표시
④ 등기원인 : 등기의 원인 및 원인 일자를 표시(예 : 매매, 설정계약, 해지 등)
⑤ 권리자 및 기타사항 : 근저당권 설정의 경우 채권 최고액, 채무자, 근저당권자 등을 표시하며, 전세권 설정의 경우 전세금액, 전세권자, 전세권 설정자, 존속 기간 등 기재

사업이다.

전월세를 얻을 때 세입자에게 가장 중요한 것은 보증금을 지키는 것이다. 보증금을 보호받기 위해서는 계약서에 확정일자를 받아놓거나 전세권설정등기를 설정할 수 있다. 확정일자란 계약서가 언제 작성되었는지 공인된 기관(법원, 동주민센터, 등기사무소 등)에서 확인을 받는 것이다. 확정일자를 받으면 임차한 주택이 경매되는 경우 우선적으로 보증금을 돌려받을 권리가 생긴다. 단, 확정일자가 효력을 발휘하기 위해서는 전입신고를 하고 실제 해당 주택에 거주해야 한다. 가능하면 이사 후 즉시 해당 주민센터를 방문하여 전입신고와 함께 확정일자를 받고 만약 전세보증금대출을 받기 위해 등기소 등에서 먼저 확정일자를 받았다면 이사 후 즉시 전입신고를 하도록 한다. 확정일자를 받을 때는 주인의 동의가 필요하지 않으나, 전세권설정등기는 주인의 동의를 얻어 등기소에 가서 등기사항전부증명서에 자신이 전세를 사는 세입자라는 사실을 기록해야 한다. 전세권설정등기는 이사하거나 전입 신고를 하지 않아도 가능하다. 일반적으로 전세권설정등기는 확정일자를 받는 것보다 번거롭고 비용도 많이 들기 때문에, 전세권설정등기

대학생 전세임대주택사업

대학생 전세임대주택사업은 대학생의 주거안정을 위하여 입주 대상자로 선정된 학생이 거주할 주택을 물색하면 한국토지주택공사에서 주택 소유자와 전세계약을 체결한 후 학생에게 재임대하는 사업이다. 입주자를 선정하는 기준으로는 1순위의 경우 기초생활수급자 가구의 대학생, 보호 대상 한부모 가족 가구의 대학생, 아동복지시설 퇴소자인 대학생이며, 2순위는 당해 세대의 월 평균 소득이 전년도 도시 근로자 가구당 월 평균 소득의 50% 이하인 가구의 대학생, 장애인등록증 교부자 중 당해 세대의 월 평균 소득이 전년도 도시 근로자 월 평균 소득 이하인 가구의 대학생이다. 3순위는 1순위와 2순위에 해당하지 않는 대학생이다.

입주 주택은 재학 중인 대학소재지 내 전용면적 60m^2 이하 전세 또는 부분 전세(보증부 월세) 주택이다.

전세금 지원 한도액은 수도권은 호당 7,500만 원이며, 광역시는 5,000만 원, 그 외 지역은 4,000만 원이다. 임대조건은 임대보증금으로 1순위 및 2순위 대학생은 100만 원, 3순위 대학생은 200만 원이고 임대료는 전세지원금 중 임대보증금을 제외한 금액의 연 1~2%(1순위 및 2순위) 또는 연 2~3%(3순위) 해당액이다. 최초 임대기간은 2년이며 3회 재계약이 가능하다.

사진 제공 : LH 한국토지주택공사.

보다는 확정일자를 받는 것이 합리적이다.

전세금보증보험은 전세 만기 후 임대인이 임차보증금을 돌려주지 않거나 임대 기간에 경매 또는 공매에 의한 배당실시 후 임차보증금을 반환받지 못할 경우 보험사에서 대신 전세금을 지급해 주며, 보험사가 임대인을 상대로 전세금을 청구하는 방식의 세입자 보호장치이다. 전세금보증보험은 임대인의 동의 없이 가입이 가능하며, 이를 통해 보증계약한 전세금 전액을 보장받을 수 있다.

3 내 가족의 집 짓기

1) 집 짓기 준비

최근 획일적인 아파트공간에 회의를 느껴 개성 있고 자기만의 라이프스타일을 반영한 주택을 꿈꾸는 사람들이 늘고 있다. 국토교통부 집계에 따르면 공동주택 착공 건수는 감소 추세인 반면, 단독주택 착공 건수는 지속적으로 증가하는 추세다. 획일화된 공간으로 지어지는 공동주택과 달리 단독주택은 개인의 취향에 맞는 설계가 가능하기 때문이다.

집을 지을 때는 두 가지 방식이 있다. 건축업자에게 돈을 주고 전적으로 맡기는 방식과, 본인이 집 짓기 과정을 주관하고 참여하는 것이다. 전자의 경우 건축주가 편하기는 하지만 원하는 집을 짓기는 어렵다. 업자에게 전적으로 맡기려면 건축주의 의사를 꼼꼼하게 전달하는 것이 중요하다. 이러한 과정을 거치지 않으면 결과를 놓고 건축주와 업자 간에 분쟁이 발생할 우려가 있다. 후자의 경우 건축주가 신경 써야 할 일이 많고 잘못하면 예상보다 비용이 많이 발생하는 단점이 있지만 사전에 준비를 철저하게 하면 건축주가 원하는 이상형의 집을 효율적으로 얻을 수 있다(이웅희 외, 2007)

집을 짓기로 결정했다면, 우선 그 집에서 생활하게 될 가족구성원 전체의 집을 짓게 된 동기와 희망사항에 대한 합의와 공유가 우선되어야 한다. 주택을 구매하거나 집을 짓는 것은 개인이 주체가 아닌 가족단위의 선택과 소비행위임을 기억해야 한다. 다음은 경제적인 부분으로 집 짓기의 전체 비용은 초기에 결정되는 것이 아니기 때문에 예산 수립계획을 체계적으로 준비하고, 모든 과정의 관련 정보나 자료를 꼼꼼하게 확인하려는 자세를 갖추어야 한다. 필요한 예산 안에서 원하는 디자인의 집을 짓기 위해서는 설계자와 시공자에게 마음을 열고 서로 협의하여 결정하겠다는 마음의 준비를 해야 한다. 마지막으로 준공 후의 관리나 비상시 대처에 대해 검토하고 준비하도록 한다.

2) 일반적인 집 짓기 과정

(1) 예산

집을 짓기 위해서는 필요한 예산을 산정하고 그에 대한 자금계획을 세워야 한다. 집 짓기 예산은 크게 대지구입비, 설계비, 감리비, 건축비 및 토목비, 각종 세금 및 수수료, 가구 구입비와 같은 기타 경비로 구성된다. 대략적인 예산을 세울 때는 시공 중에 예상하지 못한 추가비용이나 부대비용이 발생할 수 있으므로 기본 공사비만으로는 집을 지을 수 없다는 걸 인지하고 있어야 한다. 따라서 예산을 수립할 때는 공정을 최대한 세분화하여 예산을 잡고, 만약의 사태에 대비하여 여유자금을 충분히 확보해 놓는다. 표 2-4는 집 짓기에 들어가는 각종 비용에 대한 공정별 항목이다.

그림 2-6 **집 짓기를 위한 예산 산정**

집 짓기 공정에 대한 이해가 선행되어야 초기 예산을 산정할 때 실제 시공 중 예산 범위를 크게 초과하지 않을 수 있다.
사진 제공 : 123RF.com

(2) 토지 매입

택지의 종류는 다음과 같이 나누어진다. 첫째는 기존 주택지를 매입하여 옛집을 헐고 신축을 하는 경우이다. 이때는 기부채납* 여부, 이격거리, 주차에 관한 제한사항 등을 검토해야 한다. 두 번째는 정부나 지방자치단체 및 토지개발업체가 분양하는 단독주택 필지를 구입하는 경우인데 이런 경우 진입로, 토목공사, 기반시설 인입

* 기부채납이란 국가 또는 지방자치단체가 무상으로 사유재산을 받아들이는 것이다. 해당 토지의 사업자가 얻게 되는 개발 이익을 고려하여 이를 공익적으로 사회에 재분배하기 위한 제도로 보통 기부된 용지는 공공도로나 공원 등을 짓는 데 활용된다.

표 2-4 **집 짓기 비용에 대한 공정별 항목**

공정	내용	비고
토지 구입	토지 계약~잔금	
	토지 구입 부동산 수수료	
	토지등록세, 취득세	
	지방세, 교육세	
	소유권 이전	법무사 수수료 등
	구옥 취득세	구가옥이 있는 경우
측량	경계 측량, 분할 측량	대한지적공사
건축 설계 및 감리	설계 계약~잔금	
	감리비	
개발 행위 허가 및 토목 측량	계약~잔금	농지 전용, 산지 전용
건축 허가 수수료	허가수수료	보증보험료, 면허세
	개방행위 허가 면허세	
	국민주택채권 매도	
	지역개발공채 매도	
철거	구가옥 철거	
토목공사비	계약~잔금	
건축공사비	계약~잔금	
	싱크대, 신발장, 붙박이장 및 가구	
	이웃 간의 인사	터파기, 상량식
보험료	고용보험, 산재보험	
각종 인입비	임시전기	
	전기, 통신 인입비	
	상수도 인입비	
	가스 인입비	
	오폐수관 연결비	경우에 따라 정화조 공사 대체
경계복구 측량		사용 승인 시
조경	나무, 잔디 식재	
	데크, 울타리	
기타	TV, 냉장고, 에어컨, 소품, CCTV	
이사비	입주청소, 이사업체 비용	
세금	건물취득세, 등록세, 보전등기비	
예비비	토목 및 건축을 위한 교통비, 식대, 관련 서적 구입비, 기타 변수에 따른 추가 공사비	

표 2-5 택지 관련 정보를 제공하는 인터넷 사이트

정보	홈페이지
분양공고 및 인터넷 청약	LH청약센터(apply.lh.or.kr)
토지이용규제정보	토지이용규제정보서비스(luris.molit.go.kr)
공시지가, 등기 등 조회	온나라부동산정보(onnara.go.kr)
등기조회	대법원 인터넷등기소(www.iros.go.kr)

등 부지 조성이 완료되어 건축주는 분양 후 건축물만 올리면 되거나, 기반시설 공사비용을 정부에서 지원받을 수 있어 건축비가 절약된다. 세 번째는 임야나 전답을 대지로 변경하여 택지로 구입하는 경우이다. 이때는 개발행위 허가를 얻어 형질을 변경하고 건축을 완료한 후 대지로 변경하는 과정을 거친다. 관심 토지가 있다면 소재지의 관청을 찾아 건축 가능 여부를 확인하고 부지 마련을 위한 행정 절차를 거친다.

부지 선정 시 고려할 점은 다음과 같다. 가장 중요한 것은 채광에 유리한 정남향 또는 남동향으로 집을 앉히는 것이다. 채광과 일조량이 좋으면 쾌적한 집과 건강한 생활을 보장받을 뿐만 아니라 태양이라는 자연에너지를 활용하여 에너지자급률을 높일 수 있다. 또한 지형이 도로와 주변 부지보다 낮지는 않은지 검토한다. 지형이 낮으면 침수의 위험성이 높고, 온갖 오염물질이 고이는 장소가 될 수 있기 때문이다. 부지의 모양은 정방형이 좋은데, 폭은 최소 15m 정도가 확보되는 것이 좋다. 또 택지로 개발하기 위해서는 부지가 폭 4m 이상의 도로에 2m 이상 접해 있어야 한다. 도로와 접하는 부분이 없는 토지를 맹지(盲地)라고 하는데 맹지에는 개발 허가가 나지 않으므로 반드시 점용도로가 있어야 정상적인 모양의 집을 올릴 수 있다(박지혜, 2015). 이외에도 용도지역, 공법상의 규제사항, 소유권, 하수종말처리장 여부, 전기·통신 등 기반시설, 혐오시설 등의 여부를 확인하여 집 짓기에 적절한 부지를 선정한다.

부지 선정에 어려움이 있다면 기본적인 문서(지적도, 토지·임야대장, 등기부등본 등)를 준비하여 전문가에게 검토를 의뢰하거나 관할 관청 민원실에 직접 문의한다. 최근에는 단독주택 전문 건축가 또는 건축업체가 부지 선정 상담과 같은 서비스를 제공하기도 하므로 부지를 답사하는 것도 좋은 방법이다.

(3) 설계

설계의 기본은 튼튼하고 기능적이며 보기에 아름다운 건물을 디자인하는 것이다. 집은 거주할 사람의 삶을 담는 그릇이며 건축주의 라이프스타일을 충분히 반영해야 한다. 예를 들어 일과 여가의 성격, 자녀의 나이와 수, 가족의 성향 등 라이프스타일에 따라 필요한 공간과 필요하지 않은 공간이 다르고 공간의 연결관계도 다르게 해석될 것이다. 시중에 유행하는 주택의 외관, 공간 배치 트렌드, 내외부의 마감재도 중요하지만 사람에 초점을 맞추어 설계해야 아름다움과 편안함을 모두 만족시키는 좋은 집이 탄생한다.

일반적으로 단독주택의 설계는 건축주의 의뢰로 이루어지는데, 좋은 집을 설계하기 위해서는 건축주와 건축가의 협업이 중요하다. 건축주는 의뢰 전에 미리 원하는 주택공간에 대한 그림을 그리고 필요한 요구사항을 정리한 후 건축가에게 전달해야 한다. 한편 건축가는 건축주의 요구사항을 정확하게 읽어내고 의사 결정을 잘할 수 있도록 설계안을 알기 쉽게 풀어서 보여 줘야 한다.

설계과정은 크게 기획설계, 계획설계, 기본설계, 실시설계의 네 단계로 이루어진다. 기획 설계는 설계 계약 전에 부지의 상황과 건축주의 요구사항 등을 반영하여 기본적인 방향을 설정하는 단계를 말한다. 각종 자료를 기초로 하여 디자인을 위한 기본적인 정보를 가늠할 수 있도록 도면을 작성한다. 기획설계에서 결정된 개념은 계획설계 단계에

그림 2-7 **건축주와 충분한 협의**

건축가는 건축주의 요구사항을 정확하게 읽어내고 알기 쉽게 설계안을 풀어서 보여 줘야 한다.

사진 제공 : 123RF.com

그림 2-8 **입체적 설계도면**

설계과정에서 도면 외에 모형이나 투시도를 이용하면 작업의 이해도를 높이고 설계와 최종 결과물의 간극을 줄일 수 있다.

사진 제공 : 123RF.com

서 모두 도면화된다. 동시에 계획설계의 단계에서 건축주의 요구사항과 장래의 변화에 대처 방안과 시공도면의 작성에 필요한 중요사항을 결정한다. 건축주와의 협의사항을 충분히 반영하여 건축, 구조, 재료, 설비 등 총체적인 디자인 방침을 분명히 결정한다. 기본설계는 기획 및 계획설계 단계에서 도출한 개념을 바탕으로 구체적인 계획안을 만드는 단계이다. 주어진 계획도면으로부터 구조계획과 설비계획을 진행한다. 기본설계에 의한 도면들은 구조 부재들의 위치와 치수를 정확히 결정하고 표현한다. 이때도 건축주와 지속적으로 협의하여 진행한다. 형태와 공간, 주요 재료까지 통합적으로 안을 발전시키며, 이해를 돕기 위한 상세한 스터디 모형과 3D 모델링 작업이 반복적으로 이루어진다. 이를 통해 기초적인 설계가 확정된다. 마지막으로 실시설계는 공사에 필요한 모든 기술계획이 반영된 상세한 설계도서로 구성되며, 공사비 산정의 기준이 된다. 건축과 인테리어, 구조, 설비, 전기, 조경 분야의 도면과 계산서, 시방서 등이 포함된다. 도서 중 일부는 건축허가 도면으로 꾸려져 허가업무가 병행된다.

(4) 시공

건축주와 건축가와 함께 집 짓기의 주체가 되는 사람이 바로 시공자이다. 시공자를 선정할 때는 최소 둘 이상의 전문시공업체와 건축가능성, 시공기간, 착공가능시점 및 예상 건축비를 검토한다. 공사를 시공자에게 의뢰하는 발주가 들어오면 계약과 함께 도급이 이루어진다. 공사대금은 인건비와 자재비로 구성되는데, 계약에 의해 정해진 공사의 내용이 완성된 후 계약된 공사대금을 지불하는 것이 원칙이다. 해당 공사 중에 발생하는 손해는 도급을 받은 시공자가 부담해야 한다. 그뿐만 아니라 완공 후에도 일정 기간 내에 하자가 발생하면 재시공은 시공자가 부담해야 한다. 그러므로 시공 중 공사내용이 변경되는 경우에는 변경시점에 공사비의 증감이나 책임의 범위를 계약내용에 추

공사 감리

건축 허가가 나면 공사 중 설계자의 설계의도 구현 및 부실공사 방지를 위해 공사 감리자를 둔다. 감리자의 업무는 설계도서에 따른 적합한 시공 및 적합한 자재 확인, 관계 법령에 적합하도록 공사 시공자 및 건축주 지도, 시공계획 및 공사 관리의 적정 여부 확인, 안전관리지도 및 공정표 검토, 상세 시공도면의 검토 확인, 구조물 위치와 규격의 적정 여부 검토 확인, 설계 변경의 적정 여부 검토 확인 등이다.

가해야 한다. 단독주택의 시공 과정은 크게 건축부지 측량 및 토공사, 기초공사, 골조공사, 단열공사, 창호공사, 내외장공사, 설비공사, 조경 및 부대공사로 이루어진다.

시공과정에서 건축주가 기본적으로 살펴야 하는 것은 설계대로 정확하게 시공되고 있는지, 견적서에 나와 있는 자재대로 시공하고 있는지를 확인하는 것이다. 건축주는 직접 시공현장에 나가거나, 건축사의 감리에 동행하여 이를 체크하거나, 자재 일련번호를 숙지하고 확인하는 것이 좋다.

(5) 준공 및 입주

일반적으로 공사가 끝나면 '준공' 즉 '사용 승인' 절차를 받아야 한다. 사용 승인 시 건축과 담당 공무원은 정화조, 가스, 소방 등 법적 점검사항을 체크하게 된다. 이때 현장에서 직접 검사하는 일은 건축사 자격증을 소지한 민간인 특별 검사원이 한다. 사용 승인이 이루어지면 건축물관리대장이 생성되는데, 이 대장을 바탕으로 법원 등기과에 등기를 신청한다. 필요한 서류는 건축물관리대장, 주민등록초본, 등록세납부영수증이다. 이러한 절차를 거쳐 등기소에 보존등기를 신청하면 건축주는 법적 권리를 가진 주택의 소유주가 되고, 입주를 할 수 있게 된다.

표 2-6 **하자보수 책임기간 및 내용**

책임기간	내용
1년	목공사(수장목), 창호(유리), 마감(미장, 수장, 칠, 창호철물), 조경(잔디 심기공사), 금속공사, 조명설비
2년	대지조성공사 옥외급수·위생 관련 공사, 철골공사, 조적공사, 목공사(구조체, 바탕체), 창호(창문틀, 문짝, 창호철물), 마감(타일, 단열, 옥내가구), 조경공사, 주방기구, 옥내·옥외설비공사, 난방·환기, 공기조화설비, 급·배수위생설비공사, 가스설비공사, 전기 및 전력, 통신·신호 및 방재설비공사
3년	대지조성공사(포장), 지정 및 기초, 철골공사(구조용), 온돌공사(세대매립배관 포함), 소화·제연·가스저장시설공사, 수·변전, 발전 설비, 승강기, 인양기, 자동화재탐지설비 공사
4년	철근콘크리트공사, 지붕 및 방수공사
5년	보·바닥 및 지붕
10년	기둥, 내력벽

출처 : 류명(2014).

(6) 하자보수

준공허가를 취득했다면 시공사와 하자이행각서를 서명하고 2년간의 하자보수기간을 약정해야 한다. 그러나 시공사가 1~2년 후 폐업하거나 하자를 보수할 여력이 없다면 하자이행각서는 무용지물이 될 수 있다. 따라서 이러한 하자보수 단계까지를 집 짓기의 중요한 과정이라고 볼 때 시공사의 건전성과 기업 전망 등을 꼼꼼하게 검토하는 것이 중요하다.

생각해 보기

1. 부모 또는 우리 가족의 가족생활주기의 변화와 주요구가 어떻게 달라졌는지 생각해 보자.
2. 새로운 주택으로 이사한다고 가정하고 내가 생각하는 주거 선택 요소의 우선순위를 정해 보자.
3. 시중 은행의 대출 관련 정보를 참고하여 주택담보대출을 받을 때 대출금액에 따른 상환조건을 검토해 보자.
4. 건축주의 라이프스타일이 반영된 단독주택 집 짓기 사례를 찾아보자.

3장

주거권과 주거복지

주거는 거주자의 신체적·정신적·사회적 건강과 인격 형성, 가족생활, 아동의 발달과 학업성취도, 범죄로부터의 가족 안전뿐만 아니라 교육이나 고용 기회와 안정성 같은 사회적 기회와도 밀접하게 연관되는 등 거주자의 삶의 질에 미치는 영향이 막대하다. 이 때문에 개별 가구는 좀 더 좋은 위치에 좀 더 좋은 수준의 집, 좀 더 안정적인 집을 얻기 위하여 자금을 축적하고 정보를 습득하여 스스로의 주거문제를 해결하고 주거상황을 개선하기 위하여 노력한다. 하지만, 아무리 노력해도 스스로의 힘만으로는 도저히 주거문제를 극복할 수 없어서 열악한 주거 상황에 놓인 가구가 많다. 1997년 IMF 구제금융 이후 급증한 노숙자와 쪽방 거주자, 농어촌 지역 독거노인, 저소득 장애인, 소득 수준이 낮은 대학생이나 사회 초년생을 포함한 청년가구 등이 그러한 예이다.

본 장에서는 복지적 차원에서 주거 현상을 이해하기 위하여 주거권과 주거복지 등을 비롯한 각종 개념과 특수한 주거문제를 가진 다양한 계층의 주거문제, 이를 해결하기 위한 주거복지정책과 사업에 관해 살펴보기로 한다.

1 인간의 존엄성과 주거

1) 주거권

모든 사람은 인간다운 생활을 영위하기 위하여 필요한 최소한의 기준을 충족시키는 주택에 거주할 수 있는 권리를 가지며, 이러한 권리를 주거권(housing rights)이라 한다. 즉, 주거권은 인간의 존엄성과 가치를 훼손하지 않는 주거와 주거환경에 거주할 권리라고 볼 수 있다.

세계적인 주거권 논의는 1976년 '인간정주에 관한 벤쿠버 선언', 1986년 UN 경제사회이사회 결의, 1996년 '인간정주에 관한 이스탄불 선언' 등으로 이어졌으며, 1991년 UN

사회권규약위원회에서 발표한 '적절한 주거의 일곱 가지 요건'은 주거권에 적합한 구체적인 주거 조건에 대하여 명시하였다.

이 중 '인간정주에 관한 벤쿠버 선언'은 UN이 1976년에 전 세계적인 도시화와 주택 문제를 논의하기 위하여 캐나다 벤쿠버에서 개최한 첫 번째 공식회의인 해비타트(Habitat)I에서 채택된 것으로, 주거권이 인간의 기본적인 권리이며 정부는 모든 사람의 주거권 보장을 위하여 노력할 의무가 있음을 강조하였다. 1986년 UN 경제사회이사회에서 "모든 인간이 적정한 수준의 주택에 거주하는 것을 포함하여 자신과 자신의 가족이 적정한 생활수준을 유지할 권리를 가지고 있음"을 결의하였고(한국주거학회, 2007), 해비타트I으로부터 20년 후인 1996년에 해비타트 II를 터키 이스탄불에서 개최하고 적정한 주거권의 완전하고 지속적인 실현을 재다짐하는 '인간정주에 관한 이스탄불 선언'을 채택하였다.*

직접적으로 '주거권'이라는 용어를 언급하지는 않지만, 우리나라 헌법에서 '행복을 추구할 권리(제10조)', '인간다운 생활을 할 권리(제34조 제1항)', '쾌적한 환경에서 생활할 권리(제35조)' 등의 내용을 통하여 간접적으로 주거권을 국민의 권리로 보장하고 있으며, "국가가 주택 개발정책을 통하여 모든 국민이 쾌적한 주거생활을 할 수 있도록 노력하여야 한다(제35조 제3항)."고 명시함으로써 국민의 주거권을 보장하기 위하여 적극적으로 노력하는 것이 국가의 의무임을 규정하고 있다.

그림 3-1 **도시 내 쪽방 밀집 거리**
쪽방 거주자는 주거권이 확보되지 않은 주거취약계층의 한 예이다.
사진 제공 : 전북대학교 최병숙.

또한 '최저주거기준'이라는 법적 기준을 설정하여 이를 '인간다운 생활을 영위하기 위하여 필요한 최소한의 기준'으로 삼고 정책적으로 활용함으로써 국민의 주거권을 보장하기 위하여 노력하고 있다. 주거권을 이해하기 위해서는 주거안정성, 주택소요, 주거불평등, 주거격차, 주거양극화, 주거비 지불가능성, 주거빈곤, 주거취약계층 등의 용어에 관해 알아둘 필요가 있다.

---

* 해비타트 회의는 20년 주기로 개최되는 UN총회 차원의 공식회의로, 세 번째 회의인 해비타트 III는 2016년 10월에 에콰도르 키토에서 개최된다.

주거권 관련 대한민국헌법 조항

제10조 모든 국민은 인간으로서의 존엄과 가치를 가지며, 행복을 추구할 권리를 가진다. 국가는 개인이 가지는 불가침의 기본적 인권을 확인하고 이를 보장할 의무를 진다.

제34조 ① 모든 국민은 인간다운 생활을 할 권리를 가진다.

제35조 ① 모든 국민은 건강하고 쾌적한 환경에서 생활할 권리를 가지며, 국가와 국민은 환경보전을 위하여 노력하여야 한다.
③ 국가는 주택개발정책 등을 통하여 모든 국민이 쾌적한 주거생활을 할 수 있도록 노력하여야 한다.

주거권 관련 용어

주거안정성(tenure stability) 거주안정성이라고도 하며, 점유 유형(자가, 임차)에 관계없이 누구나 강제퇴거나 철거 등으로부터 보호되어 안정적으로 거주할 수 있는 상태를 뜻한다. 임차인의 경우, 주거안정성을 법적으로 보장받기 위하여 주택임대차계약서를 작성하고 이 계약서에 명시된 기간 동안 안정적으로 해당 주호에 거주할 수 있는 법적으로 보장된 권리를 가진다.

주택소요(housing needs) 정책적 판단과 관련된 개념으로, '일정 기준 이하의 주거 수준에서 거주하는 사람에게 요구되는 주택의 양과 질(하성규 외, 2012)'을 의미하며 특정 가구의 주거 기대가 아닌 사회적·복지적·정책적 개념으로 사용된다.

주거불평등(housing inequality) 소득수준과 경제력이 상이한 계층 간에 발생하는 주택의 구입 및 소비의 불평등을 뜻한다.

주거격차(housing gap) 주거불평등의 척도로, 주택을 구매하기 위하여 대출을 받은 가구의 경우 해당 대출금의 상환액, 주택을 임차하고 있는 가구의 경우 임대료 등을 측정하기 위한 표준적인 주택 소비 비용과 중·저소득층 가구가 합리적으로 부담할 수 있는 능력과의 차이를 뜻한다.

주거양극화 주거격차가 확대되어 주거 소비에 있어서 중산층이 소멸된 상태를 뜻한다.

주거비 지불가능성(housing affordability) 한 가구가 그 가구의 필수적인 지출과 생활의 질을 희생하지 않고 주거비를 지불할 수 있는 능력 또는 지불가능 여부. 주거학 연구에서 보편적으로 가구 소득 중 30% 이상을 주거비로 지불하는 가구를 '주거비 부담(housing cost burden)이 있는 가구'라고 정의하며, 경우에 따라서 주거비가 가구 소득의 30~50%인 가구는 '보통수준의 주거비 부담이 있는 가구', 50% 초과인 가구는 '극심한 주거비 부담이 있는 가구'로 더 상세히 분류하여 정의하기도 한다.

주거빈곤(housing poverty) '개별적으로 도저히 헤어나기 어려운 열악한 주거환경과 과도한 주거비 부담, 극도로 불안정한 주거 여건에 장기간 방치되어 생존에 위협받게 되는 상태(박문수 외, 2000)'를 뜻하며, 주거의 질적 수준이 열악하거나 가구 소득의 50% 이상을 주거비로 지출하는 등의 주거문제에 직면한 상태를 의미한다. 연구자에 따라서 지하, 반지하, 옥탑방, 최저주거기준 미달 주호, 판자집, 쪽방, 비닐하우스 등 비주택에 거주하는 상황을 주거빈곤으로 정의하기도 한다.

주거취약계층 노숙인, 쪽방 거주자, 비닐하우스·움막·축사 등 주택 이외의 거처 거주자와 고시원과 여관 장기 거주자 등 주거불안정에 놓인 가구 등을 뜻한다.

2) 적절한 주거

(1) 적절한 주거의 일곱 가지 요건

UN 사회권규약위원회에서는 '적절한 주거의 일곱 가지 요건'에서 주거권에 적합한 주거를 '적절한 주거(adequate housing 또는 decent housing)'로 규정하고 그동안 선언적 수준에 그쳤던 주거권 논의에서 한 발 더 나아가 주거권에 적합한 주거가 갖추어야 할 구체적인 필수 요건을 명시하였다.

일곱 가지 요건을 살펴보면 ① 법적으로 보장된 점유의 안정성(security of tenure), ② 주거기반시설 및 제반서비스의 이용가능성(availability of services, materials, facilities and infrastructure), ③ 지불가능성(affordability), ④ 거주적합성(habitability, 최저주거수준의 확보), ⑤ 접근가능성(accessibility), ⑥ 적절한 위치(location), ⑦ 문화적 적절성(cultural adequacy)이다.

각 요건에 대한 구체적인 내용은 다음과 같다(Office of the United Nations High Commissioner for Human Rights, 2009).

① 법적으로 보장된 점유의 안정성

모든 사람은 점유유형(자가, 임차 등)에 관계없이 일정 수준 이상의 점유안정성을 가져야 하며, 강제 퇴거와 위협 등으로부터 법적인 보호를 받아야 한다.

② 주거기반시설 및 제반서비스의 이용가능성

적절한 주거는 보건과 보안, 안락함과 식생활을 위한 일정 설비를 갖추어야 하며 자연 및 공공자원, 안전한 식수, 조리를 위한 에너지, 난방, 조명, 위생·생리를 위한 설비, 식품저장수단, 쓰레기 처리, 배수 및 응급서비스에 대한 지속가능한 접근성이 보장되어야 한다.

③ 지불가능성

주거와 관련된 비용, 즉 주거비는 그 비용을 지불하기 위하여 다른 기본적인 필요의 충족이나 만족도를 희생하지 않는 수준이어야 한다.

④ 거주적합성

적절한 주거는 거주자에게 적정한 규모의 공간을 제공하고 추위, 습한 환경, 더위, 비, 바람 등 거주자의 건강에 해가 되는 요소, 구조적 위험과 질병 매개체 등으로부터 거주자를 보호한다는 의미에서 거주에 적합(inhabitable)해야 한다.

⑤ 접근가능성

적절한 주거는 거주할 자격이 있는 사람들 모두가 접근할 수 있어야 한다. 따라서 취약계층이 적절한 주거에 온전하고(full) 지속적으로(sustainable) 접근할 수 있어야 하며, 거주 영역에서 이들에 대한 일정 수준의 우선적 배려가 이루어져야 한다.

⑥ 적절한 위치

적절한 주거지는 직장, 의료서비스, 학교, 보육시설 및 그 밖의 사회시설 등에 접근할 수 있는 곳에 위치해야 하며, 거주자의 건강에 대한 권리를 위협하는 오염지대나 오염원에 근접한 지역에 지어져서는 안 된다.

⑦ 문화적 적절성

주거의 건축방식이나 재료, 그리고 이와 관련한 정책은 문화적 고유성과 다양성의 표현을 가능하게 해야 하며, 거주 영역의 개발과 현대화를 위한 행위가 주거의 문화적 속성을 해치지 않아야 한다.

(2) 최저주거기준

최저주거기준은 '국민이 쾌적하고 살기 좋은 생활을 하기 위하여 필요한 최소한의 주거기준에 관한 지표(「주거기본법」 제17조 제1항)'로, 적절하지 못한 주거를 판단하기 위한 지표이며 우리나라 공공임대주택 계획의 기본적인 기준이 되기도 한다.

우리나라에서 최저주거기준이 최초로 제안된 것은 2000년의 일로, 당시 주택정책 주무부처인 건설교통부*에서 가구 규모에 따른 최소 주거면적과 용도별 방의 개수, 전용

* 정부 부처 개편에 따라 주택정책 주무부처가 변화했으며, 1994년 12월부터는 건설교통부, 2008년 3월부터는 국토해양부, 2013년 3월부터는 국토교통부에서 각각 주택정책을 담당하였다.

부엌·화장실 등 필수적인 설비의 기준, 안전성·쾌적성 등을 고려한 주택의 구조·성능 및 환경기준을 포함한 최저주거기준을 제안하였다. 이후 2003년 제정되고 같은 해 7월 개정된 「주택법」에서 최저주거기준의 설정 및 최저주거기준에 미달한 주호에 거주하는 가구에 대한 우선 지원을 법제화함으로써 주거권 확보를 위한 제도적 움직임이 구체화되었다. 2011년 국토해양부에서 최저주거기준을 현실에 맞게 수정하였으며, 현재까지 이 기준을 정책에 사용하고 있다. 이후 2015년 「주거기본법」이 제정되면서 최저주거기준의 법적 근거가 이전 「주택법」에서 「주거기본법」으로 변경되었다.

2011년 개정된 현행 최저주거기준(국토해양부 고시 제2011-490호)은 이전 건설교통부에서 최초 제안했던 것과 같이 ① 가구 구성별 최소 주거면적 및 용도별 방의 개수, ② 전용부엌·화장실 등 필수적인 설비의 기준, ③ 안전성·쾌적성 등을 고려한 주택의 구조·성능 및 환경기준을 포함하며, 각각의 구체적인 기준은 다음과 같다.

① 가구 구성별 최소 주거면적 및 용도별 방의 개수

가구 구성별 최소 주거면적 및 용도별 방의 개수는 표 3-1과 같다. 현행 최저주거기준의 가구 구성별 최소 주거면적 및 용도별 방의 개수는 1~6인 가구를 기준으로 제시되어 있다.

표 3-1 가구 구성별 최소 주거면적 및 용도별 방의 개수

국토해양부 고시 제2011-490호 〈별표〉

가구원 수(인)	표준 가구 구성[1]	실(방) 구성[2]	총 주거면적(m^2)
1	1인 가구	1K	14
2	부부	1DK	26
3	부부 + 자녀 1	2DK	36
4	부부 + 자녀 2	3DK	43
5	부부 + 자녀 3	3DK	46
6	노부모 + 부부 + 자녀 2	4DK	55

1) 3인 가구의 자녀 1인은 6세 이상 기준
4인 가구의 자녀 2인은 8세 이상 자녀(남 1, 여 1) 기준
5인 가구의 자녀 3인은 8세 이상 자녀(남 2, 여 1 또는 남 1, 여 2) 기준
6인 가구의 자녀 2인은 8세 이상 자녀(남 1, 여 1) 기준
2) K는 부엌, DK는 식사실 겸 부엌을 의미하며, 숫자는 침실(거실겸용 포함) 또는 침실로 활용이 가능한 방의 수를 말함.
3) 비고 : 방의 개수 설정을 위한 침실분리원칙은 다음 각호의 기준을 따름.
1. 부부는 동일한 침실 사용
2. 만 6세 이상 자녀는 부모와 분리
3. 만 8세 이상의 이성 자녀는 상호 분리
4. 노부모는 별도 침실 사용

② 전용부엌·화장실 등 필수적인 설비의 기준

상수도 또는 수질이 양호한 지하수 이용시설 및 하수도시설이 완비된 전용 입식 부엌, 전용 수세식 화장실 및 목욕시설(전용 수세식 화장실에 목욕시설을 갖춘 경우도 포함)을 갖추어야 한다.

③ 안전성·쾌적성 등을 고려한 주택의 구조·성능 및 환경기준

다음의 다섯 가지 세부 기준을 포함한다. 영구건물로서 구조강도가 확보되어야 하고, 주요 구조부의 재질이 내열·내화·방열 및 방습에 양호한 것이어야 한다. 적절한 방음·환기·채광 및 난방설비를 갖추어야 한다. 소음·진동·악취 및 대기오염 등 환경요소가 법정기준에 적합하여야 한다. 해일·홍수·산사태 및 절벽의 붕괴 등 자연재해로 인한 위험이 현저한 지역에 위치해서는 안 된다. 안전한 전기시설과 화재 발생 시 안전하게 피난할 수 있는 구조와 설비를 갖추어야 한다.

이상에서 설명한 기준 중 어느 하나라도 충족하지 못한 주호를 '최저주거기준 미달 주호'라고 하며 최저주거기준 미달 주호에 거주하는 가구를 '최저주거기준 미달 가구'라고 한다. 2014년 주거실태조사 결과에 따르면, 전체 일반가구 중 최저주거기준 미달 가구는 약 99만 2,000여 가구로 추정되며, 이는 같은 시기 전체 일반가구*의 5.4%에 해당한다. 2006년 주거실태조사에서 추정한 최저주거기준 미달 가구가 약 268만 5,000여 가구(전체 일반가구의 16.6%)였던 점을 감안하면, 최저주거기준 미달 가구는 가구 수나 전체 가구 중 비율 면에서 모두 크게 감소하였다. 지역적 특성이나 소득수준에 따른 차이를 보면, 도 지역(수도권이나 광역시가 아닌 지역) 거주 가구이거나 소득수준이 낮은 가구일수록 최저주거기준 미달 가구의 비율이 높은 경향을 보인다.

주거환경 개선 등 그동안의 주택정책으로 최저주거기준 미달 가구가 현저히 감소함에 따라 2015년 제정된 「주거기본법」에서는 최저주거기준과는 별도로 국민의 주거 수준을 그 이상으로 향상시키기 위한 정책지표로 최저주거기준보다 상위 수준의 '유도주거기준'이라는 개념을 새로 도입하였으며, 국토교통부장관이 관계 중앙행정기관의 장

---

* 현행 최저주거기준의 가구 구성별 최소 주거면적 및 용도별 방의 가수가 1~6인 가구를 기준으로 제시되어 있으므로, 최저주거기준 관련 통계는 1~6인 가구만을 대상으로 하고 있다.

과 협의 후 주거정책심의위원회 심의를 거쳐 유도주거기준을 설정·공고할 수 있다(제19조).*

표 3-2 **주거실태조사에서 추정한 최저주거기준 미달 가구**

(단위 : 만 가구, %)

구분	2006	2008	2010	2012	2014
최저주거기준 미달 가구	268.5 (16.6%)	212.1 (12.7%)	184.0 (10.6%)	127.7 (7.2%)	99.2 (5.4%)
면적 기준 미달 가구	128.8 (8.0%)	88.4 (5.3%)	98.7 (5.7%)	57.3 (3.2%)	51.7 (2.8%)
시설 기준 미달 가구	159.2 (9.9%)	131.3 (7.9%)	97.3 (5.6%)	76.0 (4.3%)	53.2 (2.9%)
침실 기준 미달 가구	31.4 (1.9%)	17.3 (1.0%)	14.8 (0.9%)	–	9.3 (0.5%)

출처 : 국토교통부(2014). p.286.

* 괄호 안 백분율은 해당년도 일반가구(혈연가구, 1인 가구, 5인 이하 비혈연 가구) 중 6인 이하 가구의 수 대비 최저주거기준 미달 가구 수의 백분율

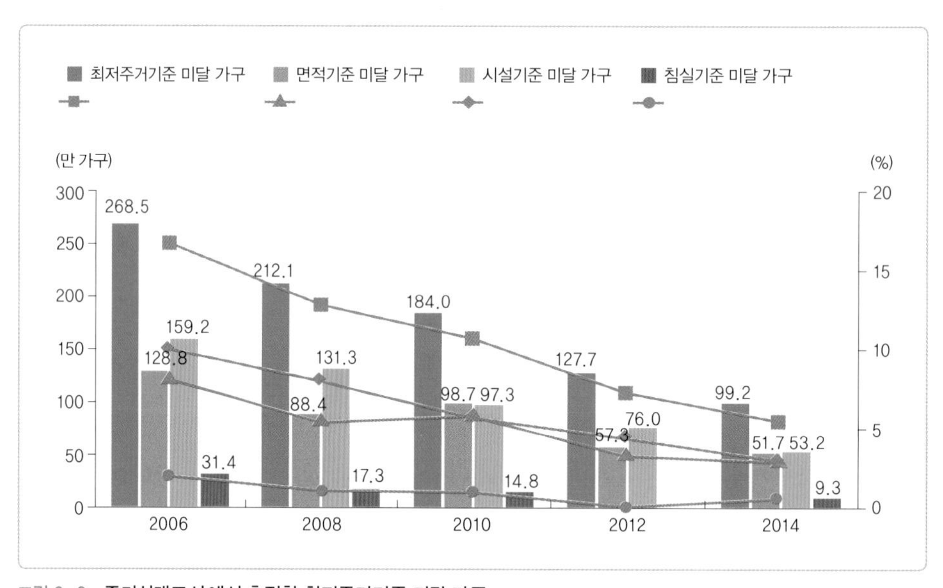

그림 3-2 **주거실태조사에서 추정한 최저주거기준 미달 가구**

* 유도주거기준의 구성은 현행 최저주거기준과 유사하지만 더 강화된 기준을 포함하게 된다. 예를 들어 가구 구성별 유도주거면적은 상위 60%를 기준으로 마련하고 주거환경의 변화를 반영하기 위하여 5년마다 기준을 재검토하는 안이 검토되고 있으며 일조시간 확보, 복지교육 등 생활 편의시설 접근성 확보 등의 주거환경기준이 추가될 예정이다(권혁진, 2015).

2 주거복지의 이해

1) 주거복지의 개념

주거권은 우리나라 헌법에 보장된 권리이지만, 현실적으로 최저주거기준 미달 가구나 주거빈곤 가구 등과 같이 주거권을 제대로 보장받지 못하는 가구가 많다. 이들 중 대부분이 주택시장에서 자력으로는 주거문제를 해결하여 주거권을 행사하기 힘든 경우로, 이들의 주거문제 해결을 위해서는 주거복지 차원에서의 사회·정책적 지원이 필요하다.

주거복지의 개념은 광의와 협의의 개념으로 나눌 수 있다. 먼저, 광의의 주거복지는 국민 전체를 대상으로 주거수준을 향상시킴으로써 사회적 안정을 도모하고 복지를 증진하는 것으로, 주거복지가 가장 이상적으로 실현된 상태라고 볼 수 있다. 하지만 예산과 인력 등 정책 집행의 현실적인 한계를 고려할 때, 국민 전체의 주거문제에 접근하는 것은 사실상 불가능하다. 이에 따라 보편적인 주택시장에서 스스로의 힘으로 주택 문제를 해결할 능력이 없는 자들을 대상으로 정부가 적극적으로 개입하여 이들의 주거 여건을 개선하는 협의의 개념을 정책적으로 지향하고 있다.

주거불평등, 주거격차, 주거양극화와 같은 주거문제는 사회적 갈등과 불안정, 생산성 저하 등과 같은 사회문제를 유발하기 때문에, 주거복지는 개별 가구의 주거권 보장 차원을 넘어 사회적 안정과 경제에 있어서도 매우 중요한 문제이다.

2) 우리나라 주택정책과 주거복지

우리나라의 과거 주택정책은 「주택건설촉진법」* 이라는 법령명과 '주택 500만 호 건설 계획'이나 '주택 200만 호 건설 계획' 등의 정책명에서 볼 수 있듯 주택의 양적 공급에 초점을 맞추고 있었다. 하지만 2000년대 초반 주택보급률이 100%를 초과하면서 주택의 양적 공급은 일정 수준 달성된 것으로 간주되었고, 이전과 달리 주거의 질적 수준

---

* 1972년 제정되었으며 2003년 「주택법」으로 전면 개정되면서 「주택건설촉진법」은 사실상 폐지되었다.

제고와 주거약자의 주거문제 등을 포함한 주거복지로 사회·정책적 관심이 전환되었다. 이에 따라 2000년대 초반 최저주거기준 도입과 「주택법」 제정(2003년) 등을 포함한 주택 정책의 큰 변화가 일어났다. 이러한 이유로 2000년대 초반을 우리나라의 주택 정책 패러다임의 중요한 전환점으로 본다.

최근 주택정책에 있어 주거복지의 중요성이 새롭게 부각된 또 다른 전환점이 된 사건은 「주거기본법」의 제정(2015)으로, 주택정책의 기조가 과거 물리적 거처인 주택의 공급에서 국민의 주거권을 보장하기 위한 주거복지로 전환되었음을 선언적으로 규정한 대대

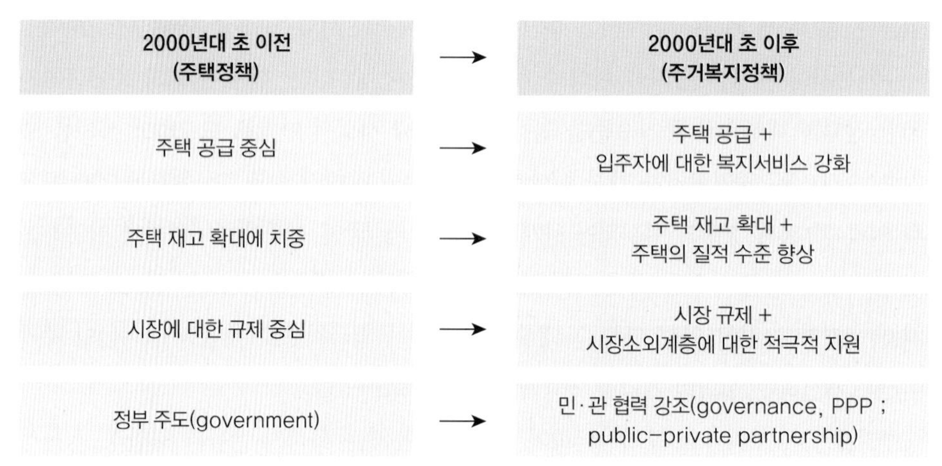

그림 3-3 2000년대 초를 기점으로 한 주택정책의 변화

출처 : 한국주거학회(2007). p.80의 그림 4-1 일부 수정.

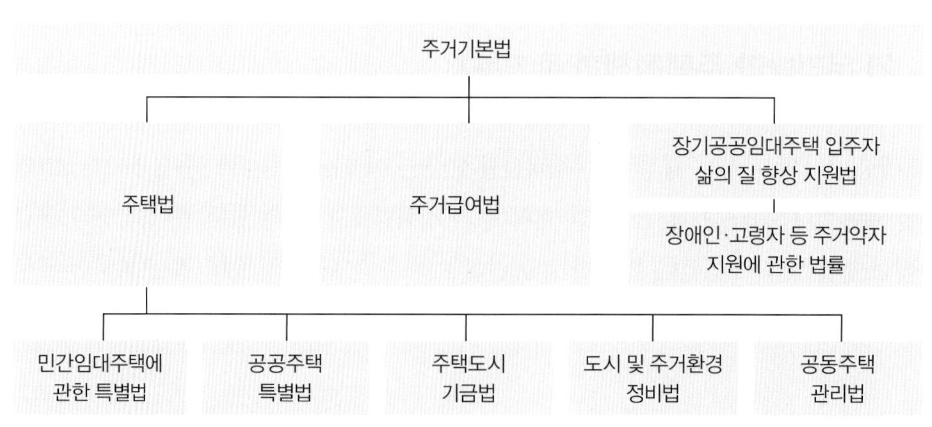

그림 3-4 「주거기본법」 제정에 따른 주택정책 법령의 위계

출처 : 권혁진(2015). p.8 일부 수정.

적인 주택 관련 법제의 변화이다. 정부는 「주거기본법」에 주택정책의 기본법 지위를 부여하고 「주택법」, 「주거급여법」, 「장기공공임대주택 입주자 삶의 질 향상 지원법」, 「장애인·고령자 등 주거약자 지원에 관한 법률」 등의 기존 주택정책 관련 법령을 그 하위에 둠으로써 주택정책에 대한 개별법의 제정 근거로 삼았다.

3) 주거복지 대상자와 주거문제

주거복지의 개념으로 살펴볼 때, 광의의 주거복지 대상자는 '국민 전체'가 되겠지만 주거복지정책 집행의 현실적인 한계를 감안할 때, 협의의 주거복지는 '보편적인 주택시장에서 자력으로 주택문제를 해결할 능력이 없는 자들,' 즉 취약계층을 대상으로 한다. 우리나라 주거복지정책에서 그 대상자인 취약계층은 보편적으로 소득수준을 기준으로 정의하지만, 최근 들어 단순히 소득계층에 따른 접근이 아닌, 특수한 주택 소요에 기반을 두고 접근할 필요성이 강조되고 있다.

(1) 소득에 따른 대상자 정의

우리나라 주거복지정책에서 지원 대상자를 정의하기 위해 사용하는 가장 대표적인 소득기준은 기준 중위소득과 소득분위이며, 도시 근로자 월 평균 소득 등을 기준으로 하기도 한다.

① 기준 중위소득에 따른 대상자 정의

중위소득이란 가구를 소득에 따라 순서대로 줄을 세웠을 때 정확히 중간 등수에 해당하는 가구의 소득을 의미한다. 「국민기초생활 보장법」 제2조 제11항에 따라 매년 보건복지부장관이 중앙생활보장위원회의 심의·의결을 거쳐 차년도 생계, 의료, 주거, 교육 급여 지원대상자 선정에 사용할 가구 규모별 '기준 중위소득'을 발표한다. 기준 중위소득이 도입된 것은 2015년 7월 「국민기초생활 보장법」이 개정되면서부터이고, 그 이전에는 소득기준으로 최저생계비라는 개념을 사용하였다. 2015년과 2016년 가구 규모별 기준 중위소득은 표 3-3과 같다.

중위소득이 주거복지 지원 대상자 선정기준으로 사용된 대표적인 예는 주거급여이며, 2016년 기준으로 주거급여 지원대상 가구의 소득기준은 소득인정액이 기준 중위

표 3-3 가구 규모별 기준 중위소득(2015~2016)

(단위 : 원/월)

연도	1인 가구	2인 가구	3인 가구	4인 가구	5인 가구	6인 가구	7인 가구
2015[1)]	1,562,237	2,660,196	3,441,364	4,222,533	5,003,702	5,784,870	6,566,039
2016[2)]	1,624,831	2,766,603	3,579,019	4,391,434	5,203,849	6,016,265	6,828,680

1) 2015년도 7월 「국민기초생활 보장법」의 개정에 따른 기초생활보장제도가 개편됨에 따라, 2015년도 기준 중위소득은 2015년 7월부터 같은 해 12월까지 적용된 기준이다. 8인 이상 가구의 기준 중위소득은 1인 증가 시마다 781,169원씩 증가한다(자료 : 보건복지부 고시 제 2015-67호).
2) 8인 이상 가구의 기준 중위소득은 1인 증가 시마다 812,415원씩 증가한다(8인 가구: 7,641,095원/월)(자료 : 보건복지부 고시 제2015-136호).

소득의 43% 이하인 가구이다. 주거급여 외에 기초생활보장사업에서 지급하는 생계급여 지원대상자의 소득인정액 기준은 가구 규모별 중위소득의 29% 이하,* 의료급여 지원 대상자는 중위소득의 40% 이하, 교육급여는 중위소득의 50% 이하인 자이며(보건복지부, 2015c), 소득인정액 기준과 부양의무자의 부양 능력 등의 조건을 고려하여 급여를 받을 자격을 가진 사람을 '수급권자', 실제로 급여를 받는 사람을 '수급자'라고 한다.

'차상위계층'이란 '소득인정액이 수급권자의 소득 이상이면서 기준 중위소득의 150% 이하인 사람'**으로, 수급권자 바로 위 수준의 저소득층을 일컫는다. 이들은 현재 수급권자가 아니지만, 그렇다고 수급권자보다 경제력이 낫다고 보기도 어렵고 빈곤층으로 진입할 위험성이 크기 때문에 주거복지정책에 있어서 관심의 대상이 되는 저소득계층이다.

최저생계비

국민이 건강하고 문화적인 생활을 유지하기 위하여 필요한 최소한의 비용으로, 보건복지부장관이 계측하는 금액이다(「국민기초생활 보장법」 제2조 제7호). 2015년도 7월 「국민기초생활 보장법」이 개정됨에 따라 우리나라의 기초생활보장제도가 크게 개편되었다. 최저생계비는 기초생활보장제도 개편 이전에 기초생활보장사업의 수급 대상자를 선정하는 소득기준이었으며, 보건복지부 장관이 매년 국민의 소득·지출 수준과 생활실태, 물가상승률 등 객관적인 지표를 고려하여 계측하고 중앙생활보장위원회의 심의·의결을 거쳐서 차년도의 가구 규모별 최저생계비를 발표하였다. 제도 개편 이후에는 최저생계비가 아닌 기준 중위소득으로 소득 기준이 변경되었으며, 최저생계비는 3년마다 보건복지부장관이 기초생활보장 종합계획을 수립하기 위하여 계측하는 것으로 변경되었다.

* 2017년까지 단계적으로 기준 중위소득의 30% 수준으로 인상할 예정이다(보건복지부, 2015c).
** 「국민기초생활 보장법」 제2조 제10호, 「국민기초생활 보장법 시행령」 제3조.

② 소득분위에 따른 대상자 정의

소득분위란 특정 기간의 가구소득을 순위대로 나열한 뒤, 이를 최하위소득부터 일정 간격으로 집단화한 것이다. 이때 순위의 20%씩 전체를 다섯 개의 집단으로 나눈 5분위

표 3-4 2014년도 주거실태조사에 나타난 소득계층 구분

소득 10분위	월 평균 가구소득[1]	소득수준 구분[2]
1분위	59만 원 이하	저소득
2분위	60~100만 원	
3분위	101~150만 원	
4분위	151~199만 원	
5분위	200~249만 원	중소득
6분위	250~298만 원	
7분위	299~348만 원	
8분위	349~400만 원	
9분위	401~500만 원	고소득
10분위	501만 원 이상	

1) 세금 등을 제외한 월평균 실수령액이며 근로·사업소득, 각종 연금수령액, 공적이전소득, 기타소득이 포함되었다(국토교통부, 2014).
2) 2014년도 주거실태조사 연구 보고서에 사용된 소득수준 구분을 의미하며 저소득, 중소득, 고소득 가구의 구분은 상황에 따라 상이하게 나타난다.
출처 : 국토교통부(2014). 2014년도 주거실태조사 연구 보고서. p.46의 표 III-3(일부 수정).

표 3-5 소득분위별 수요 특징 및 주택 정책 지원

소득 10분위	수요 특징	정책 목표	주요 정책 수단
1~2분위	임대료 지불능력 취약 계층	최저소득계층의 주거안정	• 주거 급여 지원 확대 • 영구임대주택, 매입임대주택공급 • 기존주택 전세임대 • 소형 국민임대주택공급
3~4분위	자가 구입능력 취약 계층	무주택서민의 주거수준 향상 지원	• 국민임대주택 집중 공급 • 국민임대주택 임대료, 보증금 경감 • 주거환경개선사업 • 전·월세자금 지원 확대
5~6분위	정부지원 시 자가 구입 가능 계층	중산층의 내 집 마련 지원	• 10년 공공임대주택공급(분양 전환) • 중소형 분양주택 저가공급 • 주택구입자금 융자지원
7분위 이상	자력으로 자가 구입 가능 계층	주택가격 안정	• 모기지론 등 민간주택금융 활성화 • 민간주택입대사업 활성화

출처 : 국토해양부(2011b). 2011년도 주택업무편람. p.315 유형별 주택공급체계 및 공급계획(2009~2018) ; 주택관리공단(n.d.). 업무개요 ; 김옥연(2015). 인구사회구조 변화에 대응한 임대주택공급 다변화 ; 마이홈 포털(myhome.go.kr) 자료를 종합하여 재구성.

와, 순위의 10%씩 전체를 10개의 집단으로 나눈 10분위 구분 방법이 있다. 별도의 설명이 없다면 소득분위를 사용하는 대부분의 최근 정책은 10분위 구분방법을 사용한다. 소득수준이 최하위인 집단을 소득 1분위*라고 하며, 소득수준이 높아질수록 분위가 높아진다. 2014년도 주거실태조사 연구 보고서에 보고된 소득분위는 표 3-4와 같다.

현재 공공임대주택 입주 대상자 선정 기준을 비롯하여 소득 계층별 주거복지 지원 정책의 계획에 있어 소득 분위를 사용하고 있다. 소득 분위를 이용한 소득계층별 주택 정책 수립의 예는 표 3-5와 같다.

(2) 특수한 주택소요에 따른 대상자 정의

같은 저소득가구라도 가구의 특성에 따라 서로 다른 주택소요를 가진다. 예를 들어 저소득 독거노인과 저소득 한부모가정, 청년의 주택소요가 같을 수는 없다. 최근 소득 기준 외에 가구 특성별 주택 소요에 기반한 정책적 접근이 강조되고 있으며, 이러한 특수한 주택소요를 가진 계층을 특수소요계층(special-need population)**이라고 한다. 일반적으로 이러한 특수소요계층은 경제적으로 취약할 가능성이 높기 때문에, 특수소요계층도 저소득가구로 일괄 구분되는 경우가 많다.

UN 사회권보장위원회의 적절한 주거의 일곱 가지 요건에는 특수소요계층과 유사한 개념으로 '취약계층(disadvantaged group)'이라는 용어를 사용하고 노인, 아동, 신체적 장애인, 정신적 장애인, 불치병 환자, 에이즈환자, 장기환자, 자연재해 피해자, 자연재해 위험지역 거주자 등을 취약계층으로 정의하였다.

우리나라 주거복지정책에 나타난 특수소요계층은 노인과 장애인, 한부모가구, 소년소녀가장, 보호아동, 아동복지시설 퇴소자, 미혼모, 성폭력 피해자, 가정폭력 피해자, 탈성매매 여성, 국가유공자 또는 그 유족, 북한이탈주민(새터민), 갱생 보호자(출소자), 노숙인, 철거민, 쪽방 거주자, 신혼부부, 대학생과 사회 초년생 등의 청년가구 등 다양하다. 여기서는 이 중 노인과 장애인, 청년가구의 특수한 주거문제와 이를 위한 지원정책에 대하여 간략하게 살펴보고, 노인과 장애인의 특성을 고려한 안전하고 편리한 주거계

---

* 소득을 5분위로 구분할 때 소득 1분위는 가구소득이 최하위 20% 순위에 해당하는 가구를 뜻하지만, 소득을 10분위로 구분할 때 소득 1분위는 가구소득이 최하위 10% 순위에 해당하는 가구를 뜻한다.

** 주거복지정책에서 이를 엄밀히 말하자면 특수주거소요계층이라 함이 맞지만, 일반적으로 특수소요계층이라 칭한다.

획에 관해서는 4장과 8장에서 구체적으로 다루기로 한다.

① 노인가구의 주거문제와 지원정책

UN은 특정 국가 또는 사회를 고령화율(전체 인구 중 만 65세 이상 노인인구의 비율)에 따라 크게 세 가지로 구분하였는데, 고령화율이 7% 이상인 경우를 고령화사회(aging society), 14% 이상인 경우를 고령사회(aged society), 20% 이상인 경우를 초고령사회 또는 후기고령사회(post-aged society)로 각각 명명하였다.

우리나라는 2000년에 고령화율 7%로 고령화사회에 진입했다. 통계청의 2015년 고령자 통계에 따르면 해당 연도 65세 이상 인구는 622만 4,000명으로 고령화율이 13.1%이었으며, 이러한 추세로 진행되면 2017년에는 고령화율 14.0%로 고령사회에 진입하고, 2026년에는 20.8%로 초고령사회에 진입할 것으로 각각 예측하였다. 또 같은 통계에 따르면 2015년 가구주가 65세 이상인 가구, 즉 노인가구가 약 385만여 가구로 전체 가구 중 20.6%였으며, 이 노인가구의 35.8%는 노인 1인 가구, 즉 독거노인가구로, 전체 가구 중 7.4%에 해당되었다. 노인가구 및 노인 1인 가구의 수는 지속적으로 증가하여 2035년에는 전체 가구 중 40.5%가 노인가구, 15.4%가 노인 1인 가구가 될 것으로 전망하였다.

노인은 신체적으로는 노화가 진행되고 전반적인 인지능력이 저하되며 은퇴 등으로 사회·경제적 지위와 역할이 변화하고 신체적 질병, 배우자의 죽음, 경제적 사정 악화, 가족과 사회로부터의 고립감 등으로 우울증과 같은 정신적·심리적 문제가 발생하는 등 복합적이며 부정적인 변화를 겪게 된다. 또한 노인이 되면 새로운 환경이나 기술에 적응하는 데 어려움을 겪거나 이로 인한 정신적 스트레스와 위축감을 경험할 가능성이 높다. 이러한 이유로 노인주거에서는 '지속거주(aging in place)' 개념을 중요하게 생각하는데, 지속거주란 나이, 소득, 능력에 상관없이 자신의 가정과 지역사회에서 안전하게, 독립적으로 그리고 편안하게 살도록 하자는 개념이다. 따라서 도심에서 벗어나 한적하고 자연환경이 좋은 곳에 노인 주거단지를 개발하는 방식보다는 현재 살고 있는 주택과 지역사회에서 노인이 지속 거주할 수 있도록 주택 개조를 지원하고 재가복지서비스를 제공하는 방식이 더 바람직하다고 볼 수 있다.

우리나라에서는 노인가구의 주거문제에 접근할 때 독거노인의 대부분이 여성이라는 점과, 노인인구가 농어촌지역에 밀집되어 있다는 점을 중요하게 고려하여야 한다. 노인가구가 거주하는 일반주택은 질적 수준이 열악한 경우가 많고, 농어촌지역 노인가구

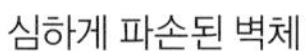

심하게 파손된 벽체

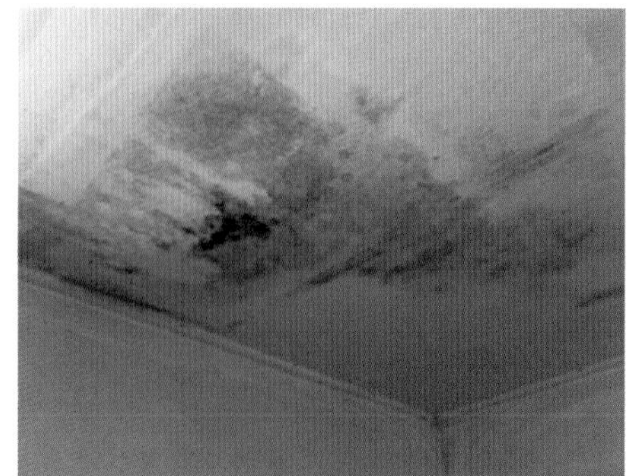

지붕 누수로 인해 천장에 핀 곰팡이

그림 3-5 **농촌 지역 고령 가구의 주거문제**
사진 제공 : 청주시 상당노인복지관.

의 주거 실태는 더 열악하다. 농어촌 지역 노인 가구의 주택은 오래전 지어진 흙벽 구조로 단열이 거의 안 되거나, 건물의 노후화로 벽체나 지붕에 균열이 생기거나 기울어지고 빗물 누수, 곰팡이, 주건물과 동떨어진 재래식 화장실 등의 심각한 구조적 문제가 나타나 구조 보강이 시급한 경우가 많다. 또 미끄러운 장판이나 물기가 묻은 타일 등이 균형감각이 떨어진 노인들이 낙상을 당할 수 있는 위험요소로 지적되고, 높은 계단이나 재래식 화장실과 같이 노인의 신체적 기능에 적합하지 않은 구조와 설비도 큰 문제이다.*

노인가구는 은퇴와 재취업 기획의 부족 등으로 가구소득수준이 매우 낮고 생활비를 가족에게 의존하는 비율이 높으며, 이러한 경제적 문제가 앞으로도 크게 개선되기 힘든 경우가 많다. 또 경제적 수준에 비하여 주거 관련 비용에 대한 부담이 크다는 것이 노인가구의 심각한 주거문제이다. 2014년도 노인실태조사 결과, 노인가구의 다섯 가구 중 두 가구가 가구의 소비지출 중 월세, 주택관리비, 냉난방비, 수도비 등 주거와 관련된 지출이 가장 부담스럽다고 응답할 정도로 주거비를 매우 버거워 하고 있었다.**

---

* 보건복지부 주관 2014년 노인실태조사 결과, 노인이 생활하기에 가장 불편한 공간은 계단(15.3%), 화장실 및 욕실(12.5%), 문턱(9.2%) 순으로 나타났다(보건복지부, 2014a).

** 2014년도 노인실태조사 결과, 노인가구가 가구 소비 지출 중 가장 부담스럽다고 생각하는 비용은 주택관리비, 냉난방비, 수도비 등을 포함하는 주거 관련비로, 응답 가구의 35.4%가 주거 관련비를 가장 부담스러운 지출 항목으로 지목하였으며, 5.1%는 월세가 가장 부담스럽다고 응답하여 이를 합한다면 노인 가구의 39.5%가 주거와 관련된 지출에 가장 큰 부담을 느끼고 있는 것으로 나타났다(보건복지부, 2014a).

표 3-6 노인주거복지시설과 재가노인복지시설의 설치 목적과 현황

종류	시설	설치 목적	2014년도 현황[1]			
			시설 수 (개소)	입소현황(세대, %) 정원 (a)	현원 (b)	(b/a) × 100
노인주거복지시설	양로시설	노인을 입소시켜 급식과 그 밖에 일상생활에 필요한 편의 제공	272	13,903	9,219	66.3
	노인공동생활가정	노인들에게 가정과 같은 주거 여건과 급식, 그 밖에 일상생활에 필요한 편의 제공	142	1,173	749	63.9
	노인복지주택	노인에게 주거시설을 분양 또는 임대하여 주거의 편의·생활 지도·상담 및 안전 관리 등 일상생활에 필요한 편의 제공	29	5,034	4,033	80.1
	현황 소계		443	20,110	14,001	69.6
재가노인복지시설	방문요양서비스	가정에서 일상생활을 영위하고 있는 노인으로서 신체적·정신적 장애로 어려움을 겪고 있는 노인에게 필요한 각종 편의를 제공하여 지역사회 안에서 건전하고 안정된 노후를 영위하도록 하는 서비스	992	정원 없음	26,841	-
	주·야간보호서비스	부득이한 사유로 가족의 보호를 받을 수 없는 심신이 허약한 노인과 장애노인을 주간 또는 야간 동안 보호시설에 입소시켜 필요한 각종 편의를 제공하여 이들의 생활 안정과 심신 기능의 유지·향상을 도모하고, 그 가족의 신체적·정신적 부담을 덜어 주기 위한 서비스	913	18,008	14,431	80.1
	단기보호서비스	부득이한 사유로 가족의 보호를 받을 수 없어 일시적으로 보호가 필요한 심신이 허약한 노인과 장애노인을 보호시설에 단기간 입소시켜 보호함으로써 노인 및 노인 가정의 복지 증진을 도모하기 위한 서비스	96	844	656	77.7
	방문목욕서비스	목욕 장비를 갖추고 재가노인을 방문하여 목욕을 제공하는 서비스	588	정원 없음	5,891	-
	재가노인지원서비스	그 밖에 재가노인에게 제공하는 서비스로서 상담·교육 및 각종 서비스	208	정원 없음	19,303	-
	현황 소계		2,797	18,852	67,122	-

1) 2014년도 12월 31일 기준 현황이며, 같은 날 주민등록 인구 기준 65세 이상 노인인구는 6,549,277명이다. 재가노인복지시설 중 방문요양서비스, 방문목욕서비스, 재가노인지원서비스는 정원이 없다.

출처 : 보건복지부(2015d). 2015 노인복지시설 현황. pp.4~5와 p.11의 자료를 재구성.

현재 우리나라에서는 의료와 문화기능을 복합적으로 갖춘 고급 노인전용주거단지가 활발히 개발되고 있는데, 이러한 시설은 비용 등의 문제를 고려할 때 중산층 또는 그 이상의 경제력을 갖춘 노인을 대상으로 한다. 저소득층 노인가구를 위한 주거지원 정책은 크게 「장애인·고령자 등 주거약자 지원에 관한 법률」에 따른 주거약자용 주택의 의무 공급과 주택개조비용 지원, 「노인복지법」에 따른 노인주거복지시설과 재가노인복지시설(표 3-6), 사회취약계층 주택 개·보수 사업, 노인전용임대주택, 농촌지역 독거노인 그룹홈(공동생활가정) 등이 있으며, 열린사회시민연합회의 '해뜨는 집 사업'과 다솜둥지복지재단의 '희망 가꾸기 운동' 등 비영리민간단체에 의한 저소득 취약계층 집 수리 사업 등이 있다.

저소득층 노인들이 입소할 수 있는 양로원이나 복지시설의 수는 아직까지 매우 부족한 실정이며, 시설이 공급된다 하더라도 잘 알려지지 않거나, 비용을 절감하기 위해 도심이 아닌 교외에 지어지는 경우 살던 지역에서 벗어나 멀리 떨어져 살아야 한다는 지리적 문제에 대한 불만, 시설이나 서비스 수준에 대한 불만, 또 시설생활에 대한 부정적인 선입견 등의 문제로 입소가 부진하다. 특히 부모는 자식이 모셔야 한다는 인식이 강한 우리나라에서 부모가 시설에 입소할 경우 자식이 사회적으로 비난을 받을 것에 대한 두려움도 시설 입소를 꺼리게 만드는 요인 중 하나이다.

농촌지역 독거노인 그룹홈은 농촌지역 자가 독거노인이 본인의 집은 유지하면서 공동 취사, 낮잠, 목욕 등 일상적 활동을 공동으로 하도록 만든 주거 형태이다. 이는 독거노인의 외로움, 겨울철 난방비 등의 문제를 함께 해결할 수 있다는 것과 자연스러운 모니터링이 가능하다는 장점이 있다. 그룹홈을 새로 짓기보다는 전북 김제시와 같이 기존

그룹홈 외관

공동 목욕탕

개인 물품 보관 사물함과 냉장고

그림 3-6 **전북 김제시 독거노인 그룹홈**
사진 제공 : 전북대학교 최병숙.

의 노인공동시설인 경로당 등을 그룹홈 형태로 전환하여 고령화에 따른 농촌문제 해결로 접근하는 경우도 있다(그림 3-6).

② 장애인가구의 주거문제와 지원정책

「장애인복지법」에서는 장애인을 '신체적·정신적 장애로 오랫동안 일상생활이나 사회생활에서 상당한 제약을 받는 자(제2조 제1항)'로 정의하였다. 고용노동부 주관 2015 장애인 통계에 따르면 2014년 우리나라의 등록 장애인* 수는 249만 4,460명으로 전체 인구의 4.9%에 해당하였다(고용노동부, 2015). 같은 통계에 나타난 장애 발생시기를 보면 전체 장애인의 87.7%는 질환이나 사고와 같은 후천적인 원인에 의하여 발생하였으며, 선천적 원인이나 출산 시 원인으로 장애가 발생한 경우는 7% 미만으로, 대다수의 장애인이 후천적으로 장애를 갖게 되었음을 알 수 있다. 가장 빈번한 장애유형은 지체장애로, 전체 등록 장애인의 51.9%가 지체 장애인이었다.

장애인가구의 가장 두드러진 주거문제는 생활에 적합한 구조와 설비 등 주택의 구조 및 성능의 질적수준과 접근가능성의 문제이다. 보건복지부 주관 2014년 장애인 실태조사에 따르면 장애인의 5%가 지하, 반지하 또는 옥탑방에 거주하며, 많은 가구가 구조·성능 및 환경 기준이 적합하지 않은 주택에 살고 있었다.** 이 때문에 현재 살고 있는 집의 구조가 생활에 불편하다고 느끼거나, 현재 집의 개조를 희망하는 가구가 많았다.

또한 장애인은 일반인과 비교하여 교육수준과 경제활동 참여율이 현저히 낮으며, 경제활동을 하더라도 상용 근로자의 비율이 낮고 고용안정성이 떨어지거나 임금수준이 낮은 일용근로자, 임시근로자, 자영업자, 무급가족종사자의 비율과 단순노무 또는 농림어업 숙련종사자의 비율이 높았다. 특히, 여성 장애인의 교육수준과 경제활동 참여율은 매우 낮았다. 이러한 이유로 장애인 가구의 소득과 지출수준은 전국 평균의 약 절

---

* 「장애인복지법」 제2조의 기준에 해당되는 장애인이 동법 제32조에 의하여 시군구청에 등록을 하여 장애인등록증을 발급받은 자를 등록장애인이라고 하며, 등록하지 않은 장애인도 상당수 존재하므로 현실적으로 등록장애인 수는 실제 장애인 수와 차이가 있다. 2015 장애인 통계에서 파악한 2014년 장애인 등록률은 91.7%였다.

** 보건복지부 주관 2014년 장애인 실태조사 결과, 현재 주택의 구조·성능 및 환경 기준에 대하여 21.9%는 내열·내화·방열·방습 상태가 불량하다고 인식하고 있었으며, 17.1%는 방음·환기·채광 및 난방설비가 갖추어져 있지 않다고 응답하였고, 13.9%는 소음·진동·악취 및 대기오염을 체험하고 있었으며, 7.6%는 해일·홍수·산사태 및 절벽의 붕괴 등 자연재해로부터 안전하지 않다고 인식하고 있었다. 특히, 재난 발생 시 대응가능한 시스템이 구비되어 있지 않다고 인식한 응답자가 64.9%로 재난 발생 대응 시스템 구비가 가장 취약한 점으로 대두되었다(보건복지부, 2014b).

반 수준에 머물 정도로 매우 낮았다. 이에 반하여 주거비 지출에 대한 부담은 매우 커서 주택 구매 대출금을 상환하거나 임대료를 지불하기 위해 생필품과 같은 필수 지출을 긴축해야 하는 가구의 비율도 전체 일반가구보다 높았다.

현재 우리나라의 장애인 가구를 위한 주거지원정책은 크게 「장애인·고령자 등 주거약자 지원에 관한 법률」에 따른 주거약자용 주택의 의무 공급과 주택개조비용 지원, 「장애인복지법」에 따른 장애인 거주시설(표 3-7)과 공공주택 등의 우선 분양·임대, 주택의 구입·임차자금 또는 개·보수 비용의 지원, 농어촌장애인 주택개조 지원사업, 재가(在家) 장애인을 위한 의료재활서비스, 직업재활서비스 등의 재가 장애인 방문재활서비스, 장애인 소득 보장과 생활 안정 지원, 장애인 심부름센터, 그리고 장애인 주택개조 지원사업 등이 있다.

표 3-7 **장애인 거주시설의 기능과 현황**

종류	시설기능		2014년도 현황[1)]			
			시설 수 (개소)	입소 현황(명, %)		
				정원 (a)	현원 (b)	(b/a) × 100
장애유형별 거주시설	장애유형이 같거나 유사한 장애를 가진 사람들을 이용하게 하여 그들의 장애유형에 적합한 주거 지원·일상생활 지원·지역사회생활 지원 등의 서비스 제공	지체장애	44	2,627	2,208	84.1
		시각장애	15	991	632	63.8
		청각장애	7	373	270	72.4
		지적장애	309	13,562	12,136	89.5
		소계	375	17,533	13,246	86.9
중증장애인 거주시설	장애의 정도가 심하여 항상 도움이 필요한 장애인에게 주거 지원·일상생활 지원·지역사회 생활지원·요양서비스 제공		223	12,802	11,344	88.6
장애영유아 거주시설	6세 미만의 장애 영유아를 보호하고 재활에 필요한 주거 지원·일상생활 지원·지역사회 생활지원·요양서비스 제공		9	539	466	86.5
장애인 단기 거주시설	보호자의 일시적 부재 등으로 도움이 필요한 장애인에게 단기간 주거 서비스, 일상생활지원서비스, 지역사회생활서비스 제공		137	1,766	1,495	84.7
장애인 공동생활가정	장애인들이 스스로 사회에 적응하기 위하여 전문 인력의 지도를 받으며 공동으로 생활하는 지역사회 내의 소규모 주거시설		713	3,200	2,855	89.2
계			1,457	35,860	31,406	87.6

출처 : 「장애인복지법 시행규칙」 [별표 4]와 보건복지부(2015e), 2015년 장애인 복지시설 일람표. p.3의 장애인 거주시설 총괄표(2014. 12) 자료를 재구성.

③ 청년가구의 주거문제와 지원정책

청년가구는 법적으로나 학술적으로 정의된 개념은 아니며, 주거 관련 연구에서는 청년을 주로 만 20~29세, 만 20~34세 등과 같이 나이를 기준으로 정의하고 청년이 가구주인 가구를 청년가구로 정의한다. 청년은 학생, 사회 초년생, 취업 준비생, 니트족(NEET族)* 등 다양하다.

청년은 학업, 취업, 이직, 결혼 등 다양한 생애 변화를 경험한다. 보편적인 생애주기에 있어 청년기는 사회생활을 시작하고 부모의 보호로부터 물리적·경제적으로 독립하여 새로운 가정을 꾸리고 자금을 축적하여 경제적 안정을 이룩해 가는 중요한 과도기이다. 부모로부터 처음 독립하여 새로운 가구를 형성하는 것은 성인으로 성장하는 과정에서 가장 중요한 사건이며, 사회적 자주성과 독립성이 크게 높아졌다는 표상이기도 하다.

청년가구는 상대적으로 주거비가 저렴하고 취업, 이직, 결혼 등의 생애 변화에 따라 이사가 용이한 전세와 월세 등의 임차를 많이 선택한다. 2010년 인구주택총조사 결과, 전체 일반가구 중 전·월세 임차가구의 비율이 43.2%이었으나, 가구주 연령이 20~34세인 청년가구 중 전월세 임차가구의 비율은 74.8%로, 실제로 청년가구 중 임차가구의 비율이 월등히 높았다.

청년가구는 아직 제대로 된 수입이 없거나 사회 진출 후 경과기간이 짧아 경제적 능력이 상대적으로 취약한 경우가 많다. 더군다나 우리나라의 현 상황에서 불안정한 고용상태, 낮은 소득수준, 높은 주거비로 부모로부터 독립하여 새로운 가구를 형성하고 이를 유지해 나가는 일이 어느 때보다도 어려워졌다.

주거비 중 청년가구가 스스로 부담하기 어려운 수백·수천만 원대의 목돈 보증금은 청년가구의 주거비 부담의 가장 큰 걸림돌이다. 이 때문에 부모로부터 독립하여 거주하는 청년가구는 주거비를 지불하기 위하여 부모의 경제적 지원이나 금융기관으로부터의 대출에 의존하고 높은 주거비 부담으로 경제적 어려움에 직면하기 쉽다. 우리나라 정서상, 청년가구의 주거비 문제는 부모와 가족에게 전가되기 쉽고 이 때문에 부모세대가 노후 준비를 위하여 축적한 자금의 많은 부분을 성인이 된 자녀의 독립생활을 지원하는 데 사용하면서 청년가구의 주거비 문제가 결국 부모세대의 노후 준비를 저해하는

---

* NEET는 Not in Education, Employment or Training의 약어로, NEET족은 학생도, 취업 상태도, 취업을 위한 전문 기술을 습득(training) 중인 상태도 아닌 사람을 뜻하는 신조어이다.

결과를 불러오기도 한다.

청년가구의 또 다른 주거문제는 주거와 주거환경의 질적 수준이다. 부모나 가족의 경제적 도움을 받을 수 없는 상황이거나 그러한 도움을 받지 않기로 선택한 경우, 스스로의 힘으로 지불가능한 수준의 주거를 찾아 범죄에 취약하고 교통이 불편한 주거환경에 처하거나, 고시원이나 쪽방과 같이 좁고 열악한 주거환경에 거주하는 등 스스로의 주거권을 확보하기 어려운 경우가 많다.* 이러한 청년가구의 주거빈곤 실태는 서울시와 수도권에서 더욱 심각하게 나타난다.

현재 우리나라의 청년가구 지원정책으로는 공공기숙사 확충, 희망하우징, 대학생전세임대주택, 행복주택, 주거안정월세대출 등이 있으며, 민간에 의한 청년 주거대안으로는 셰어하우스, 사회주택 등이 있다. 이 중 희망하우징은 서울시 재학생 전용 임대주택으로 주변 시세의 20~30% 수준의 임대료로 거주할 수 있다. 행복주택은 공급량의 80%를 대학생, 사회 초년생, 신혼부부에게 공급할 것을 목표로 전국에 건설 중인 공공임대주택이다.

3 주거복지 향상을 위한 사회적·제도적 지원

1) 공공 부문에 의한 주거복지정책과 제도

우리나라의 공공 부문에 의한 주거복지정책은 지원방식에 따라 크게 대물보조방식과 대인보조방식으로 구분된다. 대물보조방식은 주택이나 택지 등을 직접 공급하는 방식이며, 대인보조방식은 지원이 필요한 수요자에게 금융, 조세, 임대료 규제 등의 방법으로 지원을 하는 방식이다. 대물보조방식 또는 대인보조방식 주거복지정책 외에 공공 부문에서 제공하고 있는 주거복지정책으로는 긴급 주거 지원, 주거취약계층 주거지원정책 등이 있다.

* 2010년 인구주택총조사에 근거한 연구에서 전국 20~34세 청년의 14.7%가 지하, 옥탑방, 최저주거기준 미달 주호, 비주택 거처 등 열악한 주거환경에 처해 있으며, 서울 청년 1인 가구의 36%가 이러한 주거빈곤상태에 있다고 나타났다(권지웅·이은진, 2013 ; 권지웅, 2014).

(1) 대물보조방식 주거복지정책

우리나라 대물보조방식 주거복지정책의 대표적인 예는 공공임대주택이다. 공공주택이란 국가, 지방자치단체, LH공사, 중앙 및 지방공사 등의 공공주택 사업자가 국가 또는 지방자치단체의 재정이나 주택도시기금을 지원받아 공급하는 주택(「공공주택특별법」 제2조 제1호)이다. 이 중 공공임대주택은 임대 또는 임대 후 분양으로 전환할 것을 목적으로 공급된 공공주택을 뜻한다.

① 공공건설임대주택

공공건설임대주택으로는 영구임대주택, 국민임대주택, 5년·10년 공공임대주택, 장기임대주택(10년, 20년, 30년, 50년 등) 등이 있다. 이 중 가장 먼저 등장한 것이 영구임대주택으로, 1980년대 말 도시 영세민의 주거 안정을 위하여 서울시 중계동에 처음으로 건설·공급되었다. 영구임대주택은 소득이 하위 20%인 소득 1~2분위 최저 소득층을 대상으로 공급되는 가장 저렴한 공공건설임대주택이라는 점에서 중요한 의미가 있지만, 입주 후 쉽게 퇴거하지 않아 주거순환율이 낮고, 취약 계층의 집단 거주로 지역 슬럼화라는 문제가 있었으며, 단지형으로 공급되어 개발에 대한 비용 부담도 컸다. 이러한 복합적인 문제로 지방자치단체와 지역사회에서 영구임대주택의 건설을 거세게 반대하였고, 1993년에 영구임대주택 건설이 중단되었다.

이후 영구임대주택을 대체하기 위하여 1992년부터 지어진 것이 50년 공공임대주택이

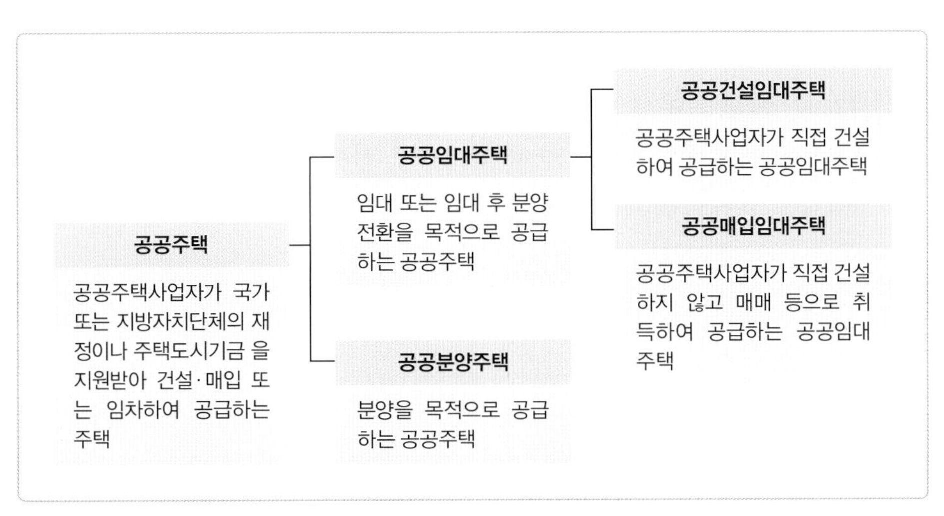

그림 3-7 공공주택 특별법에 따른 공공주택의 정의와 유형

그림 3-8 **2015년 11월 행복주택의 첫 입주가 이루어진 서울시 송파구 삼전동 행복주택 조감도**

출처 : 행복주택 송파삼전지구 홈페이지.

다. 하지만 50년 공공임대주택은 영구임대주택에 비하여 정부의 재정 투입 비율이 낮았기 때문에 상대적으로 입주자의 경제적 부담이 커져서 최저 소득층을 대상으로 공급되었던 영구임대주택을 완전히 대체하지는 못했고, 1997년에 공급이 중단되었다.

이후 1998년부터 건설·공급되기 시작한 공공건설임대주택은 국민임대주택으로, 도시 근로자 월평균소득의 50~70% 이하인 소득 1~4분위를 대상으로 세 가지 주호 규모(전용면적 50m^2 미만, 50m^2 이상 60m^2 이하, 60m^2 초과)로 공급되며, 주호 규모에 따라 입주 자격 요건과 입주자 부담금 규모에 차이가 난다.

국민임대주택은 현재도 계속 건설·공급되지만, 입주자의 부담을 고려할 때 가장 작은 규모의 주호라 하더라도 최저소득층이 거주하기에는 경제적 부담이 크기 때문에 영구임대주택을 대체할 수는 없었다. 이에 저소득 가구의 주거문제가 심각해지자 2009년 LH공사에서 영구임대주택 신규 건설을 다시 시작하였다.

5년·10년 공공임대주택은 임대의무기간(5년 또는 10년) 동안 주호를 임대한 후 분양으로 전환하여 입주자가 우선하여 소유권을 이전받을 수 있도록 한 임대주택을 말한다. 행복주택은 철도 부지, 유수지 등을 활용하여 교통이 편리한 곳에 주변 지역 시세보다 저렴한 임차료로 공급하는 임대주택으로 2017년까지 총 14만 호 공급을 목표로 전국에 건설되고 있다. 공급 물량의 80%는 신혼부부, 사회 초년생, 대학생 등 젊은 계층에게 공급하고 10%는 노인계층, 10%는 주거급여 수급자와 산업단지 근로자 등의 취약계층에게 공급한다는 계획이다.

② 공공매입임대주택

공공매입임대주택은 임대 사업자가 주택을 신규로 건설하지 않고 기존 다가구주택 등을 매입하여 이를 대상자에게 임대하는 주택이다. 영구임대주택과 같은 건설임대주택은 주로 단지형으로 건설되기 때문에 저소득층의 집단 거주로 인한 낙인·격리·슬럼화 같은 문제점을 안고 있으며, 부지의 확보나 개발비 문제로 도심으로부터 떨어진 곳에 위치한 경우가 많아 지역을 기반으로 생계를 유지하던 저소득층이 살던 곳을 떠나 다른 곳으로 이동해야 한다는 맹점이 있다. 반면, 매입임대주택은 이와 달리 기존 주거지 내에 있는 주거를 활용하는 방식으로 저소득층을 다른 곳으로 이동시키지 않고 현 생활권 내에 정착시키고, 사회적 혼합(social mix)이 가능하다는 장점이 있다.

③ 서울시 SH공사의 공공임대주택사업

SH공사가 추진 중인 임대주택사업으로는 시세의 80% 이하 전세로 최장 20년까지 거주할 수 있는 장기전세주택인 SHift(시프트), 대학생 임대주택 희망하우징, 민간 주호를 SH공사가 전세로 계약한 뒤 SH공사가 다시 입주 대상자에게 저렴한 비용으로 임대하는 전세임대주택 등이 있다.

④ 기타 대물보조방식 주거복지 지원

공공임대주택 이외의 대물보조방식 주거복지정책으로 민간 임대주택을 8년간 연 5%의 임대료 상승률로 제한하여 공급하며 이사, 육아, 청소, 세탁, 하자보수 등의 서비스를 제공하는 중산층 대상 기업형 임대주택인 뉴스테이(New Stay), 민간임대사업자가 토지를 구매하지 않고 임차하여 주택을 건설·임대함으로써 초기 사업비 부담을 완화한 토지임대부 임대주택 등이 있다.

(2) 대인보조방식 주거복지정책

현재 시행되고 있는 대인보조방식 주거복지정책으로는 주거급여, 주택금융, LH공사의 전세임대주택, 농촌 주거환경 개선 지원사업 등이 있다.

① 주거급여

주거급여는 주거비를 지원해 주는 일종의 보조금제도이다. 「주거급여법」과 「국민기초생활 보장법」에 근거하여 소득 인정액이 기준 중위소득의 43% 이하인 가구 중 부양의무자 기준 등을 고려하여 점유유형, 거주 지역, 주거비 부담 등에 따라 주거비를 지원한다. 임차가구에게는 거주 지역(서울, 경기·인천, 광역시·세종, 그 외)과 가구 규모에 따라 임차료를 차등적으로 지원하며, 자가 가구에게는 구조안전·설비·마감 등 주택의 노후도를 평가(경·중·대보수로 구분)하여 주택을 개량해 주거나 주거 약자용 편의시설을 추가로 설치해 주는 서비스를 제공한다.

② 주택금융

주택금융은 보조금 형태인 주거급여와 달리 시중 금융기관보다 완화된 대출한도와 낮은 금리 등으로 대출을 해 주는 형태의 지원이다. 현재 시행되고 있는 주택금융정책은 버팀목전세대출, 주거안정월세대출, 임대주택 리츠(REITs), 사전가입 주택연금, 목돈 안 드는 전세정책(임차보증금 반환청구권 양도 방식, 집주인 담보 대출 방식 등) 등이 있다.

이 중 버팀목 전세대출은 일정 소득 수준 이하의 전세 또는 보증부 월세 무주택 가구가 계약서에 명시된 보증금의 최대 70% 한도까지 대출받을 수 있도록 한 정책이며, 주거안정월세대출은 주거급여 대상이 아닌 무주택자 중에서 취업 준비생, 희망키움통장* 가입자, 사회 초년생 및 대출 신청일 기준 최근 1년 이내 근로장려금** 수급자 중 세대주를 대상으로 연 1.5%의 낮은 대출 금리로 매달 최대 30만 원을 대출해 주는 제도이다.

③ LH공사의 전세임대주택

LH공사가 기존 주택에 대한 전세계약을 체결한 뒤 이를 다시 저소득층에게 저렴하게 재임대하는 방식으로 주거비를 지원하는 주택형태이다. 지원 대상자가 직접 거주 희망지역에서 지원한도액 범위 내에서 전세주택을 물색하고 LH공사가 집주인과 전세계약을 체결하는 방식으로 진행되며, 지원 대상자는 전세 지원금의 5%에 해당하는 보증금을 계약 시에, 그리고 전세금에서 지원 대상자 본인이 지불한 보증금을 뺀 나머지 금액에 대한 연 1~2%의 이자를 월세처럼 매달 지급하게 된다. 일반적인 저소득 가구뿐만 아니라, 대학생, 신혼부부, 공동생활가정 운영희망기관 등 특수계층을 대상으로 한 전세임대주택 사업이 현재 시행되고 있다. 지원 대상자의 주거선택권이 보장된다는 점과, 도

---

* 일하는 기초생활수급가구 및 차상위 가구의 생활 안정을 위하여 자립자금을 저축할 수 있도록 도와 주는 제도로, 희망키움통장 가입자 본인 저축액에 정부와 지방자치단체가 지원금을 추가로 지급하여 자립을 위한 목돈을 마련할 수 있도록 유도하는 제도이다.

** 소득이 적어 생활이 어려운 근로자 또는 사업자(보험설계사, 방문판매원)가구에게 근로의욕을 더해 주고 경제적으로 자립할 수 있도록 소득과 자녀 양육비를 지원하는 제도이다.

심 저소득 계층이 현 생활권을 벗어나지 않고 안정적으로 거주할 수 있고 사회적 혼합이 가능하다는 장점이 있다.

④ 농어촌 주거환경 개선 지원사업

농어촌 주거환경 개선 지원사업은 크게 농어촌 주거환경 개선 및 귀농·귀촌 활성화를 목적으로 신·개축 및 부분 개량에 대한 융자를 지원하는 농어촌 주택 개량자금 지원사업과, 도로·상하수도 등 기반시설과 슬레이트 제거, 빈집 및 담장 정비, 주택 개량의 정비를 지원하는 농어촌 주택 및 마을 리모델링사업 등이 있다.

(3) 긴급주거지원 및 주거취약계층 주거지원

긴급주거지원은 생계 곤란 등의 위기에 처하여 도움이 필요한 자에게 임시 거소를 제공하거나 거주에 필요한 비용을 지원해 주는 제도이다. 위기 사유는 주 소득자가 소득을 상실한 경우(사망, 가출, 행방불명, 구금시설 수용 등), 중한 질병 또는 부상을 당한 경우, 가구 구성원으로부터 방임·유기되거나 학대 등을 당한 경우, 가정폭력 또는 가구 구성원으로부터 성폭력을 당한 경우, 화재 등으로 거주하는 주택이나 건물에서 생활하기 곤란하게 된 경우 등이며, 이러한 위기 상황에 처한 자 중 저소득자를 대상으로 임시 거소를 제공하거나 거주에 필요한 비용을 지역과 가구 규모에 따라 차등 지원한다.

주거취약계층 주거지원은 최저주거기준에 미달되고 열악한 환경에서 생활하는 주거취약계층에세 서렴한 임대주택을 지원하는 제도로 쪽방, 고시원, 여인숙, 비닐하우스, 노숙인 쉼터 및 부랑인 복지 시설에서 3개월 이상 거주하는 자와 법무부장관이 주거지원이 필요하다고 인정하여 국토교통부 장관에게 통보한 범죄 피해자 중 저소득 무주택자에게 매입임대주택이나 전세임대주택, 국민임대주택 등에 우선 거주할 수 있도록 지원하거나 (재)주거복지재단이 선정하는 민간복지단체를 통해 주거를 지원한다.

2) 민간 부문에 의한 주거복지 지원사업

민간단체가 제공하는 주거복지 지원사업 중 (재)주거복지재단에서 시행하는 사업으로는 쪽방, 여인숙, 고시원, 노숙인 쉼터 등에 거주하고 있는 취약계층을 대상으로 저렴한 임대주택을 지원하는 주거취약계층 주거지원사업과, LH 전세임대 및 매입임대주택 거주 소년소녀가장 등을 대상으로 이들이 일정 기간 이상 저축하면 임대주택 퇴거 시 주거 안정 장려금을 지원하는 드림 Housing 통장사업 등이 있다. 주거복지연대는 소단위 마을 주거환경 개선사업과 집수리 봉사사업, 엄마손 밥상 등의 복지 사업을 추진하고 있다. 그 밖에도 자활 집수리사업, 에너지 복지 프로그램, 그리고 주거복지센터와 쪽방상담소, 한국해비타트, 다솜둥지재단 등 민간단체에 의한 다양한 주거복지사업이 이루어지고 있다.

4 주거복지서비스의 전달

주거복지서비스의 전달이란 주거복지정책이나 사업이 직접 수혜자에게 연결되는 과정으로, 이러한 시스템을 주거복지 전달체계라고 한다. 2015년 제정된 「주거기본법」에서는 기존 「주택법」이 언급하지 않았던 주거복지 전달체계의 구축과 이를 위한 지원, 주거복지센터, 주거복지 정보체계, 주거복지 전문인력 양성과 배치 등 주거복지 서비스의 전달 관련 사항과 이를 위한 정부와 지방자치단체의 노력이 최초로 법제화되었다.

1) 주거복지센터

주거복지센터는 운영주체에 따라 민간 주거복지센터와 LH공사에서 운영하는 주거복지센터로 구분된다. 민간 주거복지센터는 2007년부터 2013년 사이 사회복지공동모금회 중앙회의 지원을 기반으로 설립되어 민간 주체에 의하여 관리·운영되는 주거복지서비스 제공기관이다. 2011년 8월 전북 전주시에서 지방자치단체 최초로 주거복지지원조례를 제정한 것을 시작으로 경기도 성남시와 서울시 등 여러 지방자치단체에서 주거복지 관련 조례를 제정하면서* 지방자치단체가 주거복지사업이나 주거복지지원센터 관리와

* 2011년 전북 전주시를 시작으로 2012년에 경기도 성남시와 서울특별시, 2013년에 광주광역시, 인천광역시, 서울시 노원구, 대구광역시, 경기도 시흥시, 2014년에 세종특별자치시와 경기도, 2015년에 전북 고창군과 충남 천안시에서 각각 주거복지 관련 조례를 제정하였다.

운영을 법인이나 단체 등과 협약 또는 위탁하고 이를 지원할 수 있도록 명시함으로써 민간 위탁 주거복지센터 운영의 제도적 기반이 마련되기도 하였다.

「주거기본법」에 따르면 국가 및 지방자치단체가 주거복지 관련 정보 제공 및 상담, 주거 관련 조사의 지원, 임대주택 등의 입주, 운영, 관리 등과 관련한 정보의 제공, 주거복지 관련 기관, 단체의 연계 지원, 주택 개조 등에 대한 교육 및 지원, 주거복지 관련 제도에 대한 홍보 등을 위한 주거복지센터를 둘 수 있으며, 이를 LH공사 또는 지방자치단체에서 조례로 정하는 기관에 위탁할 수 있다(제22조 및 동법 시행령 제14조). 이에 따라 현재 LH공사가 자사의 기존 주거복지센터를 정비하고 서울시 SH공사가 주거복지센터의 설립을 준비하고 있으며, 별도의 주거복지조례가 제정되지 않은 지방자치단체에서도 민간 주거복지센터 등의 주거복지서비스 제공기관에 주거복지사업을 위탁할 수 있다.

2) 주거복지 정보체계

「주거기본법」에 의하면 국토교통부 장관은 국민의 주거복지정책 정보에 대한 접근성을 향상시키기 위한 주거복지 정보체계를 구축·운영할 수 있으며, 이를 LH공사에 위탁함을 명시하였다(제23조 및 동법 시행령 제15조). 이에 따라 LH공사의 기존 임대주택 홈페이지를 확대·개편한 온라인 원스톱 주거지원 안내 시스템인 마이홈 포털(www.myhome.go.kr)을 2016년 1월부터 운영하였다(그림 3-9). 여기서는 가구별 상황에 맞는 주거 지원정책 및 신청 적격 여부를 진단할 수 있고 임대주택 및 주변 가격정보 등을 조회할 수 있다. 또한 기존 LH 임대주택 콜센터를 마이홈 콜센터(1600-1004)로 전환하여 주거 지원정책 전반에 대한 내용을 전화로 상담받을 수 있도록 하였으며, 지역별 마이홈 상담센터를 LH공사가 운영하는 주거복지센터 내에 두어 오프라인 상담도 제공받을 수 있게 하였다(권혁진, 2015).

그림 3-9 마이홈 포털

3) 주거복지 전문인력

「주거기본법」에는 주거복지 전문인력의 양성, 업무 범위, 채용 배치 등과 관련한 구체적인 사항이 명시되어 있다. 이 법에서 명시하고 있는 주거복지 전문인력의 주거복지업무는 주거급여, 공공임대주택의 운영 및 관리, 취약계층 주거실태조사, 상담, 정책 대상자 발굴, 네트워크 구축 등 광범위한 업무를 포함한다. 국가, 지방자치단체, 공공기관에서 주거복지 전문인력을 우선적으로 채용 및 배치할 수 있도록 하였으며, 선발 시에는 주거복지 전문인력에 대한 가산점 또는 우대조건 등을 평가기준에 포함해야 한다(제24조 및 동법 시행령 제16조, 동법 시행규칙 제42조). 현재 국가가 공인한 주거복지 전문인력 인증 민간자격증으로 (사)한국주거학회가 운영하는 주거복지사(주무부처 : 국토교통부)가 있다.

5 외국의 주거복지 지원서비스

우리나라에서 대물보조방식과 대인보조방식으로 주거복지정책이 시행되었던 것과 같이 주거복지정책을 시행하고 있는 외국도 취약계층에게 주택을 제공하거나, 주거와 관련하여 현금 또는 현물을 지원하거나, 임대료를 규제하는 등의 정책을 기본적으로 취하고 있다.

공공임대주택공급이 가장 두드러진 국가는 네덜란드로, 전국 가구의 35%가 공공임대주택에 거주하고, 수도인 암스테르담에서는 60% 이상의 가구가 공공임대주택에 거주할 정도로 공공임대주택 거주 비율이 매우 높다. 이 때문에 공공임대주택 거주에 대한 사회적인 편견이 없으며, 한 번 입주한 공공임대주택 임차인은 소득수준이 향상되더라도 지속적으로 공공임대주택에 거주하며 급격한 임대료 인상을 걱정하지 않아도 된다.

독일은 임대인 조합과 임차인 조합, 그리고 지방 정부가 합의한 지방별 '임대료 기준표'가 있는데, 집의 위치와 규모, 욕실 등의 설비수준, 건축 경과연수에 따른 임대료, 즉 집세를 구체적으로 규정하고 있다. 민간임대주택도 이 임대료 기준표에 근거하여 임대료를 정해야 하고, 특별한 이유가 없다면 임대료를 과도하게 인상할 수 없으며, 집주인에게 그 집을 사용해야 할 정당한 사유가 없다면 임차인에게 계약 종료를 종용하거나 퇴거시킬 수 없도록 법이 보장하기 때문에 임차인이 임대료 인상이나 갑작스러운 퇴거를 우려하지 않고 안정적으로 거주할 수 있는 기반이 마련되어 있다. 이는 임대료를 규제하여 임차인의 주거비 부담을 경감시키고 주거안정성을 향상시킨 대표적인 제도이다.

이러한 주택의 공급이나 임대료 지원이나 규제 외에 해외 주거복지 지원제도나 프로그램에서 우리가 주목할 만한 점이 있다면, 물리적인 지원과 더불어 각종 지원서비스가 활성화되어 있다는 것이다. 지원서비스의 종류는 주택과 관련한 수리서비스, 법적 자문, 교육, 상담 등 다양하다.

1) 영국과 독일의 임차인 지원서비스

영국의 옴부즈맨은 일종의 법적 절차 이전 단계의 민원처리기관으로, 개인이 기관이나 단체에 대하여 제기한 불만이나 민원이 일정 기간 동안 만족스럽게 해결되지 않을 경우 법적인 분쟁에 이르기 전에 문제를 조정하고 해결하기 위해 만들어졌다. 1967년에 의회 옴부즈맨 제도로 시작하여 현재는 의회 및 복지 옴부즈맨을 비롯하여 지방정부 옴부즈맨, 그리고 주택 옴부즈맨과 같은 20여 개의 분야별 옴부즈맨 제도가 운영되고 있다.

주택 옴부즈맨 제도는 임차인이 임차 절차 및 과정에서의 문제, 임차 요구에 부응하지 않는 주택 배정, 수리나 보수, 전기, 수도, 가스 등의 서비스 요금 등 임대인 혹은 임대 기관을 상대로 제기한 다양한 민원을 전문적이고 체계적으로 조정해 주는 서비스이다. 주택 옴부즈맨 제도 도입 이후 임차인 민원의 90%가 법적 분쟁에 이르기 전에 주택 옴부즈맨 서비스로 해결이 되는 등 그 효과가 상당하다.

이와 유사한 독일의 제도로 임차인 연합 협회의 서비스가 있다. 독일은 지방마다 임차인 연합 협회가 있어 적은 회비를 내고 임차인 연합 협회에 가입하면 임차인이 부당하게 불이익을 받지 않도록 법적인 카운슬링 같은 전문적인 서비스를 제공해 주어 임차인의 주거안정성을 강화하고 있다.

2) 영국의 핸디퍼슨서비스

'핸디(handy)'는 주로 건축물과 관련된 광범위한 수리에 능하다는 뜻의 단어로, '핸디퍼슨(handyperson)'이란 이러한 재주를 가진 사람, 또는 이러한 작업을 하는 사람을 일컫는 용어이다. 영국의 핸디퍼슨서비스는 도움이 필요한 가구를 직접 방문하여 소규모 건물 보수나 경미한 개조(손잡이, 임시 경사로 설치 등), 일반적인 주거 안전 진단 및 개선(가전기기 안전점검, 수선, 교체 등)뿐만 아니라 커튼이나 선반 설치, 가구 이동 같은 잡다한 일 도우미나 가정 내 안전사고 예방 진단과 개선(카펫 안전성 진단, 안전손잡이 설치 등), 방범 진단 및 개선(창호 및 현관자물쇠 진단 및 교체 등), 에너지 효율화(에너지 절약형 전구 교체, 창호 틈새 가공 등), 다른 서비스로의 안내(연계) 등 다양한 범위의 서비스를 제공하는 제도이다(Foundations : The National Body for Home Improvement Agency and Handyperson Services, 2013). 이 서비스는 영국 전역에 설립된 NGO 단체인 HIA(Home Improvement Agency)*를 통해서 취약 계층을 대상으로 제공되는 경우도 있지만 그렇지 않은 경우도 있다. HIA가 아닌 제3의 핸디퍼슨서비스 제공자는 HIA가 서비스의 가시성, 요구 응대 효과성, 작업의 안전성, 데이터 관리와 정보의 보호, 품질관리, 사후관리 및 지원, 서비스 관리, 수행도 등을 재단에서 평가하여 핸디퍼슨 인증마크인 Handyperson Quality Mark를 부여하고 서비스 제공자에 대한 전문성을 인증하며 서비스의 질적 수준 향상을 유도한다.

3) 미국의 정부 인증 주거상담사제도

미국에서는 주택도시부인 HUD(U.S. Department of Housing and Urban Development)에서 각 지역의 민간주택 상담기관을 일정 심사를 거쳐 인증하고, 공인된 상담 전문가를 지속적으로 교육하고 체계적으로 관리·지원하고 있다. 이렇게 공인된 주택상담기관을 HUD 공인 주거상담사(HUD-approved Housing Counselor)라고 한다.

HUD 공인 주거상담사는 주민과 정부 사이에서 정책의 전달과 제안이라는 양방향 의사소통을 담당하는 가교 역할을 수행한다. 현재까지 약 2,000개 이상의 기관이 공인

---

* 지역에 따라 HIA가 아닌 Care & Repair 또는 Staying Put agency 등의 명칭을 사용하기도 한다.

을 받아 미국 전역에서 활동 중이다. 특히 미국의 주택시장 위기 이후 주택을 압류 당하는 가구의 수가 급증하자 HUD는 「자가가구 상담법(Homeownership Counseling Act)」을 제정하고 HUD 공인 주거상담사가 주택담보대출 연체로 주택을 압류 당할 위기에 있는 가구와 해당 금융기관 사이에서 대출 금리를 한시적으로 조정하는 등의 공식적인 중재자의 역할 담당하도록 하고 있다.

4) 미국의 정부-대학 연계형 주거복지 교육 및 문헌서비스

미국의 Cooperative Extension Service(약칭 Extension, 이하 익스텐션)는 정부와 대학이 연계하여 주거복지 교육 및 문헌 서비스, 상담 서비스를 제공하는 프로그램이다. 이 프로그램은 각 지역 대학*의 전문가가 연구 논문이나 정부 문헌처럼 일반인들이 접하기 생소하거나 해석이 어려운 자료를 실생활에 적용가능한 실용적이고 행동 지향적인 정보로 변환하여 문헌이나 교육 프로그램을 통하여 무상 또는 저가로 보급하고, 상담서비스를 제공하는 정보 개발과 전달의 역할을 수행하며, 정부가 이를 위하여 재정을 지원한다.

익스텐션 프로그램 중 주거 분야 서비스는 교육, 문헌, 주택 상태 점검, 전화나 대면 상담 등의 방법으로 제공되는데, 지역별로 당면한 실생활의 주거문제 전반을 다루기 때문에 그 범위가 매우 넓고 민원에 따라 당장 적용할 수 있는 해법을 필요로 하는 경우도 있어, 익스텐션 전문가 사이의 긴밀한 네트워크와 정보 교환이 상당히 중요하다.

주거 분야 익스텐션 프로그램의 예로는 가정 에너지 절약이라는 큰 테마가 정해지면 에너지 절약형 가전기기를 고르는 방법, 가정 내 에너지 절약방법과 같이 일반인이 쉽게 적용할 수 있는 주제부터 주택 에너지 효율성 진단방법, 단열 보강방법, 에너지 효율적 창호 선택 및 시공방법 등 전문가 수준에 적합한 주제까지 다양한 세부 주제를 망라한 다양한 문헌 시리즈를 개발하여 온라인·오프라인으로 무상 제공하고, 일반인과 전문가 각각을 대상으로 하는 교육 프로그램을 실시하는 등의 프로그램이 시행된 바 있다.

---

* 정부로부터 무상으로 토지를 부여받아 설립된 대학(land-grant 대학)은 의무적으로 대학의 기본적인 기능인 교육과 연구에 덧붙여 익스텐션 프로그램을 시행하여야 한다.

주거권은 인간으로서 누려야 할 기본적인 권리이다. 하지만 본 장에서 살펴본 바와 같이 보편적인 주택시장 시스템에서는 자력으로 주거권을 행사하기 힘든 저소득층과 특수소요계층이 있다. 이들의 주거권을 보장하기 위하여 공공 부문과 민간 부문에서 많은 지원정책과 사업을 진행하고 있지만, 아직 많은 사람이 주거빈곤과 같은 열악한 상황에 처해 있다. 2015년에는 「주거기본법」이 제정되면서 우리나라 주거복지정책과 주거복지서비스 전달체계가 한 걸음 더 도약할 수 있는 발판이 마련되었다. 이를 기점으로 더 많은 취약계층의 발굴과 다양한 주거복지 수요와 변화에 적극적으로 대응할 수 있는 민·관·공·학의 긴밀한 협력체계가 구축되고, 다양한 주거복지 관련 서비스를 도입하여 우리나라 주거복지수준의 향상을 도모해야 할 것이다.

생각해 보기

1. 본 장에서 소개한 청년가구의 주거문제 해결 정책 외에 어떠한 지원제도가 도입되면 좋을지 생각해 보자.
2. 본 장에서 소개한 노인, 장애인, 청년가구 외에 어떠한 특수소요계층이 있으며, 이들의 주거문제는 어떠한 것일지 생각해 보자.
3. 주택의 공급이나 보조금의 지원과 같은 물리적인 지원 외에 취약계층의 주거문제를 해결하기 위해 필요한 주거복지서비스를 생각해 보자.

안전을 위한 환경디자인

'나의 주변환경이 항상 안전하다.'라는 확신은 삶의 질을 높여 주는 기본적인 가치이다. 각 개인이 안전하다고 믿게 되면 적극적으로 사회활동을 하게 되고, 주민 간의 단단한 결속이 이루어진다. 이것이 마을, 나아가 도시가 정상적으로 기능할 수 있도록 만드는 기본 바탕이 되는 힘이다.

생활 속에서 발생하는 생활 안전 사고는 홍수 및 지진과 같은 자연재해나 빈곤 및 테러와 같은 인적재난에 비해 발생 빈도가 높고 지속적으로 위험에 노출되어 있음에도 불구하고 주의 부족 때문에 어쩔 수 없이 생기는 사고라 받아들여지는 경향이 있다. 그러나 가까운 생활환경 내에 존재하는 위험 요소를 제거하거나 개선해 나감으로써 실질적인 사고율과 불안감을 빠르게 해결할 수 있다. 우리 삶을 둘러싸고 있는 가장 흔한 위험요소는 범죄와 교통사고이다. 따라서 이들을 적절한 환경계획으로 통제하여 각종 범죄로부터 안전한 환경, 다양한 상황의 보행자 모두에게 안전한 환경을 조성하는 것이 필요하다. 더 나아가 내가 소속되어 있는 마을과 사회가 조직적으로 안전을 보장해 줄 수 있는 시스템이 갖추어져 있고, 끊임없이 상황에 맞도록 관리되고 있다는 사실은 거주민들에게 안전한 환경을 보다 섬세하게 느끼게 해 줄 것이다.

본 장에서는 범죄 예방환경과 보행 안전환경을 조성하기 위해 현재 노출되고 있는 위험요소들을 확인하고, 이들을 개선하기 위해 시도되고 있는 디자인 및 설계기법들을 살펴본다. 더불어 국내외에서 진행되고 있는 '안전한 마을 및 도시 만들기' 사례를 통해 안전한 삶을 구축하기 위한 사회제도 및 지원시스템의 현재를 살펴보기로 한다.

1 범죄로부터 안전한 주거환경

어떠한 종류든 범죄가 발생하면 인근 주민들은 극심한 공포를 느끼게 된다. 안타까운 사실은 범죄의 빈도가 2000년 이후 증가 추세이며 생활 주변에서 발생하는 범죄의 수법이 다양해지고, 특별한 동기가 없는 범죄도 날로 증가하고 있다는 것이다. 내용을 들

표 4-1 범죄에 취약한 지역과 건축적 특징

구분	내용
범죄취약지역	• 서민 밀집 주거 지역 (다세대·다가구, 노후 주거단지 등) • 유동인구가 많은 주상복합지역 • 도로와 불특정 공공장소
범죄취약지역의 건축적 특징	• 주택 및 각종 기반시설의 심각한 노후도 • 인적이 드물고 복잡하면서도 좁은 골목길 • 공공시설·공간에 대한 유지관리 미흡 • 공간 활성화를 위한 주민이용시설 부족 • 개별건물(주택)의 잠금장치와 측벽 공간의 방범창 미흡 • 비상벨 등 공공시설 부족 및 부적절한 위치 설정 • 높은 건폐율 • 부족한 주차공간 • 부적절한 가로등 간격과 조도 • CCTV 설치 미흡 • 방치된 건물 사이 이격공간 • 노출된 배관에 대한 방범 대책 부실

여다보면 절도와 폭력이 범죄 중 90% 이상을 차지하고 성폭력이 급격히 증가하고 있다.* 살인, 강도, 성폭력, 절도, 폭력, 방화 같은 6대 범죄는 좁은 길, 골목길의 도로와 도로를 포함한 불특정 공공장소에서 가장 빈번하게 발생했다. 살인·방화와 같은 강력범죄는 단독주택지역에서 가장 많이 발생하였으며, 성범죄는 주상복합지역에서 많이 발생하였다. 통계적 수치를 분석해 보면 범죄취약지역에는 저소득층의 비중이 높고, 자가점유가구의 비중이 낮으며 상대적으로 인구이동률이 높다는 특성이 있었다. 이러한 특성을 가진 지역을 분석해 보면 시야 확보가 불량한 좁은 골목길이 있었으며, 가로등이 부족하거나 밝기가 충분치 않아 어두운 지대가 발생하는 등 일련의 유사한 건축적 약점이 있었다. 이러한 특성을 범죄에 취약한 물리적 환경으로 정의할 수 있다.

1) 환경을 바꾸면 범죄가 줄어들까

범죄가 빈번하게 발생하는 지역이 건축환경적 약점을 공통적으로 지니고 있다는 사실은 거꾸로 말해 환경을 적절하게 바꾸면 범죄를 줄일 수 있다는 것을 의미할까? 이

* 2000년대 이후 서울의 5대 범죄 발생 추이(폭력, 절도, 성폭력, 강도, 살인)

그림 4-1 **범죄에 취약한 물리적 환경**

와 같이 범죄를 유발하는 특별한 환경적 요인이 있다는 가정으로 범죄가 발생했던 환경의 특성과 범죄 발생 원인의 상관성을 분석하는 건축학과 범죄학의 결합이 시도되었다. 대표적인 이론 중 한 가지가 바로 '환경 설계를 통한 범죄 예방(CPTED ; Crime Prevention Through Environmental Design)'이론이다. 셉티드(CPTED)란 건축적 환경의 적절한 설계와 기존 환경의 효율적인 사용이 범죄 발생과 범죄 불안감을 감소시키고 삶의 질을 높일 수 있다는 이론이다.* 대부분의 범죄는 일정한 시공간적 발생 패턴과

* 미국의 범죄예방연구소(National Crime Prevention Institute, NCPI)의 정의

피해 대상의 반복성을 내포하기 때문에, 이를 근거로 범죄 기회를 제공하는 상황적 요인을 사전에 통제·제거함으로써 범죄를 예방하는 것이 핵심이다. 셉티드에서 관심을 가지는 '환경'은 인간환경, 물리적 환경, 사회적 환경을 포함하는 매우 광범위한 개념이다. 환경설계는 물리적 환경에 중심을 두고는 있으나 주민들의 참여와 정부의 정책적 지원까지를 계획적으로 결합하는 설계를 포함한다. 그러나 셉티드 기법을 물리적 환경디자인에 제한하여 이해하는 경향이 있고, 이러한 물리적 기법의 적용으로 범죄를 완벽하게 통제하게 될 것이라는 오해를 하는 경우가 많다. 내용을 정확하게 이해하지 못하고 단순한 감시와 통제의 방법으로 CCTV의 확충과 같은 단편적 방법이 셉티드의 전부인 양 생각해서는 안 될 것이다.

환경설계를 통한 범죄 예방, 즉 셉티드 기법은 환경적 조건과 관련하여 범죄가 발생하는 패턴이 있다는 가정 아래 출발하는 것으로 목격될 확률이 높을수록, 범죄의 순간을 방해를 받거나 잡힐 확률이 클수록, 많은 노력이 필요할수록, 범죄를 통해 얻는 것이 적을수록 범죄 발생확률이 줄어들 것이라 예상하는 환경설계이론이다. 이 이론은 다음과 같은 다섯 가지 설계 원리를 제시한다.

(1) 자연적 감시가 가능한 설계

자연적 감시가 가능한 설계는 가시 범위를 최대화할 수 있도록 주변 건물이나 시설물을 배치하는 것이다. 침입자가 쉽게 눈에 띌 수 있는 상태를 만들어 주민들이 이웃과 낯선 사람의 활동을 구분할 수 있는 환경을 제공하는 것이다.* 이러한 감시상태는 주민들이 일상생활을 하는 가운데 자연스럽게 이루어질 수 있도록 계획되는 것이 좋다(Jim. M., 2004).

(2) 자연적 접근 통제 설계

자연적 접근 통제 설계는 통행을 일정한 공간으로 유도하면서 외부인과 부적절한 사람의 출입을 통제하여 범죄 목표물로의 접근이 원천적으로 차단되도록 만드는 것이다. 경비원과 같은 통제 인력을 배치하고, 출입(RFID)카드와 같은 출입을 통제하는 기계적

* 서울특별시(2013). 서울시 범죄예방환경설계 가이드라인, 7쪽.

보안 방법을 사용하는 것이 효과적이다. 특정 공간으로의 출입이 제어되도록 입구의 배치와 수가 계획적으로 디자인되어야 한다.

담장 허물기

개방형 개구부

야간활동을 위한 조명

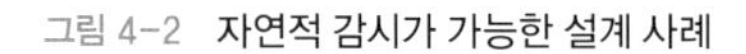

그림 4-2 **자연적 감시가 가능한 설계 사례**

침입통제시설의 설치

건물 이격공간 접근 통제

그림 4-3 **자연적 접근 통제가 가능한 설계 사례**

공적·사적 영역 사이의 완충공간

이해하기 쉬운 안내 표지판

완충공간 형성을 위한 디자인

그림 4-4 **영역성을 강화시켜 주는 설계 사례**

(3) 영역성 강화 설계

영역성 강화 설계는 점유와 권리를 주장할 수 있는 특정 영역임을 알려주는 울타리, 표지판, 도로 경계선 표시 등으로 심리적·물리적 경계를 만들어 주는 기법이다. 이러한 경계는 해당 영역의 정당한 사용자가 아닐 경우 심리적인 불편함을 야기하여 잠재적인 범죄자로 하여금 스스로 제지당할 수 있음을 인식하게 하여 범죄욕구가 줄어들게 만든다.

(4) 활동성 지원 설계

활동성 지원 설계는 공공장소를 사람들이 적극적으로 활용할 수 있도록 계획하여 이용빈도를 늘리고, 그 공간을 이용하는 사람들로 인한 자연스러운 감시의 눈(eyes on the street)이 늘어나게 하여 범죄욕구를 줄이는 기법이다. 이를 위해서는 주민이 고루

다양한 활동을 유도하는 공간계획

환경 정비와 연계된 보행공간계획

가로 활성화를 위한 시설계획

그림 4-5 **활동성을 지원하는 설계 사례**

이용할 수 있는 활동이 일어날 만한 공간 프로그램을 개발하고 이를 지원하는 디자인을 연결시키는 것이 중요하다.

(5) 유지관리가 용이한 설계

유지관리가 용이한 설계란, 공공이 사용하는 시설물이 처음 계획된 용도대로 잘 관리되어 사용될 수 있도록 계획하는 것이다. 이는 의도된 용도에서 벗어나는 일탈행위가 일어나는 것을 자제하게 만들어 범죄를 예방한다. 관리 소홀로 기물이 파손·방치되면 개인의 물건처럼 아끼고자 하는 마음이 사라진다. 지저분하고 쓰레기가 버려진 공간은 또 다른 이용자가 죄책감 없이 쓰레기 투기에 동조하게 만든다. 무관심하게 버려진 공간은 범죄자를 유혹할 가능성이 높으므로 많은 노력을 들이지 않으면서도 유지관리가 쉬운 공간디자인을 계획해야 한다.

추가 낙서를 유도하는 훼손된 벽

가로 정비

내구성 있는 재료 선택

그림 4-6 **유지관리가 용이한 설계를 위한 고려사항**

깨진 유리창 법칙

깨진 유리창 법칙(Broken Window Theory)이란, 1982년 3월 제임스 윌슨(James Wilson)과 조지 켈링(George Kelling)이 발표한 이론으로 깨진 유리창과 같은 사소한 부분을 방치하면 빈번하고 중대한 범죄를 불러온다는 내용이다. 이러한 현상이 발생하는 까닭은 깨진 유리창이 '아무도 관심을 갖지 않으니 당신 마음대로 해도 좋다.'는 메시지를 전달하기 때문이라는 것이다.

2) 환경설계를 통한 범죄예방기법

(1) 단독주택 및 공동주택 건물의 구조와 외벽디자인

① 건물의 구조

- 건물 구조는 사람이 은신하거나 숨을 수 있는 공간이 없도록 계획한다.
- 주택과 주택 사이에 형성되는 이격공간에 외부인 출입통제 시설을 설치한다.
- 다세대주택 및 공동주택에서 1층을 기둥식 구조로 설치하는 경우 사각지대가 없도록 계획하여야 한다.

그림 4-7 **외부인 출입통제시설**

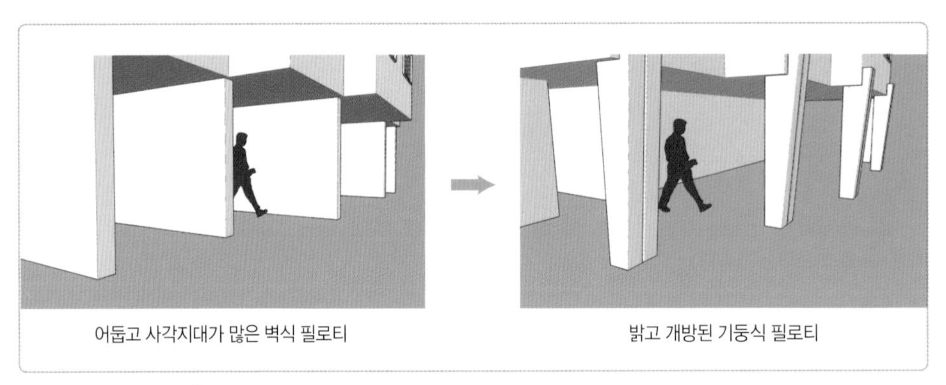

어둡고 사각지대가 많은 벽식 필로티

밝고 개방된 기둥식 필로티

그림 4-8 **공동주택 1층 구조**

② 외관디자인 및 잠금장치

- 외벽 창문은 골목길과 주변을 감시할 수 있는 위치에 설치한다.
- 주택의 출입문에 잠금장치 또는 보안시설을 설치한다.
- 방범창과 잠금장치, 방범감지기, 강화유리 등 건물 외벽에서의 침입을 방지하기 위

한 장치를 설치한다.

- 창문에는 파손이나 훼손이 어려운 재질의 방범창을 설치하고, 측벽에 노출된 가스배관을 타고 오르거나 침입 도구로 활용되지 못하도록 방범시설을 설치한다.
- 가스배관, 실외기 거치대 등에 세대 침입을 방지하기 위한 디자인을 계획한다.

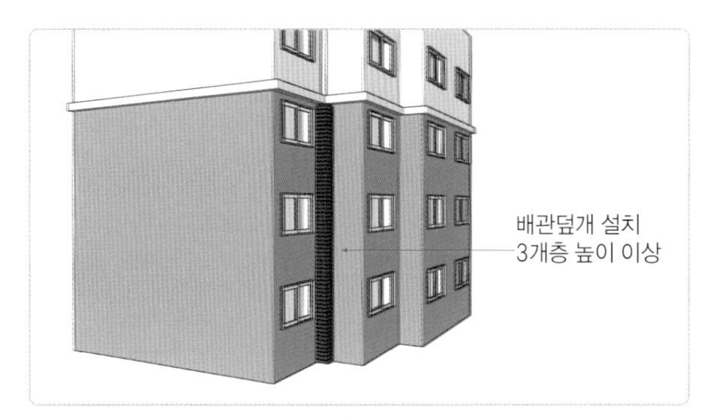

그림 4-9 **공동주택 외부의 배관 덮개 디자인**

- 입주민 전용 출입카드(RFID카드) 및 번호를 이용한다.
- 양방향 우편물 수취함 설치로 외부인 출입을 통제한다.
- 건물의 출입구는 도로면에서 쉽게 보이도록 설치한다.
- 창호면적을 넓게 계획하여 자연적인 감시가 가능하도록 한다.
- 개방적 출입구로 시각의 사각지대를 감소시킨다.
- 입구에 상징성을 부여하는 구조물(상징물)을 설치하고 영역성을 부여하는 사인물을 설치한다.

그림 4-10 **건물 주 출입구**

출처 : 김영국 외(2011)의 내용 재구성.

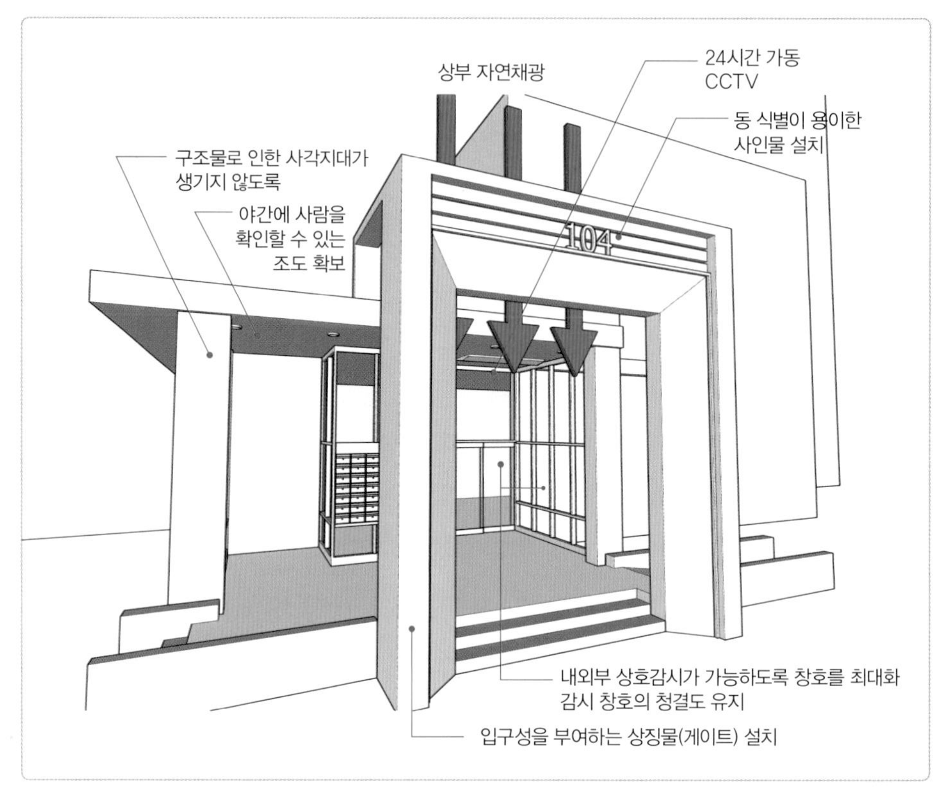

그림 4-11 **주동 출입구 외부**

출처 : 김영국 외(2011)의 내용 재구성.

- 조화와 통일성을 부여하는 외관디자인을 계획한다.
- 출입구에 사람의 얼굴을 확인할 수 있는 조명을 설치한다.
- 출입구가 도로면에서 보이도록 설치한다.

(2) 통행공간(골목길) 및 외부 보행공간

① 조명

- 골목길에는 보행자를 위한 조명을 설치한다.
- 야간에 사람을 알아볼 수 있는 조명 설치 및 적정 조도 유지가 필요하다.

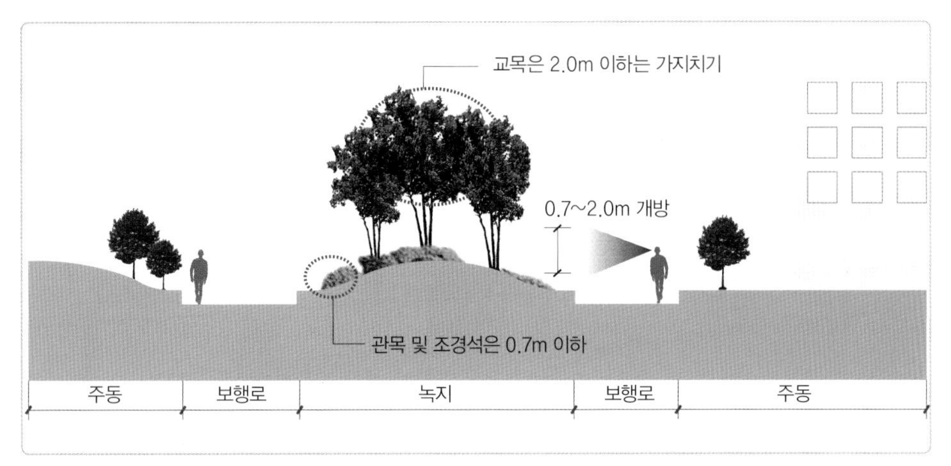

그림 4-12 **보행공간의 조경 및 수목의 관계**
출처 : 김영국 외(2011)의 내용 재구성.

② 조경 및 수목

- 골목길의 조경수목은 자연감시를 고려해 식재하고 조명시설과 적절한 간격을 유지한다.
- 수목의 성장 및 계절에 따른 변화를 체크한다.
- 시야 확보를 위해 교목의 0.7~2.0m의 범위는 가지치기한다.

③ 영역성 강화와 활동성 증대

- 골목길에서의 주택, 보행공간, 가로시설 및 조경 식재공간의 영역을 명확하게 구분한다.
- 주택 주변 또는 골목길의 자투리 공간은 영역성 강화와 활용성 증대를 위해 한평공원(쌈지공원)이나 화단 등 주민이용시설을 조성한다. 그러나 보행량이 적은 곳에 벤치 및 파고라를 설치할 경우 야간 범죄에 취약해질 수 있다. 벤치는 성인 1명이 누울 수 없도록 디자인(중간 팔걸이 삽입)한다.
- 담장이나 벽면에는 지역 이미지와 환경을 고려한 도색이나 벽화 등의 적용을 권장한다.
- 복잡한 골목길 주변의 전봇대나 담장, 출입문 주변에는 명료한 안내표지판 또는 주소표지판을 설치한다.

그림 4-13 **보행공간의 조명 및 감시시설물 설치**

출처 : 김영국 외(2011)의 내용 재구성.

- 가로시설물은 통일성 있는 디자인으로 계획한다.
- 공간을 활성화시킬 수 있는 용도시설의 배치와 디자인을 권장한다. 내부가로의 야간 공동화 방지를 위해 24시간 편의점 등을 가로 중심지에 배치한다.

④ 감시 및 시야 확보

- 방범용 CCTV와 비상벨을 설치하여 범죄 취약공간의 감시 효율성을 높이고, 보행 중 쉽게 인지되도록 디자인한다.
- 골목길은 전방 시야 확보 및 고립된 공간으로 연결되지 않도록 가급적 직선으로 계획하고 적절한 보행 폭을 확보한다.
- 골목길의 가로시설물은 자연 감시를 고려해 계획한다.

(3) 경계공간

① 단지 경계공간

- 주변 감시와 골목길의 활용성 등을 고려해 투시형 담장 또는 낮은 높이의 담장을 설치하고, 필요시 담장을 허문다.

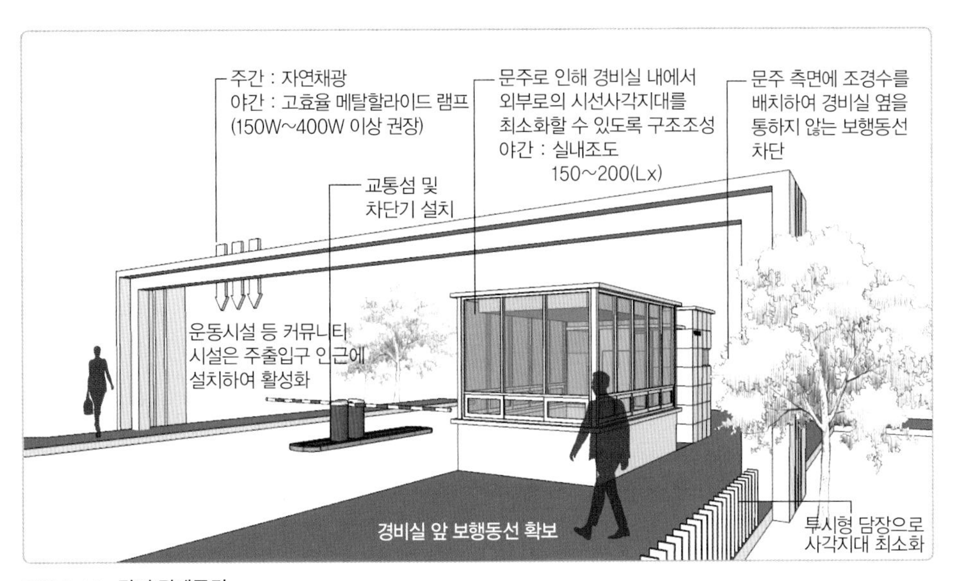

그림 4-14 **단지 경계공간**

출처 : 김영국 외(2011)의 내용 재구성.

- 공동주택단지 출입구에 게이트형 혹은 오브제형의 구조물을 설치함으로서 영역성을 표현하며, 이로 인한 시각적 사각지대가 생기지 않도록 주의한다.
- 공동주택단지 출입구는 출입차로 중간에 차단기가 설치된 교통섬을 설치하고, 인근에 조명과 방향표시사인 등과 통합형으로 디자인된 지주대에 CCTV를 설치한다.
- 공동주택단지 보행자 출입구는 최소화하고 차량 출입구는 주 출입구로 통일한다.

② 경비실

- 공동주택 경비실은 사방 감시가 가능하도록 사각지대를 최소화한다.
- 경비실의 창호면적을 넓힘으로서 경비실 자체가 야간에 조명의 역할을 할 수 있도록 계획한다.
- 영역성을 나타내 주는 사인 부착으로 외부인의 진입에 심리적 불편함을 부여한다.
- 경비실에 택배보관함을 통합 설치하여 외부인의 단지 내 출입을 최소화한다.

그림 4-15 **경비실**

출처 : 김영국 외(2011)의 내용 재구성.

(4) 외부공용공간

① 공동 커뮤니티 공간, 휴게 및 운동공간

- 마을회관과 같은 지역 커뮤니티가 방범 거점의 역할을 할 수 있도록 조성한다.
- 숨은 공간이나 구조물로 인한 사각지대가 없도록 계획한다.

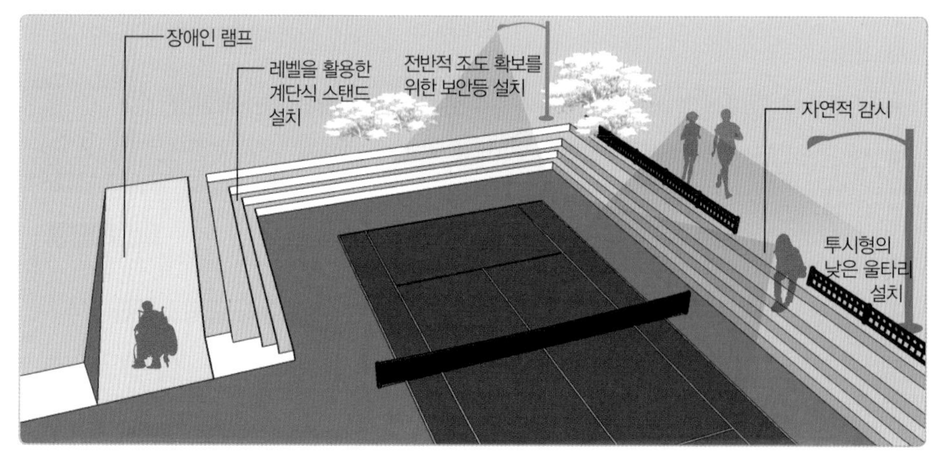

그림 4-16 **휴게 및 운동시설 주변의 시설계획**

출처 : 김영국 외(2011)의 내용 재구성.

- 단지 내 지속적인 순찰을 실시한다.
- 조경은 시야가 확보되도록 높이를 조절한다.
- 야간에 외부인의 진입을 제한하고 CCTV 설치 여부를 알리는 경고표지를 설치한다.
- 야간에 사람을 알아볼 수 있도록 조명을 설치하고 적정 조도를 유지하도록 한다.

② 주차장

- 주택가의 주차장은 자연 감시와 접근 통제를 고려해 계획한다.
- 공동주택단지 내 지하주차장은 밝은 마감재 또는 반사가능한 소재를 사용한다.
- 공동주택단지 내 지하주차장은 여성 전용 주차공간 및 세대별 주차 위치를 지정한다.
- 공동주택단지 내 지하주차장에 공간 구분이나 위치 인식을 위하여 색상을 이용한다.
- 선큰이나 천창을 설치하여 자연채광이 가능하도록 계획한다.
- 공동주택 단지 내 지하주차장에 옹벽 구조물로 인한 사각지대가 없도록 설치한다.

③ 어린이 놀이터

- 숨을 수 있는 공간이나 시각의 사각지대가 없도록 계획한다.

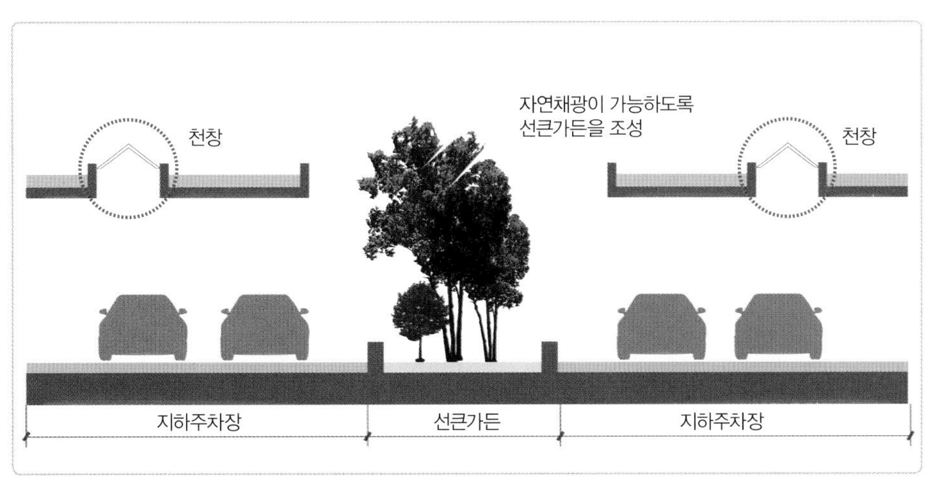

그림 4-17 **지하주차장**
출처 : 김영국 외(2011)의 내용 재구성.

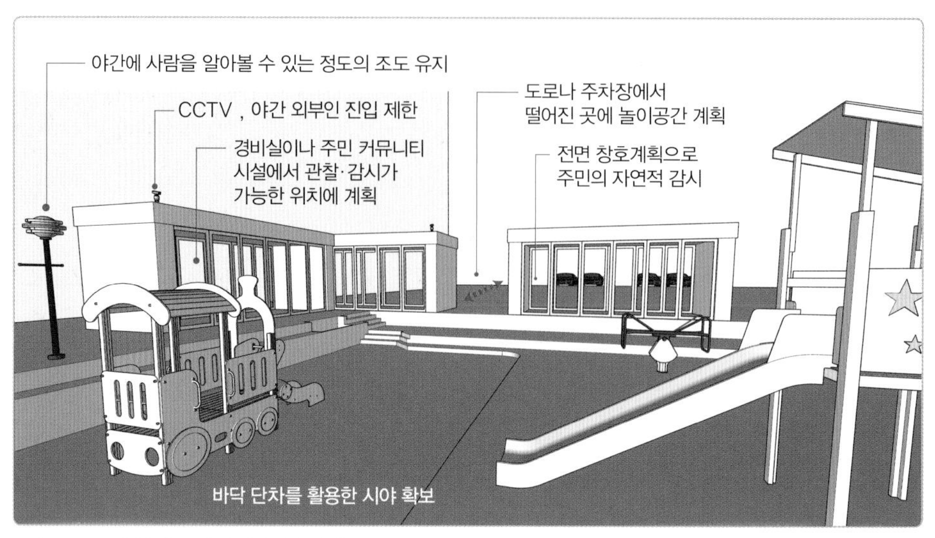

그림 4-18 외부공용공간과 어린이 놀이터

출처 : 김영국 외(2011)의 내용 재구성.

- 경비실이나 커뮤니티시설에서 항상 감시할 수 있는 위치에 계획한다.
- 도로나 주차장에서 떨어진 곳에 계획한다.
- CCTV 작동 여부를 표시하여 심리적 경고를 한다.
- 놀이공간이 단 차이를 형성하면서 지형적 특성을 활용하여 주민의 활동 중 감시 범위를 확대할 수 있도록 계획한다.
- 시설물 관리카드함 같은 정기적 관리를 확인하고 훼손되고 방치된 시설물이 없는지 확인한다.

3) 안전한 환경에서 안심할 수 있는 환경으로

범죄발생공간이란 범죄가 이미 일어난 적이 있거나 범죄자의 범행패턴으로 볼 때 범행을 저지르기 쉬운 공간을 말한다. 안전한 환경을 만들기 위해서는 우선 범죄발생공간이 어디에 있는지, 현재의 물리적 환경은 어떠한지 확인하고 재발 방지를 위해 디자인을 계획·수정해야 한다. 보행할 때 왠지 모르는 긴장감으로 걸음을 재촉하거나, 두려운 마음에 현재 상태에서 빨리 벗어나려고 하는 마음을 범죄불안감이라고 한다. 따라서 범죄발생공간의 점검과 동시에 범죄불안감이 제거·축소될 수 있는 환경설계안이 필

핫스폿지수

핫스폿(hot spot)지수는 한 지역의 범죄위험도를 뜻하며 지수가 클수록 상대적으로 위험도가 높은 것으로 해석된다. 5대 강력 범죄(폭행·살인·강도·절도·성범죄) 중 한 범죄유형의 1년간 발생건수가 일정 기준을 넘으면 핫스폿으로 지정되어 지수 1을 부여한다. 5대 범죄에 한해 한 지역의 7년간 핫스폿지수를 계산하면 적게는 0, 많게는 35가 나온다. 35가 나왔다면 7년 연속 5개 범죄 유형 모두에서 범죄위험도가 높았다는 의미다.

요하다. 범죄불안감은 범죄가능성이 있다고 판단되는 사람을 만날 때도 발생하지만, 인적이 드문 환경에서도 발생한다. 앞서 여러 가지 셉티드기법에서 소개한 것처럼 안전하면서 안심할 수 있는 주거환경을 위해 물리적 환경 개선안을 적용하는 것은 범죄 예방에 크게 기여할 것이다. 그러나 이러한 물리적 환경 조성으로만 주민들이 바라는 안전한 환경에 대한 기대치를 완전히 충족시키는 데는 한계가 있으므로 지역주민의 의견을 반영한 공간계획이 필요하며, 지역주민의 결속력을 바탕으로 자치단체 및 경찰과의 유기적 협력체계를 마련해야 한다.

(1) 거주민의 의견을 적극적으로 반영

거주지문제를 해결하기 위해서는 그 지역의 상황을 가장 잘 파악하고 있는 지역 거주민의 의견을 적극적으로 반영해야 한다. '안전지도 만들기'는 주로 어린이를 위한 안전지역지도를 제작하는 프로그램이다. 어린이들에게 발생하기 쉬운 범죄와 그 환경을 파악하기 위해 어린이, 교사, 학부모, 전문가들이 학교와 주거지 인근을 둘러보면서 위험요소와 안전 요소를 직접 조사한 후 지도를 제작한다. 완성된 지도는 어린이에게 보여

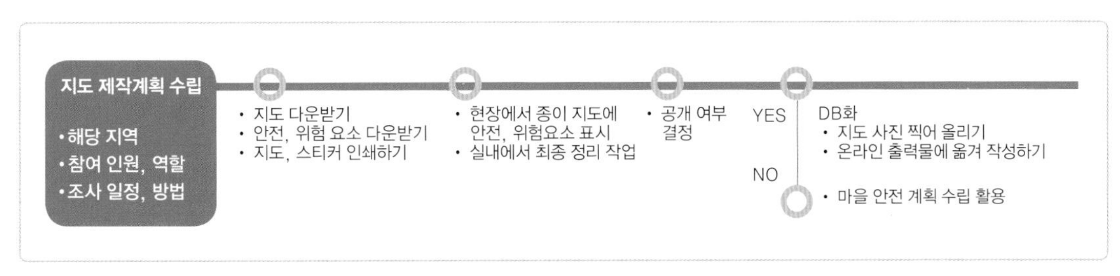

그림 4-19 **안전지도 제작과정**

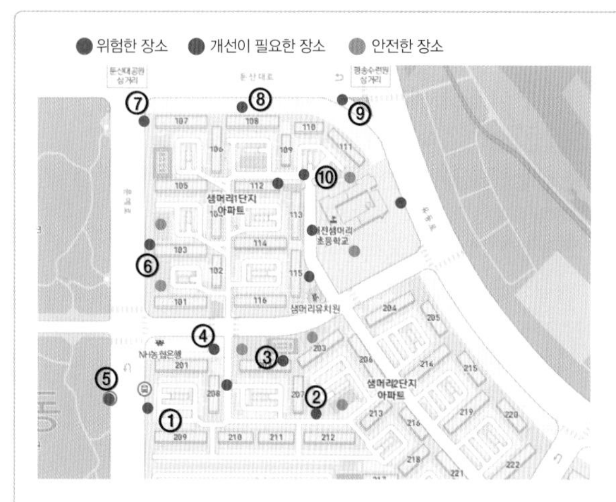

② 추락의 위험이 있는 곳

- 위치 : 관리사무소 앞 도로
- 선정이유 : 환풍구 위쪽으로 아이들이 올라가 뛰어 놀고 바닥으로 뛰어내리는 위험
- 개선제안 : 오르내릴 수 없도록 안전 가드를 설치

⑦ 미끄럽고 범죄불안감이 높은 곳

- 위치 : 평송수련원 앞 지하차도
- 선정이유 : 인적이 드물어 지하차도가 무서움, 비가 올 때 바닥이 젖어 미끄러움
- 개선제안 : CCTV 및 비상벨 설치, 미끄럼 방지 바닥재로 교체

⑨ 차의 속도가 빠른 곳

- 위치 : 유등로로 들어서는 입구
- 선정이유 : 차의 속도가 매우 빠르지만 신호등이 깜박이는 주의표시만 있어 위험
- 개선제안 : 초록색 불이 있는 일반 신호등 필요

④ 교통사고의 위험이 있는 곳

- 위치 : 아파트단지 출입구 도로
- 선정이유 : 신호등 앞쪽으로 불법주차 차량이 많아 신호가 바뀐 후에도 보행자를 확인하기 어려움
- 개선제안 : 길가에 서 있는 불법주차 차량을 방지할 수 있는 방법이 필요

① 노상방뇨가 빈번한 곳

- 위치 : 고속버스 임시정류소 인근 입구
- 선정이유 : 고속버스 승객들의 노상방뇨가 빈번히 발생하는 곳
- 개선제안 : CCTV 설치 및 진입을 제어하는 가드 설치 필요

그림 4-20 **어린이 안전지도(대전시 둔산동)**

주고 어른들의 시각에서 미처 인식하지 못한 범죄가능장소와 불안감에 대해 인식하여 실질적인 개선방안을 찾는다. 지도에 위험한 곳, 안전한 곳, 바뀌었으면 하는 곳을 조사하여 표시하도록 하며, 표시 이유와 문제점 개선을 위한 간략한 제안을 적도록 하였다. 이렇게 모인 정보를 이용하여 학교별 안전한 통학로를 지정하고, 이를 학교 정보지 등을 통해 학부모들과 공유하도록 하였다(그림 4-19, 20).

그림 4-21 **마을 안전지도의 활용**

(2) 해당 지역에 따른 방범대책 수립

지역에 따라 발생하는 범죄패턴과 수법이 다르게 나타나는 경향이 있으므로 해당 지역에 적합한 방범대책을 시행하여 그 효과를 높이는 것이 중요하다. 침입범죄가 주로

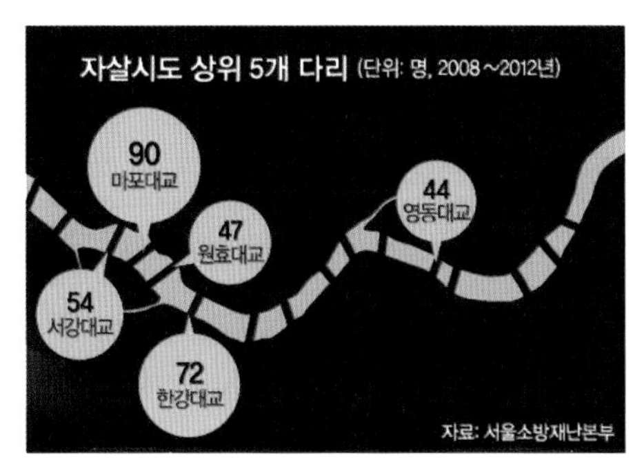

그림 4-22 **범죄의 대상과 장소에 적합한 범죄예방 설계기법이 사용된 마포대교의 사례**

실의에 빠진 한 남자를 다른 남자가 볼을 꼬집으며 위로하는 모습

그림 4-23 **취침이 불가능한 벤치**
노숙자로 인한 범죄공포감 예방을 위해 취침이 불가능한 디자인적 장치를 계획

발생하는 지역과 폭력 발생이 높은 지역에 동일한 물리적 환경개선기법을 적용하는 것보다는, 범죄 특성에 적합한 환경개선기법이 집중적으로 활용되는 것이 효과적인 범죄 예방에 도움이 될 것이다. 자살률이 가장 높은 마포대교의 경우, 보행로 가장자리 난간에 보행자의 움직임을 감지하여 점등되는 띠 모양의 메시지를 디자인하여 실제로 자살 방지의 효과를 거두고 있다.

그림 4-24 **쿠리치바의 지혜의 등대**
사진 제공 : Deyvid Setti e Eloy Olindo Setti (Wikimedia CC BY-SA)

(3) 지역 커뮤니티 활용

이웃 간 교류나 상호작용을 도와주는 지역커뮤니티를 통해서도 범죄를 예방할 수 있다. 지역커뮤니티의 강한 책임감과 유대감은 지역의 범죄를 예방하는 핵심요소로 작용하며, CCTV나 담장과 같은 물리적 시설요소를 통한 범죄예방법보다 효과적으로 지역의 방범문제를 해결하는 열쇠가 될 수 있다. 브라질의 쿠리치바는 지역의 저소득계층의 정보 및 교육의 격차를 해소하고자 하는 목적의 지역 초등학교 경계에 '지혜의 등대'라는 작은 도서관을 설치하였다. 나선형 계단 위 망루에는 지역 경찰관이 근무하게 되어 있고,

밤이 되면 지역사회에 아름다움과 안전을 제공하는 '치안의 등대'를 겸하게 된다. 작은 규모의 도서관이지만 등대가 위치한 지역에서 배회하는 청소년을 감소시켜 범죄를 예방하는 데 상당한 역할을 담당하고 있다. 우리나라의 동두천시에도 쿠리치바를 모델로 한 '지혜의 등대'가 있다.

2 보행자에게 안전한 주거환경

모든 인간은 보행자다. 보행은 사람이 살아가는 데 가장 기본이 되는 행동이자 공간과 공간을 연결해 주는 수단이므로 중요하다. '보행'이라는 개념은 단순하게 '걷는' 행위만을 칭하는 것이 아니며, 걸으면서 하는 모든 복합적 행동인 멈추기, 앉기, 눕기와 같은 옥외공간에서의 다양한 생활행위까지 포함한다. 보행환경은 이러한 다양한 개념의 '보행'이 이루어지는 공간으로, 그 대상공간은 이동을 위한 공간, 휴식을 위한 공간, 놀이를 위한 공간, 집회 및 기타 생활행위가 일어나는 공간 등 매우 넓은 범주를 포함한다. 따라서 사람이 중심이 되는 거주환경을 위해서는 사람이 보행하는 모든 공간에서의 안전이 보장되어야 하며, 이를 위해 다각적이고 종합적인 계획과 조정이 필요하다.

생활 안전사고 중 가장 큰 인명 피해가 나타나는 분야가 바로 교통사고이다. 범정부 차원에서 '교통사고 줄이기'를 적극적으로 추진하여 2005년 이후 전체적인 사망·사상자 수가 감소하고 있지만 보행자의 부상자 수는 증가하고 있어 보행환경의 개선이 요구되고 있다(박진경, 2013). 생활 속 안전을 체감하기 위해서는 특히 주거지 인근에서의 '보행'이 안전하게 이루어져야 한다.

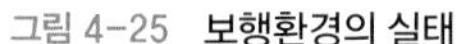
그림 4-25 **보행환경의 실태**

표 4-2 보행공간의 기능과 역할

역할	공간기능	공간형태
이동의 장	통행로를 선택하고 탈 것을 이용하는 행위를 쾌적하게 하기 위하여 필요한 공간	골목길, 보행로, 아동 통학공간, 단지 내 입출입 공간, 주차공간, 버스정류장, 교차로 등
휴식의 장	벤치와 나무그늘 등에서 쉬고, 길거리에서 사람을 만나 이야기하기 위해 필요한 공간	휴게공간, 조경공간 등
놀이의 장	어린이의 놀이행위, 주민들이 가벼운 산책 및 운동을 하는 공간	어린이 놀이터, 운동공간, 광장 등
집회의 장	집회, 행사, 정보교류 등 주민 간 상호교류가 이루어지는 공간	집회공간, 광장 등
생활의 장	쇼핑 및 서비스 시설 등 일상생활과 밀접한 기능이 이루어지는 공간	중심광장 등

출처 : 김철주(2002). p.217.

안전하게 보행할 수 있는 환경은 교통사고를 줄여 주는 직접적인 효과로 연결된다. 주민들이 안전하게 걸어 다닐 수 있다면 근거리를 이동할 때 차를 타기보다는 걷는 것을 선택하게 될 것이다. 주거지 내 차량 통행량을 줄이면 사고 발생률과 위험률도 줄어든다. 안전한 보행환경은 교통 안전사고의 감소와 같은 직접적인 효과와 동시에 주민의 건강 증진 및 범죄 예방과 같은 간접효과도 얻게 한다. 어린이와 노인 같은 교통약자들도 보행안전이 보장되면 주위의 도움 없이도 독립적인 보행이 가능해지고, 보행빈도도 증가하게 된다. 자연스레 활기가 넘치는 거리가 조성되어 주민들의 건강에도 긍정적이다. 또 보행하는 사람이 많을수록 자연감시를 하는 눈이 많아져 범죄기회를 줄여 범죄 예방의 부수적인 효과도 얻게 된다.

1) 보행자의 권리

보행자가 쾌적한 보행환경에서 안전하고 편리하게 보행할 수 있는 권리를 보행권(步行勸)이라고 하며, 이는 다른 교통수단에 우선하는 통행권리이다(「보행안전 및 편의증진에 관한 법률」). 유럽의회 보행자권리헌장에서의 정의를 살펴보면 건강한 환경에서 삶을 영위하고 쾌적한 공공환경의 제공으로 인간의 육체적·정신적 행복을 보장받을 수 있는 권리를 말한다.

보행자의 권리를 구체적으로 살펴보면 다음과 같다. 첫째, 안심할 수 있는 보행환경이 제공되어야 한다. 보행환경에서 교통사고나 범죄 발생 등의 위험으로부터 충분히 보호받을 수 있는 공공영역의 제공이 필요하다. 보행 장애 요소의 방해를 받지 않고 그로 인한 사고의 위험이 제거되어야 한다. 보행자 전용으로 이용할 수 있는 보행구역의 제공으로 가능하다. 둘째, 편리한 보행환경이 제공되어야 한다. 전체 도시와 조화를 이루면서도 안전하게 연결되는 대중교통수단이 제공되어야 하며, 자전거를 이용할 때도 단절 없이 도로를 이용할 수 있어야 한다. 자동차의 이용이 가능한 도심 주거지에서도 거주할 권리가 있다. 셋째, 사회적 활동을 격려하는 보행환경이 제공되어야 한다. 어린이, 노인, 장애인 등과 같은 교통약자들도 보행환경에서 쉽게 사회와 접촉할 수 있어야 하며, 그들을 연약함으로 인해 행동이 위축되거나 제한되지 않아야 한다. 넷째, 건강한 삶을 지원하는 보행환경이 제공되어야 한다. 매연이나 소음 등이 없는 쾌적한 환경과 적극적인 야외활동을 지원할 수 있는 공공영역이 필요하다.

유럽의 여러 나라들은 1950년대 후반부터 일찌감치 도심부를 재생시키고 살기 좋은 주거지를 만들기 위해 자동차에게 빼앗겼던 도로를 사람들에게 돌려주자고 계획하였다. 보행자 안전을 위해 자동차를 차단시키고 보행자 전용공간을 확보하려는 시도를 정책적으로 도입함으로써 교통 안전사고를 줄이고자 했다. 나라마다 사업 명칭은 다르지만 보행권 보장을 위한 생활도로 개선사업으로 자동차의 양과 속도를 억제시키는 사업을 추진하였다. 네덜란드는 본네프(Woonerf), 독일은 템포 30(Tempo 30), 영국은 홈존(Home zone), 스위스는 미팅존(Meeting zone) 등으로 구역을 설정하여 사업을 진행하였다.

2000년대에 들어서면서 보행자의 권리에 대한 패러다임이 도시 설계 및 계획과 연결하여 발전되었다. 걷기 좋은 도시와 커뮤니티를 조성하는 것은 그동안 소외되었던 인간의 존엄성을 찾는 중요한 고리가 될 것이다. 보행을 증진시키면 거주지의 다양성과 에너지를 향상시킬 수 있기에 보행자를 존중하는 환경 조성의 중요성이 점차 커지고 있다.

2) 보행자와 차량의 동선계획

현대사회에서 자동차로 이동하는 것이 피할 수 없는 선택이라면 '어떻게 보행자와 차량을 공존하게 할 것인가'의 문제가 남는다. 주거지 내 보행자와 차량의 동선관계는 다음과 같이 네 가지로 분류된다.

(1) 보차혼용방식

보행자와 차량의 이동 동선이 전혀 분리되지 않고 동일한 공간을 사용하며, 차량이 이용 주체가 되는 도로체계를 말한다. 10m 이하의 주거지역 구획도로에서 흔히 볼 수 있는 형태이다. 보차혼용방식의 도로는 보행자 통행에 대한 계획적 개념이 도입되지 않은 최소한의 기능만 한다.

(2) 보차병행방식

하나의 도로를 보행자와 차량이 평행하게 나누어 사용하는 도로체계이다. 보행자가 도로의 한쪽 측면을 나누어 사용할 수 있도록 연석을 이용하여 영역을 구분한다. 주거지역의 도로 중 차량 통행이 많은 곳에서 보행자의 안전을 위해 사용하는 방법이다.

(3) 보차공존방식

보행도로와 차도를 동일한 공간에 설치하고 보행자를 보호하기 위하여 다양한 차량 통행 억제기법을 사용한다. 보행자의 안전성을 향상하는 동시에 주거환경을 개선하는 방안으로 하나의 도로를 차량과 보행자가 나누어 사용한다는 점에서 보차혼용방식과 유사하나 보행자가 우선이 되고 차량은 제한적 이동이 가능하다는 점에서 구분된다.

그림 4-26 **보차혼용도로**

그림 4-27 **보차병행도로**

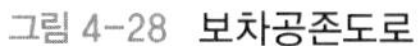

그림 4-28 **보차공존도로**

그림 4-29 **보차분리도로**

(4) 보차분리방식

보행자도로체계를 차량을 위한 일반 도로 체계와 완전히 분리하여 설치하는 방식이다. 보행자전용도로를 주거 단지 중앙부에 설치하여 보행동선과 차량동선을 완전히 분리하는 방식이 한 가지 예이다.

이 중 보차혼용방식은 보행자와 차량 모두에 대한 고려가 없는 가장 위험한 도로 계획법이며, 보차병행방식은 보행자 안전을 확보하기 위해 가장 쉽게 접근할 수 있는 도로 계획법이다. 두 방법 모두 도시기능과 보행자의 활동에 활력을 주는 건강한 보행을 제공하지 못한다. 보행권을 보장해 주는 적절한 계획방법은 보차공존방식과 보차분리방식이다. 따라서 보행자를 우선으로 하는 후자의 두 가지 도로 계획방법을 보다 자세히 살펴보자.

3) 보차분리의 개념과 설계기법

보행자에게 발생하는 교통사고는 보행자와 차량이 부딪혀서 발생한다. 따라서 대부분의 보행자 사고가 보행자와 자동차가 혼재하여 이동하는 지점에 발생하며 보차혼용도로 및 횡단보도가 대표적인 예이다. 자동차와 보행자가 다니는 길을 분리하는 보차분리 설계기법은 보행자의 안전과 자동차의 효율적인 소통을 위해 계획된 것이다.

보차분리 설계기법에는 도로 형태를 일정 구간 부분적으로 활용하는 국지적 활용방안과 지구단위의 넓은 지역을 설정하여 방대하게 활용하는 광역적 활용방안이 있다. 구체적인 보차분리 설계기법은 다음과 같다. 첫째, 도로의 단차를 이용하여 보행로와 차도의 영역을 구분 짓는 방법으로 일종의 보차병행방식에 해당한다. 가장 쉽게 보차분리를 실행할 수 있는 방법이기도 하다. 둘째, 근린주구와 같은 일정 영역의 주거지에 차량의 통행을 지하로 유도함으로써 지상공간을 보행자가 전용으로 사용할 수 있는 보행로를 확보하는 방법이 있다. 세 번째로 아치형 육교형태를 활용하여 차도를 가로지르는 방법으로 보행로 중간을 가로로 지나는 차도의 방해 없이 보행동선을 연결하여 보차분리를 실현하는 방법이다. 아치형 육교는 계단을 사용하지 않는 경사로 방식으로 보행자의 피로도를 낮춘다.

이 중 보행자 전용도로는 보행자의 독점적인 통행권을 보장해 주는 가장 적극적인 보차분리 설계기법이다. 특히 주거지 외부공간이 생활의 장으로서 넓은 의미의 보행행위가 이루어지는 보행환경이 되어야 한다는 관점에서 보행자 전용도로는 매우 긍정적인 해결법이다. 우리의 외부공간은 어디든 자동차가 자유자재로 드나들면서 주차에 공간을 빼앗겨 버렸다. 그나마 겨우 확보된 공간도 주민의 삶과 밀착되지 못하고 단순한 공지로 버려지는 실정이다. 보행자 전용도로의 확보는 차량에 빼앗겼던 생활공간을 보행자에게 돌려준다는 측면에서 생활의 질적 만족을 상승시킬 잠재력을 지니고 있다.

그러나 상업지구 내 보행자 전용도로의 경우, 차량 접근의 지나친 제한으로 상권이 위축되는 문제점이 지적되기도 한다. 주거지 내 보행자 전용도로의 경우 과소한 보행량

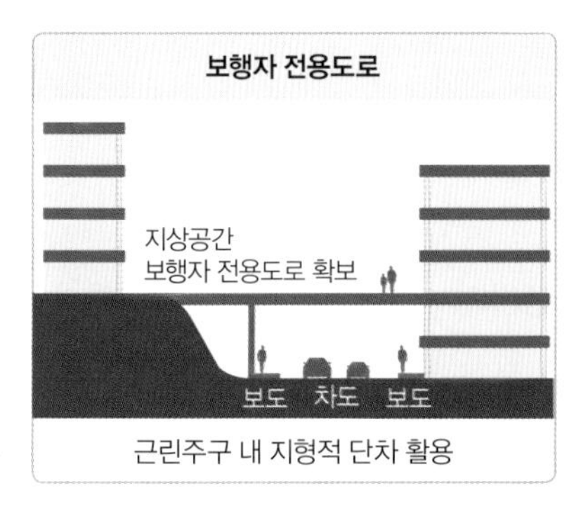

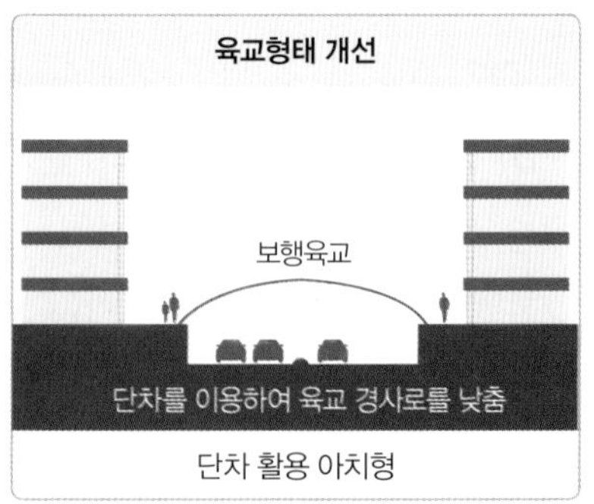

그림 4-30 **보차분리 설계기법**

으로 인해 특히 야간 시간대에 우범지역이 될 위험에 노출되어 오히려 이용빈도가 낮아지는 결과가 나타나기도 하였다. 또 자동차 접근을 완전히 배제하면 도심 내 보행자 전용도로를 적용하는 것의 설득력이 약해지고, 궁극적으로 보행권을 보장하는 안전한 보행환경이라 보기 어렵다는 한계도 있다.

4) 보차공존의 개념과 설계기법

보차공존도로란 통과교통은 배제되고 최소한의 차량 진입을 허용하여 주민의 생활환경이 친밀한 공간으로 이용되도록 하는 도로를 말한다. 이 도로는 통근 및 등하교를 위해 이용되는 통로의 역할 외에 어린이들의 놀이터 및 산책로가 되기도 하며, 지나가다 만난 사람과 잠시 서서 대화를 나눌 수 있는 시민의 휴식장소가 되기도 한다. 따라서 이 도로는 인근 주택 소유주의 차량 외에는 진입할 마음이 생기지 않도록 해야 하며, 진입을 하더라도 아주 느리게 주행할 수밖에 없는 구조로 만들어야 한다.

그림 4-31 **대표적인 보차공존실험인 본네프**
본네프(Woonerf)는 생활의 정원이라는 뜻의 차가 천천히 달리는 골목이다.

보행자의 안전과 편의를 도모하는 보차공존도로를 조성할 때 적용하는 대표적인 방법이 바로 교통정온화(Traffic calming)기법이다. 이 기법은 물리적 환경계획방법과 제약 및 규제를 가하는 제도적 방법으로 구분된다.

환경설계기법으로 사용되는 물리적 기법은 다음과 같다. 첫째, 차량의 속도와 보행자의 상해 정도는 비례하기에 보행자 안전을 위한 속도저감시설을 계획하는 것이다. 이때 과속방지턱, 지그재그 도로, 차량 폭 좁힘, 지그재그 차선 표시, 요철 포장 등의 설계기법이 사용된다. 둘째, 진입제어시설을 계획하여 통과 차량을 억제하고 주민의 외부활동을 증진시켜 외부공간을 주민에게 돌려주는 것이다. 이러한 방법으로는 차단 게이트 설치, 회전도로망 구성, 진입 억제용 말뚝 박기 등이 있다. 셋째, 보행 안전성을 확보하는 공간을 계획한다. 보행 패턴에 적합하도록 보행로를 위치시키고, 보행량을 고려하여 폭을 결정한다. 보행약자의 보행능력을 배려한 보행섬식 행단보도 및 보행가드 말뚝을 설

속도저감기법 : 어린이보호구역

진입제어기법 : 일방통행구간 지정

보행 안전성 확보 : 자전거 전용도로

그림 4-32 **제도적인 교통정온화기법**

치하는 방법도 있다.

교통정온화기법의 제도적인 기법으로는 다음의 세 가지가 있다. 첫째, 속도저감계획기법으로 어린이보호구역, 노인보호구역, 장애인보호구역 등 특정 대상을 위한 구역을 정해 구간의 속도를 줄이는 방법이다. 둘째, 진입제어 계획기법으로 주차 금지구역을 지정하거나 금지시간제를 운영, 통행 방향 지정, 대형차 통행 금지, 차량 시간제 운영 방법 등을 고려할 수 있다. 셋째, 보행 안전성 확보를 위해 자전거 전용도로 및 횡단보도의 노면을 표시할 수도 있다.

교통정온화기법을 효과적으로 작용하기 위해서는 물리적 환경계획과 제도적 계획을 단독으로 사용하기보다는 복합적으로 결합·시행해야 한다.

5) 길 건너기를 힘들게 하는 횡단보도와 육교

우리 마을을 걷기 힘든 곳, 걷고 싶지 않은 원인으로 만드는 이유 중 한 가지가 바로 횡단보도이다. 횡단보도는 차도를 안전하게 가로지를 수 있게 하는 중요한 시설이면서 사고가 빈번하게 발생하는 곳이기도 하다. 보행자 사고가 빈번하게 발생하는 지점의 특징을 살펴보면 보행자의 주요한 동선과 횡단보도의 위치가 부합하지 않는 경우가 많다. 횡단보도는 보행동선을 최소화하도록 보행자가 필요한 곳에 설치되어야 하며, 지속적으로 사고 통계 및 유형을 파악하여 횡단보도의 추가 설치 및 위치 조정이 가능하도록 적절하게 운영되어야 한다. 횡단보도가 있다는 사실 자체가 중요한 것이 아니라 안전하게 건널 수 있도록 보행자의 행위를 유도해야 하며, 운전자로 하여금 보행자의 행동 및 주변 상황을 놓치지 않고 인식하며 빠르게 반응할 수 있는 환경을 제공해야 한다.

노약자를 포함한 보행자의 행동패턴을 고려하여 차도의 폭이 넓을 경우에는 횡단보

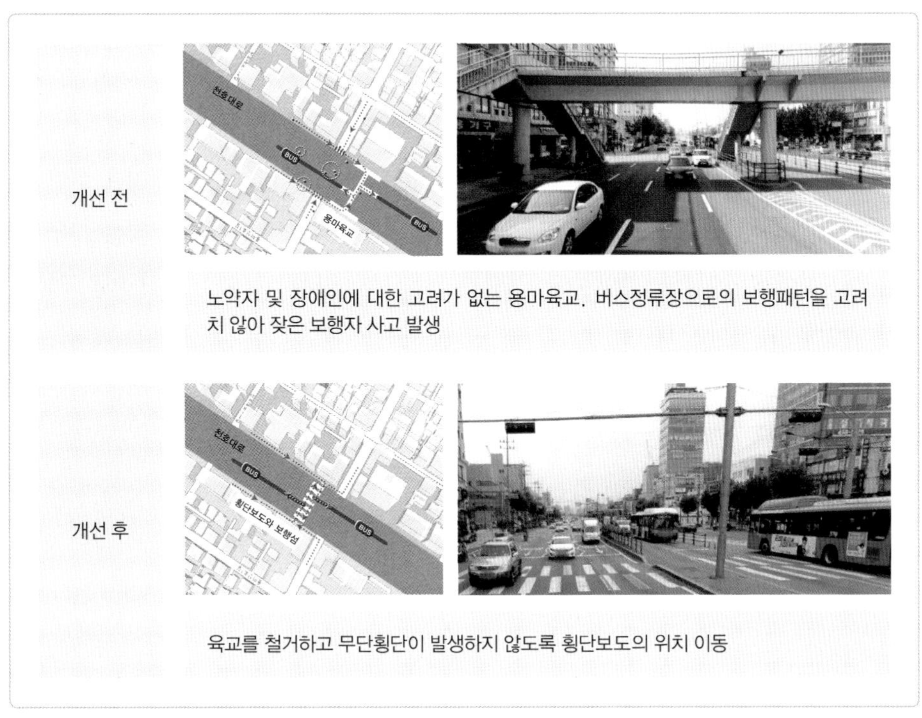

그림 4-33 **육교지역 개선 사례(광진구 천호대로 위 용마보도)**

그림 4-34 **보행을 불편하게 하는 육교**

도 중간에 안전섬을 설치하는 것이 필요하다. 보행자의 통행량이 많은 교차로에는 대각선 횡단보도를 설치해 보행자가 길을 한 번에 건너도록 해 주어야 한다. 충분한 보행신호와 너무 길지 않은 신호주기도 필요하다.

운전자의 측면에서는 전방 진입 시 주의 의무 수행에 실수가 없도록 횡단보도가 눈에 잘 들어와야 한다. 따라서 횡단보도는 노면 패턴의 컬러와 도료의 종류가 적절한지, 함께 설치된 신호등의 위치가 적절한지, 신호등 확인의 방해요소가 없는지 등을 고려하여 설치되어야 한다.

육교 부근은 횡단보도보다 보행자 사고가 적게 발생하는 지역이다. 그러나 차량 소통을 원활하게 만들고 보행자의 안전을 보장하기 위해 육교를 설치하는 것은 모든 불편을 보행자에게 전가하는 방법이다. 보행 불편은 무단횡단의 가능성을 만들고 교통사고를 유발할 수 있다. 시간이 지남에 따라 노후화된 육교는 도로 위 미관을 해치는 골칫거리일 뿐 아니라 계단의 패임 및 기울어짐으로 인해 또 다른 안전사고를 불러일으킬 수도 있다.

우리가 마을에서 걷기 힘든 이유는 물리적 교통환경이 미흡하기 때문이기도 하지만, 운전자들의 보행자에 대한 배려가 부족하기 때문이기도 하다. 시속 30km는 생각보다 느린 속도여서 운전자들이 이보다 빠른 속도로 운전하는 경우가 많이 발생한다. 보행자에게 경적을 울리거나, 건널목에서 보행자를 기다려 주는 문화가 없는 것 또한 문제이다. 결국 우리 스스로 마을을 걷기 힘든 곳으로 만들지는 않았는지 뒤돌아볼 일이다.

3 안전에 취약한 계층을 위한 배려

노인과 여성, 그리고 어린이 및 청소년은 기본적인 생활과 활동에 취약한 계층으로 이들의 특성을 고려한 환경계획이 필요하다. 따라서 안전사고 유형에 따라 어떤 집단이 취약하고, 어떤 지역에 많이 거주하며, 어떤 지역에서 주로 활동하는지를 파악하여 안전관리대책에 반영해야 한다.

그림 4-35 노인보호구역 사인

그림 4-36 노인이용시설 인근의 바닥 사인

노인계층의 안전을 위해서는 노인 거주자 밀집지역과 노인이용시설을 중심으로 환경 개선이 필요하다. 노인보호구역의 지정이 필요하고 노인의 신체적 특성을 고려하여 무장애(barrier free) 개념과 접목한 시설디자인이 요구된다. 노인을 대상으로 한 범죄가 증가하는 추세이므로 주변이 항상 감시되고 있음을 느낄 수 있는 시설이 필요하고, 독거 노인 증가에 따라 응급 상황에 빠르게 대처할 수 있는 네트워크로 '응급안전돌보미

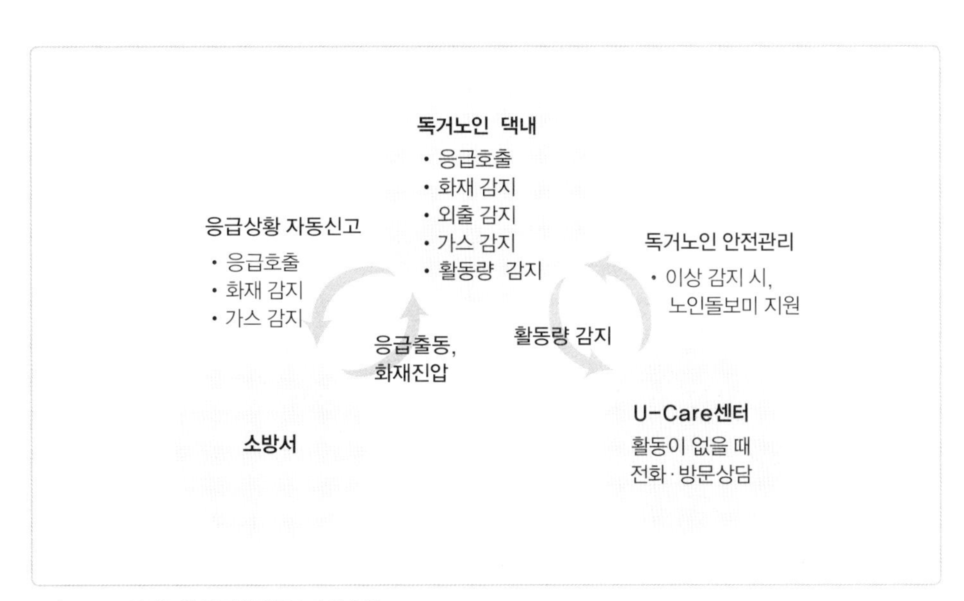

그림 4-37 독거노인 응급안전돌보미 시스템

워킹스쿨버스와 학교보안관

워킹스쿨버스 초등학교 어린이들이 등·하교시 홀로 보행하지 않고 방향이 같은 아이들을 모아 전문 인력 및 도우미의 보호 아래 안전하게 집단으로 보행하도록 하는 프로그램

학교보안관 2011년 1학기부터 초·중·고등학교에 배치되고 전직 군인, 경찰, 교사 등으로 구성되어 범죄 예방과 방과 후 외부인 출입 통제 등의 직무를 맡게 하는 프로그램

시스템' 같은 제도의 운영이 필요하다.

어린이 및 청소년 계층은 교통사고와 범죄에 가장 취약하다. 어린이보호구역 및 청소년 제한구역, 학교환경 보호를 위한 학교환경위생정화구역 등 공간의 면적분리방법을 활용한 지속적인 관리가 필요하다. 이와 더불어 인적자원의 참여를 활용한 '학교 보안관', '워킹스쿨버스' 프로그램 실행이 주민의 안전에 대한 만족도를 높이고 있다.

그림 4-38 **무인택배시스템**

여성 1인 가구의 증가에 따라 대학가 원룸 및 오피스텔 주변의 방범이 강화되어야 한다. 이들 건물마다 담당 경찰관을 지정하고, 원룸 방범시설의 안전성을 항목을 정해 확인하는 '방범인증제'를 실시한다. '방범인증제'를 통해 오르기 힘든 가스 배관 덮개, 방범창 등 외부 침입을 막기 위한 방범시설물기준을 마련하고 미비한 시설에 대한 개선을 유도한다. 무인택배보관소를 확충하고 가스검침원의 방문에 대해 문자로 사전에 통보하며 복장도 통일시켜 방문

그림 4-39 **여성친화거리(대전 배재대학교 후문)**

여성안심귀가 스카우트

밤 10시부터 새벽 1시까지 귀가 동행을 지원한다. 지하철역·버스정류장 도착 30분 전에 120(다산콜센터)으로 전화하면 거주 자치구 구청상황실로 바로 연결되어 해당 서비스를 이용할 수 있다. 신청자는 2인 1조의 신분증을 패용한 스카우트 대원을 지정 신청장소에서 만나 집 앞까지 안심하고 귀가할 수 있다.

서비스로 인해 발생하는 범죄에 대한 안심대책을 마련한다. 젊은 여성의 경우는 성범죄의 노출이 가장 많은 연령대로 상업지역, 대학가 주변을 중심으로 밤길 안전을 강화하는 대책이 필요하다. 정류장 및 지하철역부터 주거지까지 경찰이 집중 순찰하는 '여성안심귀가 스카우트'를 골목길까지 확대·운영하거나 24시간 편의점을 '여성안심지킴이 집'으로 활용하기도 한다.

그림 4-40 여성안심지킴이 집

4 안전한 사회 만들기

안전한 생활환경을 조성하기 위하여 방범의 영역과 교통안전의 영역에서 감시와 단속, 처벌과 긴급 구조 등 사건이 발생한 직후에 어떻게 대응할 것인가에 관련한 방안이 주로 논의되었다. 이전 장에서 설명했던 셉티드(CPTED)기법, 보차공존 및 분리기법 등은 물리적 환경을 개선함으로서 발생할 가능성이 있는 위험적 상황을 예방하는 데 중점을 두었다. 사후적 대응대책과 물리적 환경 개선의 두 가지 측면 모두가 안전한 거주환경을 조성하는 데 기여하지만 완전한 방안이 구축되었다고는 할 수 없으며, 주민이 요구하는 안전한 환경수준과는 차이가 있다. 안전한 환경에 대한 주민의 희망 수준과 현실과의 간극은 주민의 적극적인 참여로 좁혀질 수 있다. 지역주민이 관심을 가지고 지역

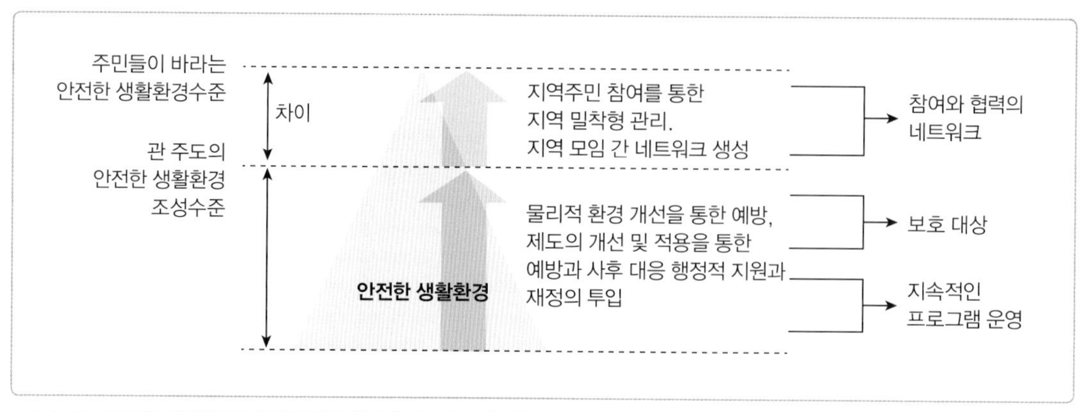

그림 4-41 **안전한 생활환경을 위한 주민의 참여와 네트워크의 역할**

적인 네트워크를 통해 필요가 발생한 환경을 개선한다면 몸으로 느껴지는 섬세한 안전 환경이 조성될 것이다.

1) 안심마을 프로젝트

'안심마을'은 지역주민들이 거주지 인근에 있는 안전을 위협하는 요인을 스스로 관리해나가고 행정이 이를 뒷받침하여 안심하고 살아갈 수 있는 환경을 지속적으로 조성해 나가는 마을이다. 대규모의 재난위험은 국가와 행정부서가 투자와 엄격한 관리를 통해 어느 정도 예방할 수 있다. 그러나 거주지 인근에서 발생하는 생활안전사고들은 행정기관의 시설 개선과 규제 외에 주민 스스로 주의와 관심을 기울여야만 예방할 수 있는 문제다. 특히 주민들이 안전위해요인을 직접 눈으로 확인했다면 행정기관이 해결해 줄 때까지 기다리지 않고 마을의 주인으로서 직접 관리해 나가는 것이 효율적이다. 행정자치

그림 4-42 **안심마을 로고**

부는 주민이 주도하는 방식을 통해 안전수준을 높일 수 있는 '안심마을 프로젝트'를 위해 2013년 9월 초 10개의 시범 마을을 선정하고 추진하였다. 도시지역(5개소), 농촌지역(3개소), 특정지역(2개소)으로 지역을 유형별로 구분하여 선정하였다.

주민들이 마을의 골목골목을 돌며 다양한 위험요인을 찾아내고 주민의 의견을 수렴하여 무엇을 개선할 것인지 결정하고 실행한다. 현재 야간범죄안전을 위한 순찰부터 여성·어린이의 안전귀가를 위한 동행, 가족 단위 심폐소생술 교육, 독거노인·장애인 가정 안부 확인, 반찬 나눔 등 지역별로 다양한 활동을 추진하고 있다. 주민 간의 유대감을 높이기 위해 마을 소식지를 펴내어 사업의 진행 상황 및 마을의 근황을 나누기도 한다. 안심마을 사업은 속성상 주민 참여에 많은 시간이 필요하고 지속적으로 이루어져야 하는 활동이다. 도시의 경우 주민 간 동질성이 약하고 이주가 빈번하므로 적극적인 주민 참여를 이끌어내기가 쉽지 않다. 따라서 지역 공동체의 성격에 따라 소극적 참여에서 적극적 참여 등 단계별 프로그램을 개발하여 적용해야 한다. 모범적인 성공사례를 이끌어내는 것은 자발적으로 유사한 사례가 확산되는 긍정적 효과를 낳을 것이다.

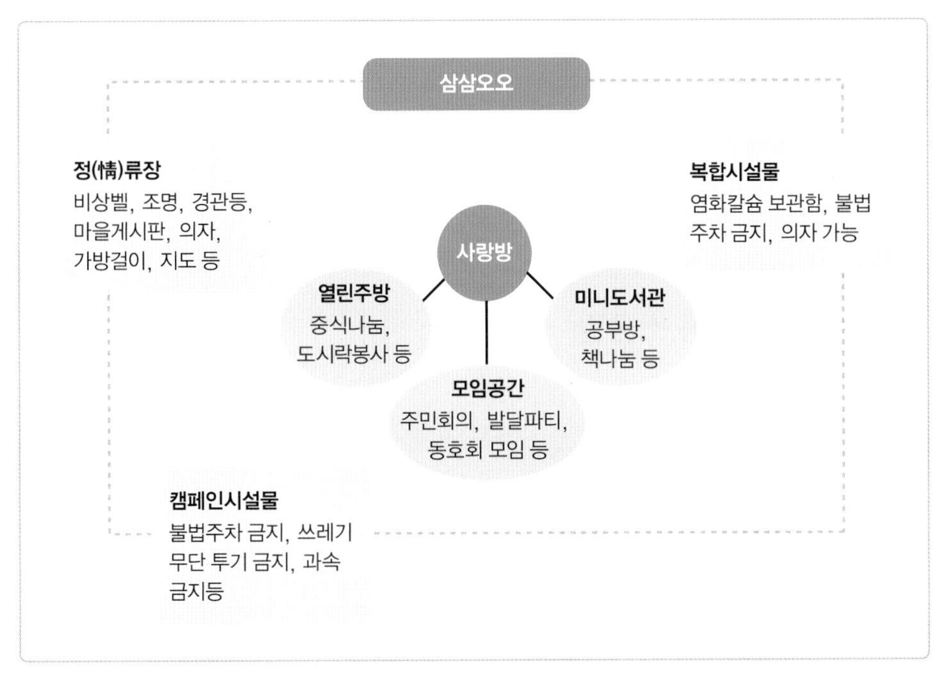

그림 4-43 안전한 마을 조성(서울 홍은동 호박골)

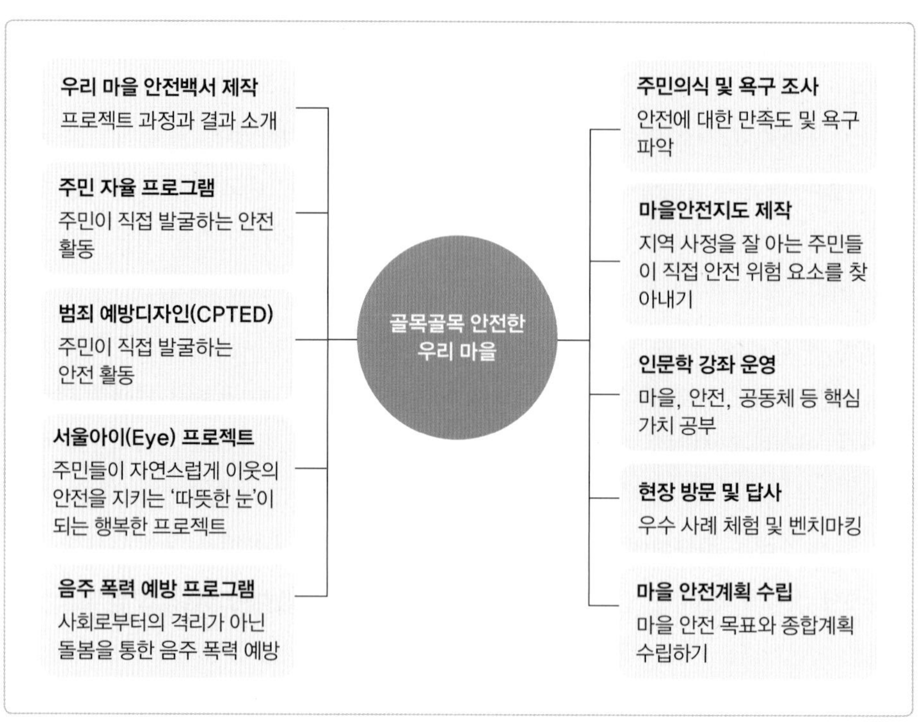

그림 4-44 안전한 마을을 위한 프로그램(서울시)

지방자치단체는 주민들의 안전활동에 필요한 행정적·재정적 지원을 하고 주민들이 직접 할 수 없는 물리적 인프라를 개선해 나간다. 그러나 단순하고 효과적인 프로그램을 반복하고 민원성사업에 집중하면서 '안심마을 프로젝트 자체가 범죄를 예방할 수 있는 적절한 방안을 고민하고 있는가' 하는 문제가 제기된다.

2) 마포구 염리동 소금길

마포구 염리동 소금길 프로젝트는 2012년 실시된 서울시 범죄 예방 프로젝트 중 하나이다. 이 일대는 재정비촉진지구로 지정됐지만 몇 년째 개발이 지연되면서 골목이 자연스레 방치되었다. 골목길은 어둡고 곳곳이 부서졌으며 빈집도 생기면서 인적이 드물어졌다. 점차 원주민이 이주하면서 기존 마을 커뮤니티의 붕괴로 이어졌다. 이에 보행공간인 골목길에서 발견되는 염려되는 공간들을 연결하여 총 1.7km의 길을 '소금길'이라는 산책로로 조성하였다. 골목길 중간중간 디자인적 요소들을 계획해 넣음으로써 자연

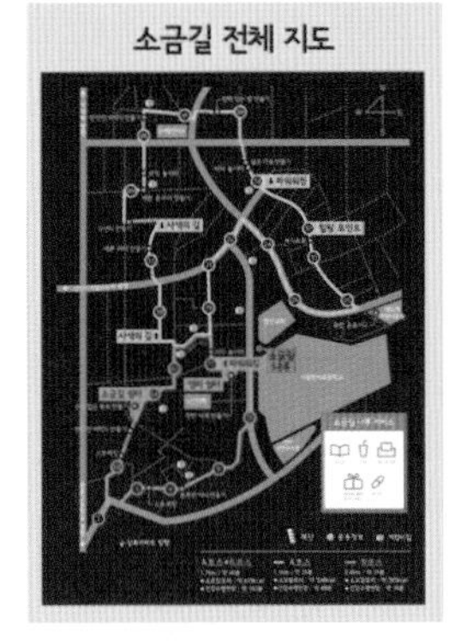

소금길 코스안내지도

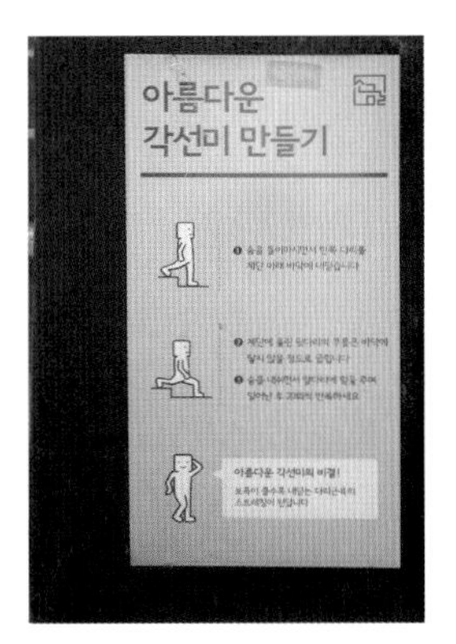

활동을 유도하는 벽면 사인

활동을 유도하는 바닥 패턴

좁은 골목 보행 안심 디자인

소금지킴이 집

활동을 유도하는 공간

화단과 계단 조성

보안등

가파른 계단의 환경 개선

벽화 조성

방범 울타리 디자인

안전벨

그림 4-45 **마포구 염리동 소금길**

스럽게 지역주민들이 산책로로 활용하게 되고 다시 주민들이 관심을 기울이는 동네로 거듭났다. 정기적·비정기적으로 특정 장소에서 만남이 반복되면서 주민들 스스로 외부인을 구분해낼 수 있게 되고, 범죄에 노출되기 쉬운 공간을 자연적 감시의 영역으로 끌어들이면서 범죄를 예방할 수 있는 내재적 힘을 키웠다.

'소금길'의 전봇대에는 1번부터 69번까지 번호를 매겼고 코스안내지도, 방범용 LED 번호 표시, 안전대처요령 안내, 안전벨을 설치했다. 노란색 대문을 단 '소금지킴이 집'은 야간에 항상 조명으로 입구를 밝혀 가로등 이상의 역할을 하였다. 처마 밑에는 비상벨과 카메라를 설치해 범죄가 일어날 경우 알리기 쉽게 하고 현장 상황이 녹화되도록 하였다.

처음 사업이 시작될 때는 재개발을 앞둔 상황에서 수고의 가치가 없다는 여론이 많았고 주민들의 반응이 냉담했다. 주민의 협력과 사업에 대한 이해 없이 진행되는 물리적 환경 개선은 실제적인 활용과 유지관리에도 문제가 나타나게 될 것이므로 진행이 어려웠다. 따라서 일단 공감대가 형성된 일부 주민과 골목 아틀리에를 만들었고, 이를 계기로 물물나눔, 화분텃밭 조성 같은 탄력적이고 다양한 프로그램이 운영되었다. 차근차근 지역 내 시민단체, 종교단체, 학교에 이르는 여러 단체의 참여와 공감대를 얻는 데 성공하면서 자발적인 주민 참여가 확대되었다.

3) 서울시 홍은1동 호박골

주민의 반 이상이 맞벌이가정이라 홀로 집을 지키는 아이가 많고 비탈진 골목 때문에 노인이 오르내리기 어려웠던 서대문구 홍은1동에 생활안전을 개선하는 '호박골 프로젝트'가 시행되었다. 평소 인적이 드물고 나무가 우거져 자연감시가 잘 이루어지지 않는 북한산 국립공원 관리사무소를 개조하여 '호박골 사랑방'을 만들었다. 열린 주방과 중앙의 넓은 테이블, 소모임 공간 등이 있는 공동체 활동공간이 생기면서 주민들이 자발적으로 아이들을 돌보고 지역주민의 반찬모임, 독거노인의 생일잔치, 주민들의 자치회의가 가능해졌다. 서민보호 치안강화구역을 중심으로 3개의 마을 주 출입구에서 시작해 호박골 사랑방을 종점으로 연결하는 안전코스를 개발하였다. 안전코스 중간중간에는 비상벨을 갖춘 의자 형태의 이색 정류장을 설치하여 안심하고 대중교통을 이용하면서 주민 간 소통이 가능한 장소로 활용하였다. 사랑방과 정류장, 기타 안전시설물은 주

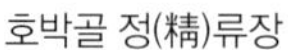
호박골 정(精)류장

호박골 사랑방 길 조성

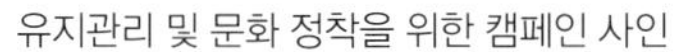
유지관리 및 문화 정착을 위한 캠페인 사인

그림 4-46 **서울시 홍은1동 호박골**

민들이 담당을 정해 스스로 관리·유지하였다. 그 외에 불법주차, 쓰레기 무단 투기, 과속을 근절하는 문화를 정착시키기 위해 캠페인성 디자인 상징물을 마을 곳곳에 제작·설치하였다.

생활환경에서의 안전은 인간의 생명과 신체에 관련된 주거환경이 갖추어야 할 가장 기본적인 요건이다. 어린이, 노인, 여성, 장애인과 같은 취약계층의 안전은 각별한 보호가 필요하며 복지와도 연결되는 중요한 사항이다. 그러나 안전 확보가 중요하더라도 안전만을 너무 강조하여 일상생활에 불편함을 가중시키면 거주환경의 활력을 빼앗을 수 있으므로 과도한 제한보다는 균형과 조화가 필요하다.

범죄를 억제하고 교통사고율을 낮추기 위해 물리적 설계기법을 적용하는 것은 사고를 사전에 예방하는 효과를 가져올 것이다. 그러나 이러한 기법에만 의존하는 데는 한계가 있으므로 공공기관과 지역 간의 긴밀한 연계가 필요하다. 무엇보다 실제 지역에 거주하는 사람의 협력과 역할이 지속될 수 있도록 주민들의 실질적인 필요와 연결된 프로그램을 활용해야 한다.

생각해 보기

1. 우리 마을에는 어떠한 '환경설계를 통한 범죄예방(CPTED)'기법을 적용할 수 있는지 생각해 보자.
2. 현재 살고 있는 거주지, 학교 인근의 위험요소와 안전요소를 조사하고 안전지도를 제작해 보자.
3. 안전한 우리 마을을 위해 주민들이 참여할 수 있는 프로그램에는 무엇이 있는지 생각해 보자.

2부

EMERGING TRENDS

주거의 다양성

5장

다양한 주거, 새로운 주거

고밀도로 계획된 중·고층 아파트는 우리 주변에서 익숙하게 볼 수 있는 일반적인 주거형태로 자리 잡았다. 아파트로 대표되었던 한국의 주거문화는 사회 및 인구 구조의 변화, 현대인의 가치관 및 생활양식의 변화, 건축기술의 발전 및 설비의 고품질화, 주택정책 및 건설시장의 급속한 변화와 함께 새롭고 다양한 주거로 탈바꿈하고 있다.

주요 변화를 살펴보면, 1인 가구의 증가와 고령화 추세에 따라 이들의 변화하는 주거요구를 수용할 수 있는 다양한 주거유형이 나타나고 있으며, 소규모화된 가구의 생활양식에 따라 공동체 주거문화와 새로운 이웃 관계에 대한 관심이 증대되었다. 자신의 개성이 표현될 수 있는 주택을 선호하고, 개인과 가족 중심의 여가생활, 건강에 대한 관심의 증대로 이에 따른 다양한 유형의 주택이 도시는 물론 도시 근교와 농촌, 산촌 지역 등에 빠르게 들어서고 있다. 건축의 생산방식도 모든 작업이 현장에서 이루어지던 방식에서 벗어나, 공장에서 생산된 건축구성재나 단위공간 유닛을 현장으로 운반해서 조립·건설하는 공업화 건축공법으로 발전하고 있다.

본 장에서는 현대사회와 현대인들을 위해 다양하게 분화되고 있는 주거의 새로운 경향을 살펴보기로 한다.

1 1인 가구를 위한 주택

급속한 경제성장과 사회의식의 변화 속에서 대학생을 포함한 청년 및 노인 1인 가구, 신혼가구, 한부모가구 등 다양한 유형의 가족형태가 등장하였다. 이러한 사회의 변화에 따라 1인 가구를 위한 소형주택에 대한 요구와 관심이 증폭되었다.

도시 1인 가구의 주거수요에 대응하기 위한 도시형 생활주택(2009. 4)이 보급되었고, 그동안 주택의 사각지대에 방치되었던 고시원, 오피스텔, 노인복지주택 등이 준주택(2010. 4)으로 흡수되어 사실상 주택으로 인정받게 되었다.*

그러나 수도권을 중심으로 추진되고 있는 소형 아파트, 연립주택, 다세대주택, 도시형 생활주택 등의 공동주택[**]이 질적 성장보다는 양적 성장에 치우치면서 인근 지역의 전·월세 가격 상승, 소형 원룸의 난립, 주차난, 화재 발생 같은 문제점을 야기하기도 하였다.

그럼에도 불구하고 도시형 생활주택과 오피스텔 등은 도시의 1~2인 가구와 서민의 주거안정에 기여하며 꾸준히 증가하는 추세이다. 여기에서는 도시형 생활주택, 준주택 유형 중 오피스텔과 고시원에 대해 살펴보기로 한다.

1) 도시형 생활주택

도시형 생활주택은 급격히 증가하는 도시 1~2인 가구의 주거난을 해소하고, 서민들의 주거안정을 위해 정부가 2009년부터 새롭게 도입한 주택유형이다. 「국토의 계획 및 이용에 관한 법률」에 따른 도시지역에 300세대 미만의 국민주택 규모인 $85m^2$ 이하로 건립하는 주택으로 세대당 주거전용면적과 취사장이나 세탁실의 공동 사용 여부에 따라 단지형 연립주택, 단지형 다세대주택, 원룸형 주택으로 분류된다. 이 중 원룸형 주택은 세대별 주거전용면적이 $50m^2$ 이하로 세대별로 독립된 주거가 가능하도록 욕실과 부엌을 설치한 주택을 말한다.[***]

도시형 생활주택은 단독으로 개발되는 사례와 오피스텔, 근린생활시설 등과 복합하여 개발되는 사례로 분류된다. 전문건설업체에 의해 건설되는 도시형 생활주택의 경우 오피스텔과 복합 개발되는 사례가 많은데, 이는 주택으로 분류되는 도시형 생활주택을 상업지역에 건설할 경우 높은 용적률을 적용하지 못하기 때문에 역세권인 상업지역에 업무용 시설인 오피스텔과 혼합하여 높은 용적률을 확보하고 사업성을 높이기 위한 시도로 볼 수 있다.

국내에서 개발되고 있는 도시형 생활주택의 계획 특성을 살펴보면, 소규모 개발의 경우 20세대 정도이며, 대규모 개발의 경우에는 거의 300세대에 인접한 규모로 공급되고

---

* 주택법 시행령 제4조(2016. 8. 11. 개정) 참조(국가법령정보센터 홈페이지)

** 건축법 시행령 별표 1(2016. 7. 19. 개정)에 의한 용도별 건축물의 종류(제3조의 5 관련)는 단독주택(단독, 다중, 다가구, 공관)과 공동주택(아파트, 연립주택, 다세대주택, 기숙사, 원룸형 주택 포함)으로 분류된다.

*** 주택법 제2조 제20호 및 주택법 시행령 제10조(2016. 8. 11. 개정) 참조(국가법령정보센터 홈페이지)

도시형 생활주택의 개요

① (입지) 「국토의 계획 및 이용에 관한 법률」에 따른 도시지역
② (규모) 300세대 미만의 국민주택규모에 해당하는 주택
③ (유형) 원룸형 주택, 단지형 연립주택, 단지형 다세대주택
④ (세대별 주거전용면적) 원룸형 주택 : 50m^2 이하
단지형 연립주택, 단지형 다세대 주택 : 국민주택규모인 85m^2 이하

출처 : 국가법령정보센터 홈페이지.

있는 추세이다. 세대면적은 대부분이 20m^2 미만으로, 가능한 1가구 2주택에 저촉되지 않도록 계획되며, 평면의 형태는 일반적으로 원룸형이라 불리는 스튜디오(studio) 타입의 단순한 공간으로 계획된다.

좁은 실내공간을 효율적으로 사용하기 위해 풀옵션의 빌트인(built-in) 가구 및 가전 설치, 수납공간 강화, 발코니 확장 등의 계획 요소와 장방형 평면이나 복층형 구조가 적용되고 있다. 세대면적이 제한되어 있어 공용공간에 휴게공간, 창고, 무인택배함 등을 설치하고, 보안관리시스템을 강화하며, 일부 사례에서는 청소 및 심부름서비스 등의 생활지원서비스와 임대관리서비스 등을 제공하고 있다.

소형주택의 공급 활성화를 위해 도입된 도시형 생활주택은 각종 규제 완화 및 주택임대사업자 등록 시 취득세 감면 등 세제 혜택으로 개인 투자자들에게는 수익형 임대상품으로, 전문건설업체에게는 새로운 주택상품으로 평가받고 있다.

그러나 도시형 생활주택의 문제점을 살펴보면 첫째, 대부분 소규모로 개발되는 도시형 생활주택은 사업 특성상 토지 규모에 맞추어 설계와 시공이 이루어지므로 건물의 형태가 기존 다가구 및 다세대주택과 유사하다. 대규모 개발로 건설되는 도시형 생활주택은 기존 아파트 및 오피스텔과 유사하여 거주자 측면에서는 기존 주택 유형과의 차별성을 느끼기 어렵다. 둘째, 오피스텔이나 근린생활시설 등과 혼합될 경우 주차장이나 편의시설 등의 인프라가 구축되어 편의성은 증대될 수 있으나 밀도가 높아지고 주변환경에 대한 소음, 일조와 채광조건 악화, 세대당 주차대수 감소 등 주거환경의 질적 측면에서 문제점이 나타난다. 셋째, 원룸형에 편중되어 공급되는 도시형 생활주택의 경우 철근콘크리트의 벽식 구조를 기본으로 한 획일적인 단위세대 계획으로 다양한 거주자의

표 5-1 도시형 생활주택의 주요 계획 특성

구분	주요 특성
입지	• 역세권, 대학가, 생활 인프라 인접지역
주택규모	• 소규모는 20세대 정도, 대규모는 300세대 미만으로 거의 299세대에 인접 • 세대면적은 50m² 이하로 다양함, 주로 20m² 미만으로 구성
평면유형	• 대부분이 원룸형으로 평면 유형은 유사함
주차장	• 도시형 생활주택을 단독으로 공급하는 경우 세대당 0.3대 정도 • 도시형 생활주택과 오피스텔 복합 시에는 세대당 0.4~0.5대 정도
실내공간	• 빌트인 시스템 가구 및 가전, 미닫이문, 이동식 가구, 수납공간 강화, 발코니 확장 등의 계획요소 적용 • 장방형 평면, 복층형 구조, 특화 설계(주방 특화, 드레스룸 등) 도입
부대시설	• 휴게공간(옥상정원, 공원 등), 근린생활시설 계획 • 편의 시설, 운동 시설 등은 선택적으로 계획
서비스	• 창고, 청소서비스, 무인택배서비스, 홈오토메이션, 심부름서비스(일부 사례) • CCTV, 출입전용카드 등 안전보안시스템 강화
운영	• 무인관리 시스템 또는 위탁 관리의 형태로 운영 • 일부에서는 자회사의 임대관리서비스 이용

출처 : 정소이 외(2012). p.107을 정리·보완함.

요구를 반영하지 못한다.

이러한 문제점을 해결하기 위해 원룸형 이외의 다양한 단위세대 평면을 개발하고, 단위세대 내부는 고정벽이나 기둥을 최소화하는 대신 레일링(railing)이나 힌지(hinge) 등의 가변적 벽체 시스템을 이용하여 거주자의 라이프스타일과 생애주기 변화에 대응한

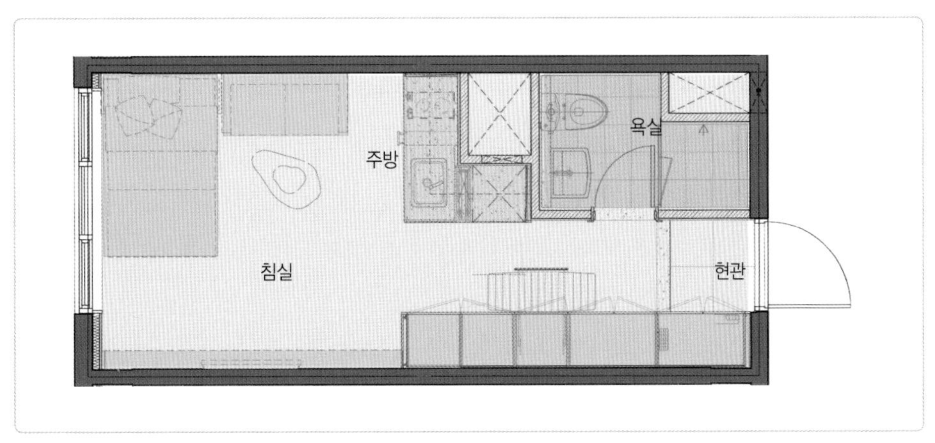

그림 5-1 원룸형 타입으로 계획된 도시형 생활주택 평면도(세종)

그림 5-2 작업공간과 연계되어 계획된 개방형 침실
사진 제공 : 유은화.

그림 5-3 주방 및 빌트인 가구로 수납공간이 강화된 복도·현관
사진 제공 : 유은화.

실내공간의 확장과 축소를 도모하는 방법을 고려한다. 실내공간의 연장으로서 발코니를 계획하고, 단위세대의 향과 전망을 확보하며 주거의 입면디자인 요소로 활용하는 등 변화하는 거주자의 요구를 반영할 수 있도록 한다.

이외에도 원룸형 도시형 생활주택이 공급되는 지역에는 공용주차장을 건설하여 주차 수요에 대응하는 방안이 필요하다. 또환 개별 분양을 통한 임대사업의 효율적 운영 및 관리를 위해 선진국과 같은 전문임대관리서비스의 도입이 검토되어야 할 것이다.

2) 1인 가구를 위한 준주택 유형

(1) 오피스텔

도시형 생활주택과 유사한 형태로 공급되고 있는 오피스텔(officetel)은 사무실을 뜻하는 오피스(office)와 호텔(hotel)의 합성어이다. 1980년대 중반 서울 마포구에서 공급되기 시작하여 1995년 온돌방과 욕실, 싱크대 등을 설치할 수 있도록 건축법이 개정되면서 수요가 급격하게 증가하였다가 2004년에 오피스텔 투기 바람이 불면서 온돌방 등의 설치가 금지되었다. 2006년에는 전용 50m², 2009년에는 전용 60m² 미만의 소형에만 허용되었으며, 이후 이 기준이 85m²까지 확대되었다.

이와 같이 오피스텔은 바닥 난방, 욕실 면적 등에 관한 건축기준이 시대 상황에 따라 많은 변화를 거듭해 왔고, 기준의 완화나 강화가 시장의 공급량에 직접적으로 영향을 주었다. 이에 따라 오피스텔의 공급은 규제가 강하지 않던 2000년대 초·중반에 집중적

표 5-2 도시형 생활주택과 오피스텔의 차이점

구분	도시형 생활주택	오피스텔
법적 용도	주거시설(공동주택)	업무시설, 주거시설(주거용 또는 임대사업 시)
관련 법규	주택법	건축법
용도지역	3종 일반주거지역, 준주거지역	일반상업지역, 준주거지역
발코니 공간	있음	없음
전용률	70~80%	50~60%
분양면적 산정기준	공급면적	산정기준 없음

으로 이루어졌다가, 규제가 강화된 2007년 이후에는 물량이 감소하였고, 2009년 이후에는 다시 증가하는 등 불규칙적으로 이루어지고 있다.

오피스텔과 도시형 생활주택은 외형에 큰 차이가 없으나, 오피스텔은 건축법의 적용을 받는 업무시설로 욕조가 있는 욕실과 발코니를 설치할 수 없고 전용률은 50~60%인 반면, 도시형 생활주택은 주택법의 적용을 받고 전용률은 70~80%인 차이점이 있다.

한때 주차장 설치기준 강화에 따라 사업성이 저하되면서 공급 물량이 현저하게 감소한 시기가 있었으나, 준주택 관련법 시행 이후에는 주거기능을 강화하여 아파트와 유사

그림 5-4 복층형 단위세대에 테라스를 도입한 'B' 주거용 오피스텔의 내부공간(충북 청주시)
사진 제공 : 손정영.

그림 5-5 수납 가능한 슬라이딩 도어를 도입하여 거실과 침실공간을 분리한 주거용 오피스텔의 특화공간(서울 용산구)
사진 제공 : 유은화.

오피스텔의 차별화 계획요소

알파룸(α-room) 발코니 확장으로 생긴 공간이 아닌 덤으로 주어진 공간. 아파트 평면을 설계할 때 자투리로 남은 애매한 공간을 방과 방 사이, 거실과 방 사이, 주방과 거실 사이에 배치해 활용도를 높인 공간으로 이해하면 쉽다. 작은 방, 드레스룸이나 서재, 카페 등으로 활용할 수 있다.

팬트리(pantry) 원래 냉장고가 발명되기 전 음식재료를 오랫동안 보관하기 위해 만들었다. 최근 아파트의 팬트리는 식료품 외에도 다양한 물건들을 수납하는 창고의 의미로 사용되고 있다. 일반적으로 주방 옆에 위치하지만 요즘에는 복도나 작은 방에도 설치되고, 자녀방 등의 붙박이장을 대신하기도 한다.

베이(bay) 전면 발코니를 기준으로 기둥과 기둥 사이의 공간을 말한다. 예를 들면, 3베이란 거실과 방 2개가 발코니와 함께 외부로 배치되는 구조이며, 4베이는 방 3개와 거실이 전면에 노출되는 구조를 뜻한다. 즉, 전면 발코니와 접해 있는 방이나 거실의 개수에 따라 2베이, 3베이, 4베이, 5베이 등으로 불린다.

판상형, 타워형 전통적인 아파트 형태인 판상형은 외관이 단조롭고 획일적이지만 앞뒤가 트여 있어 채광, 환기, 통풍이 좋아 난방비 등 에너지 효율이 높다. 타워형은 주상복합아파트처럼 외관디자인이 화려하고 2면 또는 3면 개방형으로 가구별 조망권이 좋다. 그러나 사생활 침해 문제와 통풍, 채광 등이 판상형보다 떨어진다.

맘스 오피스(mom's office), 맘스 데스크(mom's desk) 주부들의 특별한 공간으로 주방과 오피스 기능을 결합해 독서, 요리, 커뮤니티 공간으로 활용할 수 있다.

워크인 클로젯(walk-in closet) 사람이 직접 출입하여 물건을 꺼내거나 보관할 수 있는 수납공간을 말한다.

출처 : 부동산 114 리서치 센터 홈페이지.

한 형태의 주거용 오피스텔이 '아파텔'이라는 이름으로 분양되고 있다. 이와 같이 주거용 오피스텔 물량이 분양시장에 대거 쏟아지면서 상품 차별화 경쟁은 갈수록 치열해지고 있다.

아파트형 평면을 갖춘 오피스텔은 복층형 단위세대에 테라스를 도입하고, 채광이 우수한 4베이(bay) 판상형 아파트형 구조를 갖추는가 하면 재택근무형, 신혼부부형 등 다양한 평면 유형과 알파룸, 팬트리, 맘스 오피스, 워크인 클로젯 등의 특화공간 및 편의시설까지 갖추는 등 고급화 추세가 나타나고 있다.

주거용 오피스텔은 도시화 및 주택 부족 문제, 가구 소형화 등에 대한 대안으로 발전하여 도시 주택난 완화에 기여하였다. 전용주거시설이 아니므로 단기간 거주하는 수요가 대부분이지만 도시 근로자의 접근성과 편의성을 충족시켜 주어 이에 대한 수요와 공급의 증가가 예측된다.

(2) 고시원

고시원은 건축 허가 시 대부분 근린생활시설, 극히 일부는 교육연구 및 복지시설, 주택, 업무시설 등으로 사용승인을 받는다. 이후 벽돌, 경량 칸막이 등 30~50개의 실로 구획하고, 각 실에는 4~20m² 정도 규모의 1인용 침대와 책상을 비치하며 침대, 책상, 화장실 및 취사시설을 설치하여 다가구형태로 사용하거나 공동화장실 및 공동식당을 설치하여 다중주택, 기숙사의 형태로 운영된다. 최근에는 개별실에 샤워실, 화장실 등을 함께 설치하고 내부공간의 인테리어도 고급화하는 등 기존의 모습과는 차별화된 고시원이 등장하여 고시텔, 원룸텔, ○○하우스, ○○레지던스 등 다양한 명칭으로 불리고 있다.

고시원은 보증금이 없고 저렴한 임대료, 식사 제공, 편리한 입지 등으로 젊은 저소득 1인 가구의 거주시설로 이용되고 있다. 그러나 작은 면적의 실이 밀집된 형태로 계획되어 개인의 사생활이 보장되지 않고, 화재 위험과 채광과 통풍 등의 문제점이 있으며, 상업지역이나 교통이 발달한 곳에 위치할 경우 주변 소음 및 유해환경에 노출될 가능성이 크다.

도시형 생활주택이 정부의 파격적인 규제 완화조치에도 불구하고, 제도 시행 이후 한동안 침체된 부동산 경기와 높은 지가로 사업성이 확보되지 못하여 빠른 공급이 이루어지지 않았던 것에 비해, 인허가 절차가 간단하고 수익성이 보장되는 고시원은 준주택 제도 도입 초기부터 공급이 점차 증가하고 있다(정소이 외, 2012).

이는 고시원이 다른 주거유형에 비해 편리한 입지와 보증금 없는 저렴한 임대료, 단기 임대가 가능하므로 적당한 소득과 자산을 갖추지 못한 젊은 1인 가구의 주거수요에 부응하고 있음을 시사한다. 그러나 최소주거기준을 만족하지 못하는 열악한 환경, 개별실의 규모기준 부재, 개별취사 허용문제, 해당 지역의 슬럼화 등 많은 문제점이 남아 있다. 또 고시원을 새로운 주거유형이 아닌 수익성 창출을 위한 하나의 수단으로 인식하고 입주자들 역시 새로운 주거형태가 아닌 임시시설로 인식하고 있는 상황이어서 이에 대한 수요와 공급 측면의 인식 변화가 요구된다.

준주택제도의 도입으로 학생 및 직장인 등 젊은 1인 가구들의 실질적인 주거시설로 사용되고 있는 고시원을 주택의 한 유형으로 인정하는 제도적 장치가 마련되었다고는 하나, 1인 가구를 위한 새로운 주거유형으로 자리 잡기 위해서는 기본적인 주거 성능을 향상시키고, 거주자의 다양한 요구를 반영한 공간계획 및 생활지원서비스에 대한 검토가 이루어져야 할 것이다.

2 소규모 단독주택의 다변화

공동주택의 제반 문제점이 논의되면서 30~40대 젊은 층을 중심으로 자연환경과 함께 할 수 있는 소규모 단독주택 유형이 인기를 끌고 있다. 과거의 단독주택이 대부분 대규모로 지어졌다면, 근래에는 중소형 규모의 실속형 전원주택이 많이 지어지고 있다. 작지만 가족만의 라이프스타일을 위한 맞춤형 주택이 선호되고 있는 것이다.

최근에는 이를 실현해 줄 전문가인 건축가에게 주택설계를 맡기는 경향이 두드러지고 있으며, 젊은 건축가들은 소규모 단독주택의 설계를 위한 다양하고 신선한 아이디어를 표출하고 있다. 여기에는 한지붕 아래 2~3가구가 함께 사는 다가구 주택이 많은 비중을 차지한다. 이러한 소규모 단독주택의 새로운 변화 중에서 듀플렉스 주택(duplex house)과 협소주택에 대해 살펴보기로 한다.

1) 한 필지에 두 집을 짓는 듀플렉스 주택

단독주택과 공동주택의 장점을 모두 갖고 있는 듀플렉스 주택은 일명 '땅콩주택'이라고도 불리며, 2000년대 이후 주거유형의 다변화를 주도하였다.

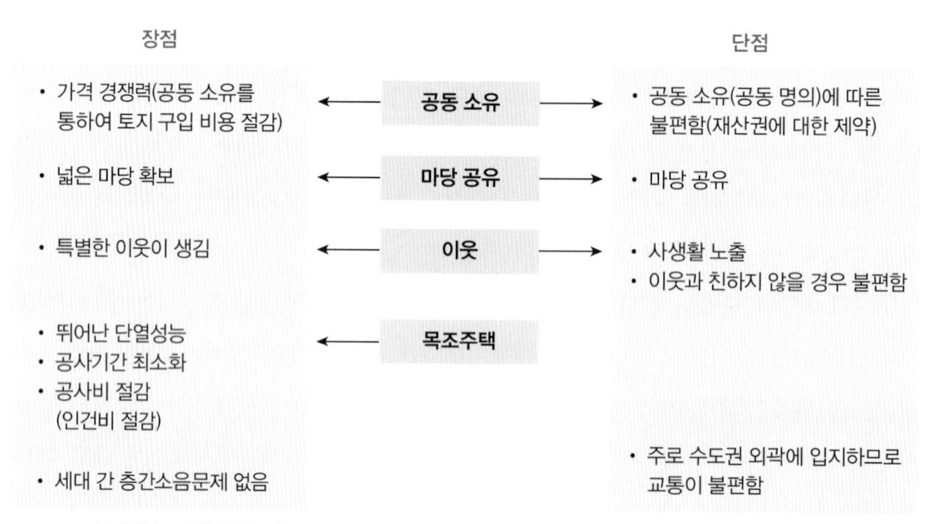

그림 5-6 듀플렉스 주택(땅콩주택)의 특징에 따른 장단점
출처 : 이윤지(2012). p.17.

한 필지에 두 가구가 나란히 들어선 듀플렉스 주택의 전면

뒷마당은 공유하면서 단독주택과 같은 장점을 얻을 수 있는 듀플렉스 주택의 후면

그림 5-7 **듀플렉스 주택의 전·후면(경기 용인시)**

듀플렉스 주택은 두 가구가 토지를 공동으로 매입하여 한 필지에 두 가구의 건물을 나란히 짓는 방식으로 토지 매입과 건설비용을 두 가구가 분담하여 저렴하게 개인의 요구를 반영한 단독주택을 보유할 수 있고, 이웃과의 커뮤니티를 형성할 수 있다. 타운하우스와 단독주택의 장점을 가지고 있고, 어린 자녀를 둔 젊은 부부의 경우 아파트의 층간소음문제를 해결할 수 있다.

그러나 한 가구가 다른 곳으로 이주할 때 주택의 매매가 쉽지 않고 소유권이 명확하지 않으며, 토지와 건물을 공동 소유하기 때문에 집 수리, 담보대출 등의 재산권에 대한 논쟁과 이웃하는 옆집과의 사생활 침해라는 단점이 있으므로 계획 시 신중한 고려가 필요하다. 또한 경량 목구조로 건설하여 공사기간이 짧고 단열이 뛰어나지만 콘크리트 건물에 비해 화재에 취약하다. 이러한 단점에도 불구하고 듀플렉스 주택은 저렴한 비용으로 단독주택과 같은 환경친화적 삶을 느낄 수 있고, 전원형 생활과 함께 도시권의 편리성을 누릴 수 있는 주거유형으로 발전하고 있다.

2) 좁은 대지에 높게 짓는 협소주택

협소주택이란 좁은 대지에 높게 짓는 주택으로 도심 속 33~60m^2 정도의 토지에 3~4층 높이로 올라선 단독주택을 지칭한다. 주택을 분류하는 기준을 크기가 아닌 공간의

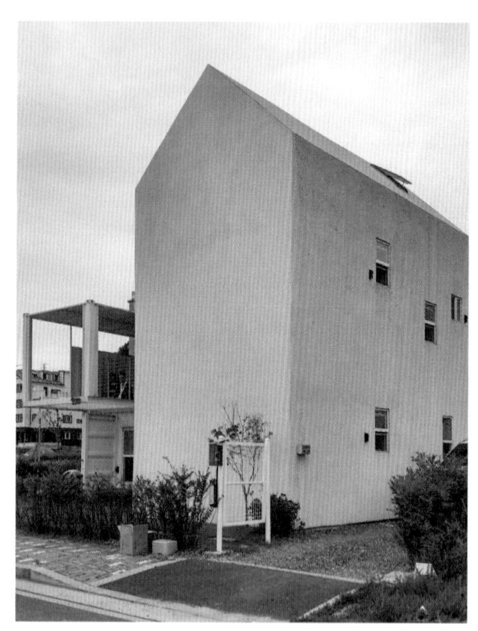

그림 5-8 **도심 내 자투리공간을 이용하여 지은 협소주택 (대전)**

효율적 활용 측면에서 보면, 협소주택은 좁은 땅에 다층 건물을 지어 실제 사용하는 면적을 늘리는 개념이다.

대개 협소주택은 도심 내 자투리공간을 집터로 선정하므로 대지의 형태에 따라 매우 다양하게 건축할 수 있다. 그러나 무엇보다 도심 내에 단독주택을 지을 만한 적당한 땅을 찾기가 쉽지 않고, 땅을 사더라도 토지 구입비 외에 건축비까지 고려해야 한다. 작은 공간에 필요한 주거기능을 모두 포함해야 하므로 설계와 시공에도 전문성을 갖추어야 한다. 주차공간 확보 의무와 같은 단독주택을 기준으로 한 각종 규제들도 협소주택의 특성상 수정과 보안이 필요한 부분이다.

아직까지 아파트가 전체 주택유형의 과반수를 차지하는 한국에서 협소주택은 지극히 미세한 틈새시장을 차지한다. 아파트생활을 거부하고 자신만의 개성을 추구하는 도시의 30~40세대를 위주로 건축되고 있지만, 지속되는 전세난 속에서 젊은 층에게 새로운 주거의 대안이 되고 있다.

3 주거와 생활지원서비스의 연계

인구·사회구조가 복잡해지고 생활양식이 다양해지면서 주택산업은 다품종 소량주택 생산체계로 변화하고 있다. 특히 1~2인 가구와 고령자를 주 수요층으로 하여 각종 주택에 생활지원서비스의 연계를 통해 주거생활의 가치를 제고·창출하는 주거서비스 산업으로 향후 주거 분야에서 신사업영역이 될 것으로 예측된다.

외국인 관광객 증가와 함께 가사노동에서 해방되고 싶어 하는 직장 여성들이 늘어나고 있다. 그들은 주거와 관련된 생활서비스를 대신해 주거나 제공받기를 원하고, 서비스가 한 장소에서 신속히 이루어지기를 바란다. 이와 함께 도시 1~2인 가구의 라이프스타일 변화에 따라 다양한 목적의 단기 숙박 수요가 증가하고 있다.

여기에서는 대표적으로 호텔식 생활지원서비스가 제공되는 서비스드 레지던스와 아침 식사와 숙박에 필요한 서비스만을 제공하는 게스트하우스를 중심으로 주거와 생활지원서비스가 연계된 주거유형을 살펴본다.

1) 호텔식 서비스가 제공되는 서비스드 레지던스

서비스드 레지던스(serviced residence)는 주거용 오피스텔의 신종 변형으로 단순히 주거공간만을 임대해 주는 것이 아니라 입주자들에게 필요한 각종 서비스를 호텔수준으로 제공해 주는 주거 형태를 지칭한다. 호텔식 서비스와 함께 이용자의 편의에 따라 셀프서비스 방식의 주거·취사 등이 가능하며, 업무용 공간으로 제공되는 부수적인 시설과 함께 이용할 수 있다(염철호·여혜진, 2013). 레지던스라고도 불리며, 기본적으로

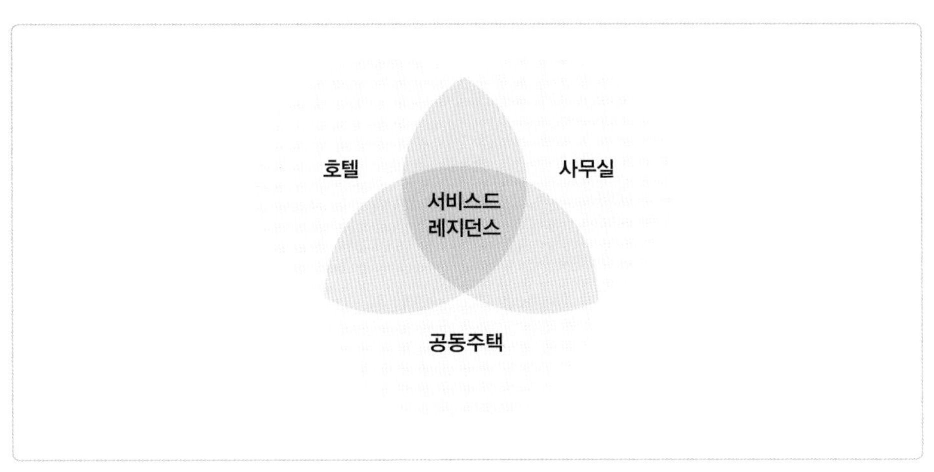

그림 5-9 서비스드 레지던스의 개념

국내 서비스드 레지던스의 도입 배경

- 외국인을 위주로 한 임대주택이 보다 서비스가 강화된 주거로 발전함
- 장기 체류 시 호텔보다 경제적인 숙식 및 주거 관련 생활서비스를 지원받고, 좀 더 편안하고 개인적인 주거공간을 제공받음
- 라이프스타일의 변화와 삶의 질 향상에 따른 주거공간 내에 각종 서비스 필요 요구에 의해 변형됨

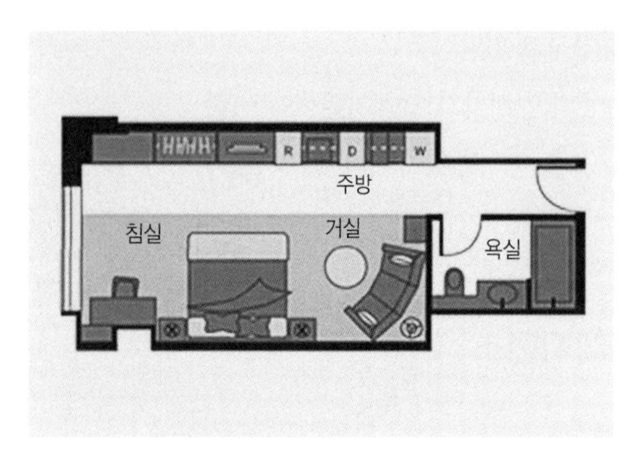

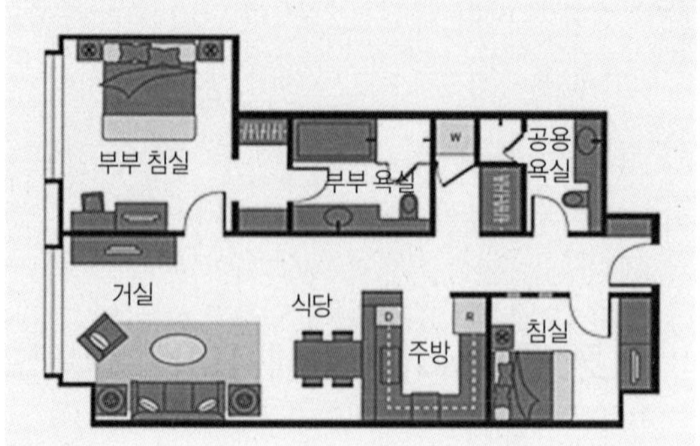

그림 5-10 **서비스드 레지던스 평면도(좌: 47m², 우: 112m², 서울 강남구)**

1주일 이상 숙박한다는 점에서 호텔과 차별화된 단기거주시설이라고 할 수 있다.

싱가포르, 런던 등과 같이 외국인의 왕래가 잦은 도시에서 시작되어 지금은 미국, 영국, 일본 등에서 보편화된 주거유형으로 자리 잡고 있다. 우리나라에는 1988년에 올림픽을 개최하면서 서울의 스위스그랜드호텔(현 그랜드힐튼호텔)이 서비스드 레지던스를 최초로 공급하였다. 현재 서비스드 레지던스의 이용자는 주로 장기 출장으로 한국을 방문한 외국인들이며, 내국인의 경우에도 다른 도시로 장기 출장을 떠날 때 이용하고 있다.

서비스드 레지던스에는 커피숍, 레스토랑, 사우나, 비즈니스센터, 휘트니스센터 등의 부대시설이 갖추어져 있으며, 객실 안에 거실과 세탁실, 주방 등 모든 가전제품이 빌트인되어 있어 편리하고, 집과 같은 편안함과 익숙함을 갖는 데다 호텔에 비해 경제적인 부담이 적다.

국내의 서비스드 레지던스는 주로 수도권에 위치하고, 기본적인 호텔식 서비스로 리셉션 데스크, 조식 서비스, 세탁 및 우편물 서비스 등을 제공하며, 셔틀버스 운영, 지역 제휴할인서비스, 교육 및 문화체험 프로그램 등 다양한 서비스를 제공하고 있다. 향후 노인복지시설, 도시형 생활주택 등과 같은 소형주택과의 연계를 통한 서비스드 레지던스의 복합화 방안이 논의되고 있다.

2) 게스트하우스

게스트하우스(guest house)는 단기체류 여행객을 위해 저렴한 가격으로 제공되는 숙

게스트하우스의 외관

기숙사 형식의 게스트하우스 객실 내부

그림 5-11 **'J' 게스트하우스(제주)**

소로 호스텔이나 B&B(Bed and Breakfast),* 여관과 유사한 시설이며, 투숙객 전용의 사용을 위해 개인 주택을 변형한 형태를 말한다. 최근에는 한국을 방문하는 외국인 관광객이 늘어나면서 그 숫자가 급격히 증가하고 있다.

국내의 게스트하우스는 단독주택, 다세대·다가구 주택, 빌라, 오피스텔, 아파트, 근린생활시설 등 다양한 건축 유형으로 나타나고, 대부분 공동침실이라는 측면에서 호스텔과 구분 없이 운영되고 있다. 게스트하우스의 예약은 세계적으로 이용되는 숙박 예약 통합 인터넷 사이트와 개별로 운영되는 인터넷 사이트를 통해 이루어진다.

게스트하우스의 침실은 주로 기숙사(dormitory) 형식으로 2층 침대를 이용하여 최대 8인실과 최소 2인실로 구성되고, 투숙객 개인별 수납장이 설치되어 있으며, 취사와 세탁이 가능하다. 특히 거실과 주방은 호스트와 투숙객들이 정보를 공유하거나 이야기를 나누는 교류의 공간으로 이용되는데, 이러한 특징이 일반적인 숙박시설과의 가장 큰 차이점이다.

일반 호텔과는 달리 게스트하우스를 비롯한 B&B, 호스텔은 숙소마다 고유한 특징이 있어 투숙객에게 폭넓은 선택의 기회가 있다. 다양한 계층의 여러 취향을 지닌 단기체류 여행객을 수용할 수 있다는 점에서 청년층을 중심으로 이용이 증가하는 추세이다.

---

* 호스텔은 저렴한 비용으로 대규모 공동침실에서 여러 명이 투숙하며 샤워실과 주방을 공동으로 사용하는 형태를 말한다. B&B는 영국, 미국, 뉴질랜드, 호주 등에서 운영되는 소규모 숙박시설로 아침식사만 제공하여 비교적 저렴한 비용으로 이용할 수 있으며, 일반적으로 10개 침실 미만 규모의 개인주택을 말한다.

4 자연과 주택의 결합

소득수준의 향상과 가족 및 여가 중심의 라이프스타일 변화로 인해 도시의 열악한 주거환경에서 벗어나 자연경관이 우수한 곳을 주거지로 선택하거나 도심에서도 자연 가까이에 거주하고자 하는 수요가 늘어나고 있다. 이에 따라 교외지역에 주로 은퇴를 앞둔 사람들을 중심으로 한 전원주택 개발이 증가하고 있으며, 도심을 기반으로 생활권을 형성한 사람들에게 자연과 결합된 타운하우스나 테라스하우스 등이 새로운 주거의 대안으로 제시되고 있다.

1) 전원주택

전원주택이란 일반적으로 전원과 단독주택의 개념이 결합된 형태로 2시간 이내에 도시로 접근하기가 용이하고, 자연·생태적으로 충분한 녹지공간과 오픈 스페이스가 확보된 주택을 말한다. 주말주택과 혼용되어 사용되기도 하는데, 주말주택은 제2주택, 혹은 세컨드하우스(second house)의 개념으로, 대도시에 주거지를 가지고 있는 사람이 주말이나 휴일 등 여가시간을 이용하기 위해 근교에 마련한 2차적인 주택으로 주거 전용으

전원과 전원도시

'전원'이란 용어는 1898년 영국의 하워드(Ebenezer Howard)가 《내일의 전원도시》라는 저서를 출간하면서 등장하였다. 당시의 런던은 산업혁명 이후 급속한 도시화로 말미암아 심각한 혼란에 직면하고 있었는데, 하워드는 도시의 편리함과 전원의 쾌적성을 결합하고, 경제적으로 자족적이고 독립적인 기능을 수행할 수 있는 도농 결합형의 새로운 도시의 개념으로서 전원도시를 제안하였다. 주요 특징은 다음과 같다.

- 대도시에서 멀지 않으면서 대도시와 교통기관이 연결된다.
- 도시면적이 2,300만km^2 정도로 중앙부 400만km^{2}는 주거, 상공업용의 이른바 순도시적 부분이고, 그 주위는 농경지이다.
- 인구는 3만 명 정도를 한도로 한다. 도시 부분은 방사상의 기하학적 설계로 이루어지며, 중심부는 대광장으로 공공시설이 위치하고, 그 외곽 지역에 상점가, 그 밖을 도는 환상노선을 따라 주택지가 설정된다. 도시의 외부에는 공장, 창고 등이 배치되고 그 외곽에는 농경지가 펼쳐진다.

로 사용되는 전원주택과는 구별된다.

전원주택의 종류는 유형별, 건축자재별, 이용방식별로 다양하게 구분할 수 있다. 유형에 따라서는 단지형 전원주택, 조합형(동호인) 전원주택, 개별 전원주택으로 구분할 수 있다. 단지형 전원주택은 건축업자에 의해 조성된 전원주택단지를 의미한다. 이러한 유형은 전원생활의 경험이 없는 사람들도 빠르게 적응할 수 있다는 장점이 있으며, 위험을 분산할 수 있어 좋다. 조합형 전원주택은 친구들, 동종업계 종사자, 직장 동료 등 가까운 지인들이 모여 단지를 구성하는 조합형(동호인) 전원주택을 의미하고, 개별 전원주택은 개인이 직접 소규모 토지를 매입해 전원주택을 짓는 방식을 말한다.

과거 투자용으로 선택되었던 전원주택은 베이비부머의 은퇴가 증가하면서 실수요자들이 증가하고 있는 가운데 소형화 추세이고, 택지 구입부터 집 짓는 과정에 거주자들이 직접 참여하면서 단독주택보다는 마을을 형성하는 경향이 증가하고 있다. 특히 주 5일 근무제 등 직장인들의 자유시간이 늘고, 인터넷을 기반으로 한 재택근무가 가능해지면서 청년층에서도 이에 대한 관심이 늘어나고 있다.

표 5-3 **전원주택의 종류와 특징**

구분		특징
유형별	단지형	• 개발업자가 부지 매입, 전용 허가 후 필지별로 분양 및 판매 • 공동시설, 방범, 관리 등의 경제적 운영 가능
	조합형(동호인)	• 가까운 지인들끼리 모여 단지를 구성하는 형태 • 공동체의식을 갖고 빠르게 지역에 적응 가능
	개별	• 소규모 토지를 매입해 전원주택을 직접 짓는 방식 • 위치 선정, 자금 규모 등을 결정 후 거주자의 취향을 살린 시공 가능
이용방식	농가형	• 농촌 지역을 중심으로 형성 • 작물을 재배하는 등 전원생활이 이루어지는 주택
	주말농장형	• 주 5일 근무로 인한 주말의 여가를 이용 • 생활은 도시에서 하고, 주말에 여가를 목적으로 사용
	별장형	• 위탁을 목적으로 지어진 전원주택 • 대도시의 부유층이 주류를 이루는 전원주택
	실버형	• 노인층이나 건강이 좋지 못한 노인들을 위한 주택 • 도시와의 거리는 중요하지 않으나 주거환경의 쾌적성이 요구되는 주택
	농촌문화마을	• 도시민들이 농어촌지역으로 영구 이주하는 경우에 이용 • 농어촌 정주민 개발사업의 일환으로 추진되는 조성사업

출처 : 이윤기(2014). p.20을 정리·보완함.

그림 5-12 **자연과 조화를 이룬 전원주택(제주)**

2) 타운하우스

타운하우스(town house)는 단독주택을 두 채 이상 붙여 나란히 지은 집으로 벽을 공유하는 주택형식이다. 대개 2~3층으로 10~50가구를 연접해 건설하고, 정원과 담 등을 공유하며, 창과 문은 주택의 전면과 후면에 배치한다. 저밀도 집합주택에서 발생

단독주택

- 사생활 침해 및 세대 간 소음문제의 해소
- 개별 정원과 주차공간의 확충
- 개성 있는 주택 내·외부 계획 가능
- 분양가 상한제 규제 제외

공동주택

- 방범, 방재 등 공동주택 관리의 효율성
- 출입문 분리를 통한 연속된 벽의 건축
- 중앙광장, 공원 등 공용공간의 확보
- 보안, 환금, 편의성

단독주택 장점 결합 공동주택

타운하우스

- 단독주택보다 높은 밀도 유지
- 공용공간 중심의 계획
- 커뮤니티의 활성화

그림 5-13 **타운하우스의 특성**

출처 : 최영은(2011)의 내용을 정리·보완함.

하는 사생활 침해와 층간소음 등의 문제가 적고 옥외공동식당, 헬스장, 수영장 등이 계획되어 있어 입주민의 커뮤니티 활성화가 용이하며, 방범·방재 등 공동주택 관리의 효율성이 높은 주거유형이다.

타운하우스의 계획 방향

- 타운하우스는 보통 2층으로 되어 있어 1층에는 거실, 식당, 주방 등의 공동생활공간이 위치하고, 2층에는 침실, 서재 등 개인생활공간이 위치한다.
- 타운하우스의 프라이버시는 중요한 요소이므로 정원의 프라이버시 확보를 위한 방법으로 양쪽 경계벽을 계획한다.
- 각 주호마다 주차가 용이하다. 단, 클러스터(cluster)형 배치의 경우는 입구 정원 근처에 공동으로 주차할 수 있도록 한다.
- 긴 건물 동은 2~3세대씩 앞뒤로 전진·후퇴시켜 배치함으로써 입구에 작은 개인 정원을 형성하는 등 다양한 변화를 시도한다.
- 단지 주위에 보도를 따라 식재한다. 단지 내 주택 사이의 적절한 식재는 세대 간 프라이버시 확보에 도움을 주며, 프라이버시를 위한 적절한 거리는 약 25m 정도이다.
- 정원을 동향 또는 남향에 배치시킴으로써 일조를 충분히 확보하는 것이 좋다.

출처 : 권영민(2005). p.125.

표 5-4 타운하우스의 분류

분류		주요 특성
입지	도심형	• 도심의 밀도를 고려하여 4층 완화 기준의 적용 • 향후 도심의 낙후된 단독 및 연립주택의 대안으로 활용 • 저층고밀에 적합한 규모별 대안 필요
	교외형	• 전원형 단독주택단지와 유사, 공유벽(party wall) 준수 • 동호회형, 리조트형, 세컨드하우스 등으로 발전가능성 있음 • 교통, 문화, 교육 등에 한계점이 있음
단지 계획	병렬형	• 공유지의 세분화 • 가구 주변에 대해 개방적인 환경의 조성 • 외부공간의 단조로움
	중정형	• 공유지가 집약된 커먼 스페이스(common space) 중심, 가구 내부 개방적, 주변에 대해 폐쇄적 • 일조조건 등에 차이점 발생 • 가구마다 거주성의 불균형
	가로대응형	• 병렬형, 중정형의 양면성, 대규모 계획에 사용 • 차도, 보도, 커먼 스페이스, 전용 마당, 커뮤니티 등 고려

출처 : 심우갑·유해연·이상학·민치윤(2007). p.61의 내용을 정리·보완함.

그림 5-14 'I' 타운하우스(제주 서귀포시)

그림 5-15 'D' 타운하우스(경기 파주시)

이와 같이 타운하우스는 중·고층 공동주택과 단독주택의 장점을 결합하여 도시 및 협소한 택지에서 나타나는 주거환경의 악화를 개선할 수 있다. 여러 가구가 살고 있지만 외관상으로는 단독주택과 같이 하나의 단위이며 수직적으로는 복층형식, 수평적으로는 가구와 가구가 벽으로 구분되는 합벽식 구조를 취하고 있는 것이 일반적이다. 또한 몇 호에서 수십 개의 주호가 하나의 커뮤니티를 형성하여 공용공간인 정원을 둘러싸고 집합화된 접지형 공동주택이다.

타운하우스를 분류하면, 입지에 따라 도심형과 교외형, 제도에 따라 다가구주택(단독주택)과 연립주택(공동주택)으로 구분하며, 단지계획 측면에서는 병렬형·중정형·가로대응형으로 분류할 수 있다.

타운하우스는 2000년대 중반 이후 지속적인 분양이 이루어지고 있으나, 이에 대한 명확한 개념과 계획 방향에 대한 제시가 이루어지지 못하고 있다. 또한 해외 사례의 차용, 고급화·대형화에 대한 문제점으로 인해 도심 외곽부의 고급 단독주택 형태나 빌라형 연립주택을 타운하우스로 명명하는 문제점이 있다.

타운하우스가 새로운 주거유형으로 활용되기 위해서는 유형별 장점을 결합하고, 제도적으로 적합한 기반 마련이 필요하다. 이에 따라 특정 계층의 전유물이 아니라 도심의 서민계층을 위한 주거유형으로 발전할 수 있을 것이다.

3) 테라스하우스

테라스하우스(terrace house)는 건축법 시행령 제6조 1항 6호에서 경사진 대지에 계단으로 건축하는 공동주택으로 지면에서 직접 각 세대가 있는 층으로의 출입이 가능하고 위층 세대가 아래층 세대의 지붕을 활용하는 것이 가능한 건축물의 조항을 표준으로 하여 개념을 정의할 수 있다(국가법령정보센터 홈페이지). 저층 집합 주거의 유형 중 테라스하우스는 평지를 이용한 설계기법을 벗어나 경사 지형을 가장 적극적으로 활용할 수 있는 주거유형이다.

테라스하우스는 자연형, 인공형, 혼합형으로 분류할 수 있다. 자연형 테라스하우스는

표 5-5 **테라스하우스의 유형 분류**

분류	단면유형	특징
자연형		전망 및 채광이 양호하며 모든 동을 자연과 가까이 할 수 있다.
인공형		평지대에 인공적으로 계획하여 피라미드 형식의 테라스가 가능하고 저층부 주차장, 상업시설 등에 이용할 수 있다.
혼합형		저층 테라스 부분이 사생활 보호에 취약하며 경관이 저하될 가능성이 있지만 지상 1층을 공용공간으로 활용할 수 있다.

출처 : 김지원(2011). p.13.

표 5-6 **테라스하우스의 시기별 특징**

시대	시기별 특징
1980년대	• 공동주택단지 내 최초의 테라스하우스(부산 망미지구) • 경사지의 적극 활용 • 공공기관(대한주택공사) 중심의 시범적인 도입 단계
1990년대	• 연립주택단지에 적용 • 경사지의 적극 활용 • 공공기관(대한주택공사) 중심의 시행
2000년대	• 주거환경개선사업지구에 도입 • M.A설계방식의 도입 • 대규모 택지개발지구에 경사지를 이용하여 적극 활용 • 전용면적 60~85m^{2}의 중소형 규모에 적용 • 민간 건설업체의 도입
2010년대	• 전용면적 85m^2 초과의 중대형 규모에 확대 적용 • 서울 뉴타운사업지구에 적극 활용 • 재건축, 재개발 및 주거환경개선사업지구에 활성화

출처 : 최지환(2010). p.24.

그림 5-16 **전망과 채광이 우수한 자연형 'H' 테라스하우스(경기 용인시)**

경사지를 이용하여 계단형으로 축조하기 때문에 기존의 자연지형을 최대한 보존하면서 적층할 수 있다. 인공형 테라스하우스는 테라스형의 여러 가지 장점을 이용해 평지에 건립한 것으로 테라스 깊이만큼 주호를 인공적으로 세트백(set-back)시켜 적층하는 형식이다. 이러한 적층형식은 아래에 보이드(void) 공간을 형성하는데, 이 공간을 주차장이나 각 설비실로 사용하게 되므로 환기에 유의해야 한다. 혼합형 테라스하우스는 저층부는 테라스하우스, 중·고층부는 아파트를 결합한 형식의 테라스하우스로 낮은 개발밀도의 한계를 보완하기 위해 국내 상당수의 테라스하우스가 이러한 형식을 취하고 있다.

국내 최초의 테라스하우스로는 한국토지주택공사의 전신인 대한주택공사가 경사지를 활용하여 시험적으로 건설한 1986년 부산 망미동 소재 '망미주공아파트'가 있다. 이후 시범적으로 건축되던 테라스하우스는 2000년대 이후 급속도로 증가하였고, 2010년 이후 서울 뉴타운사업이 진행되면서 꾸준히 증가하였다.

국내에 계획된 테라스하우스의 사례는 세대수가 적게 나올 수밖에 없어 기존의 아파트단지와 결합해 단지 내의 경사지 일부를 활용하거나 아파트 아래 저층부에 계획되는 방식으로 개발되고 있다. 아파트 평면 또한 큰 변화없이 계획되어 테라스하우스의 계획기법이 단지 내 아파트 저층부 계획으로 국한되는 것에 대한 우려의 목소리도 나오고 있다. 또한 테라스에서의 활동에 대한 프라이버시 문제, 지하주차공간과 연결되어 환기에 취약한 문제 등은 국내의 관련 건축법과 규제를 정비하고 다양한 설계기법의 개발을 통한 개선이 필요하다.

5 건식공법으로의 진화

건설기술이 발달하면서 건축시스템은 점차 건식화·공업화의 추세를 보이고 있다. 공업화란 공장에서 생산한 부재 또는 자재를 현장에서 조립하거나 설치·시공하는 개념을 말하며 주로 벽체, 바닥, 지붕 등에 사용되어 왔다. 최근에는 이러한 공업화방식이 조립식 건축생산시스템인 모듈러(modular)건축시스템으로 발전하고 있다(대한건설정책연구원, 2011).

국내 주택수요가 1인 가구의 급증으로 소형화되면서 1인 가구를 위한 주거형태로서 도시형 생활주택, 주거용 오피스텔, 학생 기숙사 등 단순 반복되는 구조의 모듈러건축시스템을 활용하기에 적절하다. 이에 따라 한국토지주택공사, SH공사 등에서는 모듈러건축을 활용한 소형주택의 보급 확대를 계획하고 있다.

그러나 국내의 모듈러건축공법을 이용한 주택시장은 아직 초기단계에 있다. 반면, 미국과 일본, 유럽 등 선진국에서는 모듈러건축공법이 이미 활성화되었고, 특히 영국과 네덜란드에는 공장 생산에 기반을 두고 대규모의 중·고층 유닛모듈러주택을 제작하는 제조사가 설립되어 있다.

여기에서는 모듈러건축공법을 이용한 유닛모듈러 주택, 컨테이너 주택, 재해재난 구호주택에 대해 살펴보기로 한다.

1) 모듈러 주택

모듈러건축공법이란 공장에서 기본 골조와 마감, 전기 배선, 설비 등 전체 공정의 50~100%를 제작한 후, 현장으로 이동시켜 조립·완성하는 프리패브(prefab)공법의 일종으로, 가변성, 다양성, 표준화, 이동가능성, 교환가능성, 경량성, 신속성 등 다양한 장점을 지닌다. 특히 모듈러건축을 주거시설에 적용할 경우에 거주자의 다양한 요구를 반영할 수 있고, 세대 증가로 인한 주거 규모의 확장과 같은 주거문제에 신속히 대응할 수 있다. 또 최근 전세가 상승과 높은 지가 등 부동산 공급문제에 빠르게 대응할 수 있고, 열악한 건설환경에 구애받지 않으며, 안정적인 시공이 가능하다.

반면, 규격화된 유닛의 공장 제작으로 다양한 형태가 창출될 수 없고, 보급률이 낮으며, 이송거리가 길어질수록 경제적이지 못한 점 등은 앞으로 제도 개선이나 지속적인 공법 연구를 통해 개선해야 할 부분이다.

한편, 국토교통부·국토교통과학기술진흥원(2013)에서는 모듈러 주택을 정주형

표 5-7 모듈러 주택의 특징과 유형

분류	특징	주택 유형
정주형 모듈러 건축	• 영구 건축물 용도로 사용 • 외부 마감 및 설비 등은 현장에서 설치 • 공장 제작률 : 50~60% • 적용 시장 : 고층 주거, 사무실	유닛모듈러 주택
이동가능 정주형 모듈러 건축	• 준 영구 건축물 • 1~2회 정도 해체 후 재사용 가능 • 공장 제작률 : 60~80% • 적용 시장 : 중저층 주거, 교육시설, 군시설	컨테이너 주택
이동형 모듈러 건축	• 여러 번 재사용 가능 • 마감재와 전기·설비 등 대부분을 일체화하여 공장 제작 • 공장 제작률 : 80~100% • 적용 시장: 해외 수출, 재해 복구, 여가 활용	이동식 주택

출처 : 국토교통부·국토교통과학기술진흥원(2013). p.19.

표 5-8 공법에 따른 모듈러 주택의 분류

명칭	분류	특징
패널화공법 (Panel)	패널 제작 → 현장 시공	• 기본 모듈 : 조립식 패널 • 이동비용 줄임 • 공간계획이 용이함 • 어려운 이동조건에 유리
유닛모듈러공법 (Unit)	유닛 제작 → 현장 시공	• 기본 모듈 : 유닛 박스 • 대지에서의 일을 최소화 • 해체와 재건설이 가능함 • 일반적인 이동 조건에 적합함
유닛모듈-패널공법	유닛 / 패널	• 대지 조건 및 디자인에 따른 패널과 유닛의 결합 • 대지 조건과 디자인에 따른 변경이 용이함

출처 : POSCO A&C(2013), p.6.

표 5-9 적층방식에 따른 모듈러 주택의 분류

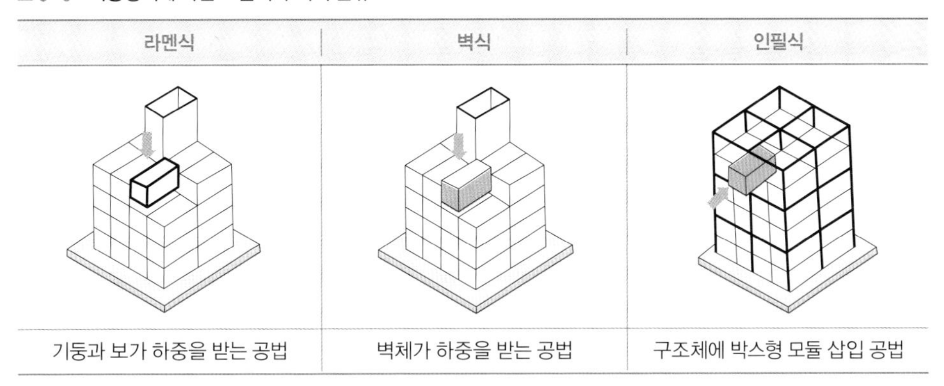

라멘식	벽식	인필식
기둥과 보가 하중을 받는 공법	벽체가 하중을 받는 공법	구조체에 박스형 모듈 삽입 공법

(permanent), 이동가능 정주형(semi-permanent 또는 mobile), 이동형(portable 또는 mobile) 모듈러 건축으로 분류하고, 이를 대표하는 주택유형으로 유닛모듈러 주택, 컨테이너 주택, 이동식 주택을 제시하였다. 이는 모듈러 주택의 용도가 영구적인지, 준영구적인지, 여러 번 재사용이 가능한지를 기준으로 분류한 것이다. 또 건물이 지어지는 대지의 환경이나 주택디자인에 따라 건축공법을 다르게 하여 패널화공법, 유닛모듈러공법, 유닛모듈–패널공법으로 구분할 수 있고, 주로 강재, PC, 목재 등의 재료를 사용한다. 적층방식에 따라 모듈러 주택은 라멘식 적층방식, 벽식 적층방식, 인필(infill)식 적층방식으로 구분할 수 있으며, 이러한 적층방식을 사용하여 기존의 습식공법 대비 공사기간을 줄일 수 있다.

2) 유닛모듈러공법을 활용한 주택

유닛모듈러공법을 활용한 주택은 박스형의 유닛모듈을 공장에서 생산하고 현장에서 조립·시공하는 것으로, 공사기간을 단축하여 빠른 시간 안에 주택을 공급할 수 있다.

대학교 주변의 많은 원룸형 다세대주택들은 동일한 평면을 가지고 있을 뿐만 아니라, 한 명의 건축주가 여러 채의 다세대주택을 보유하거나 동일한 설계안으로 건물을 짓는 경우가 많다. 따라서 설계안의 반복적 활용으로 설계성능과 경제성을 향상시키고, 공기단축이 가능하다. 특히 대학교 학생 기숙사의 경우에는 동일한 형태의 건물이 반복적으로 시공되고 단기간의 빠른 공급이 필요하므로 유닛모듈러공법을 활용한 주택의 도입이 추진되었고, 주요 목표시장이 되었다(김동수·김경래·차희성·신동우, 2013).

표 5-10 국내 유닛모듈러 주택의 장점과 단점

구분	주요 특성
장점	• 기존 건설방식 대비 50~60% 공기 단축 • 공장 생산으로 인한 품질의 안전성 확보 • 동일한 형태의 반복 생산가능 • 조적조에 비해 무게가 가벼움 • 건설 현장에서의 안전성이 높음 • 수직 또는 수평 증축 및 개축이 용이함 • 70~90%의 재활용이 가능하여 친환경적임
단점	• 현장 조립 이전에 준비기간이 다소 소요됨 • 비교적 큰 설비 투자가 필요함 • 4층 이하의 저층 건축물로만 지어지고 있음 • 운송거리가 길어지면 운송비용이 증가함 • 차음 및 단열성능이 부족함 • 바닥 진동에 취약함 • 누수와 결로의 발생 • 기밀성의 취약

그러나 국내의 유닛모듈러공법을 활용한 주택시장의 개발은 초기단계로, 대중적 인식이 부족하고 극히 일부 기업이 개발에 참여하고 있으며, 짧은 개발 역사로 인해 기술적으로 보강해야 할 부분이 많다. 또한 시공비용이 전통적 시공방식에 비해 아직까지 저렴하지 않고, 공법의 구조적 한계로 4층 이하의 저층 건축물로 시공되며, 주택 평면과 입면의 획일화, 단위세대 계획 및 거주성능 부분에서도 한계점이 있다.

반면, 독일, 네덜란드 등 선진 유럽의 경우 정부 주도하에 임대주택, 기숙사 등의 개발에 유닛모듈러공법을 활용한 건축시스템이 적극적으로 활용되고 있으며, 거주성능의 확보와 더불어 경제성, 친환경적 특성을 지닌 우수한 사례들이 나타나고 있다. 또한 공공기숙사 건립에 컨테이너를 활용하여 대량공급과 재활용이 가능하고, 건축비를 절감한 사례도 개발되었다. 이에 따라 최근 국내에서도 공공기숙사 건립에 컨테이너를 적용하는 등 관련 연구와 개발이 시도되고 있다.

여기에서는 대표적인 국내외 사례로 공릉2 공공기숙사, 스페이스박스, 마이크로콤팩트홈에 대해 살펴본다.

(1) 공릉2 공공기숙사

2013년 국내에서 개발한 유닛모듈러 주택이 공업화 주택 승인을 받은 이래, 2014년에는 서울시에 대학생을 위한 공릉2 공공기숙사가 건립되었다.

기숙사 외관

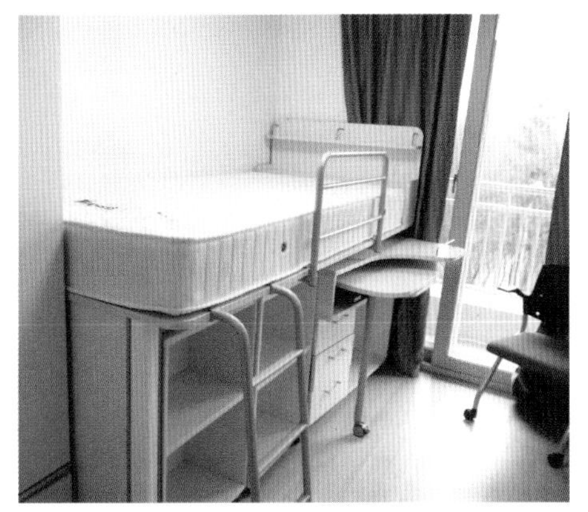
생활실 내부공간

그림 5-17 **공릉2 공공기숙사(서울)**

공릉2 공공기숙사는 서울시 노원구 공릉동에 위치한 대학생 공공임대주택으로 주변에 여러 대학교가 있으며, 30m 너비의 대로인 화랑로에 입지하고 있다.

1층은 철근콘크리트(RC) 구조이고, 2층부터 4층은 유닛모듈러공법이 적용되었다. 총 22실 43세대로 이루어졌고 1층에는 세탁실과 식당 등의 공용시설, 장애인기숙사 1실, 북카페 등 지역사회 공공시설이 있고, 2층부터 4층은 대학생 기숙사 21실로 구성되었다. 1실의 면적은 2.4 × 5.2m의 모듈이 2개 접합된 약 $23m^2$이며, 침실은 독립적으로 사용하고, 화장실 및 샤워공간은 2인이 공유하도록 계획되었다.

이정목·장옥연·김진술(2014)은 공릉2 공공기숙사의 거주후평가 연구에서 외부 소음, 진동 등 주거성능과 관련한 부분에서 거주자의 만족도가 낮았고, 1인당 면적의 확보, 적절한 공용 시설 및 관리시스템의 구축, 단순한 적층방식에 의한 외관디자인이 고려되어야 할 점이라고 밝혔다.

(2) 네덜란드의 대학 기숙사 : 스페이스박스

네덜란드의 스페이스박스(space box)는 유닛모듈러공법을 활용한 주거용 건축물 중 가장 널리 알려진 사례이다. 모듈 형태의 완제품으로 공장에서 출하되어 주변의 자투리 땅, 유휴지 등에 필요 목적에 따른 설치·운영이 가능하다. 국내 유닛모듈러 주택의 벤치마킹 대상이 되고 있으며, 네덜란드 및 유럽 각지의 대학 기숙사로 1,000여 채 이상이 사용되었다.

그림 5-18 **스페이스박스 외관(네덜란드 델프트)**

2004년 네덜란드의 델프트 공과대학 내에 설치된 스페이스박스의 초기 모델은 123개의 유닛으로 4층 규모였으며 100채, 200채를 기준으로 약 2개월 정도의 기간에 신속한 시공이 이루어졌다. 1인용 기본형 유닛은 3.5 × 7.5m로 실제 내부 면적은 $14m^2$로 매우 좁게 계획되었다. 사용자의 요구대로 부엌, 욕실 등 내부구조의 변경과 유닛모듈의 수직과 수평 조합이 가능하고, 침실과 주방은 오픈형으로 계획되었으며, 단변의 한쪽에만 창문이 설치되어 통풍 및 환기에 불리한 문제점이 있다.

(3) 독일의 학생 기숙사 : 마이크로콤팩트홈

독일의 마이크로콤팩트홈(micro compact home)은 1인 가구의 생활양식을 수용하는 고품질의 가구와 설비 시스템이 구비되어 있고, 유닛의 설치와 해체가 신속히 이루어지며, 친환경적인 설계와 시공공법이 적용된 유닛모듈러 주택 사례이다. 대학생 기숙사뿐만 아니라 레저용이나 올림픽 중의 숙박 등 다양한 단기거주를 목적으로 하여, 독일 뮌헨대학교의 연구진과 오스트리아 우텐도르프(Utendorf)의 알루미늄 제작 공장 간의 협업, 통신업체·가전기기 전문업체의 후원을 통해 우수한 설비시스템을 갖춘 주택이 개발될 수 있었다.*

---

* 독일 뮌헨대학교의 학생 기숙사로 사용되는 마이크로콤팩트빌리지(micro compact village)가 실험적으로 운영되고 있으며, 오스트라이 우텐도르프에는 제작공장과 주거용·사무용의 견본주택이 설치되어 있다.

그림 5-19 주거용과 사무용 마이크로콤팩트홈 견본 주택(오스트리아 우텐도르프)

2.6 × 2.6m의 평면에 약 3.5m에 이르는 높은 천정고를 지닌 초소형 경량의 단위세대 내부공간은 수직공간을 활용하여 좁은 내부공간을 효율적으로 활용하였다. 목구조, 금속, 진공 절연재를 사용하여 전체적인 유닛의 무게는 2톤이 넘지 않도록 계획되었다. 이는 트럭에 의한 신속한 운반을 위한 것이며, 차량 진입이 어려운 환경에서는 헬기를 통해 설치가 가능하도록 1.4톤의 초경량 유닛으로 개발되었다. 공사비가 비교적 높은 편이어서 유럽 내 보급이 활성화되어 있지는 않으나, 1인 가구의 단기거주를 위한 고품질의 초경량 유닛모듈러 주택의 우수 모델로 알려져 있다(Siegal, 2008).

3) 컨테이너 주택

이동가능한 정주형 건축물로 분류되는 컨테이너 주택은 화물 운송 및 보관에 사용되는 컨테이너를 골조로 하여 계획된 주택을 지칭한다. 필요에 따라 1~2회 정도 해체 후 재사용이 가능하고 공장제작률은 60~80% 정도이다.

컨테이너는 하나의 완성된 건축으로 사용되거나 또는 인테리어 디자인 요소로 사용될 수 있는데 적층, 절개, 상호 간 연결이 가능하여 사용방법과 목적에 따라 다양하게 활용된다. 국내에서는 1980년대 아파트 건설이 본격화되면서 초기에 해상운송용으로 사용되던 컨테이너(해운용 컨테이너, freight container)를 개조하여 공사현장의 가설건축물로 사용하였으나, 공사현장의 급증으로 보다 저렴하게 사용하기 위하여 공장에서

표 5-11 해운용 컨테이너와 내수용 빌딩컨테이너의 비교

구분	해운용 컨테이너	내수용 빌딩컨테이너
정의	• 신속한 하역작업이 가능하고, 다른 종류의 운송수단 간 접촉이 용이하도록 고안된 대형의 화물 수송용기	• 임시 가설건축물로 사용하기 위해 개발된 컨테이너
특성	• ISO 규격에 의해 설계 및 제작됨 • 물품의 보관을 위한 격실을 형성함 • 반복 사용에 적합하도록 견고함 • 운송수단에 의해 화물 운송이 가능함 • 물품의 적입·반출이 용이함	• 정해진 규격이 없음 • 내부에서 생활이 가능하도록 창문과 문이 있음 • 화물 운송을 하지 않음 • 제작업체의 기술과 주문 요구에 따라 가격과 품질이 다양함
장점	• 견고하며 기밀함 • 부식에 강함 • 정해진 규격으로 모듈화가 가능함 • 수리보수 및 교체가 용이함 • 내구성이 좋아 영구적 사용이 가능함 • 목재, 콘크리트 대비 가벼움 • 태풍, 지진 등 자연재해에 대해 균열, 뒤틀림, 붕괴 등의 염려가 없음	• 구입가격이 비교적 저렴함 • 도로 운반이 가능한 규모 내에서 자유로운 규격, 구조로 제작이 가능함 • 목재, 콘크리트 대비 가벼움
단점	• 구입 가격이 다소 비쌈 • 지속적 수리·보수가 필요함 • 규격이 정해져 있어 더 넓은 폭 또는 더 높은 천정고의 확보가 어려움	• 기밀하지 못하며 강도가 약함 • 부식에 약함 • 1~2년마다 지속적 수리·보수가 필요함 • 수명이 10년 내외로 짧음 • 규격화되어 있지 않아 하자 발생 시 부분 교체가 곤란함 • 전용 운송차량이 없어 운송 시 파손 위험이 있음
용도	• 주택, 모바일홈, 재해구호주택, 임시숙소, 호텔, 저렴주택, 학생 기숙사, 상업·업무·의료 시설 등	• 사무실, 창고, 임시숙소, 이동식 화장실, 방범초소, 농막, 각종 행사장 홍보 부스, 키오스크 등

출처 : 해양수산부(1998). p.19 ; 여수광양항만공사(n.d.). pp.41~49의 내용을 정리·보완함.

내수용으로 제작된 빌딩 컨테이너(building container) 사용이 보편화되었다.

그러나 내수용 빌딩컨테이너는 철제 패널이 얇아 더위와 추위, 소음에 취약하고 내구성이 좋지 않으며 녹슨 외관 등의 문제점으로 인해 주거용 건축물로 활용하기에 부적절하다. 반면, 해운용 컨테이너는 국제표준화기구인 ISO의 규격에 의해 제작되며 선박, 도로, 철도 등을 통해 화물을 수송하기 때문에 내구성이 뛰어나다. 또 반복 사용이 가능할 정도로 강도가 충분하며, 해상 운송 시 해풍을 견딜 수 있도록 기밀하고 방습·방수성이 좋아 주거용 건축물에 활용된다.

2000년대 이후 유럽과 미국 등에서는 해운용 컨테이너를 활용하여 단독주택, 이동식

주택, 학생 기숙사, 호텔, 재해·재난 구호주택 등 다양한 거주용 컨테이너 건축물을 개발하고 있다. 그러나 국내에서는 내수용 빌딩컨테이너 건축물에 대한 대중의 부정적인 인식과 함께, 해운용 컨테이너 건축물과 관련된 생산 인프라 구축이 미흡한 실정이다. 현재 해운용 컨테이너를 활용한 컨테이너 건축물은 문화 및 상업시설 위주로 개발되고 있으며, 주거용 컨테이너 건축물의 개발은 단독주택, 펜션 등의 용도로 제한되어 있다(길빛나·김미경·문영아, 2014).

독일, 네덜란드, 프랑스의 경우 도심의 물가를 감당하기 힘든 학생들을 위하여 해운용 컨테이너를 활용한 저렴한 기숙사*를 대규모로 계획·공급하였다. 이는 대학생, 사회초년생 등에게 저렴하면서도 개성 있는 주택을 신속하게 건축하여 공급할 수 있는 방안의 하나로 국내에도 많은 시사점을 제공한다.

여기서는 대표적인 사례로 네덜란드의 학생 기숙사 키트보넨(Keetwonen)과 독일의 학생 기숙사 에바(EBA) 51 프로젝트를 소개하기로 한다.

(1) 네덜란드의 학생 기숙사 : 키트보넨

네덜란드 암스테르담의 대학들은 도시 내의 역사적·문화적 보존지역으로 캠퍼스 부지가 부족하여 2004년에는 학생 기숙사 대기자가 6,000명이 넘어설 정도로 그 문제가 심각했다. 이러한 문제점을 해결하기 위해 암스테르담의 대학들과 시의 관련부서, 민간 건설업체의 협력으로 해운용 컨테이너를 활용한 대규모 학생 기숙사 단지가 개발되었다.

전체 대지면적 17,000m^2에 5층 규모의 12개동, 총 1,000개의 컨테이너로 이루어진 키트보넨은 전체가 6개의 블록으로 이루어진 대규모 단지이다. 주동 이외에 자전거 보관을 위한 넓은 옥외공간, 건물 동 사이 대규모 녹지공간, 거주자들의 사회적 교류를 위한 커뮤니티공간, 관리소, 여분의 컨테이너를 보관하는 창고 등이 주변에 조성되어 있다. 5년마다 컨테이너가 교체되어 일부는 재활용되고 있으며, 컨테이너 및 단지 내 시설 등을 지속적으로 유지·관리하는 원스톱관리서비스가 구축되어 쾌적한 주거환경을 이루고 있다.

---

* 독일의 에바 51, 네덜란드의 키트보넨과 큐빅 암스테르담, 프랑스의 Citè a Dock 등이 있으며, 이들은 1,000명 단위의 학생들을 수용할 수 있도록 인건비가 저렴한 중국이나 슬로바키아 등에서 주거용 컨테이너 유닛을 대량생산하는 방식으로 건립되었다.

그림 5-20 **키트보넨의 외관(네덜란드 암스테르담)**

단위세대는 폭 2.4m, 길이 12m, 높이 2.6m의 좁고 긴 컨테이너를 이용하여 1인당 30m²의 면적을 갖도록 계획되었다. 일반적으로 유닛모듈러 주택이 정방형의 원룸 형태로 30m² 미만의 좁은 면적으로 계획되는 것에 비하면, 1인당 비교적 여유 있는 단위세대 면적을 제공받는다. 세대 전면부의 전용 발코니와 후면의 복도 출입구 부분을 이용한 맞통풍이 가능한 구조로 계획되어 자연환기가 가능하고, 중앙난방시스템, 절전형 온수시스템 등을 도입하여 에너지 및 운영비를 절감하였다.

(2) 독일의 학생 기숙사 : 에바 51

독일의 베를린시는 학생 기숙사 부족문제를 해결하고자 주택공사, 대학생 후생복지조합, 부동산펀드 등과 협상을 진행하였으나 비용 부담 등의 문제로 수차례 개발에 난항을 겪었다. 그후 2014년에 민간 투자 프로젝트로 베를린시 외곽에 411개의 중고 해운용 컨테이너로 만들어진 새로운 형태의 학생 기숙사인 에바 51이 건립되었다. 건축 비용은 약 1,300만 유로(약 151억 원)로 기존보다 30% 저렴하고, 공사기간도 반 이상 단축되었다.

대학생과 같은 젊은 수요계층을 대상으로 하기 때문에 그들의 새로운 라이프스타일을 반영하기 위해 컨테이너가 이용되었으며, 독일 인근의 슬로바키아에서 주거용으로 제작되어 현장으로 운반되었다. 외관은 중고 컨테이너의 칠을 벗겨 내고 자연 녹이 슬게 해서 빈티지한 느낌을 연출하였는데, 녹이 벽체의 내구성을 강화시키는 역할을 하였다.

4층으로 되어 있는 3개의 기숙사 동은 235개의 1인실, 65개의 2인실, 11개의 3인실 아파트로 구성되었다. 콘크리트로 기초공사를 하고 그 위에 전문 기술자들이 컨테이너를 조립하여 일반적인 건물처럼 흔들림 없이 대지 위에 견고하게 고정하여 내구성과 안전성을 확보하였다. 방음과 단열은 일반 건물과 동일한 방식으로 이루어졌고, 독일 내 에너지효율기준을 맞추었으며, 주거동 1층에는 난방과 전기 생산을 위한 열병합 발전시설이 설치되었다.

그림 5-21 에바 51(독일 베를린)

실내공간에는 젊은 청년들의 요구를 반영한 감각적인 색채와 디자인을 적용하였고, 각 실에는 침실영역과 부엌, 샤워실과 기능적인 가구들을 갖추었다. 양 끝에는 채광을 위한 큰 창이 있으며, 야외공간에 세탁실, 카페, 파티룸 등의 공동시설과 채소 수확이 가능한 공동텃밭, 암벽등반시설, 수영장, 선텐장, 바비큐장 등이 계획되었다.

베를린시는 독일 최초 컨테이너 기숙사에 대한 대학생들의 반응이 좋고, 청년들에게 창조적 발상을 위한 공간을 제공한다는 점에서 향후 학생 기숙사의 대안적 형태 중 하나로 고려하고 있다.

4) 재해·재난 구호주택

재해·재난 구호주택은 이제까지 주거계획 분야의 주된 관심사는 아니었으나 세계적으로 각종 재해·재난이 증가하고 있어 시급히 개발해야 할 주거유형이다. 재해발생 직후 이재민은 피난민, 실향민, 이주민, 피해자의 주변인, 경찰이나 자원봉사자와 같은 출입피해자 등으로 매우 다양하며, 이들의 특성을 반영한 구호주거가 신속히 공급되어야 한다.

그러나 국내의 재해·재난 이후 초기 복구 프로세스는 효율적이지 않고 미숙한 조치가 이루어지고 있는 실정으로 이 단계에서 재난 피해자들은 적절한 응급 대피공간 없이 상당 기간 방치되었다. 2014년 세월호 참사 이후 실종자 가족들은 체육관이나 학교 강당 등에서 기본적인 탈의 시설, 수면 시설조차 제공받지 못한 채 생활하여 응급 대피소 내 사적 공간의 필요성을 대두시켰다. 구룡마을 화재(2014)의 경우에도 이재민의 자녀들이 친척이나 친구 집을 전전하였고, 몇 명은 주민자치회관에 기거하다 취사를 할 수 없어 이웃집에서 조리를 하였으며(강남구, 2014. 11. 3), 의정부 화재 참사(2015)의 경우 학교 강당에서 생활하다 개학 후 군시설로 이전하는 등의 문제점이 발생하였다.

표 5-12 거주기간에 따른 구호주택 유형

유형	거주 기간	보급 형태
응급피난소	1주일 이내	• 천막형·텐트형 등 응급 대피공간 제공
단기 구호주택	1주일~1개월 이내	• 신속하게 설치할 수 있는 컨테이너 형태 또는 이동식 주택으로 독립된 공간 제공
중기 구호주택	1개월~1년 이내	• 경량 철재와 목재를 이용한 유닛 모듈러 주택 • 냉난방시설 • 주방, 화장실 등 개별 설치로 세대별 프라이버시 보장
장기 구호주택	1~3년 이내	• 일반 공동주택과 같이 관리 및 편의시설 구축 • 전쟁 후에 사용되는 형태

출처 : 정미연(2009). p.34.

한편, 미국·일본·호주 등의 방재 선진국에서는 재해 발생 직후 공급되는 응급피난소와 단기 임시 주거에 대한 연구 개발을 중요하게 다루고 있으며, 재해·재난의 종류에 따라 그 유형과 설계 지침을 세분화하여 재난 발생 후 즉각적인 응급 대응을 하고 있다.

미국의 경우, 재해 발생 시 임시거주시설 내 대피생활 지원 관련 가이드라인이 체계적으로 구축되어 있다. 미국연방비상관리국(Federal Emergency Management Agency)에서는 다양한 재해 상황에 대비하여 응급피난소 및 세이프 룸(safe room), 공공건물의 피난처에 대한 가이드라인을 제공하고 있으며, 일반인들에게 재해 시 대응 매뉴얼에 대한 자세한 정보를 제공하고 있다. 또한 응급대피용 임시주거 계획지침에는 미국의 「장애인법(Americans with Disabilities Act)」과 연계되어 어린이, 노인, 장애인 등의 이재민을 위한 계획지침이 마련되어 있다.

일본과 국제연합(UN)은 응급피난소에서 급수, 목욕, 쓰레기 처리, 취사, 세탁 등에 관한 세부 규정을 마련하여 이재민들이 중·장기 임시주거를 공급받기 전에도 신체적·정신적으로 안정될 수 있게 하였다. 응급피난소의 운영에 있어 이재민의 요구를 경청하고, 재해 직후 각 단계의 의사 결정과정에 남녀 공동 참가를 중시하며, 여성, 장애인, 노인, 어린이 등의 이재민을 배려하고 있다. 특히 일본의 건축가 시게루 반(Shigeru Ban)은 1990년대 르완다 내전부터 아이티 지진, 뉴올리언스 허리케인 카트리나, 동일본 대지진 등 세계적인 재해상황의 응급피난소에서 신속하게 공급가능한 종이 칸막이시스템(paper partition system)을 연구하여 이재민의 프라이버시를 확보할 수 있는 공간구획기술을 개발하였다. 이 시스템은 응급피난소에서 가족의 규모나 상황에 따라 다양한

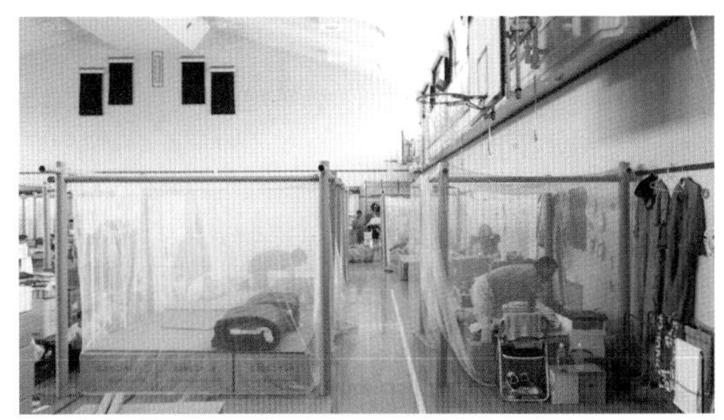

그림 5-22 응급 대피공간 내 공간 구획을 위한 종이 칸막이시스템(시게루 반, 2011)
출처 : 건축가 시게루 반 홈페이지.

크기의 칸막이를 빠른 시간 내에 조립·해체할 수 있다.

국내에서는 이재민이 발생하면 단기적으로는 인근 학교 및 체육관 등에서 피난생활을 하는 것이 일반적이고, 이후 장기화되면 컨테이너로 된 임시주거시설을 제공하거나 일부 공공시설을 임차하여 제공하고 있으나 임시주거로서의 성능을 만족시키지 못하고 신속한 공급 또한 이루어지지 못하였다. 최근에는 중장기 구호주택으로서 모듈러 주택이 연구·개발되고 있으나 응급피난소, 단기·중기·장기간별 이재민의 특성을 고려한 재해·재난 구호주거 유형을 국가적 차원에서 세분화하여 개발해야 할 것이다.

그동안 아파트는 한국의 대표적인 집이었다. 그러나 사회 및 인구 구조, 현대인들의 생활양식, 건축기술의 변화 등이 집에 대한 생각을 변화시켰다. 소형주택을 찾는 1~2인

임시구호주택

구호주거단지

그림 5-23 임시구호주택과 구호주거단지의 국내 연구 개발 사례
출처 : 국토교통부·국토교통과학기술진흥원(2014). p.6.

가구가 증가하는 한편 도시 근교, 농촌에서 함께 모여 살고 싶어 하는 은퇴자, 동호회 등이 늘어나고 있다. 1~2인 가구는 물론 다양한 형태의 가족을 만들고 계층 간 네트워크를 통해 새로운 주거문화가 만들어지고 있는 것이다. 아파트를 비판하면서도 그동안 살아왔던 아파트공간 속에서 삶의 경험은 단독주택, 자연으로의 회귀현상과 함께 또 다른 주택유형과 주거문화를 만들어 갈 것이다.

아파트에서 벗어나 새로운 주거유형이 파생되기 시작한 이 시기에 정부와 공공 부문이 반드시 해야 할 일이 있다. 그동안 우리의 건축기술과 공법, 관련 법규 등은 아파트와 같은 공동주택을 짓고 관리하는 데 중점을 두고 운영되어 왔다. 주거의 다양성을 갖는 바람직한 주거문화를 창출하기 위해서는 주택을 짓기 위한 제반 기술, 규범, 기준, 제도 등을 유연한 사고로 정비해야 한다. 기존의 잣대로는 새롭고 다양한 주거 문화 패러다임을 만들어내지 못할 것이다. 또한 사회 취약계층도 주거의 다양성을 보장받을 수 있도록 공공에서 시범사업을 추진하고, 성공 사례를 주변으로 확산시킬 수 있는 노력이 필요하다.

생각해 보기

1. 도시형 생활주택의 문제점을 조사해 보고 이를 계획적 측면, 제도적 측면에서 어떻게 보완할 수 있는지 토론해 보자.
2. 생활지원서비스가 연계된 서비스드 레지던스나 게스트하우스를 이용해 보고, 필요한 서비스와 그렇지 않은 서비스에 대해 토론해 보자.
3. 우리 주변의 전원주택, 타운하우스, 테라스하우스 중 하나를 선정하여 계획적 측면에서 조사해 보고, 그 문제점과 계획 시 고려사항을 토론해 보자.
4. 모듈러공법이 적용된 국외 우수 사례들을 찾아보고, 국내의 다양한 주거유형 중에서 어떤 부분에 적용할 수 있을지 토론해 보자.

6장

전통성을 살린 주거

각 나라의 도시주거는 세계화의 영향으로 외관형태나 내부의 시설·설비, 가구와 마감재의 사용에 유사한 경향을 보이며 일상생활 양식에 공통성을 보이는 부분이 있다. 반면 공간구성과 형태 등이 기후와 풍토에 맞게 역사적 맥락 속에서 형성되어 그 나라 주거문화의 특징을 나타내는 민속주거(vernacular housing)가 있다.

한옥은 오랜 역사 속에서 우리 자연환경에 맞는 재료와 기술로 건설되어 생활양식에 맞게 발달해 온 민속주거이다. 근대화 과정에서 한옥에 외래적 요소가 도입되어 절충되기도 했으며 도시생활에 맞게 도시형 한옥으로 변화되기도 하였다. 1960년대 이후 주택의 대량공급이 필요한 현실에서 한옥 수요가 대폭 줄었고 기존에 건축된 한옥마저도 경제적인 논리에 의해 소멸되어 갔다.

2000년 이후, 소득 증가에 따라 생활의 질적인 측면을 중시하게 되면서 한옥이 자연적 재료의 사용으로 풍토에 맞게 발달해 온 과학적이며 거주자에게 건강한 주거형태라는 점, 전통적 형태가 개인에게 잠재적인 선호로 자리 잡고 있다는 점, 현대 생활양식에 맞게 적용할 수 있는 주거라는 인식이 확산되면서 한옥과 전통을 살린 주거에 대한 선호가 높아지게 되었다. 국가적 차원에서도 국격을 높이기 위해 한옥의 현대화와 보급을 적극적으로 지원하고 있다.

본 장에서는 전통적인 한옥과 마을의 특성을 현대화하는 방법과 사례, 정부 부처나 지자체가 한옥을 지원하기 위해 실시하고 있는 제도에 관해 알아보도록 한다.

1 세계화와 문화적 고유성

1) 한옥 수요의 배경

한옥은 2000년 이후 가계소득 증가로 경제적인 안정에 따른 삶의 질에 대한 요구가 높아지면서 건강한 주거, 현대주택과 구별되는 형태의 심미성 등의 관점에서 재평가되

그림 6-1 양동마을

출처 : 경주 양동마을 홈페이지.

그림 6-2 하회마을

출처 : 안동 하회마을 홈페이지.

었다. 도시 및 지역 발전에 대한 패러다임도 지역 고유의 특성을 가진 건축자산을 활용하여 매력적인 도시경관 창출과 관광 활성화에 기여하는 방향으로 변화하였다.

1970년대 중반에는 한옥밀집지역을 한옥보존지구로 지정하였으나 보존과 개발의 이해관계 충돌, 사유재산에 대한 경제성 논리에 의해 1990년대 이후 한옥이 급속히 멸실되었다. 서울시와 전주는 한옥집락주거지인 서울의 북촌과 전주 교동의 한옥 소멸에 위기감을 가지고 2000년대 초반부터 해당 지역을 계획적으로 정비하였다. 한옥마을은 서울과 전주라는 두 도시를 역사성이 있는 도시로서의 문화적 이미지를 부각시키는 데 기여하여 도시 경쟁력을 가진 관광적 요소가 되었고, 역사도시에서 도심 재생을 하여 도심 거주를 회복하는 좋은 방안이 되었다. 2010년에는 중요민속자료인 경북 양동마을과 하회마을이 유네스코 세계문화유산으로 지정되어 전통마을의 건축자산에 대한 사회적 관심을 환기시켰다. 건축자산의 중요성에 대한 인식이 전국적으로 확산되어 건축자산의 보존 및 활용을 통한 지역의 활성화 및 도시 경쟁력 향상은 각 지자체의 공통적인 방향으로 자리 잡게 되었다.

사회적인 배경으로는 베이비붐 세대의 은퇴나 친환경적 가치관을 가진 가구 등의 귀촌 증가로 주택 신축 시 자연친화적이며 건강에 유리한 주택형태로 한옥에 대한 요구가 증가하였다. 그러나 목구조 한옥이 일반적인 주택구조인 철근콘크리트조보다 건축비가 많이 들고 건축법상 건폐율을 산정하는 데 불리한 요소가 있어서 한옥 신축을 저해하는 요소로 작용하였다. 또한 사회적 호감이 증대한 한옥을 상업시설로 리모델링하는 경우도 증가하였으나 한옥 고유의 특성을 살리는 방식을 적용하는 데 어려움을 겪는 사례도 늘어났다.

한옥에 대한 수요가 높아지는 상황에서 한옥의 활용과 신축에 대한 현실적인 장애 요소를 줄이기 위하여 다수의 지자체들도 한옥에 대한 지원 조례를 제정하여 한옥 건축을 장려하였다. 국토교통부는 한옥 등 고유 건축자산의 진흥과 관련 산업 육성을 위한 제도를 마련하여 국토 품격 향상 및 개성 있는 지역 경관을 만드는 데 체계적으로 지원하게 되었다.

2) 한옥의 구분 및 기준*

'한옥'이라는 용어는 1975년경에 한글 사전에 수록되어 '우리나라 고유의 양식으로 지은 집을 양식 건물에 상대하여 부르는 말'로 정의되었다. 건축법의 내용이 근대식의 조적조, 철근콘크리트조, 철골조를 주된 고려사항으로 했기 때문에 한옥에 적용할 때 불리한 점이 많았으므로 이를 개선하기 위하여 한옥에 대한 정의가 신설된 것은 2008년 건축법 시행령 개정 때였다. 제2조 16호에 따르면 한옥은 "기둥 및 보가 목구조 방식이고 한식 지붕틀로 된 구조로서 한식 기와, 볏짚, 목재, 흙 등 자연재료로 마감된 우리나라 전통양식이 반영된 건축물 및 그 부속 건축물"로 정의되었다. 현재는 「한옥 등 건축자산의 진흥에 관한 법률」(약칭 : 한옥 등 건축자산법, 2014. 6. 3. 제정, 2015. 6. 4. 시행)이 제정되었으므로 제2조 2호에서 밝히는 한옥의 정의에 따르는 것으로 명시되어 있다.

「한옥 등 건축자산의 진흥에 관한 법률」

제2조 2. "한옥"이란 주요 구조가 기둥·보 및 한식 지붕틀로 된 목구조로서 우리나라 전통양식이 반영된 건축물 및 그 부속건축물을 말한다.

3. "한옥건축양식"이란 한옥의 형태와 구조를 갖추거나 또는 이를 현대적인 재료와 기술을 사용하여 건축한 것을 말한다.

현재 존재하거나 건설되는 한옥은 다양한 기능을 가지고 있으며, 역사적으로 보존 가

* 전봉희·이강민(2011). pp.1~8을 정리·보완함.

치가 높은 건물부터 실용성이 우선되어 사용되는 경우까지 다양하게 지어진다. 전봉희·이강민(2011)은 한옥의 분류 기준을 건축양식과 건축 용도의 조합으로 분류하였다.

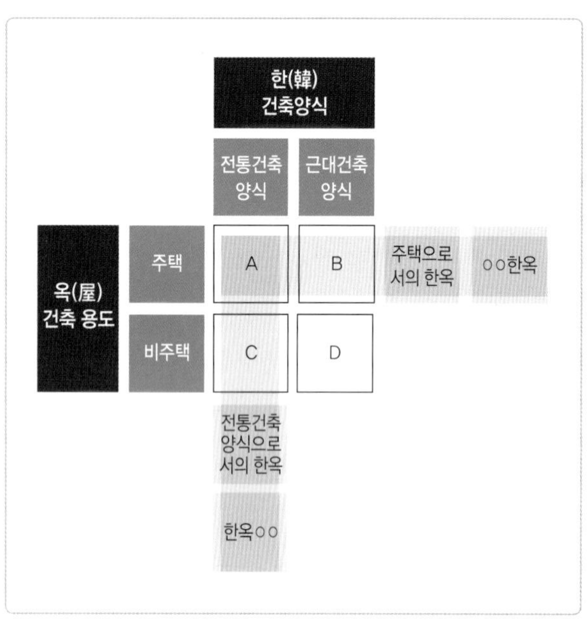

그림 6-3 **한옥의 다층적 의미**

출처 : 전봉희·이강민(2011). p.5.

한(韓)은 우리 민족이 정착해온 지역이고, 옥(屋)은 주택의 의미뿐만 아니라 건축물 일반을 총칭하는 기본적인 용어로 사용되므로 이를 두 축으로 설정하였다. 한(韓)을 우리 민족의 건축양식으로 하여 전통건축양식과 근대건축양식으로 구분하고, 옥(屋)을 건축 용도에 따라 주택과 비주택으로 구분하였다. 건축양식을 세분하여 전통 혹은 정통에의 충실도를 기준으로 전통 한옥, 현대 한옥 등과 같이 '○○ 한옥'으로 부르고, 용도를 기준으로 한옥의 외형을 띤 다양한 적용례를 표현하여 한옥호텔, 한옥도서관 등 '한옥○○'으로 명명하는 방식이다(그림 6-3).

다른 분류기준으로는 현재 존재하는 한옥에 대해 가로축은 전통적인 기법에의 충실도, 세로축은 현대적 구조와 설비를 적용한 생활 편의성으로 설정해서 이 두 축의 정도에 따라 다층위적 한옥으로 구분하는 것이다(그림 6-4).

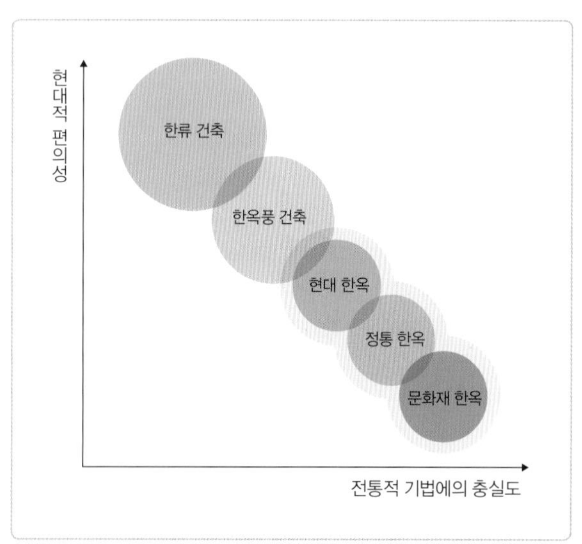

그림 6-4 **한옥의 다층위적 양상에 관한 개념 모색도**

출처 : 전봉희·이강민(2011). p.7.

전통적 형태의 충실도가 높은 '문화재 한옥'은 건축연한이 50년 이상이며 학술적 가치를 인정받아 정통성의 판단기준이 된다. '정통 한옥'은 문화재 한옥의 형식과 내용을 최대한 살린 것이다. 기둥과 보, 서까래와 지붕, 외부에 보이는 모든 요소를 최대한 전통기법으로 되살렸지만, 실내공간에

외관

대청

부엌

그림 6-5 **현대 한옥(서울 가회동)**

가회동 한옥

호텔 라궁

덕양재

그림 6-6 **다양한 용도로 건축되는 신한옥의 실내**
출처 : 국가한옥센터 홈페이지.

서는 생활에 불편이 없도록 부엌과 욕실 등을 현대화하였으며, 냉난방의 설비와 전기설비, 단열과 위생설비 등에 현대적인 기법을 적용하였다. '현대 한옥'은 건축법 시행령의 한옥 정의(한옥 등 건축자산법) 속에 포함될 수 있는 경계에 있는 것으로, 기둥과 보, 지붕틀 등의 주요 구조부를 목조로 하고, 외관의 주요 요소인 지붕과 기단, 벽체 등에서 전통적인 형식을 따른다. 현대 한옥은 시대의 요구에 맞게 한옥의 보급과 육성이 필요한 한옥이다.

한옥의 제한적 규정 밖에 있는 '한옥풍 건축'이나 한류 건축'은 연구자마다 용어나 정의에 다양한 관점을 가질 수 있다. '한옥풍 건축'은 현대 건축의 일부 실내공간에 한실(韓室)을 설치하거나 외관만 한옥 형태로 지은 것이다. '한류 건축'은 한국 건축의 현대

그림 6-7 **2층 한옥 상업시설 '관훈재'(서울 인사동)**

그림 6-8 **수락 한옥어린이집(서울 상계동)**

지하 1층은 열람실, 지상 1층은 한옥 열람실

지상 1층의 본채, 정자, 연지

그림 6-9 **청운문학도서관(서울 청운동)**

화로 한국성의 표현을 시도하는 것으로, 한옥의 정의에 해당하는 재료와 구조를 사용하지 않으면서도 한옥의 공간감이나 내재된 특성을 표현하는 건축이다. 1990년대 초반 이후, 여러 건축가의 주택 건축 중 '한류 건축'에 해당하는 예를 찾아보면, 철근콘크리트 구조이지만 공간구성은 안채와 사랑채의 채 분리, 채와 병행되는 안마당과 사랑마당, 안마당을 둘러싼 중정형 채 배치 등으로 한옥의 공간적 특성을 반영하고자 한 경우들이다. 아파트 평면계획에서도 거실을 가운데 두고 양옆으로 방을 둔 구성, 온돌 형식의 바닥 난방, 다용도실의 배치 등 한국적인 공간 특성이 나타나는 요소들을 적용한 예도 이러한 범주로 구분할 수 있다.

현대 한옥을 보급하고 육성하기 위하여 한옥의 문제점으로 지적되는 단점들을 보완하여 시공비 절감, 단열·기밀성의 확보, 대규모 공간의 실현을 위한 일부 재료와 구조방식의 변경 등이 필요하다. 이를 위해서는 한옥의 현대화 과정에서 모색할 가능성을 전제하여 정책적인 용어로 '신한옥'을 정의하였으며, '현대 한옥'과 '한옥풍 건축'으로 분류되는 기준에 적용된다. 한옥의 가치를 계승하되 기술과 재료 면의 자유도를 높여 다양한 건축실험을 포괄할 수 있게 한 것이다. 보통 신한옥은 한국의 전통적인 목구조방식과 외관을 기본으로 하되, 복합적인 구조방식과 혁신적인 시공방식, 성능이 향상된 재료 등으로 구축된 건물로 정의된다(전봉희·이강민, 2011).

신한옥은 목조와 철골조, 콘크리트조 결합, 건물 전체의 고효율 단열재 사용, 지붕구조 시공에 공학목재를 사용한 경량화 등의 특허기술이 증가하여 주택뿐만 아니라 상업시설, 공공시설, 종교시설로 건축된다. 지자체가 국공립어린이집이나 시민들이 이용하는 주민센터, 도서관, 공연장, 전시장, 문화센터 등 공공건축물을 신한옥으로 건축하는 사례도 증가하고 있다(그림 6-5~9).

2 국가 및 지자체의 한옥 지원 방향

1) 관련 기관·제도

(1) 기관

한옥의 지원은 신규 한옥의 개발·공급과 기존 한옥의 보전·관리·활용의 방향으로 나누어진다. 2010년 12월에는 국책연구소인 건축도시공간연구소 내에 '국가한옥센터'를 설치하였으며 한옥에 대한 연구, 다양한 한옥 포럼 진행, 간행물 발간, 데이터베이스 축적 등을 진행한다. 한옥기술개발연구단은 국가 한옥연구개발사업 수행으로 신한옥에 대한 기술을 개발한다.

(2) 관련 법

국가한옥센터의 연구 결과 「한옥 등 건축자산의 진흥에 관한 법률」이 제정되었다. 이 법은 광의의 의미로서의 '건축'과 건축자산으로서의 한옥을 강조한다. '건축'의 정의는

「건축기본법」 제3조의 '건축물뿐만 아니라 건축물로 이루어지는 공간구조·공공공간 및 경관을 아우르는 공간환경을 포함'하는 것으로 보았다. '건축자산'은 「한옥 등 건축자산법」에 '현재와 미래에 유효한 사회적·경제적·경관적 가치를 지닌 것으로서 한옥 등 고유의 역사적·문화적 가치를 지니거나 국가의 건축문화 진흥 및 지역의 정체성 형성에 기여하고 있는 것'을 말한다.

2) 중앙정부·지자체의 동향*

중앙정부 부서인 국토교통부, 문화체육관광부, 농림축산부, 안전행정부, 산림청에서는 한스타일 종합육성계획(2007~2011)을 추진하였고, 이어 국격 향상을 위한 신한옥플랜(2010~2014)이 시행되었다. 신한옥플랜은 한옥의 보급·확산(농어촌 한옥 확산, 한옥마을 활성화), 기술 개발 및 산업화(설계·성능·시공기술 연구 개발, 한옥 관련 산업기반 구축, 설계·시공 전문인력 양성), 한옥의 보전·관리(한옥의 멸실 방지, 한옥의 보전 지원), 한옥의 적극적 활용(한옥의 관광자원화, 공공시설 한옥 도입) 등의 부문에서 중점적으로 이루어졌다.

문화체육관광부는 공공문화시설 내 '한옥공간 활성화 시범사업'(2008~2010)을 하였고, 국토교통부가 2008년부터 '지자체 한옥건축지원사업'을 하고 있다. 농림수산식품부는 농촌마을종합개발사업 및 전원마을조성사업으로 한옥마을사업을 시행하고 있으며, 이 사업들은 전라남도가 한옥 건설을 지원하는 행복마을사업과 연계되어 집중적으로 시행되고 있다.

한옥 지원과 관련된 조례로는 한옥밀집지역 내 기존 한옥의 보전을 위한 지원 조례와 관광 목적으로 운영되는 한옥 민박시설이나 체험시설 등의 관리 및 운영에 대한 지원 조례가 있다. 전자에 해당하는 한옥의 수선 등에 대한 지원 조례는 2002년 5월, 서울시에서 북촌 한옥의 보전 정책을 위해 처음으로 제정된 '서울시 한옥지원조례'이다. 조례가 제정된 배경은 한옥 보전을 위한 규제, 이후 사유재산 규제에 대한 주민들의 반대로 규제 완화를 한 것이 다세대주택 신축 증가로 이어져 북촌의 경관과 주거환경을 훼손하였기 때문이다. 서울시는 새로운 북촌 가꾸기 정책인 '한옥등록제'를 마련하여

---

* 심경미(2012. 4, 2012. 12. 28)의 내용을 정리·보완함.

표 6-1 주요 지자체 한옥지원조례(2016년 6월 기준)

지자체 한옥지원조례	지원 대상
서울특별시 한옥보전 및 진흥에 관한 조례(2016. 3. 24. 제정·시행)	한옥밀집지역 안에 위치한 한옥. 한옥밀집지역이란 한옥을 보전 또는 진흥할 필요가 있는 지역
전주시 한옥보전지원조례 (2015. 12. 30. 제정·시행)	전주한옥마을(전통한옥지구, 향교지구, 전통문화지구)은 전주전통문화구역 지구단위계획구역으로 지정된 전주시 완산구 풍남동·교동·전동 일원
전라남도 한옥지원조례 (2015. 12. 31. 제정·시행)	한옥보존 시범마을·건축자산진흥구역 안에 위치한 한옥이나 기타 지역에 건축하는 한옥 및 도지사가 한옥 관광자원화 사업에 필요하다고 인정하는 지역에서 건축하는 한옥

출처 : 국가법령정보센터 홈페이지.

주민들이 자유의사에 따라 한옥을 등록하면 등록된 한옥 내·외부 공간 수선 및 신축에 대해 보조금 및 융자금 지원을 하고, 지붕 등의 정기적인 수선에 대해 비용 지원과 세금 감면을 하는 제도를 마련하였다. 이러한 지원을 받은 한옥에 대해서는 일정 기간 임의 철거 및 멸실에 대한 허가를 받게 하였으며, 지원받을 당시의 용도와 가로 입면 등을 유지하도록 제한하였다. 서울시는 2008년에 북촌 외 한옥 밀집지역을 확대하는 중장기 계획인 '한옥선언'을 공포하였는데 이 선언에는 멸실 제어, 보전 지원, 신규 조성에 대한 대책이 포함되었다. 2015년 6월에는 「한옥 등 건축자산법」에 근거한 7가지 실행 과제를 골자로 한 '제3기 서울한옥 자산선언'을 발표하였다. 실행 과제에는 한옥살이 지원을 위한 온라인 '한옥포털'과 '한옥지원센터' 운영이 포함되었다.

전주시도 2002년에 한옥보전지원조례를 제정하였다. 한옥밀집지역에 대해 지구단위계획 수립을 의무화하였으며, 전주한옥마을의 지나친 상업화로 조례 규정을 강화하였다.

전라남도는 2005년에 한옥보전지원조례를 제정하였고 2006년부터 행복마을사업과 한옥을 연계하여 한옥 건축의 확대를 도모하였다. 2008년부터 전라남도의 기초자치단체에서 한옥 지원을 위한 조례 제정이 활발해졌다. 전라남도는 10채 이상의 한옥을 신축하고자 하는 지역을 행복마을로 지정하고 행복마을 내 새롭게 조성되는 한옥의 신축에 대해 지원한다.

서울, 경기·인천, 전남, 전북, 충북, 경북 등 지자체별로도 신규 한옥마을조성사업을 시행 중이다. 2016년 6월을 기준으로 91개 지자체가 한옥건축지원에 대한 건축 조례를 제정하였는데, 이 조례의 내용은 한옥의 정의, 위원회 조직, 한옥등록제 시행, 한옥 수선 비용 지원, 세제 감면, 한옥 매수, 기금 설치, 권한 위임 등으로 구성되었다.

3) 기술 개발 및 인력 양성

한옥의 보급을 위해서는 한옥의 단점인 철근콘크리트조보다 높은 건축비, 습식 벽체, 단열, 장인의 부족 문제 등을 해결해야 한다. 이 중 한옥 건설에 관련된 사항은 '한국건설기술연구원'이 국가연구개발지원사업으로 2012년 신한옥을 개발하여 한옥의 문제점을 보완하였다.

신한옥은 최첨단 단열공법으로 에너지 손실을 최소화하는 '패시브하우스' 기술을 융합하여 한옥의 벽과 지붕, 창, 문, 온돌의 성능을 획기적으로 개선하였다. 한옥의 설계부터 시공까지 현대 건축공법이 접목되어 3차원 설계시스템인 BIM(Building Information Modeling)기법을 이용하고 한옥의 각 부분을 표준화하여 현장에서 조립만 하는 건설공법을 사용하였다. 지붕이나 벽체, 창, 문, 온돌 등 핵심요소 기술을 표준화하여 대량 생산하도록 하여, 한옥의 공사기간이 단축되었고 건축비를 획기적으로 낮출 수 있었다.

한옥설계 및 시공관리를 할 수 있는 인력 양성에 대해서는 국토교통부가 2011년부터 한옥전문인력양성사업을 시행하여 다수의 대학과 기관에서 체계적으로 한옥전문인력을 양성할 수 있도록 하였다.

3 전통마을과 전통주택의 계획 특성

전통을 살린 현대적인 마을과 주택을 계획·정비하기 위해서는 전통마을과 전통주택의 구성원리를 이해하고 입지를 고려하여 도시 또는 농촌 지역의 현대적 생활에 맞게 적용해야 한다. 전통마을의 대표적인 사례로는 경북 안동시 하회마을, 경북 경주시 양동마을, 충남 아산시 외암리마을 등이 있으며 이 마을들은 중요민속자료로 지정되어 있어서 현재에도 전통적인 마을과 주택의 공간특성을 살펴볼 수 있다. 현대 한옥부터 한옥풍 건축, 한류 건축을 마을 단위로 계획할 때 적용될 수 있는 전통마을과 주택의 계획 개념 요소에 관해 살펴보도록 한다.

1) 전통마을의 주요 계획 특성

(1) 경관과 생태

마을은 농업 생산의 협동작업을 위해 사람들이 모여 살면서 만들어졌으며, 지역공동체이자 혈연공동체로 발전해 왔다. 전통마을은 환경생태학적인 합리성을 가지며 환경친화적 계획에 적용할 수 있는 계획요소를 내재하고 있다.

전통마을은 지형을 보는 전통사고방식인 풍수지리를 적용하여 배산임수(背山臨水)의 입지에 자리를 잡고 자연지형에 맞게 주택을 유기적으로 건설하며 형성되었다. 이러한 마을은 인공적으로 경계를 만들지 않아도 산과 물에 의해 경계가 생긴다. 뒷산의 녹지가 방풍림인 동시에 연료의 공급지 역할을 하며 여름철 마을 주민의 휴식장소로도 쓰이는 복합적인 기능을 하는 것이다. 마을 앞 시내는 경작과 생활을 위한 용수를 공급하는 동시에 상징적으로는 벽사(辟邪)와 정화의 의미를 가진다. 마을의 길을 따라 형성된 풍부한 녹지는 주변의 산과 연결되어 자연스러운 경관을 형성하며, 안길을 따라 형성된 수로는 일상생활 용수로 사용된다. 물은 수로를 따라 흐르며 자연스럽게 정화되고 마을 앞 연못에 모여 침전 작용을 거치고 깨끗해져 오수를 마을 밖으로 흘려보내지 않는 순환적인 완결성을 가진다.

마을 앞 넓은 들 너머에 낮게 보이는 안산(案山)은 마을의 시야를 적절하게 차단하여 공간감을 주고, 마을 사람들의 시각적 초점이 되어 준다. 안산을 넘어 멀리 보이는 조산(朝山)은 일상적으로 보이는 경관으로 시지각의 바탕이 된다.

마을 주변의 지형 지세에 따라 길의 구조 및 주택의 향과 배치가 결정되며 집들을 앉힐 때는 지형에 맞추어 자연스럽게 배치한다. 집이 어디에 기댈지를 보는 좌(坐)를 정하고, 안대(案帶)를 기준으로 트인 곳을 바라보게 하며(向), 태양의 방위를 동시에 고려하지만 각 조건이 상충될 때는 제일 먼저 일조향을 포기할 정도로 바라보는 향을 중시하였다.

그림 6-10 **산으로 둘러싸인 마을의 입지(충북 보은 눌곡리)**

전통 씨족마을의 위계는 주택의 입지, 좌향, 규모, 의장 등에 반영되어 위계적 배치 구조가 나타난다. 산지형 마을인 양동마을에서는 물자(勿字)형의 골짜기를 따라 각 구릉의 제일 높은 능선 상에 종가들이 위치하고 방계손은 종가보다 낮은 곳에 집을 지었다. 지대가 높은 경우에는 구릉의 능선 상이 아니라 골짜기의 경사면에 집을 지었다. 평지마을인 하회마을에서 파종가는 마을의 중심부에 소재하며 주변으로 방계손들의 가옥이 배치된다.

전통마을의 막힌 듯 돌아가며 다시 열리는 길, 자연적인 재료들의 집, 담, 조형물들에는 인간적인 척도와 재료의 통일성이 있다.

(2) 길과 영역성

전통마을은 외부에 강한 영역성을 가지며, 마을 입구부터 안쪽까지 길의 위계가 단계적으로 구성된다. 마을 길은 마을 밖의 큰길에서부터 어귀길, 안길, 샛길, 골목길, 텃길로 나누어지며 길의 구분에 위계와 영역성이 있다. 길을 따라 이웃 간의 결속력을 높일 수 있는 물리적인 장치도 있다. 마을 동구(洞口)에는 장승·솟대를 세워 경계 역할을 하며 마을 안길이 시작되는 곳에는 당산나무를 세워 마을의 상징이 되게 한다. 당산나무 주변은 빈터로 두어 공동마당으로 사용한다.

안길은 마을의 공간을 이루는 가장 중요한 요소들을 연결하는 길로, 마을 입구부터 시작되어 마을 후면의 경계까지 이어지는 넓은 길이다. 샛길은 안길이 만들어진 후 거기에서 뻗어 나와 점차 조성되는 집들에 접근하기 위해 이용하는 길이다. 샛길 사이사이에는 우물이 설치되어 우물을 함께 쓰는 이웃이 반(班)으로 구분되어 영역의 성격을 분화시켜 주며, 마을 사람들의 자연스럽고 빈번한 접촉을 유도하는 만남의 장소로 이용된다. 샛길을 따라가면 골목길이 나오고 보통 1~3채의 집이 연결되어 가장 작은 단위의 이웃이 연결된다. 마을 안쪽의 산과 인접한 지역에는 마을 공동체를 정신적으로 유지하기 위한 재실, 사당, 선산이 배치되어 제의를 위한 영역을 형성한다.

전통마을의 영역 구성은 마을의 입구부터 사회적 영역, 개인적 영역, 의식(儀式)적 영역으로 나누어진다. 사회적 영역은 당산나무와 정자 주변의 남성적 영역과 주거지 안쪽의 우물, 빨래터 주변의 여성적 영역으로 구분된다. 개인적 영역은 주택으로 이루어진 공간이며, 마을 가장 안쪽 뒷산 주변의 재실 등은 마을 공동의 의식적 영역이다(박광재·김성우·박희영, 2002). 전통마을이 가진 유·무형적 질서는 각 집 사이의 물리적 입

그림 6-11 **전통마을의 안길과 인간척도의 담장**

그림 6-12 **마을 어귀의 느티나무**

표 6-2 **전통마을의 구성원리**

구성요소		내용
풍수(지형, 배치)		• 주산, 종산이 마을을 둘러싸고 있음(방풍림의 역할) • 물이 마을을 감싸고 있음 • 겨울에 따뜻하고 여름에 시원한 방위 채택
길	주도로와 내부도로의 엮임(구성과 형태)	• 전통 마을에서 외부공간의 모든 체험은 '길'을 통해서 이루어짐 • 길에는 위계가 있음 • 길의 경계가 명확한 선으로 존재하는 것이 아니라 면으로 존재
	갈림길	• 여러 갈래의 갈림길이 곳곳에 있음
	생활공간의 엮임	• 길이 만나는 곳에 외부공간이 형성
생태	지구환경 보전	• 수(水)경관 조성(자체 정화가 가능) • 기존 지형 이용(방품림)
	주거환경의 쾌적성	• 미기후를 고려(저수지 등) • 자연재료 이용(흙, 나무, 돌) • 남향 배치를 통한 에너지 활용
경관	생활하는 경관	• 단위 주택 대청에서 주변 자연과 관계를 맺을 수 있게 안대 구성 • 마을 전체나 자연을 조망하도록 함
	바라보는 경관	• 집과 자연이 자연스럽게 어우러지게 경관 조성 • 마을의 특색 있는 경관 구성요소들이 많음
영역	영역 구분	• 마을의 시작을 알리는 구분요소가 중요함 • 마을 안에서 사회적 영역, 개인적 영역, 의식적 영역으로 나누어짐
	영역·표시물	• 우물, 빨래터, 중심 공동마당, 타작마당, 나무, 정자, 방아

출처 : 박광재·김성우·박희영(2002). p.15.

지와 관계를 설정해 주며, 마을 내 조형물들은 마을 내외부를 이동하는 주민들의 일상적인 동선과 연계되어 접근성을 확보하고 빈번한 접촉을 유도하여 마을 주민들의 공동체의식을 형성하는 데 기여한다.

2) 전통한옥 주요 계획의 특성

한옥은 조선시대 후기에 이르러 온돌과 마루의 이중구조로 완성되었다. 조선시대는 유교이념을 사회 전반의 규범으로 삼았기 때문에 남녀유별, 조상숭배의 이념이 공간에 반영되었다. 계급사회였으므로 양반가와 민가로 구분되어 구조, 공간구성, 의장 등에 차이가 있었다. 민가는 공간구성상에 지역성의 영향이 큰 데 비해 반가는 공간에 유교적 이념을 반영했다는 점에서 공간구성 측면에 공통적인 특징이 있다.

(1) 채 분리와 위계성

한옥은 외부에 대해 담으로 둘러싸여 있어 폐쇄적이며 내부의 중문을 통해 각 채로 진입하는 형태를 띤다. 각 채는 기능에 따라 안채, 사랑채, 문간채, 행랑채 등으로 분리 건축되며 채에 딸린 마당이 있다. 채의 공간구성이나 배치는 비대칭으로 역동성의 조형원리를 구현하며, 이는 중국 건축물이 대칭의 원리로 구성되는 것과 차이가 있다. 건물 간 관계는 공간에 위계질서를 부여하여 전체적으로 통일적인 체계를 이룬다. 건물의 위계는 사용하는 사람에 따라 안채와 사랑채는 상의 공간, 행랑채는 하의 공간을 이루며 사당은 조상을 기리는 의식공간의 기능을 한다.

안채를 여성의 공간, 사랑채를 남성의 공간으로 구분한 것은 조선 후기 한옥의 특징이다. 안채는 집의 중심 건물이지만 외부인의 출입을 피해 가장 안쪽에 배치하였으며, 사랑채는 손님의 접객공간으로 대문과 가까이 배치하였고, 2~3척의 높은 기단에 누마루를 설치하여 가문의 위상을 드러내는 과시적인 의장을 하였다.

마당은 조경을 하여 조성하기보다는 외부의 자연을 집안으로 끌어들이는 차경(借景) 수법을 이용하였다. 마당은 농사나 가사와 관련된 작업이 가능하도록 조경을 하지 않고 비워 두었으며 배수와 빛 반사가 잘되도록 왕모래를 깔았다. 정원은 대개 집 뒤에 꾸미는 후원이었는데, 반가에서는 경사지를 이용한 화계 등을 설치하는 수법이 발달하였다(그림 6-13).

뒷마당의 화계

대청의 뒷문으로 보이는 화계

그림 6-13 뒷마당의 화계와 대청의 뒷문(창덕궁 낙선재)

(2) 친환경성

한옥에는 자연을 이용한 과학적 원리가 다양하게 적용되어 있다. 한옥은 여름과 겨울의 온도 차가 큰 한반도의 기후 특성에 맞게 발달하여, 겨울을 위한 온돌과 여름을 위한 마루로 구성되어 있다. 온돌은 복사열을 이용한 바닥 난방으로 아궁이에서 열이 통하는 길을 좁게 만들어 열기가 더욱 세고 빠르게 지나갈 수 있는 대류현상을 유도함으로써 쾌적한 실내공간을 만든다. 또한 구들의 두께를 조절하여 아랫목의 열기가 오래 지속되게 한다. 대청은 주택의 중앙에서 방과 마당을 연결하는 전이공간으로 자연과의 상호 관입이 되는 반내부·외부공간으로서의 완충공간이며, 생활에서는 사적 공간인 방과 대비되는 공적 공간의 역할을 한다.

여름에 대청이 시원한 것도 과학적인 원리가 작용한 것이다. 한옥의 앞마당에는 나무를 심지 않고, 빛이 잘 반사되는 왕모래를 깔아 뜨거워진 공기가 위로 올라가게 하여 기압이 낮지만, 대청 뒷마당은 시원한 공기가 머무르며 기압이 높다. 기압 차에 의해 공기가 이동하는 대류현상에 의해 바람이 대청 뒷문으로부터 들어와 앞마당으로 흐르기 때문에 대청은 시원한 공간이 된다. 이때 대청에 뒷문을 작게 내어 공기가 통과하는 속도를 빠르게 한다. 대청의 높은 지붕에서도 찬 공기는 아래로, 뜨거운 공기는 위로 올라가게 만들어 대류현상이 일어난다. 여름에 남동 방향의 바람길이 만들어지도록 마당에 각 채를 배치하였고 창문들을 모두 일직선으로 배치하여 바람이 막히지 않게 했다. 대

그림 6-14 **자연 융화적인 별당 건축 남간정사(대전 가양동)**

청 앞문이 있는 경우에는 들어열개문으로 하여 자연에 개방적인 공간을 만들었다.

한옥에 사용한 자연재료인 흙, 나무, 한지는 자연적인 환경조절 기능을 한다. 지붕 안에 두껍게 깐 흙은 여름날 뜨거워진 기와의 열을 차단하며, 토벽과 함께 습기가 부족할 때는 수분을 내뿜고 습도가 높을 때는 습기를 빨아들이는 조절 능력이 있다. 또 두꺼운 황토층이 공기 중의 방사선을 차단해 준다.

한옥의 처마 길이는 비바람으로부터 벽체를 보호한다. 또한 태양 고도에 따라 실내에 햇빛을 들이기 위해 기둥 밑에서 처마 끝을 연결하는 연장선을 그었을 때 그 내각이 30도 정도를 이루며, 기단은 보통 처마 내밀기에서 한 자 정도를 들이게 된다(김왕직·이강민, 2011).

(3) 인간척도와 조형미

한옥은 기둥 위에 들보를 올리고 도리를 얹는 목구조를 기본으로 한다. 내부공간인 방과 대청의 높이는 인간척도를 기준으로 한다. 방을 만들 때는 사람 키를 5척으로 보고 좌식생활을 감안하여 7.5척 정도 높이로 하며 대청의 높이는 사람이 서 있을 때 키의 2배인 10척 정도로 하여 거주자가 방과 대청에서 다양한 공간감을 느낄 수 있게 하였다.

한옥의 외관은 기둥과 벽선, 인방으로 인해 선적인 구성을 이루며 실내에는 창호지로 벽을 발라 면적인 구성을 이룬다. 창호는 보통 외부에 면해 여닫이와 안쪽 미닫이를 함께 이중 또는 삼중으로 설치하며 다양한 창살로 구성한다. 대청은 천장을 설치하지 않고 서까래가 그대로 노출되어 보이는 연등천장으로 하여 방과 대비를 이루도록 한다.

한옥의 아름다움을 느끼게 하는 요소 중에서 기단, 벽체, 지붕으로 구성되는 입면, 기둥 높이에 대한 기둥 직경(1/10~1/12 정도), 기둥 높이와 기둥 간격(10 : 10 또는 10 : 9)

그림 6-15 한옥 실내의 면과 선의 대비(창덕궁 낙선재)

그림 6-16 전통한옥 담의 의장적 요소(창덕궁 낙선재)

그림 6-17 대청의 연등천장과 들어열개문

그림 6-18 전통한옥의 기단, 벽체, 지붕의 입면적 비례

은 일정한 비례를 보인다. 목구조에도 과학적인 원리가 적용되어 기둥이 안쪽으로 쏠리지 않도록 하는 안쏠림기법, 양쪽 모서리 기둥을 중앙 기둥보다 높게 만드는 귀솟음기법을 적용하고 배흘림기둥, 민흘림기둥을 사용하여 구조적으로 안정감이 있게 하고 착시현상을 교정하였다. 지붕에도 현수곡선을 사용하여 지붕의 무게를 덜고 역동적인 미를 표현하였다(김왕직·이강민, 2011).

그림 6-19 전통한옥의 개방성(창덕궁 연경당)

4 전통적 건축요소의 현대화

1) 응용방법

전통마을과 전통주택의 기능적·상징적 계획 특성을 현대주택이나 단지에 적용하기 위한 방법에는 여러 가지가 있다. 크게 분류하면 첫째, 전통 마을·주택의 건축적 구성요소의 형태인 기단, 기둥, 창호, 지붕, 담 등을 그대로 복원 또는 차용하는 직설적인 표현 방법이 있다. 둘째, 전통마을·주택 건축의 일부 요소를 단순화, 반추상적 또는 추상적으로 표현하는 방법이 있다. 셋째, 전통건축의 사상, 가치관, 규범이나 방식을 분석하고 이를 현대적인 방식으로 건축에 적용하는 방법이 있다. 이러한 방법에 관한 내용을 자세히 살펴보면 다음과 같다(표 6-3).

표 6-3 전통적 건축요소의 응용방법

응용방법	전통마을의 구성요소 활용		전통주택의 구성요소 활용	
	전통	현대	전통	현대
전통건축적 요소의 복원, 차용	• 전통마을 • 곡선형 길, 담 • 마을 입구 장승, 정자 등 조형물	• 신한옥마을 • 일부 전통 문양이나 재료를 사용한 담이 있는 길 • 현대식 아파트단지에 장승, 정자 등 조형물의 설치	• 한옥 • 구들, 대청, 방의 의장, 가구 • 꽃담, 단청, 기와, 창호, 전통문양, 장식 • 마당의 전통수종	• 신한옥 • 아궁이가 있는 구들, 우물마루 대청, 전통의장, 가구 등 • 부분적으로 현대식 건물에 조형적·의장적 요소로 표현 • 정원의 전통 수종
전통건축적 요소의 단순화, 반추상적·추상적 표현	• 길을 따라 흐르는 수로와 마을 앞 연못 • 안길, 샛길, 골목길 등 단계적 구성 • 큰길에서 어귀길의 곡선적인 동선	• 건물 옆의 수로와 수생비오톱 • 길의 단계 구성 간략화 • 주거지가 직접 들여다 보이지 않게 굽은 길 조성	• 방의 의장적 요소 • 기와지붕, 서까래, 배흘림기둥 등 • 지붕, 벽체, 기단의 3개 입면 요소	• 현대주택 중 방 하나에 안방, 사랑방 분위기 도입 • 형태를 단순화하여 이미지를 표현 • 단순화된 3개의 입면으로 표현
전통건축의 사상, 가치관, 규범이나 방식의 내재적 의미 적용	• 배산임수, 수목으로 미기후 조절 • 자연 조망이 가능한 좌향과 안대 • 마을 입구의 당나무, 장승으로 경계 • 마을의 공동마당	• 작은 언덕과 수목으로 경관 형성과 미기후 조절 • 경사 지형을 이용하여 안대 고려 • 아파트단지 입구에 조형물 • 길의 결절점에 공동마당, 쉼터	• 안채, 사랑채 등 • 채 이동 시 외부 전이 공간 • 인간척도, 좌식생활을 고려한 공간 규모 • 방과 대청의 높이 변화	• 마당 내 채 분리 • 주공간 진입 전의 전이공간으로 복도 등 배치 • 인간척도, 입식생활을 고려한 공간규모 • 방과 거실의 높이 변화

첫 번째 방법은 신한옥과 같이 구조, 공법을 현대에 맞게 개발하여 건설하거나, 의장적인 요소로 현대식 건물의 외벽, 담장이나 옹벽에 전통적인 문양과 재료, 색채를 사용하여 표현하는 것이다. 외부공간 전체에 한국적인 주제를 설정한 후 전통적인 조형물을 배치하고 대나무, 소나무, 석류나무 등의 전통 수종으로 조경하기도 한다.

그림 6-20 **전통건축적 요소를 단순화하여 아파트단지에 적용한 조경과 정자**

두 번째 방법은 마을의 길과 집의 자연스럽고도 유기적인 흐름을 아파트단지 길에 적용하여 그 형태와 폭을 단계적으로 구성하는 것이다. 주택에 전통적인 문양이나 공포, 배흘림기둥 등을 간략하게 반추상화하여 표현하는 방법이다(그림 6-20, 21).

세 번째 방법은 단지계획을 할 때 전통건축의 계획이론을 적극적으로 해석하는 것이다. 가령 아파트단지 주변의 자연환경을 파괴하지 않고 뒷산을 정비하여 등산로를 만든다거나, 구릉을 그대로 두면서 동의 높이를 조절한다거나, 실개천을 메우지 않고 최대한

거실(대청)

현관문 맞은편의 바라지창

그림 6-21 **전통건축적 요소로 리모델링한 아파트**

출처 : 이현진(2015. 10. 23). p.30.

외관

실내

그림 6-22 **금산주택**
출처 : 가온건축 홈페이지.

살려 두는 것 등을 예로 들 수 있다. 전통마을에서 주택 배치에 안대를 고려한 점을 응용하여 동의 배치 시 다양한 경관을 볼 수 있도록 동의 각도를 조정하기도 한다. 마을 입구에 있는 장승이나 솟대, 정자, 느티나무 등을 현대식으로 해석하여 아파트단지 입구에 조형물이나 쉼터 등을 만들 수도 있다. 경우에 따라 조형물들을 복원하는 첫 번째 방식을 택하기도 하지만, 현대적인 건축물 속에 전통적인 형태가 들어가면 조형적인 부조화가 생길 수도 있다. 도시 주거지를 마을로 만들기 위해 입구부터 통과 도로까지의 연속성과 상징성의 부여, 외부공간에서 주민들의 교류를 유도할 수 있는 점적인 요소의 부여 등이 현대적 해석을 통하여 적용되기도 한다(박경옥, 2005).

전통주택의 구성요소를 현대주택에 적용하는 방법 중 한옥 분류의 '한류건축'에 해당하는 표현 방법도 여기에 속한다. 임형남·노은주가 설계한 금산주택(2011년 준공)은 도산서당을 모델로 하여 일자형 평면에 손님방, 부엌, 화장실, 서재가 되는 다락방 등 최소한의 공간구성과 면적으로 한국적인 공간의 특성을 해석해 낸 사례이다. 열린 마루와 창으로 자연을 끌어들여 작은 공간이 넓어 보이도록 하였다(그림 6-22).

2) 현대 한옥과 마을의 전개

현대인이 한옥에서 산다면 여러 측면에서 불편하겠지만, 한옥이 주는 매력이 있는 것만은 분명하다. 우리 주변에서는 전통한옥의 건축법을 따르되 현대적 기능을 담은 집을 어렵지 않게 찾아볼 수 있다. 한옥이 주는 전통성을 잃지 않으면서 현대적인 방식을 접목한 한옥마을, 신한옥 주거단지, 한옥 리모델링에 대해 살펴보기로 한다.

(1) 현대적으로 진화하는 한옥마을

도시 내 전통한옥을 유지·관리하는 전통한옥마을은 실제로 사람들이 거주하는 마을일 뿐만 아니라 마을을 찾아온 관광객들이 한옥의 멋을 느끼고 다양한 전통문화를 체험할 수 있는 장소로 각광받고 있다. 이러한 마을들은 기존의 한옥을 잘 보전하고 있을 뿐만 아니라, 한옥 리모델링을 통해 현대적이면서도 멋스러운 분위기의 문화·상업시설로 변모하여 관광명소가 되었다. 대표적인 도시형 전통한옥마을로는 북촌한옥마을과 경복궁 서측 한옥마을,* 전주한옥마을이 있다.

① 북촌한옥마을

북촌한옥마을은 후면에 북악산이 위치하고 동쪽에는 종묘와 창덕궁으로 연결되는 낮은 구릉지에 조성되어 있다. 경복궁의 동쪽 지역으로 가회동, 삼청동, 계동 일대의 조선시대에 조성된 상류층 주거지로 근대 이후 도시화가 진행되면서 1920~1960년대에 걸쳐 도시형 한옥이 민간주택건설업자에 의해 지어지면서 밀집되었다.

대청에 유리문을 달고, 처마에 잇대어 함석 챙을 다는 등 새로운 재료를 사용한 북촌한옥의 주요 특징은 전통적인 한옥의 유형적 성격을 잃지 않으면서도, 근대적인 도시조직에 적응하여 새로운 도시주택유형으로 진화했다는 점이다. 북촌의 한옥은 대량으로 건설해야 했기 때문에 목재소가 공급하는 표준화된 목재를 효율적으로 사용했으며, 전체적으로 전통한옥의 특성을 유지하면서도 새로운 조건에 적응하며 현대적인 도시주택유형으로 정착되었다(서울한옥 홈페이지).

북촌정비사업을 통해 가로의 정비, 주차장 보완, 시설물 디자인 개선 등이 진행되었고, 특히 신축 한옥에 대한 지원을 통해 새로 지어지는 건축물은 한옥의 외관을 유지하며 마을이 조성되고 있다.

---

* 일반적으로 '서촌한옥마을'이라고 부른다.

주거 지역

상가 골목길

그림 6-23 **북촌한옥마을**

② 경복궁 서측 한옥마을

옛 골목길을 그대로 간직하고 있는 경복궁 서측 한옥마을은 인왕산 동쪽과 경복궁 서쪽 사이에 자리 잡고 있으며 청운동, 효자동, 사직동 일대를 포함한다. 경복궁 서측에는 660여 채의 한옥과 옛 골목, 재래시장, 근대문화유산 등이 최근 생겨난 소규모 갤러리, 공방과 어우러져 독특한 분위기를 자아내고 있다.

경복궁 서측 한옥마을 개발의 주요 특징은 기존에 있는 건물은 유지하면서 여러 대에 걸쳐 살고 있는 주민들이 스스로 마을에 대한 비전을 공유하는 가운데 보전, 정비, 재생 등 마을 가꾸기에 필요한 사업을 직접 발굴, 실행하며 후속 관리까지 이루어지고

구 한옥과 현대 한옥의 공존

한옥과 현대적 상가의 공존

그림 6-24 **경복궁 서측 한옥마을**

있다는 점이다. 주민들은 마을이 간직한 다양한 역사 문화 콘텐츠를 개발하고 주민 소통 프로젝트를 통한 공동체 활성화 등 마을 재생을 위한 소프트웨어 개발을 중점적으로 추진하면서 노후시설 개선과 새로운 공간 조성에 주력하고 있다.

③ 전주한옥마을

전주한옥마을은 전주시 완산구 풍남동·교동 일대에 있는 약 700여 채의 전통한옥으로 이루어졌다. 일제강점기 때 일제가 성곽을 헐고 도로를 조성한 뒤에 일본 상인들이 성안으로 들어오자 이에 대한 반발로 자연스럽게 형성되어 현재까지도 당시의 모습을 간직하고 있다.

이 마을에는 각종 전통문화공간, 숙박하면서 한옥을 체험할 수 있는 한옥생활체험관, 전통공예품전시관 등이 있으며, 외국인들을 위한 전통체험 및 다문화가정의 한국문화 이해 등 다양한 전통문화 체험 프로그램이 운영되고 있다.

기존의 한옥마을 지역에 다양한 문화시설이 조성되었고, 가로정비사업과 함께 쌈지공원을 중심으로 연못과 벽천, 전통담장, 물레방아, 전통솟대, 자연석 등 전통조경요소

그림 6-25 **전주한옥마을**

출처 : 전주시 문화관광 한옥마을 홈페이지.

를 활용한 공공디자인사업이 진행되어 전통과 현대적 요소가 접목된 도시경관을 형성하였다.

(2) 신한옥주거단지

2000년대 중반 이후 전통한옥의 가치가 재조명되면서 한옥에서의 생활을 희망하는 사람이 늘었고, 전국 각지에 한옥마을 조성 열풍이 불었다. 2014년에 필지 분양을 마치고 공사가 한창인 서울 은평한옥마을이 그 대표적인 예이다.

은평한옥마을은 21세기 서울형 한옥모델개발사업과 연계되어 한옥의 현대적 진화를 모색하고, 서울 서북 지역의 활성화를 위한 목적으로 추진된 수도권 최대 규모의 한옥마을사업이다. 사업 시행을 맡은 SH공사가 처음 분양을 시작한 2012년 9월에는 글로벌 금융위기의 여파로 주택시장이 위축되어 분양에 난항을 겪었으며, 건축비 또한 3.3m^{2}당 평균 1,000만~2,000만 원 정도로 매우 높았다.

이후 서울시와 SH공사는 시공법과 공정관리기술을 개선하여 창호와 벽체기밀성능을 개선한 시범한옥을 내놓았다. 건축비도 60%가량 낮추었고 기업이나 공동체를 대상으로 하여 블록형 필지를 작게 나누고 개인 실거주용으로 전환하여, 당초 95세대 분양 예정이었던 용지를 변경하여 총 156세대를 분양하였다. 한옥양식도 복층형이나 다락방 등으로 다양하게 꾸며 거주자의 편의성을 높였다(SH공사 보도자료, 2013. 11. 15).

서울시가 은평한옥마을을 조성한 배경은 정주형 한옥주거단지를 목표로 한옥에 살고자 하는 실수요자를 끌어들이는 것이었다. 그러나 은평한옥마을을 문화특구로 지정

시범한옥 '화경당'

화경당 실내

그림 6-26 **은평한옥마을의 시범한옥**

조립식 모듈한옥

모듈한옥은 공장에서 창호, 욕실, 주방, 전기배선 등을 제작하여 박스 형태로 만든 후 현장에서 레고블록처럼 조립해서 완성하는 한옥이다. 기존 한옥 건축비용을 절반으로 감소시키기 위해 모듈별 자동공장생산시스템 도입, 폐목재 발생을 감소시키기 위한 프리패브화(공장 자동 생산), 인건비 감소를 위한 시공표준화, 자재비 감소를 위한 설계표준화를 개발하였다.
모듈한옥은 자재를 현장에서 조립하는 조립식 한옥보다 진화한 형태로 평균 3개월 이상의 공사기간을 2주~한 달에 완성할 수 있게 하여 공정기간을 70% 감소시킨 건축방법이다. 또한 전통한옥 대비 공사비가 60% 적고, 단독주택 대비 에너지를 30% 정도 절감할 수 있다. 자동공장생산시스템으로 유닛별 생산이 가능하고, 현장에서 바로 조립할 수 있어 한옥의 대량생산화가 가능해진다(국토교통부 국토교통과학기술진흥원, 2013).
최근에는 건축가들에 의해 체계적인 한옥 건축 도면화 작업이 이루어지고 있으며, 일부 지자체에서는 실제 표준설계도를 작성하여 업체에 보급하고 있다.

하면서 마을 내에 한옥박물관과 문학관 등이 들어서는 등 주거전용단지와 문화특구의 갈림길에서 갈등을 겪고 있기도 하다.

이외에도 한옥 건축의 증가를 위해 정부의 주도 아래 2008년에 장성 황룡 행복마을과 의정부 민락지구 신한옥마을을 계획하였지만, 일반 단독주택보다 건축비가 높은 한옥의 수요자가 적어 수년간 분양에 난항을 겪고 있다. 또한 세종시는 전주한옥마을을 닮은 정주형 한옥마을을 조성하고 있고 경기도 화성시, 강원도 강릉시, 전남 장성군 역시 한옥마을을 조성 중이다(허정연, 2016. 2. 8).

이와 같이 한옥 열풍이 전국으로 확대되면서 부작용도 속출하고 있다. 한옥의 가치를 제대로 이해하기도 전에 착공을 시작하다 보니 조성계획 자체가 물거품이 되기도 한다. 현대 한옥과 한옥마을의 원활한 조성을 위해서는 한옥을 현대적 생활에 맞게 계획하고, 한옥의 높은 건축비를 낮추어야 할 것이다. 이를 위해 국가 차원에서 추진하는 조립식 모듈한옥과 같은 다양한 한옥기술의 개발이 필요하다.

(3) 한옥 리모델링

한옥 리모델링이란 한옥 및 한옥이 속한 주변환경의 기능과 성능을 사용목적 및 시대적 상황에 맞게 유지하고 개선하는 일련의 행위를 말한다. 즉, 전통한옥의 노후화된 부분을 수선하거나 현대 생활방식에 맞게 공간을 변화시키는 것으로 전통 주거지 보존을 위해 정부 주도로 시작되었다.

상업공간 '두가헌'(서울 사간동)

건축사 사무소(서울 필운동)

그림 6-27 **한옥 리모델링 사례**

한옥을 리모델링하여 주거지를 보존한 대표적인 사례로는 북촌 및 경복궁 서측 한옥마을, 전주한옥마을 등이 있다. 또한 주거 용도의 한옥을 공방, 사무실, 게스트하우스, 전시장, 상업공간 등으로 리모델링하여 관광지로 발전시킨 사례도 있다. 서울시에서는 전통한옥의 보전을 위해 주거용 한옥의 수선비, 신축비 일부를 지원한다.

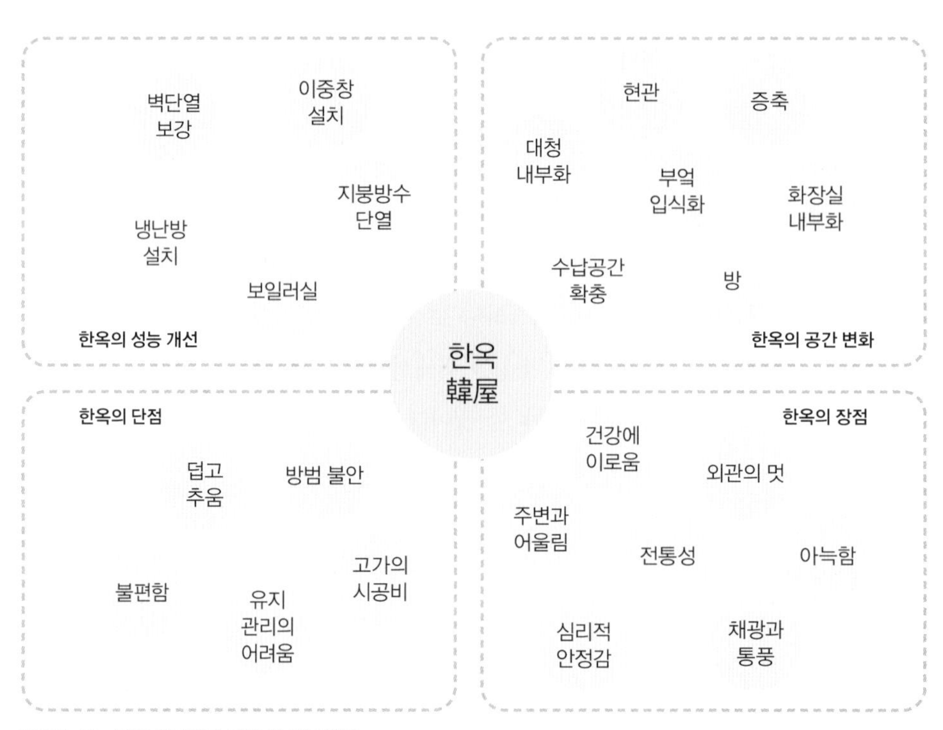

그림 6-28 **한옥 리모델링 계획 시 고려사항**

출처 : 이강민·이민경·황준호(2012). p.22.

한옥 거주자를 대상으로 한 한옥 수요 조사 결과에 따르면, 한옥 리모델링을 통한 거주의 장점으로 마당이 있어 자연과 시간의 흐름을 느낄 수 있고 이웃 간 소통을 통해 친밀감이 상승되며, 가족 간 대화가 많아지고 친밀감이 높아지는 점 등이 나타났다. 반면 한옥 거주의 단점으로는 리모델링, 신축, 유지 및 보수·관리의 어려움, 비싼 건축비, 덥고 추움, 방이 좁고 구조가 불편함, 사생활 침해, 방범 및 안전 불리, 부엌 및 화장실 등의 이용 불편 등이 나타났다(심경미·서선영, 2012).

이러한 내용을 바탕으로 한옥의 지속적인 수요 창출을 위해 한옥 리모델링 계획 시 거주자의 만족도가 높은 계획요소를 고려하고, 주거 성능 개선을 위한 다양한 방안을 모색하는 등 단점은 해결하고 장점을 고려한 계획이 필요하다.

또 한옥 리모델링은 개별 한옥뿐만 아니라 한옥에 연계된 마당공간과 이를 구성하는 식재, 담장 등의 부속시설까지 포함하며, 개별 건축물 단위에서 건축물이 입지하는 대지 및 골목 등 기반시설을 포함한 마을단위로서 그 범위를 넓게 인식해야 한다(이강민·이민경·황준호, 2012).

한옥은 개별 건물보다는 마을단위로 집단화될 때 건축적·경관적 생명력을 가지게 되어 다양한 도시환경을 창출할 수 있을 뿐만 아니라, 도시의 정체성 및 경쟁력을 확보하고 지역 커뮤니티의 유지 및 활성화를 도모할 수 있다. 이는 한옥의 멸실 방지와 한옥 밀집지역의 재생을 위한 현대 한옥과 한옥마을이 나아가야 할 바람직한 방향이 될 것이다.

생각해 보기

1. 서울의 북촌마을과 전주시 교동 한옥마을이 어떤 과정을 거쳐 현재와 같이 정비될 수 있었는지 이에 관한 민간, 지자체의 노력에 대해 알아보자.
2. 전통주택·마을의 계획개념을 현대적으로 해석하여 응용한 다양한 사례를 찾아보고 평가해 보자.
3. 한옥에 대해 배울 수 있는 기관, 국토교통부에서 지원하는 한옥 전문인력 양성사업의 교육기관, 지원내용, 교육과정에 대해 알아보자.

7장

공유주거

최근 우리 사회는 인구 구조 변화와 경제적 여건 변화 등으로 기존의 가족 공동체적 삶에서 탈피하여 다양한 삶의 방식을 선택하는 구성원들이 많아지고 있다. 그러나 아파트나 단독주택과 같은 기존의 주거형태는 새로운 가치를 추구하는 구성원들의 다양한 요구를 충족시키기에 한계가 있다.

가족구조의 물리적 변화는 가족기능 변화에 영향을 미쳐 가족기능 중 일부가 사회에 대한 요구로 대두되게 된다. 이 중 주거문제는 사회 구성원들의 경제적·심리적 부담감 등 사회적 문제로 노출되면서 해결방안으로 경제적인 부담과 삶의 질 회복을 위한 주거대안으로 공유경제에 기반을 둔 공유주거가 등장하게 된다. 이는 실속적으로 변한 소비패턴의 변화로 인해 요구가 높아진 작은 공간에 대한 수요와도 맥을 같이 한다. 하지만 현재 우리나라의 주택시장은 지금까지 전형적인 가족에게 적합한 주택의 양산으로 이러한 수요를 충족시키는 데 한계가 있다. 여러 가지 사회적 변화에 맞추어 비혈연집단 간에 공간이나 생활을 공유하는 형태의 다양한 주거형식 및 주택의 다양화 방안을 마련해야 한다.

1 공유주거란 무엇인가

1) 공유주거의 배경

(1) 가족구성원 수의 축소, 세대 구성 단순화

최근 우리 사회의 가족구성원 수는 점점 감소되어 1980년의 4.5명에서 2010년에는 2.7명까지 감소하였다. 1인 가구의 비율도 1980년에 비해 2010년에는 23.9%로 5배 정도 급격히 증가하였으며, 2인 가구 역시 24.3%로 2배 이상 급격히 증가하였다. 이는 저출산, 핵가족화 심화, 인구의 노령화, 비전형적 가족형태 증가 등 다양한 사회적 요인에 기인한 것으로 앞으로 점차 심화될 것으로 보인다. 이러한 추세와 더불어 세대 구성이 단순화되는 경향이 나타나 1세대 가구가 1980년에 비해 2010년에는 17.5%로 2배 이상 증가하였다.

가족구성원 수 축소나 세대 구성 단순화와 더불어 소비패턴에도 변화를 가져와 실속 있는 소비가 증가하였다. 이는 주택시장에도 영향을 미쳐 큰 공간보다는 작은 공간에 대한 요구가 높아졌다. 그러나 지금까지 진행되어 온 전형적인 가족구성에 맞추어진 중대형 위주의 주택공급정책으로 인해 다양한 형태로 나타나고 있는 가구의 요구를 수용할 수 있는 소형주택 등에 대한 정책이 부족한 실정이다. 이는 전형적인 가구를 제외한 다른 형태의 가구들인 1인 가구나 2인 가구 등 소규모 가구가 요구하는 주거형식이나 주택공급에 한계가 있어 주거 선택의 폭도 제한해 이를 대신할 수 있는 새로운 주거형식이나 주택에 대한 요구가 증가하고 있다. 정부에서는 정책적으로 소형 주택의 공급을 늘리고자 도시형 생활주택 등의 방안을 마련하여 정책에 반영하고 있으나 무분별한 양적 공급에 중점을 두어 열악한 주거환경의 양산이라는 문제점이 지적되고 있다. 다양한 구성원의 요구를 충족시킬 수 있는 주거형식 및 주택의 다양화 방안을 마련해야 한다.

기존 가족형태나 가치관의 급격한 해체로 전형적인 모습의 주거에도 변화가 필요하지만 우리 사회의 주택시장 환경이 이러한 변화에 대처하는 것에는 한계가 있다. 최근 자생적으로 가구 구성의 변화에 맞추어 비혈연집단 간에 공간이나 생활을 공유하는 다양한 주거형태가 등장하기 시작했다.

(2) 가족의 변화로 인한 가족기능의 부재

가족구성원 수 축소, 세대 구성 단순화 등 가족의 변화는 그 영향이 단순히 물리적 변화에 의한 다양한 주거형식이나 주택의 요구로 한정되지 않았다. 즉, 가족 모습의 변화는 가족기능에 영향을 미쳐 가족이 수행해 오던 기능이 사회에 대한 요구로 나타나기 시작했다.

기존의 가족구조 속에서는 아이부터 어른까지 다양한 세대가 함께 생활하며 세대 관계 형성과 함께 노약자들에 대한 돌봄 등이 이루어졌다. 그러나 가족 구조의 변화로 독립생활이 많아지고 가족 구조 속에서 수행되던 기능이 축소되면서 경제적·심리적 부담감 등의 사회적 문제도 다수 노출되고 있다. 가족의 변화로 나타나는 가족기능

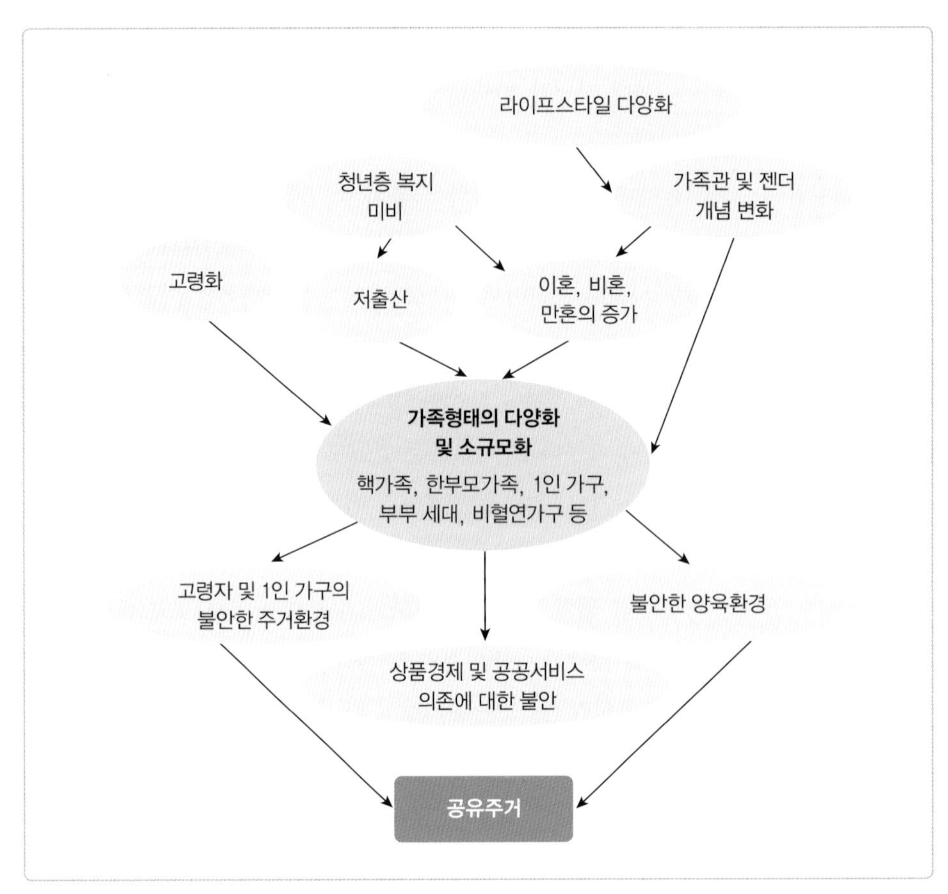

그림 7-1 **공유주거에 대한 사회적 요구**

출처 : 고야베 이쿠코 외(2012). p.8을 수정·보완함.

의 부재를 해결하기 위한 방안 및 독립생활로 인해 야기되는 경제적·심리적 부담감 등의 사회적 문제 해결을 위한 방안 모색이 필요하다. 최근 대안으로 제기되고 있는 것이 공유경제*이며, 이러한 공유경제를 바탕으로 새로운 대안주거로 제시되고 활용되기 시작한 것이 공유주거이다. 1인 가구를 위한 공유주거는 이러한 현실을 개선하고자 경제적인 부담과 삶의 질을 회복하는 주거형식으로 등장하였는데, 유학, 여행 등을 통해 미국, 호주, 영국, 일본 등의 해외에서 유사한 주거형식을 경험하고 그에 대한 요구가 커지

* 대량생산과 소비가 주를 이루던 기존 자본주의 경제와 대비되는 개념으로, 개인이 개별적으로 소유하고 있는 유휴자원을 타인에게 빌려주거나 개인 소유 시 유휴가 예상되는 자원을 타인과 공동으로 투자하여 함께 사용하는 형태의 협력적 활동으로 물건, 공간, 서비스 등을 빌리고 나누어 쓰는 인터넷 및 스마트 기기 기반의 사회적 경제 모델이다(우채린, 2015).

면서 등장하기 시작하였다.

2) 공유주거의 개념

공유주거는 일반적으로 혈연관계, 즉 가족이 아닌 사람들 또는 가구가 함께 모여 일상적으로 사용하는 공간이나 생활을 공유하며 사는 주거를 의미한다. 공유주거에서 의미하는 공유의 개념이란 좁은 의미에서는 단순히 주거 내 구성원 모두가 함께 필요로 하는 공간을 공용공간으로 구성하고 이 공간을 공유하는 것부터, 넓은 의미에서는 좁은 의미의 공용공간에 대한 공유를 기본으로 그 공간에서 이루어지는 주거 내 구성원 간 생활의 공유까지 포괄하는 개념이다. 이처럼 공유주거에서 공유란 단순한 공간의 공유로부터 생활의 공유까지 그 범위가 넓지만 공간의 공유는 공간 내에서의 생활의 공유가 강도의 차이만 있을 뿐 자연스럽게 이루어지므로 생활의 공유와도 연결되어 있다고 볼 수 있다. 이 장에서는 넓은 의미의 공유 개념을 기본으로 하는 공간과 생활을 모두 공유하는 공유주거에 대해 살펴보고자 한다.

공유주거는 건축법상의 주택유형이 아니며, 분류하는 기준에 따라 다양한 유형의 주거가 포함될 수 있다. 대표적인 것이 1930년대에 유럽에서 시작된 코하우징(cohousing)이며, 우리나라보다 먼저 공유주거가 활성화된 일본의 사례를 살펴보면 컬렉티브 하우징(collective housing), 코오퍼러티브 하우징(cooperative housing), 셰어하우스(share house) 등도 공유주거의 범주에 포함될 수 있다. 공유주거의 개념은 하나로 통일하여 정의하는 데 한계가 있다. 다양하게 분류되는 공유주거에 대한 용어들은 상황에 따라, 연구자에 따라 혼재되어 사용되고 있으나 일반적으로 이용되는 정의는 다음과 같다.

컬렉티브하우징은 개인적 프라이버시를 확보하기 위한 개별 주택이나 개인실을 확보하고, 공동생활의 이익을 추구하기 위한 공동공간을 확보해 공동체 의식을 재창조하기 위한 현대적 주거형식으로 여러 사람이나 가구가 생활을 공동으로 하는 주거방식이다. 주거형태는 각각 개별 주호나 개실을 확보하고 공동부엌, 공동식당, 공동거실, 공동육아실 등의 공용공간을 확보해 함께 생활을 공유하는 주거형식이다. 코오퍼러티브 하우징은 입주 희망자들이 공동으로 주택 건설을 추진하고 그들이 직접 참여하여 자신에게 맞는 주택을 경제적으로 얻을 수 있는 주거형식이다. 셰어하우스는 여러 명의 거주자들이 하나의 주택 내에서 각 개실을 확보하고 거실, 주방, 욕실 등을 공동으로 사용하는 주거형식이다.

2 공유주거의 유형

1) 코오퍼러티브 하우징

(1) 코오퍼러티브 하우징의 정의

코오퍼러티브 하우징은 주택조합을 결성하여 사업을 진행하는 방식을 취한다. 코오퍼러티브 하우징은 나라마다 다양한 방식으로 건설되어지만, 일본의 경우에는 대체로 협동조합 방식을 채택하고 있는 경우가 많으며, 우라나라도 최근 이러한 방식이 도입되어 건설이 이루어지고 있어 협동조합주택이라는 용어를 사용하고 있다. 협동조합주택은 스스로 거주하기 위한 주택을 건설하고자 하는 사람이 조합을 결성해 공동으로 사업계획을 세우고 토지 취득, 건물 설계, 공사 발주, 그 밖의 사업과 관련된 사항 등 주택건설의 모든 과정을 수행해 주택을 취득하고 관리하는 방식을 취하는 주택이다.* 즉, 주택의 유형 중 하나를 일컫는 용어가 아닌 주택의 건설방식을 일컫는 용어이다.

유럽의 코오퍼러티브 하우징은 1800년대 후반부터 저소득층, 노동자 계층의 주택문제 해결을 위해 사회운동적 성격으로 정부정책과 긴밀한 관계를 유지하며 발전해 왔다. 국가별로는 5~20% 정도의 주택공급 비중을 차지하고 있다. 유럽의 협동조합주택과 관련된 협동조합은 조합원 개개인이 소유할 수 있는 주택공급을 목적으로 운영하는 주택건축협동조합과, 특정 지역 또는 주거단지 내에 주택을 계획·건축·소유·운영하기 위한 주택관리협동조합으로 구분된다. 전자는 경제적인 가격으로 양질의 주택을 공급하는 것이, 후자는 조합이 주택을 관리·운영하는 것이 주요한 목적이다. 즉, 협동조합주택의 목적은 저렴한 주택 건설이 아닌 높은 품질의 주택을 합리적인 가격으로 건설하는 것

* NPO コーポラティブハウス全国推進協議会 홈페이지(http://www.coopkyo.gr.jp)의 내용을 바탕으로 정리하였다.

이다. 이를 위하여 일반 개발회사나 건설회사의 사업적인 개발이익, 입주자 모집, 홍보, 부동산·분양 수수료 등의 마케팅 비용을 없애고 건물의 생애비용을 고려하여 에너지 절약, 친환경·효율적 관리 등을 지향한 질 높은 주택 건설을 목표로 한다. 또 건설과정에 수요자가 참여함으로써 수요자의 요구를 반영하는 것이 가능하고, 이 과정에서 조합원 사이에 자연스럽게 공동체의식이 형성되고 이것이 입주 후의 공동체의식으로 연결되어 커뮤니티가 형성되게 된다(박경옥, 2013). 건설과정에서 자연스럽게 형성된 공동체의식은 조합원들로 하여금 공동공간의 필요성을 인지하게 하고, 이는 공동공간 구성을 위한 노력으로 이어지게 된다. 이러한 이유로 주택유형이 아닌 주택 건설방식의 한 유형인 협동조합주택을 공유주거의 범주에 포함시킨다고 볼 수 있다.

일본에서는 1970년대 말, 소득 증대에 따라 높아진 주거환경의 질에 대한 요구와 높은 토지가격을 가진 도시에서의 주택 건설을 위해 스스로 주택 건설에 참여하는 방식이 필요하다는 인식에서 자가를 희망하는 중소득층을 중심으로 주호의 구분소유도 가능하고 전체 계획을 참가자 전원의 합의로 진행하며 각 주호도 입주자의 요구에 맞추어 개별적 설계를 하는 방식인 협동조합주택이 자리 잡으면서 지난 40여 년간 꾸준히 건설되어 중산층을 위한 주택 건설방식으로 확실하게 자리 잡았다(박경옥, 2013). 우리나라에서도 최근, 주택을 더 이상 투자의 수단으로 판단하지 않고 생활의 터전으로 인식하는 사람의 비율이 늘면서 주거환경의 질에 대한 문제를 고민하고 도시의 높은 토지 가격을 극복하기 위한 방안으로 협동조합주택의 사례가 점차 늘고 있다.

(2) 코오퍼러티브 하우징의 가치

첫 번째, 주택을 취득하기 위한 가격이 합리적이고 납득이 가능한 수준이다. 일반적인 분양 아파트와 달리 조합이 주체가 되기 때문에 토지가격, 설계비용, 건설비용, 기타 비용 등 필요한 비용이 조합원들에게 투명하게 공개되어 주택가격에 대한 이해를 도울 수 있다. 또 마케팅비용이나 모델하우스 건설비용, 건설과정 중간에 참여하는 각종 관련 업체의 중간 이윤 등 일반적인 분양 아파트에 투입되는 비용을 절약할 수 있으므로 합리적인 가격으로 주택 취득이 가능하다.

두 번째, 공동주택이면서도 단독주택처럼 개인의 요구가 반영된 주택을 설계할 수 있다. 협동조합주택은 형태적으로는 단독주택과 공동주택이 모두 가능하며, 만드는 과정에서 개인의 요구가 반영된 설계가 이루어지기 때문에 일반적으로 모듈화된 형태와 달

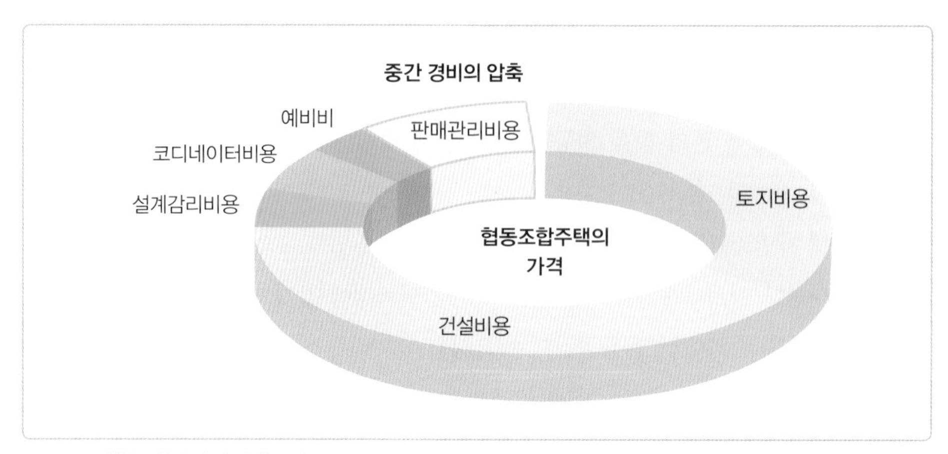

그림 7-2 **협동조합주택의 가격 구성**

출처 : NPOコーポラティブハウス(코오퍼러티브하우스)全国推進協議会 홈페이지.

리 입주자의 생활에 맞는 맞춤형 설계가 가능하다. 합리적인 가격으로 생활에 딱 맞는 주택을 가질 수 있는 것이다.

세 번째, 커뮤니티 형성에 유리하다. 일반적으로 공동주택에서 생활하는 경우 앞집이나 옆집에 누가 살고 있는지 아는 정도일 뿐, 같은 통로나 같은 동에 누가 사는지 모르는 경우가 많다. 반면 협동조합주택은 기획 단계에서부터 입주 전까지 지속적으로 다양한 모임 등을 통해 입주 예정자 간 교류가 이루어지기 때문에 자연스럽게 관계가

그림 7-3 **맞춤형 주택설계**

출처 : NPOコーポラティブハウス(코오퍼러티브하우스)全国推進協議会 홈페이지.

설정되고 커뮤니티가 형성된다. 이렇게 형성된 커뮤니티는 입주 후에도 연결된다는 장점을 가지고 있다.

(3) 코오퍼러티브 하우징의 소유형태와 공급방식

유럽의 경우 대부분 토지와 건물을 거주자가 참여하는 주택조합이 소유하고 거주자는 개별주택 부분을 임대하여 거주권을 확보하는 방식이 가장 일반적이다. 반면, 일본의 경우에는 우리나라의 일반적인 아파트와 같이 토지에 대해서는 지분소유하고, 개별주택에 대해서는 구분소유*하는 형태가 일반적이다. 한편으로는 토지 매입비용을 줄이기 위하여 토지를 매입하지 않고 일정 기간 정기차지(借地)하는 방식을 취하기도 한다. 이 경우 토지에 대한 소유권은 없이 이용권만 가지며, 토지 내에 건설한 건물에 대한 소유권만 갖는다. 건물에 대한 소유권도 토지에 대한 임대기간이 끝나면 건물을 없애거나 건물이 있는 상태로 토지 소유주에게 반납하게 된다. 국내의 경우 일반적인 아파트와 같은 소유형태를 취하는 경우가 많으며, 최근 공공의 참여가 이루어지면서 토지를 임대하는 형태로도 건설되고 있다.

협동조합주택의 공급방식은 유럽이나 일본 모두 입주 희망자가 직접 사업을 진행하는 자주건설방식이 가장 많은데, 이러한 경우 입주 희망자가 스스로 조합을 결성하고 토지를 매입해 주택을 건설하기 때문에 주택 건설과 관련된 전문적인 지식이 부족한 입주 희망자들이 실현하기에는 한계가 있다. 이에 전문적인 인력과 지식을 보유하고 있는 코디네이터회사들이 참여하여 진행되는 경우가 대부분인데 이를 기획자 주도형이라고 한다. 하지만 이 경우에도 기본적으로 입주 희망자들의 참여가 이루어지고 코디네이터 회사들이 전문적 지식이 부족한 입주 희망자들을 돕는 방식이기 때문에 자주건설방식으로 보는 것이 일반적이다. 이 밖에도 일본에서는 국내의 토지주택공사와 같은 공단에서 그룹 분양주택이라는 형태로 이를 공급하기도 한다.

협동조합주택공급방식의 대부분을 차지하고 있는 기획자 주도형 공급방식의 절차는 다음과 같다. 기획자(코디네이터 회사)가 사업설명회 등을 통해 조합원을 모집하고, 이렇

---

* 여러 사람이 한 동(棟)의 건물을 구분하여 각각 그 일부분을 소유하는 형태를 말한다. 구분소유가 성립하려면 구분소유 건물의 일부가 독립된 공간으로 그 전체 건물과 경제적으로 동일한 효용이 있으며, 사회관념상 독립된 공간(건물)으로 취급되어 그 소유권이 인정되어야 한다. 예를 들어 아파트의 전용 부분인 주거 부분이 구분소유이다. 계단, 주차장 등은 공유(共有)이다(방경식, 2011).

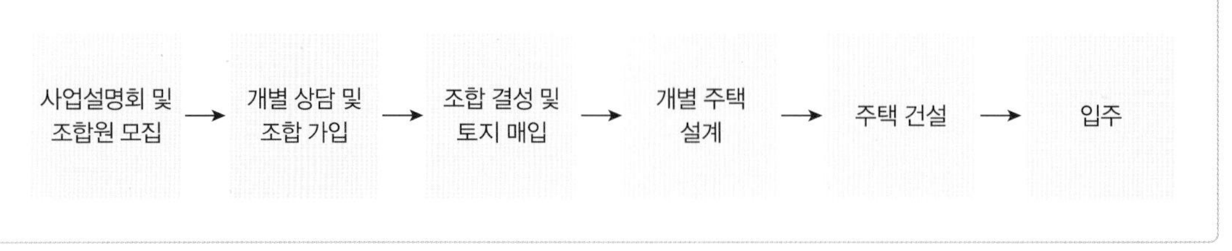

그림 7-4 **기획자 주도형 협동조합주택의 사업 흐름**

게 모집된 조합원들을 바탕으로 주택건설조합이 결성되어 사업을 주체적으로 진행하게 된다. 주택건설조합은 코디네이터회사들과 위탁계약으로 건설과정에 도움을 받으며 토지 매입, 설계 계약 체결*, 주택 건설 공사 발주 등의 절차를 거치게 된다(그림 7-4).

2) 컬렉티브하우징

(1) 컬렉티브하우징의 정의

컬렉티브하우징은 다양한 세대의 다양한 거주자로 구성되는 것이 셰어하우스와 구분되는 차이점이다. 많은 컬렉티브하우징 거주자들은 다양한 세대의 거주자들로 구성되어 풍부한 인간관계가 형성되는 것을 장점으로 꼽는다. 거주자들은 상호 도움을 주고받고 개인이나 가족이 함께 살아가며 커뮤니티를 형성하게 된다. 컬렉티브하우징은 생활이나 공간의 공유화로 인해 일본에서는 고령자나 장애인을 위한 주거유형으로 인식되어 왔으나 그 구성원의 범위가 한정되어 있지는 않다. 컬렉티브하우징이 셰어하우스와 구분되는 차이점은 공동식사를 한다는 것이다. 셰어하우스의 경우 공동식사가 의무가 아니지만 컬렉티브하우징에서는 일정 수준(일주일에 2~3회 정도 이상) 이상의 공동식사가 중요한 요소이다.

그림 7-5 **일본 컬렉티브하우징의 공동식사**

출처 : 날마다 컬렉티브하우스 세이세키의 생활(日々是コレクティブハウス聖蹟の暮らし) 페이스북 페이지.

* 코디네이터회사가 설계를 겸하는 경우가 대부분이다.

표 7-1 컬렉티브하우징의 주체별 특징

주체	주거형태		운영·관리형태		소유형태	
	개인실 + 공용공간	주거 + 공용공간	자주적 참여	서비스 제공	임대	소유
민간주도	-	필수	필수	가능	필수	가능
공공주도	-	필수	가능	가능	필수	-

출처 : 신병흔(2014). p.34의 표 일부를 발췌.

컬렉티브하우징은 개인이나 가족이 구성원들과 생활이나 공간을 공유하며 살아가면서 구성원 중 누구나 운영에 참여하며 주거 커뮤니티를 형성해 나가는 공유주거이다. 주거형태는 개인이나 가족별로 독립적인 개별 공간을 확보하고 부엌, 거실, 식당 등의 공용공간(common space)을 공동으로 사용하는 형태가 기본이다. 독립된 개별 공간은 독립된 실의 형태나 독립된 주호의 형태이다. 공용공간은 한정된 특별한 경우에만 사용되는 공간이 아닌, 구성원들이 일상적인 생활에서 항상 사용하는 공간이어야 한다.

(2) 컬렉티브하우징의 실현

국내의 가장 일반적인 주택인 아파트는 주택의 위치 선정, 주호계획, 외부공간계획 등 모든 과정을 완료하고 주택이 지어지는 과정에서 입주 희망자를 모으는 것이 일반적이다. 이와 다르게 컬렉티브하우징은 다음과 같은 과정으로 이루어진다(그림 7-6).

컬렉티브하우징은 우선 입주 희망자를 모으는 것부터 시작한다. 이는 구성원 간에 생활과 공간의 공유가 이루어져 입주자가 가장 중요한 요소이기 때문이다. 이 시기에 거주 희망자를 모으는 주체가 누구냐에 따라 컬렉티브하우징 프로젝트의 주체가 결정되는 것이 일반적이다. 즉, 거주 희망자 모집 주체가 공공인 경우 공공주도의 컬렉티브하우징이, 민간의 사업주나 거주 희망자 조합이 모집 주체인 경우에는 민간주도의 컬렉티브하우징이 된다. 공공주도의 컬렉티브하우징은 대체로 임대형인 경우가 대부분이며, 민간주도의 경우에는 임대형과 소유형이 혼재되어 있다.

거주 희망자가 모이면 모임 등을 통해 서로가 희망하는 생활상을 공유하며 생활의 이미지를 만들어가는 과정을 거치게 된다. 이 과정에서는 전문가의 도움 등을 바탕으로 워크숍을 실시하거나 기존의 컬렉티브하우장을 견학하는 등 생활상의 이미지를 만들기 위한 다양한 노력이 이루어지는 한편, 거주 희망자 모집도 지속적으로 이루어진다.

거주 희망자들은 3가지 방향으로 컬렉티브하우징을 실현할 수 있다. 첫째, 가장 짧은 시간에 실현이 가능한 방식으로 기존 컬렉티브하우징으로의 입주를 결정하는 방식이다. 이는 앞선 과정에서 이루어지는 컬렉티브하우징 견학이나 워크숍 등 다양한 통로의 정보를 바탕으로 자신이 추구하고자 하는 생활상과 일치하는 기존의 컬렉티브하우징을 선택하여 입주하는 것이다. 컬렉티브하우징을 실현하는 과정에서 거쳐야 하는 다른 프로세스를 경험하지 않아도 되기 때문에 가장 짧은 시간 안에 실현이 가능한 방법이다. 그러나 기존의 구성원들과의 적응에 시간이 필요하며, 이 과정에서의 실패 가능성을 염두에 두어야 한다. 둘째, 기존에 이루어지고 있는 프로젝트에 참여하는 방식이다. 이 경우에도 일부 프로세스를 거치지 않기 때문에 새로운 프로젝트에 참여하는 것에 비해 단시간에 실현이 가능한 장점을 가지고 있다. 그러나 기존 프로젝트의 진행 상황에 따라 시간적 이득에 차이가 있을 수 있다. 마지막으로 거주 희망자 모임이 구성된 구성원들과 함께 새로운 프로젝트를 진행하는 방식이다. 다른 방식에 비해 가장 많은 시간이 소요되지만 모든 과정에 자신의 의견을 제시할 수 있으므로 희망하는 생활상

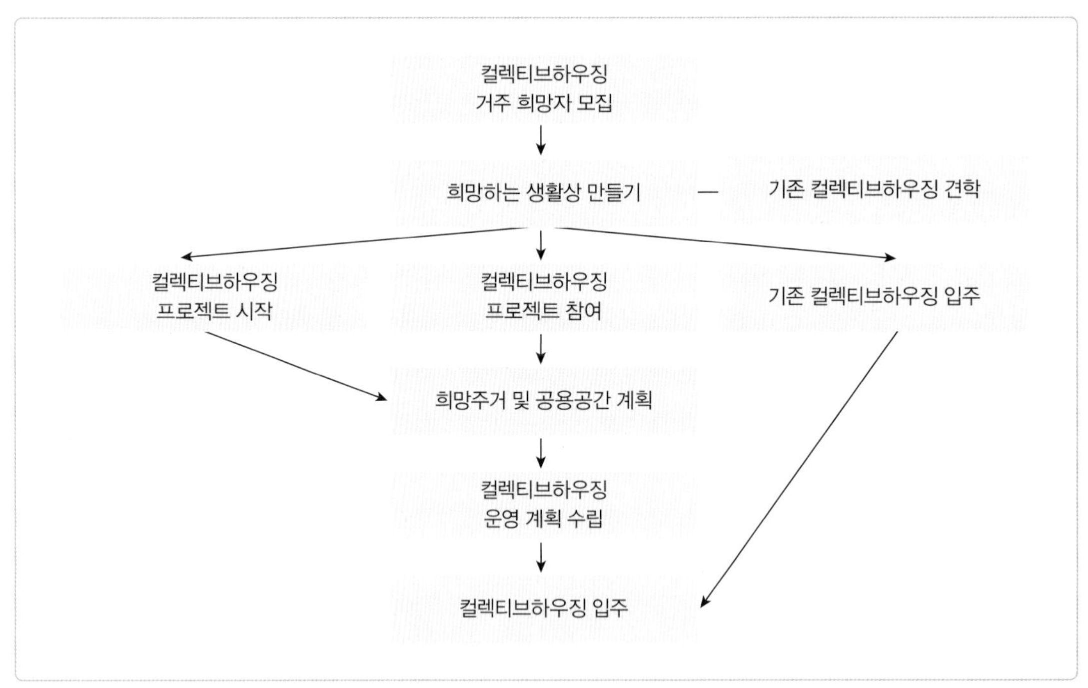

그림 7-6 **컬렉티브하우징 실현 프로세스**
출처 : 고야베 이쿠코 외(2012), pp.186~187을 수정·보완함.

에 가장 가까운 주거방식을 구성할 수 있다는 장점이 있다.

컬렉티브하우징의 실현을 위한 방향이 설정되면 이후의 과정은 일반적인 주택 건설과정과 유사하게 진행된다. 일반적인 주택 건설과정과 다른 점은 주택 건설과정에 구성원들이 참여한다는 것이다. 이러한 참여를 바탕으로 구성원들은 자신이 희망하는 주거를 계획하고, 공유하고자 하는 생활상을 반영한 공용공간을 계획하게 된다. 이 단계에서는 건축의 전문지식이 없는 구성원을 지원할 수 있는 전문가 집단의 도움이 필요하다. 컬렉티브하우징이 보급된 일본에서는 입주자를 지원하기 위한 NPO단체나 프로젝트코디네이터업체 등 다양한 전문가 집단이 활동하고 있다. 이들 전문가집단은 물리적인 계획에 한정하여 참여하기도 하지만 대체로 프로젝트 전반의 프로세스를 운영·관리하는 경우가 많다. 하드웨어인 주거 및 공용공간에 대한 계획이 완료되면 다음으로는 소프트웨어인 운영계획이 수립된다. 운영계획은 입주에 대비해 운영방법을 검토하거나 비품이나 가구 등의 결정을 하는 것이다. 이와 같은 프로세스가 모두 끝나면 입주와 함께 실질적인 생활이 시작된다.

(3) 컬렉티브하우징 프로젝트의 패턴

일본의 컬렉티브하우징 프로젝트의 패턴(고야베 이쿠코 외, 2013)을 살펴보면, 건물의 소유방식에 따라 건물을 임대하는 방식과 건물을 소유하는 방식의 2가지로 구분할 수 있다.

건물을 임대하는 방식은 다시 거주자가 건물 소유주로부터 직접 임대하는 방식, 거주자 조합이 건물 소유주로부터 임대하여 거주자에게 전대하는 방식, 그리고 컬렉티브하우징 운영회사가 건물 소유주로부터 임대하여 거주자에게 전대하는 방식 등 크게 3가지로 구분할 수 있다. 건물을 소유하는 방식도 거주자가 건물을 구분 소유하는 방식, 거주자 조합이 일괄 소유하는 방식, 컬렉티브하우징 운영회사가 소유하는 방식 등 크게 3가지로 구분할 수 있다.

3) 셰어하우스

(1) 셰어하우스의 정의

셰어하우스는 사용자나 학자마다 정의에 차이를 나타내면서 다양하게 활용이 이루

표 7-2 셰어하우스의 유형 및 특징

유형	특징
룸셰어	• 공동주택을 빌려 주호 내 혈연관계가 아닌 사람들이 동거하는 주거형태 • 개실 확보 또는 1개 실에 2명 이상 거주 • 거실, 주방, 식당, 욕실 등은 공동 이용
하우스셰어	• 룸셰어와 유사한 공간 구성이나 이용방식 • 단독주택과 같이 독채로 이루어져 있는 경우를 의미

출처 : 日本住宅會議(2008). 若者たちに「住まい」を! 格差社會の住宅問題에서 일부 발췌.

어져 하나의 의미로 정의하기에는 모호한 부분이 많다. 하지만 우리보다 먼저 셰어하우스가 하나의 주거대안으로 자리 잡아 온 일본의 사례를 바탕으로 살펴보면, 일반적으로 연인이나 약혼자를 포함한 가족이나 회사, 학교 등 본인이 소속된 단체의 관계자 등이 아닌 다른 사람들과 공동으로 이용하는 시설과 설비가 있는 주거형식으로 공동으로 이용하는 시설 중 적어도 1개 이상은 주거 내 커뮤니티를 형성하기 위한 시설이나 설비를 포함한 것으로 정의된다. 또한 셰어하우스는 입주자가 운영 사업자나 집주인과 개별적으로 계약을 체결하고 운영 사업자가 정기적인 관리를 해 주는 방식을 취해야 하는 것으로 정의된다(国土交通省 住宅局, 2012).

셰어하우스의 유형(日本住宅會議, 2008)은 크게 룸셰어와 하우스셰어로 구분된다. 룸셰어는 아파트 등과 같은 공동주택 1호를 빌려 하나의 주호 내에 혈연관계가 아닌 타인이 동거를 하는 주거형태를 말한다. 거주자가 각 개실을 가지는 경우도 있으며 1개 실에 2명 이상이 거주하는 경우도 있다. 거실, 주방, 식당, 욕실 등은 공동으로 이용하는데 일반적으로 약 2~4명 정도가 적정하다. 하우스셰어는 룸셰어와 유사한 공간 구성이나 이용방식을 취하지만, 단독주택과 같이 독채로 구성된 경우에는 하우스셰어, 셰어드하우스, 하우스셰어 등으로 부른다. 룸셰어와 달리 독채로 구성되어 있어 4~8명 정도를 적정한 규모로 본다.

(2) 셰어하우스의 입주자

국내의 셰어하우스는 이제 막 도입 단계이기 때문에 어떤 특성이나 가치관 등을 가진 사람들이 셰어하우스에 살고 있는지에 대한 공식적 또는 비공식적 데이터가 거의 없는 실정이다. 그러나 국내의 셰어하우스는 일본 등 우리보다 앞서 셰어하우스가 주거형식으로 나타나고 발전되어 온 나라들의 사례나 경험을 바탕으로 도입되었기에 외국의 사례를 살펴보면 셰어하우스의 거주자 특성 파악이나 수요 예측에 도움이 될 것이다.

일본의 사례를 살펴보면, 남성보다는 여성이 셰어하우스에 거주하는 비율이 높았으며, 직업은 회사원인 경우가 가장 많았다. 나이는 20대가 가장 많았으며, 다음으로 30대가 많아 20~30대가 주류를 이루는 것으로 나타났다(日本住宅會議, 2008). 셰어하우스에 입주한 이유는 경제성, 도심이라는 입지, 공동생활에 대한 즐거움, 안심감 등으로 나타났다.

입주자들은 대체로 초기에는 경제적인 이유로 단기거주를 예상하고 입주하는 경우가 많았으나, 입주 후 다른 사람들과 생활하는 인간관계의 풍요로움으로 인해 거주기간이 늘어나는 경우가 많았다. 이로 인해 젊은층을 중심으로 한 커뮤니티가 좋은 새로운 주거문화로 형성되고 있다.

국내의 셰어하우스도 도시의 2~30대 청년층의 주거비문제와 혼자 사는 외로움의 해결을 위한 하나의 대안으로 등장하였으며, 짧은 시기에 급속도로 성장해 오고 있다.

(3) 셰어하우스의 장단점

셰어하우스에서는 혼자 생활하는 것이 아니기 때문에 공동공간에 언제나 다른 사람들이 있어 그들과의 교류를 통해 인간관계를 넓힐 수 있으며, 일 외의 대화 등을 통해 다양한 경험을 할 수 있다. 뿐만 아니라 일상생활에 이용되는 용품 등을 공유하거나 교환하여 사용할 수 있어 경제적이다. 반면, 다른 이의 생활패턴이 나와 맞지 않는 경우 여러 가지 어려움에 직면할 수 있으며, 공용시설 이용이 겹쳐 불편해질 수 있다. 또 구성원 간에 갈등이 생길 경우 조정이 쉽지 않으며 이로 인해 생활이 불편해질 수 있다.

(4) 운영방식에 따른 셰어하우스의 유형

셰어하우스는 운영방식이나 운영조직에 따라 크게 2가지로 구분할 수 있다. 하나는 거주자가 직접 운영하는 방식이며, 다른 하나는 사업체가 운영하는 방식이다. 두 방식의 가장 큰 차이점은 입주자의 계약방식으로 임대료와 관련된 경제적 부담에 차이를 나타낸다. 이러한 차이가 발생하는 이유는 사업체가 운영하는 방식이 임대료와 관련된 경제적 부담을 사업체에서 사업상의 경쟁력을 높이기 위한 서비스로 제공하기 때문이다.

거주자가 직접 운영하는 방식은 거주자들이 주택을 임대하여 그 임대료를 상호 부담하는 방식으로 셰어하우스가 처음 등장할 때부터 가장 일반적으로 사용되고 있다. 이 방식은 구성원들이 모두 입주하면 1인당 임대료도 저렴해지고 모든 것을 스스로 해야 하기 때문에 애착이 생긴다는 장점이 있다. 반면 구성원의 수가 줄 경우 1인당 임대료가 올라간다거나 주택 내에 소요되는 모든 비용을 부담해야 한다는 단점도 있다. 또한 생활규칙을 만들거나 소소한 갈등에 대한 대처를 스스로 부담해야 한다.

사업체가 운영하는 방식은 셰어하우스의 운영 및 관리를 담당하는 회사가 주택을 임대하여 거주 희망자들을 모집하고 그들에게 임대하는 것으로 거주자가 직접 운영하는 방식과 달리 구성원들이 임대료 증감, 주택 내에 소요되는 비용 등 경제적인 리스크나 생활상의 갈등 조정 등에 대한 부담을 줄일 수 있다는 장점이 있다. 이로 인해 거주자는 기존의 일반적인 주택에 거주하는 것과 비슷한 수준의 부담을 가지게 되어 셰어하우스 선택에 대한 부담감을 줄일 수 있다. 국내에도 셰어하우스가 도시의 20~30대 청년층의 주거문제 해결을 위한 하나의 대안으로 성장하면서 셰어하우스 운영·관리회사들이 늘어나고 있다.

3 공유주거에서의 생활

1) 개인공간과 공용공간에서의 생활

공유주거에서 공간은 크게 개인이나 개별 가구를 위한 개인공간과 모든 구성원이 생활을 공유하며 함께 이용하기 위한 공용공간으로 구분할 수 있다. 개인공간과 공용공간은 컬렉티브하우징, 셰어하우스 등 공유주거의 유형에 따라 약간씩 차이가 난다. 그러나 개인공간은 프라이버시를 위한 공간이며, 공용공간은 공적 생활을 위한 공간이라는 기본적인 특성은 동일하다.

(1) 프라이버시를 위한 개인공간

공유주거에서 개인공간은 생활의 공유라는 공유주거의 의도로 인해 그 중요성이 경시될 수 있으나, 주거가 갖는 기본 기능인 개인의 안락한 생활에 중요한 요소이다. 공유주거에서 개인공간은 개인이나 개별 가구를 위한 최소한의 프라이버시 확보 및 개인생활을 영위할 수 있도록 구성하는 것이 일반적이다. 개인공간이 강한 프라이버시를 확보하거나 생활에 필요한 기능을 모두 포함할 경우 많은 시간을 개인공간에서 보내게 되어 공유주거의 의도가 제대로 발현되지 않을 수도 있다. 공유주거의 유형에 따라 살펴보면, 컬렉티브하우징은 개인이나 개별 가구가 개별 주호를 확보하는 형태를 취하는 방식이기 때문에 주호 내에 생활에 필요한 모든 기능을 포함하는 것이 일반적이다. 반면, 컬렉티브하우징 중 개인실을 확보하는 경우나 셰어하우스는 개별 주호를 확보하는 형태가 아닌 개인실을 확보하는 경우이기 때문에 개인실 내에 생활에 필요한 모든 기능을 포함하지 않는 경우가 일반적이다. 즉, 개인실 내에는 취침이나 휴식 등 개인생활을 위한 최소한의 기능만을 포함하고 부엌이나 화장실, 욕실 등의 기능을 포함하지 않는 경우가 일반적이다. 그러나 경우에 따라서는 부엌공간을 포함시키지 않으면서 화장실이나 욕실공간은 포함하는 경우가 있다. 이는 거주자들의 화장실이나 욕실에 대한 개인화 욕구를 반영하면서 나타나는 현상이다.

(2) 구성원들과 생활을 공유하는 공용공간

공유주거는 기본적으로 개인의 공간을 확보하고 있으나 구성원들과 공용공간에서 생활을 공유하는 것에 의미가 있다. 여기서 공용공간이라 함은 특정 공간에만 한정되어

그림 7-7 **일본 셰어하우스의 개인공간**
출처 : ひつじ(히츠지)不動産 홈페이지.

그림 7-8 **한국 셰어하우스의 개인공간**
출처 : 우주(WOOZOO) 홈페이지.

거실

주방

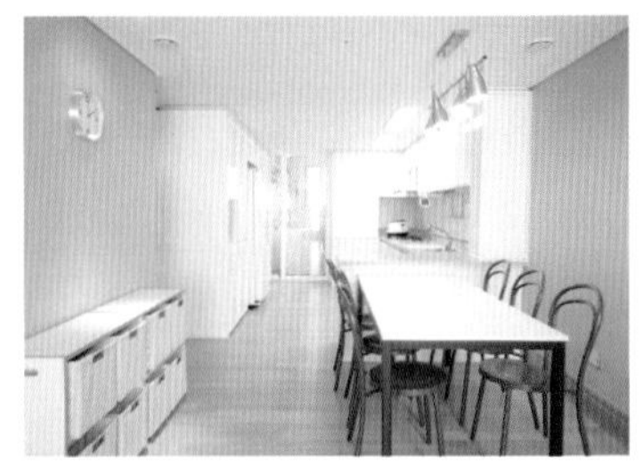
식당

그림 7-9 **셰어하우스의 공용공간**
출처 : (거실/주방)ひつじ(히츠지)不動産 홈페이지, (식당)우주(WOOZOO) 홈페이지.

있지는 않다. 공유주거에서 공용공간은 그 종류와 규모가 공동체를 구성하는 세대 수나 거주자가 희망하는 생활상, 공동체의 강도 등에 따라 다르게 나타난다. 일반적으로 공용공간에는 공동생활이 이루어지는 거실, 취사기능을 하는 부엌이나 식당, 위생기능을 하는 세탁실이나 그 밖의 다용도실 등이 포함된다. 이 밖에도 구성원의 특징에 따라 다양한 기능과 형태의 공용공간이 나타날 수 있다. 예를 들면, 육아를 하는 가구가 많은 경우 육아를 위한 공간이 확보될 수도 있고, 취미를 공유하는 사람들이 모였을 경우에는 그들의 취미를 지원하기 위한 공간이 공용공간으로 만들어질 수도 있다. 또 최소한의 기능으로 구성된 개인실이나 개별 주호를 보완하기 위해서 개인적인 손님이 방문하였을 때를 위한 게스트룸을 만들 수도 있다. 공유주거의 형태나 유형(개실이 확보되는 공유주거인 개실형 컬렉티브하우징이나 셰어하우스 등)에 따라서는 욕실 등도 공용공간으로 구성될 수 있다.

공유주거에서 공용공간은 기능적인 문제뿐만 아니라 그 규모를 결정하는 것 역시 중요하다. 구성원의 수나 구성원의 생활패턴 등을 고려하여 적절한 규모가 결정되어야 하는데, 이는 공용공간 이용 시 구성원 수에 비해 적은 공간이 확보되거나 구성원 간의 이용시간이 중복되는 경우 생활의 불편함을 초래할 수 있기 때문이다.

공용공간의 존재 자체보다 중요한 것은 그 안에서의 생활이다. 개인공간에서의 생활은 독립적인 개인이나 개별 가구의 문제지만 공용공간에서의 생활은 구성원 모두의 문제이다. 즉, 구성원 각자가 다르게 축적한 경험으로 인해 다양한 생활방식을 가질 수 있기 때문에 공용공간에서는 그 공간이 어떠해야 할지 또는 그 공간 내에서의 생활은 어떠해야 할지 등에 대한 문제가 일반적인 가족이 거주하는 개별 주택에서의 역할 분담이나 공간 사용방식 등 암묵적인 규칙과는 다를 수 있다. 공유주거의 공용공간에 대한 것은 공간 자체의 구성뿐만 아니라 공용공간에서의 생활 및 운영, 관리에 대한 규칙을 정하는 것도 중요하다.

2) 공유주거의 생활규칙

공유주거에서의 생활은 1인 가구의 생활이나 가족과 함께하는 생활과는 다르다. 1인 생활의 경우에는 사용하는 공간에 대한 청소상태나 정리상태 등 공용공간의 상태 및 공용공간의 사용방식 등에 대해 스스로 결정하는 것이 가능하다. 또 가족과 함께하는 생활에서는 이러한 문제들을 전담하거나 조정하는 구성원이 있는 경우가 대부분이다. 그러나 공유주거에서의 생활은 다양한 생활상의 경험 및 사회 인구학적 특성을 가진 여러 사람이 공동으로 생활하므로 공간이나 생활상 규칙을 요구하는 수준에 차이가 있을 수밖에 없다. 공유주거에서의 원활한 생활을 위해서는 구성원 간의 이러한 문제들을 조정하기 위한 규칙이 필요하다.

공유주거에서의 생활규칙을 정할 때는 공용공간의 관리나 운영에 관련된 사항이나 생활과 관련된 사항 등에 대해 구성원 간 의견을 충분히 교환하고 결정해야 한다. 구성원 모두가 납득할 수 있는 수준의 합의를 거쳐 규칙을 설정해야만 규칙으로서의 역할을 수행할 수 있기 때문이다. 또 구성원들은 일반적인 가족에게 나타나는 모습처럼 서로의 역할을 규정하거나 위계관계를 설정하지 않아야 한다. 즉, 생활규칙은 구성원 모두가 동등한 위치나 역할을 갖도록 구성되어야 한다. 공유주거에서 생활규칙은 문서화해 두어야 하는데, 입주시점부터 입주 후의 생활, 퇴거까지 다양하게 발생할 수 있는 사항에 대한 규칙을 세부적으로 기재해 두어야 한다.

생활규칙은 반드시 필요하지만 규칙의 강도는 다양하게 나타날 수 있다. 즉, 아주 기본적인 예절수준의 규칙만이 존재할 수도 있고, 세부적이고 미이행 시 벌칙까지 적용되는 강한 수준의 규칙도 존재할 수 있다. 예를 들면, 컬렉티브하우징에서는 공동식사가 의무인 경우가 많아 공동식사에 대한 주기적인 참여뿐만 아니라 식사 담당의 역할도 수행해야 하는 경우가 많다. 반면, 셰어하우스는 이러한 공동식사 같은 의무적인 규칙보다는 일종의 예절로 지켜야 하는 정도의 규칙만이 설정되어 있는 경우가 많다. 이러한 문제는 각 공유주거가 어느 정도의 공동체성을 실현하고자 하느냐에 따라 달라질 수 있다.

4 공유주거의 국내외 사례

1) 소행주

소행주는 집값에 대한 부담, 쾌적한 주거환경에 대한 욕구, 이사에 대한 걱정 등 개인이나 개별 가구가 감당해야 했던 주택문제를 함께 해결할 수 있는 방안을 모색하고자 마을기업의 형태로 2010년 '주식회사 소통이 있어서 행복한 주택만들기(약칭, 소행주)'를 만들면서 시작되었다. 소행주는 공동주택을 짓고자 하는 사람들의 프로젝트를 운영·관리해 주는 코디네이터 회사로 출발하였으며, 이는 일본의 협동조합주택 중 기획사 주도형인 코디네이터 회사 주도형 건설방식과 유사하다.

소행주에서 추구하는 공동주택은 유럽의 코하우징의 계획 개념과 일본의 협동조합주택 건설방식을 결합한 방식으로 2010년 6월 소행주 1호 사업을 시작으로 2015년 말까지 소행주 5호 사업 및 '삼각산 재미난 소행주'까지 진행되었다.

소행주의 사업 진행과정은 사례별로 차이가 있을 수 있으나 대체로 다음과 같다. 코디네이터회사인 소행주가 토지를 구입하고 입주자를 모집하여 사업의 시작부터 주택건설의 전 과정에 거주자 참여를 실천한다. 개별 주호에 대한 계획은 자유 설계방식으로 거주자들의 의견을 충분히 반영하였으며, 반드시 공용공간을 설치한다. 공용공간은 입주자 가구가 각각 $3.3m^2$(약 1평) 정도의 면적에 대한 비용을 부담하여 공동소유*하는 것으로 한다. 거주자들은 이렇게 확보한 공용공간은 함께 식사를 하거나 아이들을 위한 공간, 모임공간으로 활용하는 등 커뮤니티 활성화를 위한 공간으로 사용한다. 공용공간의 활용은 만들어져 있는 공간의 활용 차원을 넘어 워크숍 등의 방법으로 입주자들의 의견을 반영하고 그 기능을 결정하며, 결정한 기능을 바탕으로 코디네이터회사가 전문가들을 통해 계획을 진행하고 이를 입주자가 결정하는 방식으로 진행된다. 소행주 1호의 경우 공용공간을 인근 주민을 위해 개방하는 방안도 마련해 두고 있어 자신

* 일반적인 아파트의 경우 공용면적을 개별 주호면적에 포함시켜 개별 주택에 대한 소유만으로도 공용면적에 대한 소유권을 가지는 방식을 취하고 있으나, 소행주에서는 공용공간에 대해 별도로 등기를 진행해 거주자들이 공동으로 소유하는 방식을 취하는 경우도 있다.

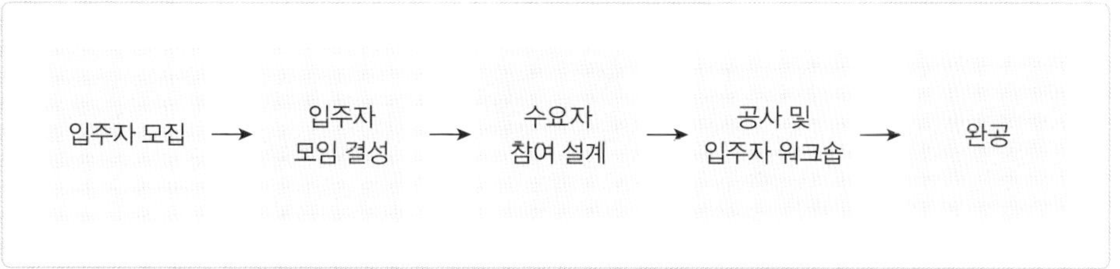

그림 7-10 **소행주의 사업 진행과정**

첫 입주자 모집 모임

개별 주택 설계 진행

공용공간 결정 워크숍

공사 중 현장 설명

그림 7-11 **소행주 1호 건설 당시 입주자 참여**

들만의 폐쇄적인 공간으로 한정하지 않아 지역 커뮤니티 활성화에도 기여하고 있다.

소행주 프로젝트 1호는 공동주택뿐만 아니라 근린생활시설을 병행하여 개발이 이루어졌는데, 이는 프로젝트의 수익성 확보와 함께 기존 마을 내 작은 공방이나 방과 후 교실 등의 터전을 확보한다는 의도를 반영한 것이다. 또한 소행주 프로젝트 2호는 1개 주호를 마을 내 활동가들을 위한 셰어하우스로 활용하는 시도를 하였다. 이러한 사례들은 공유주거가 자신들만의 커뮤니티가 아닌, 지역으로 확장된 커뮤니티에 기여할 수 있음을 보여 준다.

소행주 1호 내 공방

소행주 1호 내 방과 후 교실

그림 7-12 지역 내 커뮤니티와 함께하는 공유주거

2) 구름정원사람들

구름정원사람들은 하우징쿱주택협동조합의 첫 사업으로 중장년 은퇴세대에게 마음 맞는 이웃과 좋은 자연환경에서 건강과 레저활동을 영위할 수 있는 기회를 제공하고자 추진되었다. 총 8세대로 대부분 40대 중반에서부터 50대 이상의 세대들로 구성되었다. 하우징쿱주택협동조합이 조합원을 대상으로 입주자 모집을 하고 사업 전반에 대해 컨설팅을 진행하였는데 사업 기획 및 수지 분석, 자금 조달계획 수립, 입주 희망자 모집 홍보 및 상담, 설계 업체 선정 및 계약 체결 지원, 시공사 선정 및 계약 체결 지원, 시공관리, 입주자 교육 프로그램 운영 등을 담당하였다.

구름정원사람들은 조합원 전용공간과 공용공간, 임대사업을 위한 부속상가로 구성된

그림 7-13 주택협동조합 구름정원사람들

출처 : 기노채의 아름터기 쉼터 블로그.

근린생활시설 등으로 구성된 주택 복합형 공유주거이다. 전용공간은 다세대주택 8세대로 구성되어 있으며, 공용공간은 공용식당 및 회의실 용도의 공용 회의실, 보일러실 및 세탁실, 공용창고 등으로 구성되었다. 사업 설명회를 기점으로 정기적인 모임을 진행하며 입주자 구성 및 모집 등 다양한 사항에 대해 논의를 진행하였다. 건축 설계과정 등에서도 논의를 통해 의견을 반영하였다. 입주 후 협동조합의 운영 및 관리를 위한 정관 및 규약 작성, 근린생활시설 활용계획, 갈등관리, 커뮤니티 형성 등에 대해서도 논의하였다.

3) 우주

셰어하우스 우주(WOOZOO)는 대학생이나 사회 초년생 등 혼자 사는 청년 1인 가구의 주택문제 해결을 위해 2012년에 영리기업과 비영리기업의 중간 형태인 사회적 기업*으로 설립되었다. 2012년 12월에 오픈된 1호점을 시작으로 현재까지 22호점이 오픈되었으며, 23~26호점이 오픈을 준비 중인 국내 최초이자 가장 큰 셰어하우스 브랜드이다. 임대방식은 전대차(轉貸借)**방식을 취한다. 집주인으로부터 집을 빌려 입주 희망자들에게 월세로 다시 임대해 주는 형태인데, 기존 주택을 임차한 후 리모델링하여 무보증금 월세로 임대하는 소셜하우징모델(social housing model)이다.

우주는 단순히 주거공간을 공유하는 형태의 셰어하우스가 아니라 공통의 관심사를 함께 나눌 수 있도록 여행을 좋아하는 사람들의 셰어하우스, 영화를 좋아하는 사람들의 셰어하우스, 캠핑을 좋아하는 사람들의 셰어하우스 등 다양한 개념을 반영한 공용공간을 적용한 국내 최초의 사례이다. 또한, 방짝선정시스템과 다양한 제휴서비스 등을 제공하여 구성원들이 즐거움을 공유할 수 있는 환경을 조성했다. 마케팅은 홈페이지, 페이스북, 블로그 등 SNS를 통해 이루어졌는데, 이는 입주 예정자들이 주로 20~30대의 청년층이기 때문에 이들이 접근하기에 좋은 방식을 취한 것이다.

---

* 사회적 목적을 우선 추구하면서 재화 및 서비스의 생산·판매 등 영업활동을 수행하는 조직으로, 「사회적 기업 육성법」 제2조에서 취약계층에게 사회서비스 또는 일자리를 제공하거나 지역사회에 공헌함으로써 지역주민의 삶의 질을 높이는 등 사회적 목적을 추구하면서 재화 및 서비스의 생산·판매 등 영업활동을 하는 기업으로 정의된다(임효민, 2016).

** 임차인이 임차물을 다시 제3자(전차인)에게 임대하는 계약으로서 임차권의 양도와는 구별되며 임차인·임대인간의 임대관계는 여전히 존속하면서 임차인, 전차인 간에 새로이 대차관계가 발생하게 된다(방경식, 2011).

여행을 좋아하는 사람들의 셰어하우스

영화를 좋아하는 사람들의 셰어하우스

캠핑을 좋아하는 사람들의 셰어하우스

그림 7-14 **다양한 콘셉트의 셰어하우스**
출처 : 우주(WOOZOO) 홈페이지.

우주의 셰어하우스 사업 진행과정은 우선 셰어하우스로의 활용이 가능한 주택에 대해 집주인과의 협의를 통해 임대차 계약을 체결하게 된다. 임대차 계약이 체결된 후에는 주택의 리모델링 방향 및 개념을 설정하여 구체적인 계획 및 시공이 이루어진다. 계획 및 시공이 이루어지는 과정에서 입주자를 모으기 위한 마케팅이 이루어져 입주자 선발과정을 거치게 된다. 리모델링이 완료되면, 선발된 사람들의 입주가 이루어지고 셰어하우스 생활이 시작된다.

4) 두레주택

두레주택은 지자체에서 주거환경관리사업 구역 내에 공급하는 셰어하우스형 임대주택으로, 기존 주택을 리모델링하여 임대주택으로 활용한 사례이다. 기존의 셰어하우스

그림 7-15 **두레주택의 외관**
출처 : 서울특별시(2012. 12. 20).

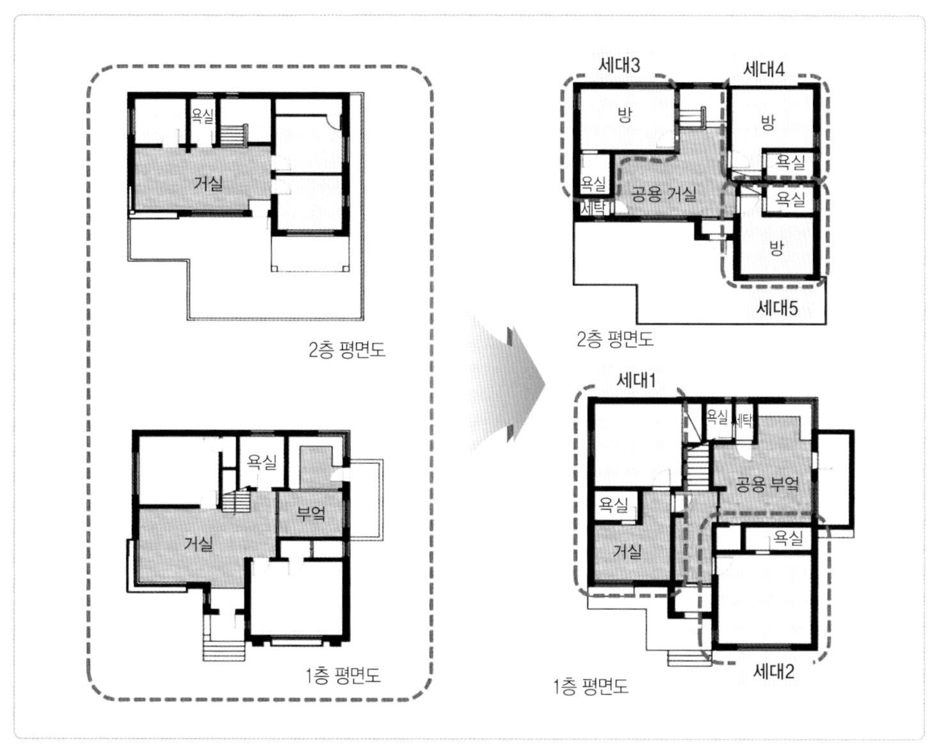

그림 7-16 **두레주택 설계안**

출처 : 서울특별시(2012. 12. 20).

들이 민간사업자 중심이었던 것과 달리 공공에서의 공급이라는 데 의미가 있다. 기존 임대주택이 갖는 한계를 극복하고 1~2인 가구가 급격히 증가하는 추세에 맞춰 공공에서 공급하는 새로운 유형의 수요자 맞춤형 임대주택이다. 주방 및 거실 등 주택의 일부를 건물 내 이웃 세대와 공유하며 더불어 살아간다는 측면에서 일반적인 셰어하우스와 맥을 같이한다.

두레주택의 특징은 주방·거실·창고 등을 공동으로 사용하면서 입주자 간 소통을 강화하고 더불어 살아가는 한편, 최소한의 프라이버시 확보를 위해 욕실 겸 화장실은 세대별로 배치하고, 세대별 전용공간을 축소하여 주거비 부담을 경감하고자 하였다는 것이다. 일반적인 셰어하우스와 달리 입주자의 의견을 설계 단계에서 반영하여 수요자 맞춤형으로 공간을 조성하고자 하였다. 생활 측면에서는 공공에서 정한 규칙에 의한 생활이 이루어지는 것이 아닌 입주자 스스로 정한 생활규약을 통해 운영되며 자율적인 주거 공동체를 형성해 나갈 수 있다는 특징이 있다.

그림 7-17 **이음채**

출처 : (좌)이소라(2015. 4. 22), (우)윤경현(2014. 11. 30).

5) 이음채

이음채는 서울시에서 수요자 중심의 임대주택공급을 위해 추진한 가양동 공동육아 협동조합형 임대주택이다. 공공의 소유지인 유휴지를 활용하여 지하 1층, 지상 6층의 24세대 규모이다. 지하 1층은 공용주차장이며, 지상 1층에는 육아를 위한 커뮤니티 시설이 마련되어 있다. 지상 2층부터 6층까지는 전용면적 49m^2 정도 규모의 24세대로 구성되었다. 공용공간은 공동육아 협동조합주택의 의도를 반영하여 아이들을 위한 공간으로 활용할 수 있으나 주민들을 위한 휴식공간과 회의공간으로도 활용할 수 있도록 하였다.

공공 임대주택임에도 주택 건설과정부터 입주자들이 공동체를 구성하여 친목을 도모하는 한편, 설계과정에 참여하였다. 이 과정에서 서울시와 전문가 코디네이터의 지원이 이루어졌다.

6) 막쿱

막쿱은 서울시가 임대주택공급을 수요자 중심으로 변화를 시도하기 위한 일환으로 추진한 만리동 예술인 협동조합형 임대주택이다. 지역의 문화·예술자원을 바탕으로 문화·예술의 거점을 만들고자 만리 배수지 내 위치해 있던 관사 부지를 활용하여 도시형 생활주택으로 진행하였다.

막쿱의 공간 구성은 3개동에 29세대로, 1인 가구를 위한 21m^2 규모의 스튜디오형 9세대, 46m^2 규모(방 2개)와 54m^2 규모(방 3개) 20세대이다. 1층에는 공용공간을 배치

그림 7-18 **막쿱**
출처 : 안청현(2015. 10. 15).

하였으며 이 공간은 지역주민에게도 개방하고 공동주방, 작업공간으로의 활용을 목적으로 하였다. 옥상에는 조망권이 확보된 공원을 조성하여 옥외 설치미술품을 전시하고 작업공간으로도 활용하였다.

막쿱은 입주자 모집부터 특징적이다. 예술인을 위한 임대주택이라는 특징을 살리고자 입주자 모집을 개인이 아닌 그룹을 선정하는 방식을 채택한 것이다. 모집은 메인 그룹*을 선정해 그 그룹이 제시한 마을의 밑그림에 걸맞은 예술인 입주자를 선정하는 방식으로 이루어졌다.

7) 컬렉티브하우스 캉캉모리

컬렉티브하우스 캉캉모리(コレクティブハウスかんかん森)의 개발 및 운영주체는 민간사업자인 (주)생활과학운영이다. NPO법인 컬렉티브하우징사(社)와 합동으로 사업을 기획하여 설계단계부터 입주 예정자를 결정하고 입주자 전원이 NPO 법인의 회원으로 가입하면서 계획과정에도 직접 참여하였다. 입주 후에는 거주자 조합 모리노카제(森の風)를 결성하여 운영 및 관리하고 있다.

컬렉티브하우스 캉캉모리는 일본 최초로 거주자 주도로 운영 및 관리가 이루어지는

* 5가구 이상 한 그룹을 조직해 예술인으로서의 창작의지, 협동조합 조합원으로서의 활동, 지역사회에 대한 기여방안 등을 제안한다.

그림 7-19 컬렉티브하우스 캉캉모리

출처 : 염철호·여혜진(2012). p.118.

자주관리시스템의 임대형 컬렉티브하우징으로 닛포리커뮤니티*라고 불리는 복합 거주시설의 2층과 3층에 위치해 있다. 거주자들은 0세부터 80대까지 다양한 세대가 50여 명 거주한다.

주호는 총 28호로 원룸형, 셰어룸형, 가족형 등 다양한 가구를 위한 구성이 돋보인다. 주호 내 실의 구성은 일반적인 아파트처럼 주방이나 욕실 등을 포함하고 있다. 면적은 25.5m²부터 63.2m²까지 구성되어 있으며 형태는 1R 15호, 1K 3호, 1LDK 4호, 2DK 5호, 2실 셰어형 1호, 3실 셰어형 1호로 다양하다.**

공용공간인 2층은 커먼룸(common room)과 세탁실, 어린이공간 등으로 구성되어 있으며 3층은 도서실, 사무실, 게스트룸, 창고 등으로 구성되어 있다. 2개 층이 오픈되어 있는 공용거실(common living room)을 중심으로 각 주호를 배치하고 거주자나 아이들의 휴식이나 놀이를 위한 소규모 공용공간 및 휴게공간 등을 복도에 배치하였다. 공용식당은 식당의 기능으로만 한정하지 않고 누구나 사용가능하게 하여 서재 대용으로 사용하거나 바느질을 하거나, 빵을 굽거나, 회의를 하거나 하는 등의 용도로 다양하게 활용하고 있다. 또한 오후에는 학교에서 돌아온 아이들의 공부방으로, 공동식사가 끝난 저녁에는 어른들의 시간이나 술자리 등에 사용된다.

컬렉티브하우스 캉캉모리는 생활규칙을 정하거나 일상생활에서 발생하는 갈등을 해소하기 위해 한 달에 한 번, 구성원 모두가 참여하는 정례회의를 운영한다. 이 정례회의 역시 주민이 돌아가며 운영하는 등 자주관리, 자주운영을 원칙으로 한다. 구성원은 모두 어느 하나의 그룹 활동에 참여해야 한다. 식자재의 구입이나 예산관리 등을 하는 공동식사활동 그룹 등 20개 이상의 그룹이 있는데, 이 중 인기가 있는 활동 그룹은 야채나 화초

* 고령자주택 운영 전문업체인 (주)생활과학운영이 2000년 아라카와(荒川)구에서 중학교 철거 부지를 매입한 후 고령자뿐 아니라 다세대 커뮤니티 실현을 목적으로 고령자 시설(자립형·개호형 유료 노인홈)과 공용공간, 진료소, 보육원 등의 시설을 계획한 12층 규모의 건물(염철호·여혜진, 2012).

** nLDK의 표기에서 n은 방의 수(R : Room, L : Living, D : Dinning, K : Kitchen)

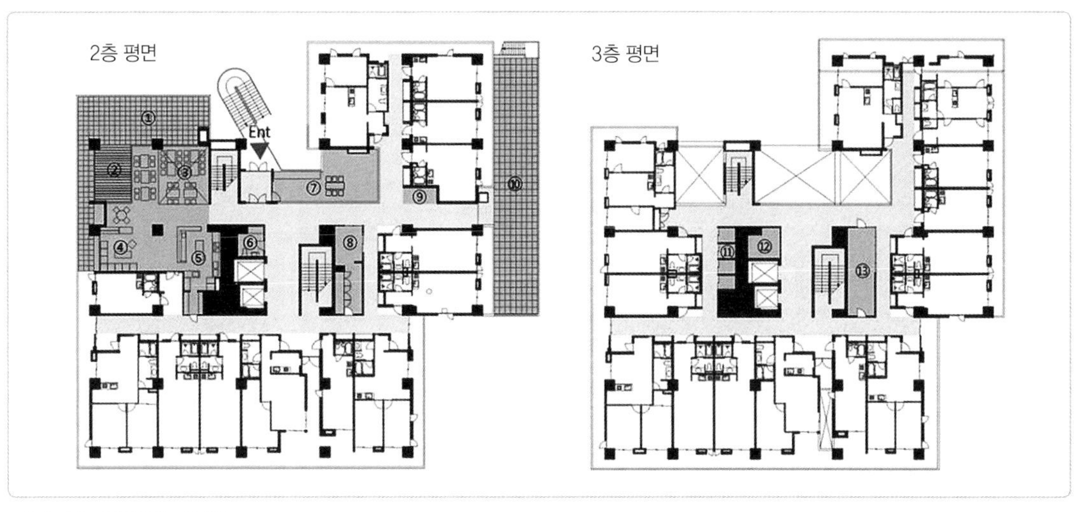

그림 7-20 **캉캉모리 평면도**

① 공용 테라스 ② 공용 테라스(우드데크) ③ 식당 ④ 공동 거실 ⑤ 주방 ⑥ 화장실 ⑦ 공작실·테라스 ⑧ 세탁실 ⑨ 어린이공간 ⑩ 텃밭(테라스) ⑪ 물품 보관소 ⑫ 사무실 ⑬ 게스트룸

출처 : 신병흔(2014). p.49.

캉캉모리 내 동호회 주최 행사 준비

공동정원

공동거실

공동식사

그림 7-21 **컬렉티브하우스 캉캉모리**

출처 : (좌상)컬렉티브하우스 캉캉모리(コレクティブハウスかんかん森ブログ)블로그, (우상)염철호·여혜진(2012). p.118, (좌하)염철호·여혜진(2012). p.118, (우하)컬렉티브하우스 캉캉모리(コレクティブハウスかんかん森ブログ) 블로그.

를 기르거나 퇴비를 관리하는 '정원 가꾸기 활동 그룹'이다.

캉캉모리에서 공동식사는 의무사항은 아니며 자유로운 신청을 통해 이루어지는 것으로 공동식사를 희망하지 않는 날에는 개인공간에서 개인적인 식사가 가능하다. 공동식사시간을 이용하지 못하는 구성원을 위해 음식을 남겨 자신이 원하는 시간에 이용할 수 있도록 운영한다. 공동식사의 준비는 2~3명 정도가 메뉴부터 조리까지 담당한다. 식사 담당은 한 달에 1회 정도 돌아오며, 참여하기 쉬운 날을 선택할 수 있다. 식사 담당은 부담일 수 있으나 한 달에 1회 참여로 한 달간 식사 걱정을 덜 수 있다는 장점이 있다. 공동식사를 위한 공동식당은 40명이 동시에 이용할 수 있는 공간을 확보하였다.

8) 리비타의 도쿄 싱크 아카사카

리비타(ReBITA)는 다양한 부동산사업을 영위하면서 셰어플레이스 임대사업을 진행하고 있다. 셰어형 임대주택사업으로 다양한 가치관을 가진 사람들과 만나 일상을 공유하는 체험을 통해 세계관을 넓히기를 바라는 생각에서 만들어진 새로운 주거형태이다. 1인 1실을 기본으로 하고 주방, 식당, 커뮤니티공간으로 활용되는 거실이 구성되어 있다. 주방에는 개별적인 수납공간이 제공되며 개별우편함, 택배보관함, 여성전용층 등의 서비스가 제공되기도 한다.

도쿄 싱크 아카사카(Tokyo SYNC AKASAKA)는 리비타에서 리모델링하여 공급하는 셰어플레이스 중 하나이다. 개인실은 총 23세대로 구성되어 있으며 공용공간은 주방, 식당, 거실 등으로 구성되어 있다.

5 공유주거의 과제 및 전망

1) 커뮤니티에 대한 기대 및 우려

기존의 주거는 주택의 입지나 건축물 등 물리적 요소에 의해 평가되었으나 공유주거는 커뮤니티의 기능이 중요한 요소로 인식되고 있다. 이에 공유주거에서의 커뮤니티를

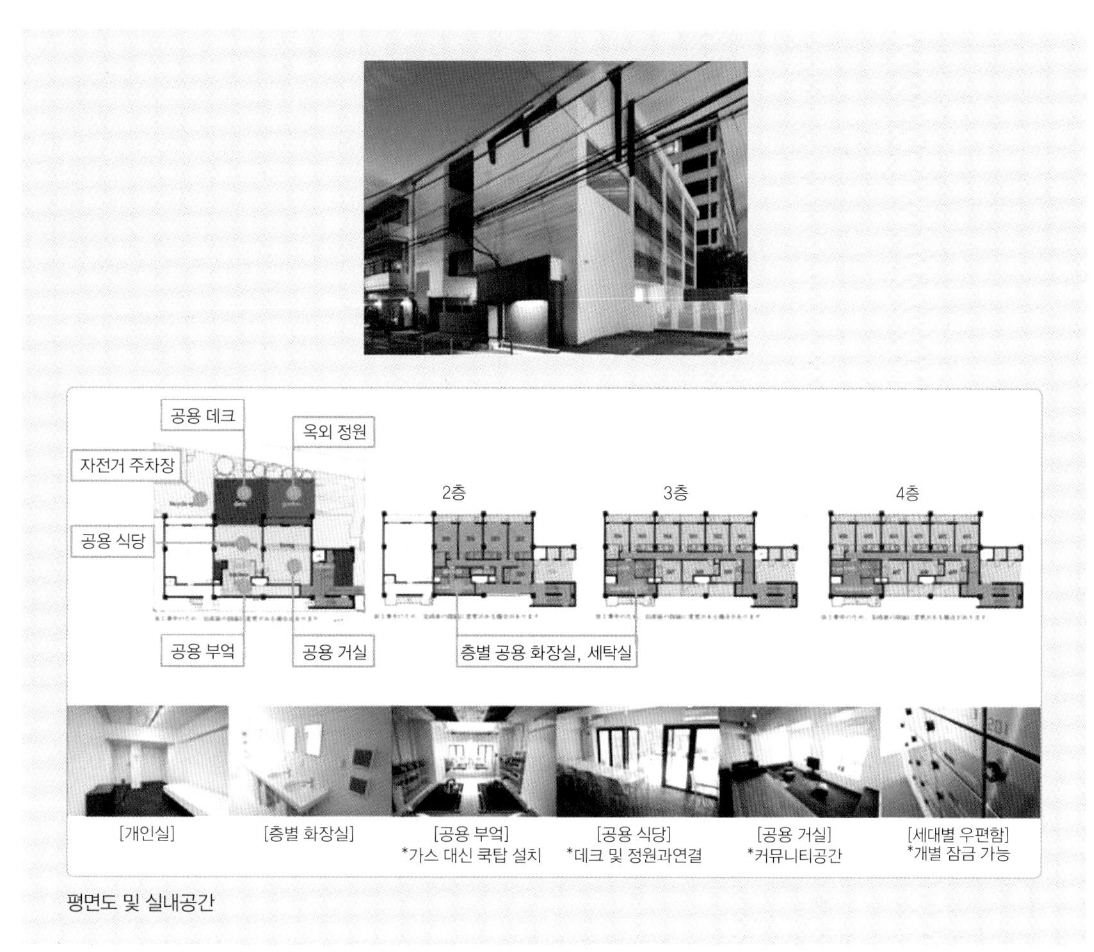

그림 7-22 **도쿄 싱크 아카사카**

출처 : 정소이 외(2012). p.131.

촉진하기 위한 다양한 방법이 진행되고 있으나 이를 체계화할 만한 여러 가지 노력이 제대로 이루어지지 않고 있다.

또한 커뮤니티는 기본적으로 그로 인한 문제 발생가능성도 높다. 문제가 발생하는 경우 사람들은 대부분 회피하거나 운영 사업자에게 의지하는 경향이 강하게 나타나기 때문에 이러한 갈등이나 문제를 올바르게 해결할 수 있는 능력을 가진 전문가가 필요하다. 하지만 공유주거가 국내에 도입되어 보급된 지 오래되지 않아 이러한 능력을 가진 전문가가 부족하기에 전문가 양성을 위한 교육 프로그램의 보급도 필요하다.

마지막으로 공유주거에서는 물리적 환경인 하드웨어보다 생활상인 소프트웨어가 중요하다. 이는 기존 주택의 관리방식과는 다른 관리방식의 필요성을 의미한다. 공유주거에서의 운영 및 관리는 기존 주택처럼 물리적인 환경을 정비하는 것에 그치지 않고 커뮤니티를 형성하고 유지할 수 있는 소프트웨어적인 서비스가 제공되어야 한다.

2) 공유주거의 확실한 정의 마련

서구에서는 공유주거에 대해 규정이 명확히 설정되어 있으며, 법이나 제도적으로 정비되어 있는 경우가 많다. 하지만 국내의 경우 다양한 종류의 명칭이 혼재되어 명칭에 대한 정확한 정의나 규정조차 마련되어 있지 않으며, 건축법 등 다양한 법률적 지원을 위한 규정도 명확히 설정되어 있지 않다.

공유주거는 신축되는 경우도 있지만 기존의 재고 주택을 활용하는 경우도 있다. 이는 주택의 재고 활용이라는 점에서 긍정적일 수 있지만, 정확한 정의나 규정이 마련되어 있지 않은 상황에서 법적·제도적 지원이 이루어질 수 없다는 부정적 측면도 있다. 따라서 이러한 부정적 측면을 해소하기 위해 법적·제도적으로 주거에 대한 안전기준이나 최소기준 등에 대한 규정을 명확히 할 필요가 있다.

3) 계약방식이나 생활규칙의 보호장치

공유주거는 법적기준의 주택형식에 포함되지 않는 경우도 많고, 일반적으로 중개사업자를 통한 주택 거래나 임대차 계약방식과 달리 직접적으로 이루어지는 경우가 많다. 더욱이 셰어하우스의 경우 전대차 계약이 이루어지는 등 계약상의 문제가 발생할 가능성이 높다. 이를 예방하기 위해서는 중개사업자를 통한 주택 거래나 임대차계약에서 보호받을 수 있는 방식과 유사한 방식 등 다양한 보호장치를 마련해야 한다.

공유주거에서 공동생활을 위해 만들어지는 생활규칙도 특별한 기준 없이 설정되는 경우가 대부분이다. 이러한 경우 생활규칙 등의 설정을 구성원들이나 공유주거 운영사업자의 도덕성이나 전문성에 의지한다. 따라서 생활규칙 등을 일정한 기준 속에서 합리적으로 설정할 수 있도록 다양한 보호장치를 마련해야 한다.

공유주거는 현대사회에서 다변화되는 가족구조나 가구 구성에 대응할 수 있는 대안으로 각광받으면서 도입·보급되고 있으나 다양한 문제를 내포하고 있다. 이러한 문제들을 해소하면서 공유주거에 대한 인지도를 높이면 보급이 확산될 것이다. 이는 사회적으로 기존 재고 주택의 활용이라는 하드웨어적 측면뿐만 아니라 현대사회에서 다변화되는 가족구조나 가구 구성으로 약화되고 있는 가족기능의 대체라는 소프트웨어 측면의 효과를 노릴 수 있을 것이다.

생각해 보기

1. 공유주거에 대한 생각을 친구들과 나누어 보자.
2. 가족이 아닌 타인과의 공동생활에서 생길 수 있는 문제점과 그 예방법에 대해 생각해 보자.
3. 우리나라의 공유주거 사례를 조사해 보고 견학해 보자.
4. 공유주거에 필요한 시설을 생각해 보고 우선순위를 결정해 보자.

8장

누구나 살기 편한 주거

주거는 가족, 이웃과 소통을 하면서 관계를 형성하고 삶의 가치와 의미를 부여하는 가장 기본이 되는 생활공간이다. 이 공간은 나이, 신체적 능력, 감성 등이 서로 다른 다양한 거주자들이 함께 하며 누구나 편하게 살 수 있는 환경이어야 하며, 생애주기에 따라 변화하는 거주자들의 요구를 수용할 수 있어야 한다. 대부분의 사람들은 개인과 가족의 상황 변화에 따라 공간에 대한 요구가 달라짐에도 주택이 이러한 요구에 대응하여 바뀌어야 한다기보다는 공간에 적응하여 살아야 한다고 생각한다. 공간에서 장애가 되는 것은 불편함으로 이어지고 행동에 제약이 생긴다. 유니버설디자인 원리가 적용된 집은 변화하는 상황, 장애 정도, 나이에 관계없이 누구나 편하고 안전하게 살 수 있다. 디지털기술의 발달은 기능적이면서도 편리한 주거생활을 가능하게 해 주고, 나아가 인간의 감성을 담아낸 집은 거주자가 더 편안하고, 더 행복한 공간을 만들어낸다.

1 주거와 유니버설디자인

인간생활의 가장 기본이 되는 주거환경이라면 다양한 거주자들이 누구나 편하게 살 수 있어야 한다. 노인과 장애인구의 증가, 저출산현상으로 인한 인구학적 특성의 변화와 장애에 대한 인식의 변화는 거주자의 다양성을 수용할 수 있는 주거디자인의 요구로 이어지고 있다.

유니버설디자인(universal design)의 근본적인 개념은 대량생산체제의 산업사회가 가진 획일성을 탈피하고 인간 중심의 본질 회복으로 설명할 수 있다. 이것은 사회구조 변화에 대응할 수 있는 융통성, 가변형 디자인, 생애주기가 바뀌어도 이를 무리 없이 수용할 수 있는 '생애주기디자인', 즉 '인간 중심의 디자인'과 일맥상통한다.

1) 유니버설디자인의 개념

유니버설디자인이란 '모두를 위한 디자인(design for all)'으로 장애의 유무나 연령 등에 상관없이 모든 사람들이 제품, 환경, 정보시스템 등을 보다 편하고 안전하게 이용할 수 있도록 한 것이다. 또한 인간의 존엄성과 평등을 실현하는 것으로 '인간을 위한다'는 의미를 새롭게 부각시킨 디자인 개념이다. 무장애디자인(barrier free design)에서 출발한 유니버설디자인은 현재 장애인과 노인을 위한 디자인의 개념을 넘어 나이, 성별, 장애 여부, 신체 크기, 신체 능력뿐 아니라 개별적 특성까지도 포함하며 인간의 전체 생애주기를 수용하는 디자인이라는 개념으로까지 발전되었다. 즉 유니버설 디자인은 생애주기디자인(life-span design) 또는 세대를 초월하는 디자인(transgenerational design) 개념으로, 과거의 무장애디자인, 접근가능한 디자인(accessible design), 수용가능한 디자인(adaptable design)의 개념을 넘어선 것이다.

2) 유니버설디자인의 발달과정

유니버설디자인은 1960년대 전후에 제기된 무장애디자인(barrier free design)에서 출발하였다. 이 개념이 가장 일찍 인식되기 시작한 미국의 경우, 1961년 장애인이 건축물이나 시설물 등에 접근할 수 있도록 디자인 표준을 규정하였으며(ANSI A117.1 : The American National Standards Institute), 이것은 장애인의 권리를 디자인과 연관시켜 인식하게 하는 계기가 되었다. 무장애디자인은 휠체어 사용자가 건축물을 출입하고 다니는 데 방해가 되는 장해물이 없도록 규정한 것이며 장애인이 사용할 수 있는 싱크대와 욕조, 변기, 출입구 등을 신규 공공임대아파트에 적용하였다. 그러나 이러한 무장애디자인 관련 규정은 공공이용시설에 한정되었고 중증이동장애인에 초점을 두어 결국 시설 이용자를 격리시키는 부정적인 결과를 초래하였다.

장애인권리운동이 활발하던 1970년대에는 장애인이 특별보호대상이 아닌 동등한 시민으로서 평등한 기회를 제공해야 한다는 사회적 요구가 커짐에 따라, 이를 실현시킬 수 있는 디자인이 주요 주제로 떠올랐다. 장애인도 시민으로서 동등하게 공공건물과 장소를 이용하고 교육받고, 취업하고, 사회활동에 참여할 수 있는 권리를 얻게 됨으로써, 이를 반영한 접근가능한 디자인(accessible design)이 공식적으로 사용된 것이다.

환경장애물이 제거된 상태를 의미하는 접근가능한 디자인은 최소 규정에 묶여 디자인의 기능성을 축소시키는 결과를 초래하였으나 더 많은 사용자가 이용할 수 있는 디자인에 대한 관심을 갖게 하는 계기가 되었다. 1974년에 개최된 유엔장애자생활환경전문가회의에서 로날드 메이스(Ronald Mace)는 무장애디자인, 수용가능한 디자인, 생애주기디자인과 같은 3가지 디자인 콘셉트를 포괄하는 개념인 유니버설디자인을 처음으로 제창함으로써 접근성을 넘어 더 포괄적이고 보편적인 디자인 개념을 확립하였다.

1980년대에 이르러서는 유니버설디자인에 대한 시야가 확대되기 시작하였다. 디자인의 초점을 장애를 포함한 모든 사용자에게 적용할 수 있는 개념으로 확대함으로써 장애인이 독립성을 유지함과 동시에 모든 사용자에게 편리함과 안전함을 제공해 주는 디자인으로 확립되었다.

유니버설 디자인의 개념이 사회적으로 급속하게 확산되었던 1990년대에는 장애를 가진 미국인법(ADA ; Americans with Disabilities Act, 미국에서 장애를 가진 사람들의 차별을 금지하는 법률)이 제정되어 유니버설디자인의 법적 토대를 마련하였다. ADA는 기회의 균등, 완전한 참여, 독립적인 생활, 경제적인 자립 등을 보장하기 위해 장애인과 관련된 국가적인 목표를 담고 있어 이것의 파급력은 장애인뿐만 아니라 일반 사용자와 디자이너의 기존 사고를 혁신적으로 바꾸는 영향을 미치게 되었다. 또 인구학적 변화는 모든 사용자를 고려하는 인간 중심의 유니버설디자인을 발전시키는 촉진제 역할을 하였다. 선천적 장애, 사고나 질병에 의한 후천적 장애뿐만 아니라 일시적인 장애가 아니더라도 인간은 노화에 의해 기능이 감퇴되고 장애가 생긴다는 사실을 인식하게 된 것이다.

유니버설디자인은 장애인, 노인, 여성, 어린이 등 사회적 약자층을 넘어 일시적인 장애에 처한 일반인, 장애를 지닐 가능성이 언제나 있는 잠재인으로서의 일반인, 나아가 각기 다른 개성을 지닌 모든 이들을 대상으로 그 범위가 넓어지는 방향으로 발전하고 있다. 즉 보다 다양하고 복합적이며 다면적인 인간의 요구, 더욱 다양한 사용자, 그리고 상황에 따른 역동적인 변화를 포용력 있게 수용할 수 있는 디자인이며 그로부터 인간성을 다각적으로 회복하고 그 가치를 재발견하고 증진시킬 수 있는 사용자 중심의 디자인을 추구한다.

3) 유니버설디자인의 원리

로버타 L. 널(Roberta L. Null)은 유니버설디자인 창조에 기능적 지원성, 적응성, 접근성, 안전성이라는 4가지 원리가 담겨 있다고 하였다.

기능을 지원하는 디자인(support design)이란 보편적으로 디자인한 제품과 환경이 사용자가 원하는 기능을 최소한의 노력으로 편안하고 효율적으로 사용할 수 있는 것이다. 적정한 조명의 작업공간은 사용자의 작업을 용이하게 하고 광센서가 달린 수도전이나 변기, 전등 또는 조작이 쉬운 샤워기 등은 노인이나 장애가 있는 사람들이 일상생활을 정상적으로 하는 데 도움이 된다.

적응가능한 디자인(adaptable design)은 제품이나 환경이 다양하게 변화하는 대다수의 요구를 충족시켜야 한다. 높이 조절이 가능하고 상판 분리가 가능한 책상은 비장애인의 다양한 요구와 상황을 충족시킬 수 있을 뿐만 아니라, 어린이나 휠체어 사용자들의 앉은 키에 맞게 조절이 가능하다.

접근가능한 디자인(accessible design)은 장애물이 제거된 상태로 일반적으로 많은 사람에게 방해가 되거나 위험한 물리적 환경을 변화시킬 수 있도록 해 준다. 단차가 제거된 보도 연석은 휠체어 사용자뿐만 아니라 자전거, 시각장애인, 유모차를 끄는 사람도 쉽게 접근할 수 있으며, 폭이 넓은 출입구는 휠체어 사용자뿐만 아니라 짐을 많이 들고 있는 사람들에게도 편리함과 편안함을 제공해 준다.

안전한 디자인(safety-oriented design)은 사용상의 이유로 사용자가 심리적·신체적 위험에 노출되지 않도록 하는 것이다. 모서리가 둥근 가구, 미끄럽지 않은 욕실 바닥과

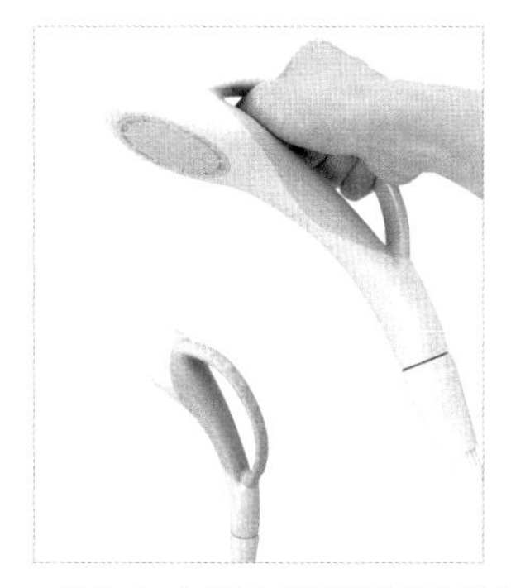

그림 8-1 누구나 쉽고 편리하게 사용할 수 있는 샤워기

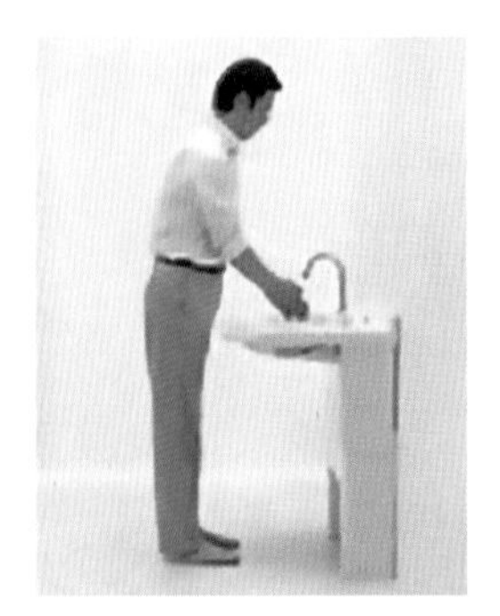
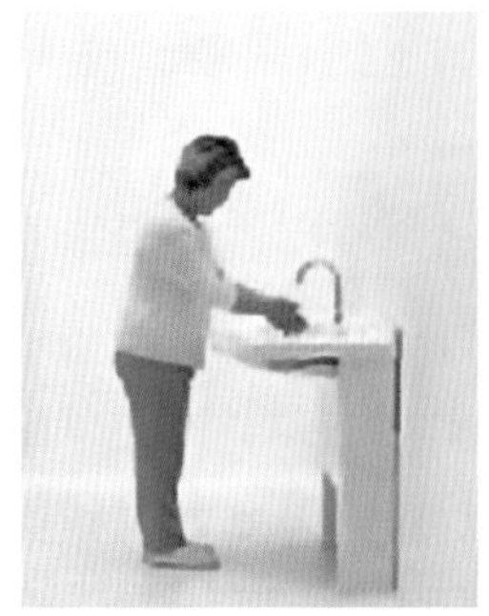
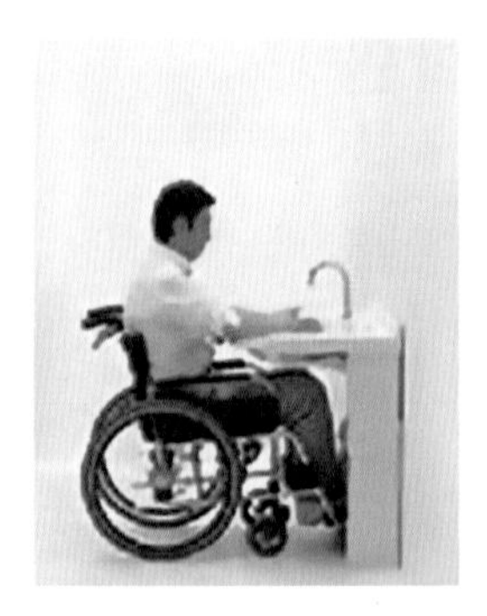
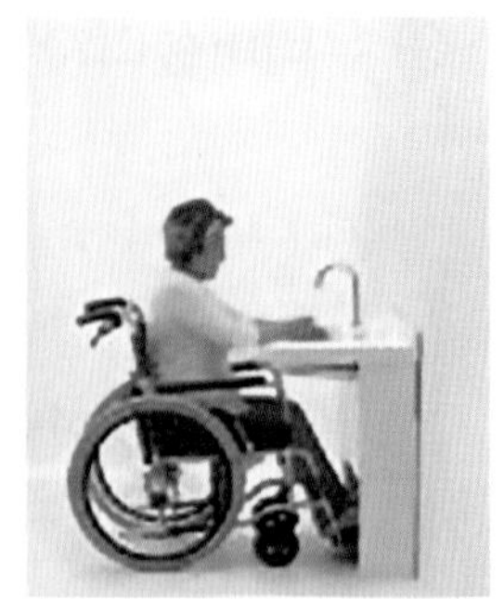

그림 8-2 사용자에 따라 높이를 조절할 수 있는 세면대

그림 8-3 누구나 쉽게 접근할 수 있는 단차가 제거된 연석과 경사로

욕조, 청각적·시각적으로 표시기능이 많은 경보기는 사람들이 안전하게 이용할 수 있어 사고를 미연에 방지할 수 있다.

이러한 유니버설디자인을 효과적으로 보급하기 위해 1997년 미국 노스캐롤라이나주립대학 유니버설디자인센터에서는 다음과 같이 7가지 원리를 선정하였다. 이 원리는 사람의 능력과 연령에 관계없이 누구나 편하고 안전하게 제품과 환경을 이용하고, 사용자의 기능 능력을 강화하도록 디자인하기 위한 지침이다.

(1) 누구나 평등하게 사용할 수 있는 디자인

각기 다양한 능력을 가진 사람들이 대등하게 이용할 수 있어야 하며 모든 사용자에게 프라이버시, 보안성, 안전성이 공평하게 제공되어야 한다. 레버형 손잡이는 손의 힘이 약한 어린이나 노인, 손에 짐을 든 사람까지 다양한 사용자가 쉽게 이용할 수 있다.

(2) 융통성 있게 사용할 수 있는 디자인

개인의 다양한 기호와 능력을 넓게 수용할 수 있어야 하며 선택가능성, 변경가능성,

조절가능성이라는 특징이 있다. 오른손잡이와 왼손잡이 모두 사용할 수 있는 가위, 높이를 조절할 수 있는 선반이나 옷걸이, 한 손으로 조작이 가능한 용구, 걸터앉을 자리가 있는 욕조 등은 다양한 사용자가 쉽게 접근할 수 있다.

(3) 간단하고 직관적으로 사용할 수 있는 디자인

사용자의 경험, 지식, 언어능력, 집중력과 관계없이 사용법이 간단하고 이해하기 쉬워야 한다. 센서장치가 있는 수도전, 조명등, 양변기 등은 이용방법에 대한 설명이 없어도 직관적으로 사용할 수 있다.

(4) 알기 쉽게 정보를 전달할 수 있는 디자인

사용자의 지각능력이나 주변 상황에 관계없이 필요한 정보를 사용자에게 효과적으로 전달한다. 쉽게 인지할 수 있는 조절판은 누구에게나 정보를 편리하게 습득하게 한다. 물이 끓으면 소리가 나는 주전자, 일정 높이까지 물이 차면 소리가 나는 컵 등은 시각장애인도 쉽게 이용할 수 있다.

(5) 실수를 고려한 디자인

의도하지 않았던 행동으로 인해 위험해지거나 불리한 결과로 이어지지 않아야 한다. 가장 많이 사용되는 요소는 접근하기 쉬운 위치에 배치하고 위험이나 오류에 대한 경고는 사전에 제시한다. 세면대 아래 급배수관을 단열재로 감싸거나 덮개를 씌우면 휠체어 사용자도 안전하게 이용할 수 있다.

(6) 물리적인 노력이 적게 드는 디자인

사용하는 데 드는 신체의 피로감을 최소화하여 편안하고 효율적으로 사용할 수 있어야 한다. 자동문은 양손에 짐을 들고도 쉽게 드나들 수 있어야 하며 문 손잡이나 수전을 레버형으로 하면 손의 힘이 약한 노인들도 쉽게 사용할 수 있다.

(7) 접근과 사용을 위한 크기와 공간디자인

사용자의 신체 크기, 자세, 이동능력과 상관없이 이용이 쉽고 조작이 쉬운 크기와 공간을 제공한다. 휠체어 사용자도 작업이 가능하도록 휠체어 회전공간을 확보하거나, 엘

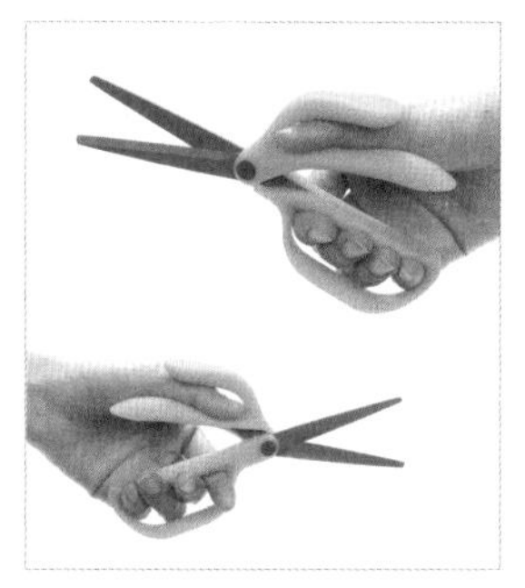

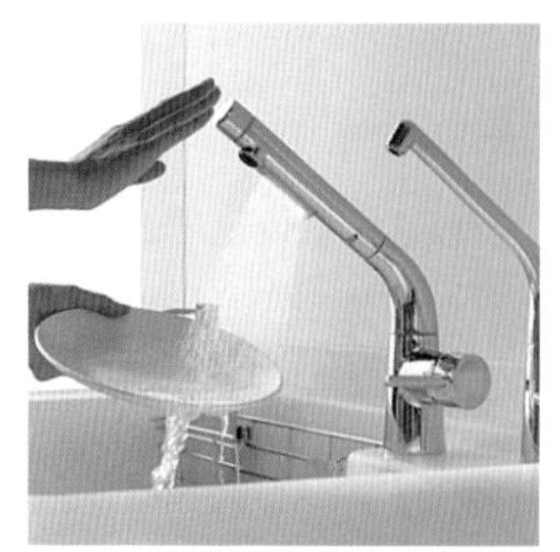

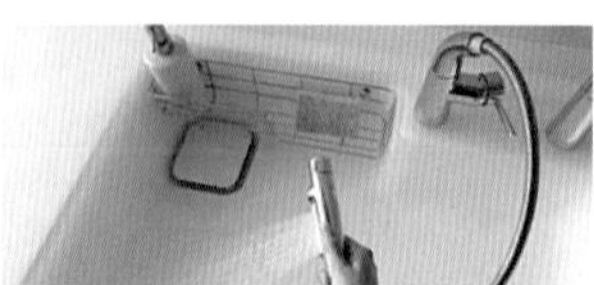

양손 모두 사용가능한 가위　　센서가 달린 호스형 수전

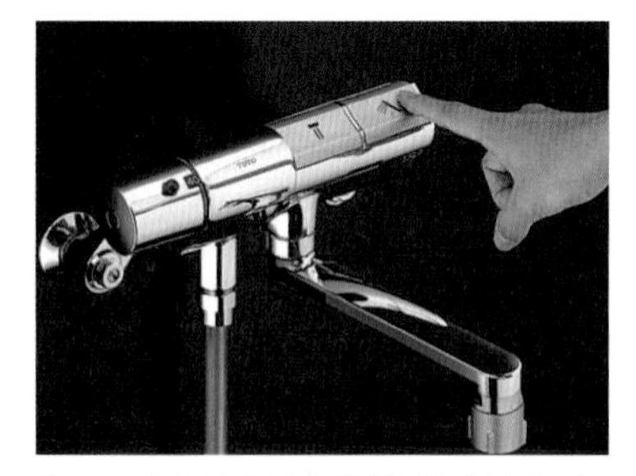

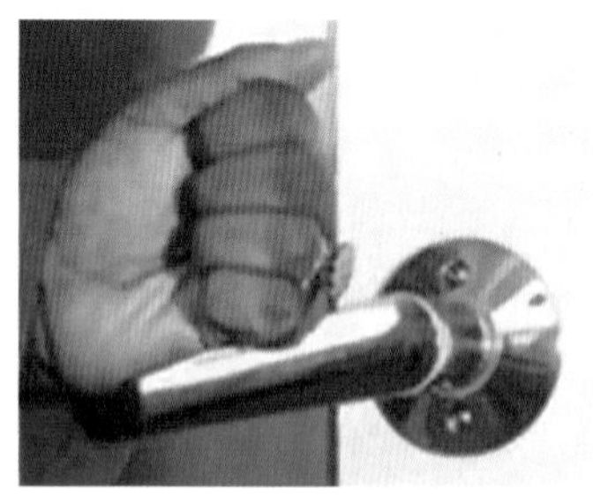

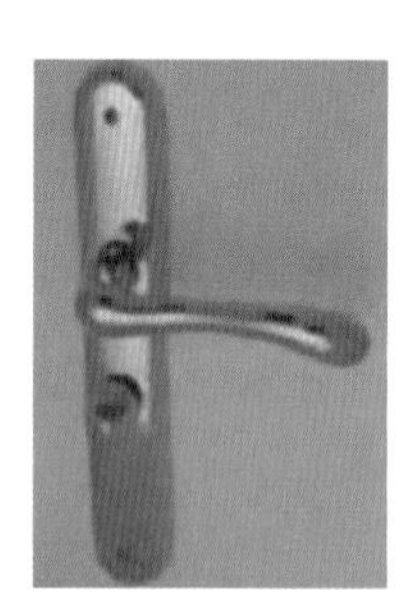

온도 조절과 물의 분사방식을 쉽게 알려 주는 수전　　쉽게 열리는 레버형 손잡이

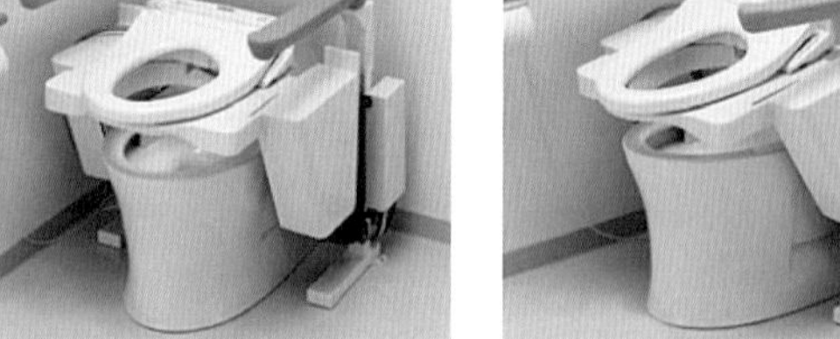

높낮이 조절이 가능한 변기

그림 8-4　**유니버설디자인 사례**

리베이터 접근이 용이하도록 공간을 확보한다.

4) 주거에서의 유니버설디자인

일상생활을 영위하는 데 가장 중요한 공간인 주택은 시간에 따른 신체적 변화를 수용할 수 있는 집(aging in place), 즉 어린이부터 노인에 이르는 전 생애에서 일어날 변화를 고려하여 계획되어야 한다. 유니버설디자인주거는 무장애디자인과 접근가능한 디자인을 포함하며 주택의 모든 공간과 구성요소에 유니버설디자인 원리를 적용해야 한다. 연령과 기능 능력이 다양한 사람들이 쾌적한 생활을 할 수 있도록 디자인하고 사용자의 현재 요구는 물론 미래 요구에 대응하여 필요한 조치를 할 수 있도록 유연성이 있는 요소를 갖추어야 한다.

주택의 유니버설디자인 기본요건은 주택 내에서 이동이 용이하고 자유롭고 안전하게 생활할 수 있어야 하며, 미래의 신체적 변화에 대응할 수 있도록 보조기구나 휠체어에 의한 주택 안의 이동이 용이해야 한다. 더불어 주거공간의 구성, 실내 요소의 모양과 크기, 위치, 작동에 드는 힘, 사용방법, 색채, 마감재료 등을 고려하여 누구나 사용하기 편하게 디자인해야 한다.

(1) 실내공간

기본 생활공간은 동일 층에 배치하는 것이 좋으나 복층인 경우에도 거실, 부엌, 식사실 외에 침실과 욕실을 두어 계단을 이용하지 않고 한 층에서 독립적으로 생활할 수 있게 한다. 방의 배치는 복잡한 동선을 피하고 주택 내외 공간의 단차를 없애 걸려 넘어지지 않으면서 안정된 자세로 이동할 수 있게 한다. 주거공간 내의 통로 부분은 일상적인 이동이나 물건 운반 시의 편이성뿐만 아니라 미래의 변화에 대응할 수 있도록 보행보조기구나 휠체어가 통행가능한 폭(최저유효폭 80cm, 90cm 이상 권장)을 확보해야 한다. 통로에도 난간을 설치하며 난간의 높이는 75~85cm로 한다.

계단은 사고가 많이 나는 곳으로 안전을 고려하여 계단 중간에 계단참과 난간을 설치한다. 집에 노인이 있는 경우 난간을 계단 양쪽에 설치하고 난간의 시작과 끝부분을 계단 끝보다 길게 내고 모서리는 둥글게 처리한다. 계단 폭은 필요할 경우 상하 이동 보조의자를 설치할 수 있도록 넓게(120cm 이상) 만들고 계단 시작과 끝부분에 의자에 앉고

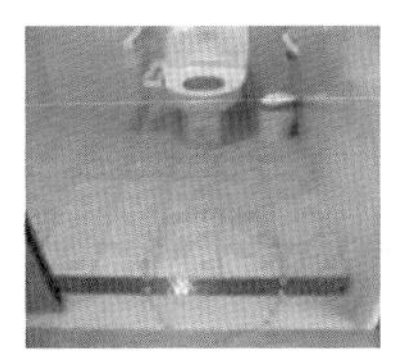
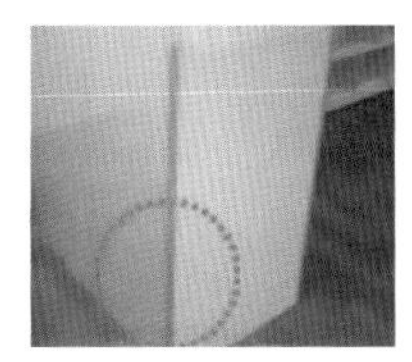

그림 8-5 접근이 용이한 미닫이문과 손잡이, 단차를 제거한 바닥, 구멍 간격이 좁고 단차가 없는 배수구, 벽 모서리 보호대

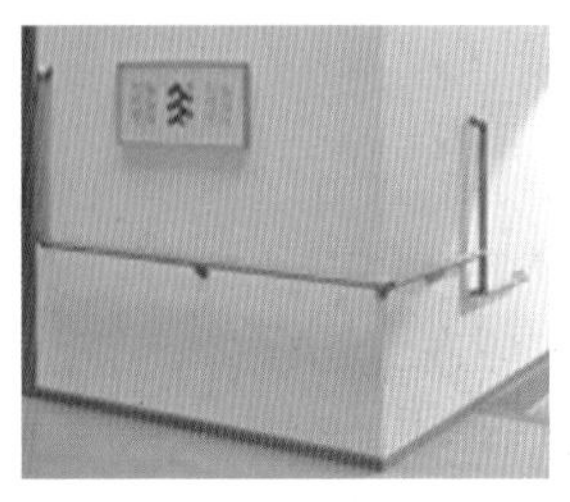
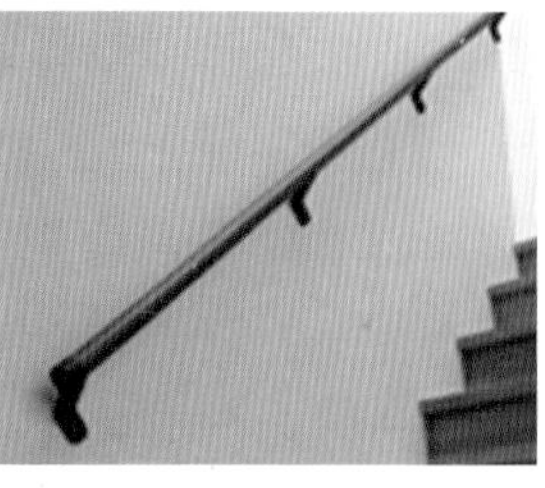

그림 8-6 **계단과 복도에 설치된 안전을 위한 난간**

내릴 수 있는 여유공간을 둔다. 또 엘리베이터 시설을 대비하여 1~2층을 연결하는 붙박이장이나 창고(최소 90×120cm)를 설치할 수도 있다. 또 계단 디딤면을 비추는 조명이 필요하며 아래와 위는 물론 중간도 밝게 하고 상하층에서 각각 조작할 수 있게 한다.

창호는 평소 빈번하게 사용하는 것으로 개폐가 쉽고 안전하며 실용성이 있어야 한다. 문은 90cm 폭을 확보하여 휠체어의 출입이 용이하게 하고 가능한 한 문턱을 없애고 부득이한 경우 0.6cm 이하로 한다. 문의 손잡이는 조작이 쉬운 레버형으로 하고 바닥으로부터의 높이는 80~90cm로 한다. 창문에는 쉽게 여닫을 수 있는 장치를 단다.

주택 내의 조명은 실내를 풍부하고 안락하게 해 주며, 시각적인 도움과 더불어 작업환경을 마련해 주고 자연 채광과 더불어 인간에게 심리적·정서적 안정감을 준다. 특히 노인이나 어린이 침실과 거실에는 창을 많이 내어 자연 채광이 충분히 유입되도록 하고, 노인의 시각 특성을 고려하여 조명을 밝게 한다. 야간에 주로 이용하는 침실과 화장실에는 항상 조명이 켜져 있어야 하며, 어두워도 쉽게 찾을 수 있도록 조명이 부착된 스위치를 사용한다.

마감재는 유지·관리가 용이한 것을 사용한다. 마감재는 재료에 따라 불쾌감을 끼치거나 상처의 원인이 되기도 쉽다. 바닥 마감재는 넘어지지 않도록 돌출 부분이 없도록 하며 미끄럽지 않고 휠체어가 다니기 쉬운 재료를 쓰고 계단, 노인 침실, 어린이 침실에는 넘어지더라도 충격이 적은 재료를 사용한다. 벽의 마감재는 충돌하더라도 충격이 적고 몸에 스쳐도 상처를 입지 않을 만한 재료를 사용한다.

(2) 출입구

주택 외부에서 내부로 진입하는 출입구에는 접근성을 고려하여 계단을 설치하지 않는다. 급경사는 피하고 경사로의 상부와 하부는 평탄하게 하며 보행로의 유효폭을 90cm 이상으로 길이 젖었을 때도 미끄럽지 않도록 마감한다. 출입문 밖에는 눈이나 비를 막을 수 있는 포치(porch : 현관 앞으로 지붕을 달아낸 부분)나 차양을 설치하고, 출입문 옆에는 문을 여는 동안 짐을 올려놓는 선반을 달거나 의자, 탁자를 둔다. 출입구 역은 조명을 밝게 하고, 출입문 잠금장치를 비추는 국부조명을 설치한다. 출입문에는 문턱을 없게 하고, 문턱이 있더라도 1.3cm를 넘지 않도록 한다. 출입문에 TV 모니터가 연결되어 있지 않을 경우 어린이나 휠체어에 앉은 사람이 내다볼 수 있는 높이에 도어아이를 하나 더 설치하거나 출입문 옆에 긴 고정창을 낸다.

그림 8-7 현관의 단차를 없애 주는 경사막대와 신발을 신기 편하게 설치한 의자

현관은 신발을 신고 벗기 편하도록 의자를 두고, 공간이 좁아 의자를 둘 수 없는 경우에는 난간을 설치한다. 현관 내부에는 휠체어 회전공간(지름 150cm)을 두고, 현관턱이 10cm 이상이면 경사로를 설치한다.

(3) 부엌

부엌은 식사 준비와 뒷정리가 이루어지는 가사작업공간으로 다양한 연령과 각기 다른 능력을 지닌 사용자를 위해 심미성과 기능적인 접근성을 고려해야 한다. 부엌은 현관이나 식사공간 혹은 수납공간과 인접해야 한다. 개방된 부엌은 외부공간 및 다른 사람과의 소통을 원활히 해 주며, 아일랜드형 작업대와 연결된 식탁은 가족이 모여 요리를 즐길 수 있게 해 준다.

부엌에는 높낮이가 조절가능한 부엌 작업대나 다양한 높이의 작업대를 설치하여 서거나 앉아서도 사용이 가능하도록 한다. 개수대 아래에는 무릎공간을 두어 휠체어나 다른 보조기구를 사용하는 사람과 앉아서 작업해야 하는 사람들이 편하게 일할 수 있도록 하고, 무릎공간이 필요 없을 때는 수납공간으로 활용한다. 작업면은 밝은색으로 하고 국부조명을 달아 작업의 효율을 높인다. 오븐 가까이에 꺼낼 수 있는 선반을 두어 뜨거운 음식물을 올려놓거나 앉아서 사용하는 작업대로 활용한다. 준비대와 개수대의 보조상판은 융통성 있는 공간 활용을 가능하게 하며, 수전은 원터치 레버형을 사용하고 샤워형 수전은 물의 사용을 자유롭게 해준다.

상부 수납장은 높은 곳에 있는 집기를 쉽게 꺼낼 수 있도록 아래로 내릴 수 있게 하고, 작업대 아래 수납장은 완전히 당기는(pull-out) 선반이나 서랍을 설치한다. 코너장은 회전식 선반을 사용하여 인체에 무리가 가지 않게 수납의 효율을 높인다. 벽 수납장도 높이를 조절할 수 있게 하거나 레일을 설치하여 선반이 자유롭게 드나들도록 해서 수납의 가시성과 접근성을 높인다. 반투명 문이 달린 수납장은 안의 내용물을 쉽게 확

그림 8-8 그릇을 넣고 꺼내기 쉽게 한 하부 수납장과 식기세척기

인할 수 있어 좋다.

냉장고는 문을 양쪽으로 여는 형으로 하고 오븐, 세탁기, 건조기도 앞쪽에서 옆으로 열 수 있는 것을 설치한다. 전자레인지는 어린이나 휠체어 사용자 모두 이용할 수 있도록 앉았을 때 손이 닿는 위치에 설치한다. 조리용 레인지는 스토브와 오븐이 분리된 것으로 하고, 조절판이 크고 간편하게 조작가능한 것을 선택한다. 스토브는 버너 사이를 끌어서 옮기는 것이 가능한 평면형으로 하고 음식물 찌꺼기를 쉽게 닦을 수 있는 재질로 마감된 것을 사용한다.

(4) 욕실

욕실은 주거 내에서 안전사고가 가장 많이 발생하는 곳이다. 변기, 세면대, 욕조 구성의 유니버설디자인 적용을 위한 욕실의 크기는 최소 1.8×2.4m로 출입문의 유효 폭은 80cm 이상을 확보하고, 출입문 단차를 2cm 미만으로 최소화한다. 휠체어 사용자를 위한 최소 바닥면적은 70×120cm를 확보하고 필요시 변기, 욕조, 샤워실 주변에 미끄럽지 않은 손잡이대를 설치한다. 욕실 바닥, 출입문의 문턱, 욕조 바닥에는 물에 젖어도 미끄럽지 않은 재료를 사용한다.

세면대는 사용자의 키에 맞추어 높낮이 조절이 가능하게 하고, 세면대 하부에는 무릎공간을 두어 휠체어 사용자들도 접근이 용이하도록 한다. 의자 겸용 세면대 하부장은 서 있기 힘든 사용자도 안전하고 편안하게 사용할 수 있어 좋다. 상판이 넓은 세면대는 각도 조절이 가능한 거울을 사용하여 휠체어 사용자나 어린이도 쉽게 이용할 수 있도록 하고, 수전은 원터치 레버형이나 호스형을 사용한다.

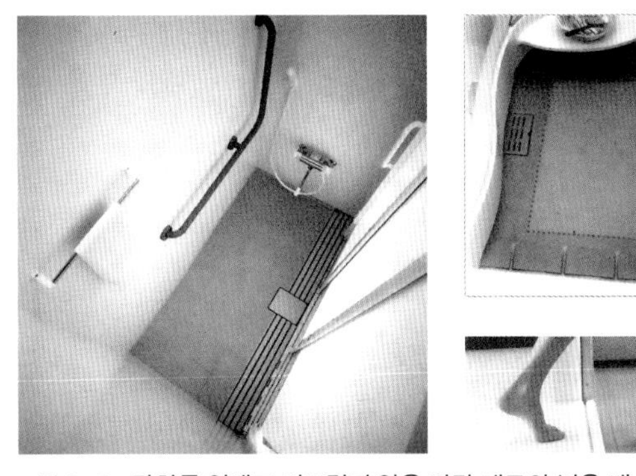
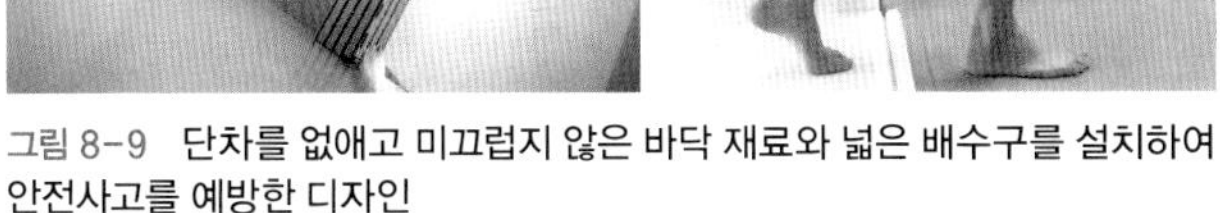

그림 8-9 단차를 없애고 미끄럽지 않은 바닥 재료와 넓은 배수구를 설치하여 안전사고를 예방한 디자인

출처 : 이연숙(2005), p.214.

그림 8-10 높낮이 조절이 가능한 샤워 수전과 가로세로형의 손잡이가 달린 욕조

높낮이 조절이 가능한 변기는 다양한 신체 크기의 사용자를 수용할 수 있으며 양옆에는 여유공간을 둔다. 휴지걸이는 적절한 위치에 설치하고 변기 옆에는 전화기나 긴급 통보 장치를 설치한다. 물을 내리는 장치는 센서가 부착된 것이나 버튼식을 부착하면 누구나 쉽게 사용할 수 있다.

출입문이 있거나 걸터앉을 자리가 확보된 욕조, 그리고 욕조의자는 욕조에 안전하고 쉽게 접근할 수 있게 해 준다. 샤워핸들은 높낮이 조절이 가능한 것을 사용하고 샤워실 벽면에는 접이식 의자를 설치하여 필요에 따라 앉아서도 샤워할 수 있도록 한다. 수납장은 손이 닿기 쉬운 곳에 위치하게 하고 손잡이는 U자형을 사용한다.

2 기술로 지원하는 주거

20세기 산업구조와 기술의 발달은 인류 발전에 큰 역할을 하면서 라이프스타일과 주거환경을 안락하고 편안하게 변화시켰다. 전기는 어둠에 대한 불편함을 해소시켰고, TV와 전화는 거리의 제약 없이 집에서도 세상과 소통할 수 있는 수단이 되었다. 리모컨은 가전기기 사용에 행동의 제약을 줄여 활동성을 증대시켰다. 마이크로프로세스의 개발은 모든 가전기기의 소형화를 이루고 활용성을 증가시켜 편안한 주거생활이 가능하게 만들었다.

1970년대 후반, 컴퓨터기술과 정보통신이 급속히 발전하여 '제3의 기술혁명'이라고 불리는 정보화사회로 접어들고, 1980년대 퍼스널컴퓨터의 대중화로 미래 주택에 대한 일대 전환기를 맞이하게 되었다. 1987년 홈오토메이션 개념이 도입된 최초의 주택이 건립되었으며 스마트하우스*란 이름이 처음으로 사용되었다. 이때 도입된 홈오토메이션 기술은 온도 조절기능, 카메라를 통한 방문객 확인, 외출 시 방범을 위한 조명관리 정도였다. 1990년대 들어 IT 기술을 기반으로 한 산업은 '디지털 혁명'이라는 새로운 흐름을 맞이하였다. 개개인의 컴퓨터능력 향상뿐 아니라 사물에 컴퓨터 지능을 부여하고, 더 나아가 각각의 대상을 연결시켰다. 스마트홈은 바로 이러한 디지털 혁명이 가정에 적용된 것이다.

1) 이제는 스마트홈 시대

21세기의 가장 큰 변화는 디지털기술의 발전으로 네트워크화·정보화·지능화된 사회가 만들어낸 우리의 새로운 생활환경이다. 오늘날의 주거는 사회의 제반적인 요인의 변화와 디지털 기술의 발전과 인간의 라이프스타일의 변화에 맞추어 첨단화되고 있다.

지능형 주거는 인터넷 환경을 기반으로 거주자들을 위한 편리성·쾌적성·안전성은 물론 정보화 등이 주거환경과 어우러져 휴식공간과 생활공간으로 구축되는 주거공간을 의미하며 스마트홈, 디지털홈이라는 용어와 같은 의미로 사용된다. 24시간 온라인 서비스를 통하여 많은 정보를 제공하고, 지능화된 시스템으로 쾌적한 생활과 편안한 주거환경을 조성하여 다양한 주거기능을 실현하고 있다. 스마트홈의 주된 기술은 인간 본질 회복에 목적을 두고 있다. 하드웨어적인 기계의 비인간성을 없애고 개개인에 대응 가능한 유비쿼터스(ubiquitous)라는 유연성을 실현하는 것이다.

다양한 첨단 IT 기술이 구현된 지능형 주거는 초고속 정보통신망, 홈네트워크(home network), 홈오토메이션(home automation), 지능형 센서(smart sensor) 같은 요소를 기반으로 정보 가전 기기와 통합하고 이러한 하드웨어를 제어하고 관리할 수 있는 소프트웨어들을 네트워크화하여 집의 모든 기기들을 하나로 묶는 것으로 다양한 개개인

* '스마트하우스'라는 명칭은 미국 주택건설협회 노사재단에서 붙인 것으로 청년과 노인, 그 외에도 누구든지 편하게 사용할 수 있는 하이테크 주택을 의미한다{이일주(2005), Naisbitt(1987)에서 재인용}.

의 삶의 질을 높이는 하나의 수단이 되었다. 스마트홈은 서비스 위주의 엔터테인먼트, SOHO(Small Office Home Office), 홈 정보관리, 리빙뉴스, 보안·제어를 포함한다.

우리나라 주택 분야에서도 스마트홈과 관련된 다양한 인증 제도를 시행하여 주거공간의 첨단화시스템에 관한 기준을 마련하였다. 정보통신부의 '초고속 정보통신건물 인증제도'를 시작으로 '지능형아파트 인증제도'가 개발되었으며, 나아가 지능형 주거의 단순한 육성과 지원 단계를 넘어 체계적인 정착과 활성화를 유도하기 위한 디지털홈 인증제도 개발을 추진 중이다.

2000년대 이전까지도 일반 유선전화는 대부분의 국가에서 보편화된 통신수단으로 국가 간의 격차가 적었다. 하지만 불과 10년 사이에 이동전화가 급속도로 보급되면서 유선통신이 사라지게 되었다. 앞으로도 이동통신시장의 점유율은 가속화될 전망이다. 미래창조과학부의 통계자료(2014. 12)에 따르면 유선 시내전화 가입자 수는 1,693만 명으로 전년 대비 3.9%로 감소했으며, 이동통신 가입자 수는 5,800만 명으로 4.6% 증가했다. 우리나라 전체 인구가 5,042만 명인 것을 감안하면 개개인이 이동통신수단을 가지고 있다고 볼 수 있다. 세계적으로도 매년 평균 7%씩 증가하고 있으며, 2019년까지 이동통신 서비스 가입자가 92억 명에 이를 것으로 보고되었다.

우리나라는 1988년에 처음으로 초고속 인터넷서비스를 제공하여 불과 4년 만에 초고속 인터넷 가입자 수가 1,000만 명을 넘어서는 등 세계 최강의 정보 인프라를 가지고 IT 분야 세계 선도국의 역할을 수행하고 있다. 2013년 12월 기준, 국내 초고속 인터넷 가입자 수*는 약 1,900만 명으로 2012년 대비 2.7% 증가하였으며, xDSL은 지속적으로 감소하는 반면 FTTH, LAN 등의 서비스가 지속적으로 증가하고 있다. 2020년에는 상용화를 앞두고 있는 5세대(5G) 이동통신 서비스가 본격적으로 모습을 드러낼 것으로 예상되는 가운데 국내 인터넷 시장에서 '기가 인터넷'이 오는 2018년이면 유·무선 네트워크 속도를 모두 기가급으로 상향시키는 등 대규모로 확산될 전망이다.

컴퓨터에서만 인터넷 접속이 가능했던 시대와 달리 스마트폰의 대중화로 일상생활

---

* 초고속 인터넷 접속 방식별 가입자 분포는 xDSL(x Digital Subscriber Line : 전화선을 이용해 초고속 데이터통신을 가능하게 하는 디지털 가입자 회선) 9.9%, HFC(Hybrid Fiber-coax network : 광섬유와 동축 케이블을 함께 사용하는 선로망) 25.5%, LAN(Local Area Network : 비교적 가까운 거리에 위치한 소수의 장치들을 서로 연결한 네트워크) 37.3%, FTTH(Fiber to the Home : 광케이블을 일반가정까지 연장해 구축한 멀티미디어 통신 인프라스트럭처)27.3%, 위성 0.00002%이다.

우리 삶이 달라졌다

판교신도시에 거주하고 있는 김모 씨. 아침에 일어나 화장실 문을 여는 순간 손잡이에 내장된 센서가 혈압과 체온을 체크한다. 소변을 볼 때는 변기가 당뇨 수치를 확인한다. 샤워를 마치고 나오자 모바일 기기를 통해 모든 데이터를 실시간으로 전달받은 주치의가 원격화상 진료를 권유한다.

출처 : 서울경제(2014. 6. 18).

최근 '사물인터넷(IoT)'을 기반으로 하는 스마트홈 시대가 본격적으로 열리면서, 앱으로 기기를 작동시키는 이른바 '앱 컨트롤러' 제품의 영역이 빠르게 확대되고 있다. 복잡한 스마트 기능을 터치 한번으로 남녀노소 누구나 직관적으로 사용할 수 있어 소비자들의 호응도 또한 높다. 더 나아가 앱 컨트롤러 기능은 언제 어디서나 기기를 원격으로 제어할 수 있는 극대화된 활용성을 바탕으로 사용자의 라이프스타일까지 영향을 미치고 있다. 예컨대 집 밖에서 듣던 음악을 실내에 들어서는 동시에 거실에서 이어 듣거나, 집 앞에 주차한 차량의 주변 상황을 방 안에 누워 실시간으로 파악할 수 있고, 공간별 청소 여부를 확인하고 알아서 청소하는 로봇 청소기 등으로 인해 더 간편하고 여유로운 일상이 가능해졌다.

출처 : 쿠키뉴스(2015. 2. 19).

에서 인터넷 이용시간이 지속적으로 증가하고 있으며, 이용자의 연령대 분포가 넓어지고 있다. 인터넷 이용률은 2000년 44.7%에서 2013년 82.1%로 꾸준히 증가하고 있다. 2000년대 초반에는 빠른 증가세를 보였으나 2004년에 70%대로 올라선 후 증가세가 완만해졌다. 성별 인터넷 이용률은 남자가 여자보다 높았으며, 연령별 이용률에서는 50대의 이용률이 큰 폭으로 상승하였다.* 또한 국내 60세 이상 인구의 10명 중 3명 이상인 32.8%가 인터넷을 사용하였으며, 이는 전년 대비 6.0% 증가한 수치이다. 이와 같이 2008년 이후 노년층의 인터넷 사용률은 큰 폭으로 증가하는 추세이다.

인터넷 서비스 종류별 이용률을 보면 인스턴트 메신저가 82.7%로 가장 높았고 인터넷뱅킹이 45.3%로 가장 낮았다. 이메일, 인터넷쇼핑, 인터넷뉴스의 이용률은 감소하는 반면 인스턴트 메신저와 인터넷뱅킹 이용률은 꾸준히 증가하고 있다. 2013년 국제전기통신연합(ITU)에서 발표한 주요국 인터넷 이용률에 따르면 한국의 인터넷 이용률은 84.8%로 노르웨이의 95.1%보다 낮으나 인도(15.1%)와 멕시코(43.5%)와 비교할 때 높은 수치를 나타내고 있다.

* 2001년 상반기 14.9%, 2012년 55.2%로 50대의 인터넷 이용률의 상승 폭이 크다.

IT 관련 용어

스마트홈 생활환경의 지능화, 환경친화적 주거생활, 삶의 질 혁신을 추구하는 지능화된 가정 내 생활환경·거주공간으로 정의된다(산업자원부).

디지털홈 가정 내의 모든 정보 가전 기기가 유·무선 홈네트워크로 연결되어 있어 누구나 기기, 시간, 장소에 구애받지 않고 디지털홈에서 제공되는 다양한 홈디지털서비스를 제공받을 수 있는 미래지향적인 가정환경을 의미한다(정보통신부).

홈네트워크 주거 내 다양한 정보 기기 상호 간에 네트워크를 구축하는 것으로, 기기들이 유·무선 네트워크를 통해 상호 커뮤니케이션하고 외부에서도 제어가 가능한 것을 의미한다.

지능형아파트 인증제도 건설교통부(현 국토교통부)는 2007년 홈네트워크 산업의 활성화와 유비쿼터스 주택환경 변화를 통한 주거복지 실현을 위해 공동주택 홈네트워크 관련 기기 및 장비 설치 기준을 마련하였다. 핵가족용, 맞벌이용, 노인·장애인용 아파트 등 거주자 특성을 감안하여 건축, 기계 설비, 전기, 정보통신, 시스템 통합, 시설 경영관리 등 36개 항목을 심사하여 등급을 부여하는 인증제도이다.

초고속 인터넷 서비스 통신망의 가입자 측 단말기에 모뎀을 부착하여 인터넷 서비스를 제공하는 것이 아닌 새로운 네트워크를 구축하여 기존의 네트워크를 고도화하는 ADSL, Cable Modem, FTTH 등을 통해 정보를 교환하고 전송하는 통신 서비스이다.

xDSL(x Digital Subscriber Line) 가입자 선로를 고도화하기 위한 기술을 이용한 접속 방식으로 전화 회선을 사용하면서도 Mbps급 데이터 전송 속도를 제공하는 서비스이다.

HFC(Hybrid Fiber-coax network) 비디오, 데이터 및 음성과 같은 광대역 콘텐츠를 운송하기 위해 네트워크의 서로 다른 부분에서 광섬유 케이블과 동축 케이블이 사용되는 통신 기술이다.

FTTH(Fiber to the Home) 집 안의 컴퓨터까지 광케이블로만 연결된 100% 광 인터넷으로 100Mbps에서 Gb의 급속도까지를 제공하는 초고속 인터넷기술이다.

인터넷 이용률 만 3세 이상의 조사 대상 인구 중 최근 1개월 이내에 인터넷을 이용한 비율이다. 인터넷 이용률은 국내 인터넷 이용자 규모를 파악하는 기초 자료로 정보화 혜택을 누리는 국민의 비율을 보여 준다.

DMB(Digital Multimedia Broadcasting) 영상이나 음성을 디지털로 변환하는 기술 및 이를 휴대용 IT 기기에서 방송하는 서비스를 말한다.

WiBro Wireless(무선)+Broadband(광대역)의 약자로 국제적으로 통용되는 용어는 모바일 와이맥스이다. 와이브로를 이용하면 시속 100km 안팎으로 달리는 차에서도 인터넷에 접속해 대용량 데이터를 주고받을 수 있고 인터넷 전화도 가능하다.

IPTV(Internet Protocol Television) 초고속 인터넷을 이용하여 정보 서비스, 동영상 콘텐츠 및 방송 등을 텔레비전 수상기로 제공하는 서비스를 말한다. 인터넷과 텔레비전의 융합이라는 점에서 디지털 컨버전스의 한 유형이라고 할 수 있다. 기존의 인터넷 TV와 다른 점이라면 컴퓨터 모니터 대신 텔레비전 수상기를, 마우스 대신 리모컨을 사용한다는 점이다.

SOHO(Small Office Home Office) 자신의 방이나 집 안의 창고, 주차장 등 기존 사무실의 개념을 벗어나는 공간 내에서 이루어지는 사업을 말한다. 재택 근무형태로 인터넷 등을 통해 소규모 사업을 하는 개인 자영업자들을 뜻하기도 한다. 국내에서는 IMF 이후인 1999년에 처음으로 소개되었으며, 전문성을 필요로 하되 적은 자본으로도 창업 가능한 소호사업이 인기를 끌게 되었다. 특히 2003년 이후 금융기관들이 130조 원 규모의 소호 대출시장에 뛰어들고 마땅한 오프라인 일자리를 찾기 힘든 20대들이 10대 시절부터 경험한 온라인 전자 거래가 가능한 인터넷 소호시장을 개척하기 시작하면서 인터넷을 이용한 소호사업이 본격화되었다. 2006년 11월 14일 〈한국경제〉 신문은 인터넷 소호시장에서 20대 여성 창업자들이 차지하는 비중이 꾸준히 증가하면서 전체 인터넷 쇼핑몰 창업자의 3분의 1이 20대 여성들로 채워졌다고 전했다.

모바일 오피스 시간과 장소의 구애 없이 직원들이 고객과 만나는 현장에서 모든 일처리를 할 수 있도록 돕는 시스템으로, 회사의 직원들이 지정된 사무실이나 좌석 없이 첨단 장비를 가지고 다니면서 자동차, 집, 고객 사무실 등 어느 곳이든 자신의 사무실로 활용하여 업무 보고 및 결재까지도 해결하는 가상 사무실이다.

이랜서(e-lancer) 활동 무대를 현실 세계뿐 아니라 컴퓨터를 이용한 가상공간으로까지 확대한 21세기형 프리랜서를 지칭한다. 디지털의 상징인 일렉트로닉(electronic)의 e와 자유계약자를 뜻하는 프리랜서(free-lancer)를 결합한 개념인 '이랜서'라는 새로운 용어는 인터넷을 활용해 자신의 전문 분야에 해당하는 프로젝트를 수행하는 프리랜서가 늘어나면서 등장했다. 이랜서는 '가상조직을 통한 미래형 업무형태'를 보여 주면서 새로운 직업유형으로 자리 잡고 있다.

2) 지능형 주거, 스마트홈디자인

지능형 주거란 생활환경의 지능화, 환경친화적 주거생활, 삶의 질 혁신을 추구하는 지능화된 가정 내 생활환경 및 거주공간을 의미한다. 주거 내에 초고속 인터넷 이용 환경을 기반으로 홈오토메이션(home automation) 시스템과 홈네트워크(home network) 환경을 구비하여 주거의 정보화, 편리성, 쾌적성, 안전성, 오락성 등의 주거 성능을 증진시킨다. 스마트홈은 디지털 혁명이 가정에 적용된 것으로 컴퓨팅 환경이 주거공간에 융합된 형태이다. 스마트홈에서는 단순 기능의 가정용 기기들이 정보 인식 및 처리기기로 변화하고 있으며, 지금까지 외부 통신망과 개별적으로 연결되어 있던 가정 내 기기들이 홈네트워크로 통합되었다. 그 결과 주거와 업무공간이라는 서로 다른 영역이 하나로 합쳐지거나 두 영역 간 통합이 가시화되고 있다. 나아가 스마트홈은 거주자의 여가생활 등 인간 삶에 수반되는 모든 행위들을 지원할 수 있는 공간이 되었다.

(1) 홈오토메이션

홈오토메이션은 기본적 주거 지원기능과 안전, 자율성을 증진시키고 개인의 독립적인 삶을 지원하는 것으로 지능적 기능 없이 존재하며 주택 내 기능을 좀 더 쉽고 편리하게 자동화시킨다. 홈오토메이션(조명 장치, 난방 제어, 커튼 제어, 음성 인식 제어, 가스 벨브 제어기 등)은 가사업무의 자동화를 뜻하는 것으로, 전기·가스 조절, 계량기 자동 계측, 에너지·조명·냉난방·급탕 관리 등의 하우스 컨트롤 외에 방범·방재를 위한 홈시큐리티(home security) 기능을 포함한다. 가정 내 각종 기기에 연결하여 제어가능한 홈오토메이션 및 홈시큐리티시스템은 조명 장치, 스위치, 디지털 도어록, 가스밸브 제어기, 홈 뷰어용 카메라, 동체감지센서, 각종 지능형 센서 등이 포함된다. 홈오토메이션은 홈네트워크의 출발이라 할 수 있으며 네트워크와 연결하여 외부에서 제어가 가능하고, 다른 기기와 통합되거나, 부가적인 서비스 등으로 기기의 특성이 변화하고 있다.

지정시간에 가전기기를 작동시키거나 외부에서 전화를 통해 가전 기기를 끄고 켤 수 있으며, 모니터를 통해 방문객을 확인하고 문을 열고, 이상 사태 발생 시 경보음을 울린다. 이러한 홈오토메이션이 구축된 주택은 센서, 중앙 제어 장치 등에 의해 전기, 수도, 급탕 등의 에너지를 절약할 수 있으며, 중앙감시실에서 설비나 기기의 집중 감시 및 검침에 의한 인건비 절약이 가능하다. 또한 이상 발생 시 신속하고 정확하게 대응할 수 있

표 8-1 스마트홈 홈오토메이션시스템

분류	홈오토메이션시스템
안전보안시스템	침입·도난방지시스템, 주동출입시스템, 화재·가스누출 감지시스템, 구급시스템, 통합 키시스템, 외출 안전시스템, 세대 현관 출입시스템, 엘리베이터 안전시스템, CCTV를 이용한 감시시스템
실내환경조절시스템	자동점등시스템, 냉난방조절시스템, 자동환기시스템, 공기청정시스템, 조명밝기 조절시스템, 조명 일괄 on/off시스템, 전동커튼 블라인드시스템, 자동소등시스템
가사생활지원시스템	쓰레기 자동수거시스템, 요리지원시스템, 자동수전시스템, 저비용가전제품 자동작동시스템, 청소시스템
문화·건강생활시스템	홈시어터시스템, 오디오공유시스템, 온도·수량 자동 조절 욕조시스템, 비디오 공유시스템, 중앙정수시스템, 건강체크시스템
인터넷 기반 서비스시스템	통신시스템, 정보서비스시스템, 에너지관리시스템, 원격검침시스템
자동제어시스템	실내리모트컨트롤시스템, 실내타이머컨트롤시스템, 실내음성 인식시스템, 실외원격 리모트컨트롤시스템, 실외원격 타이머컨트롤시스템

자료 : 이유미 외(2007). p.37.

으며, 텔레컨트롤(telecontrol)할 수 있는 공조·조명·가스·전자제품 등은 효율성을 높이고 카드키나 버튼키 등에 의한 외부인 통제시스템은 거주자에게 안전감을 준다.

홈오토메이션, 월패드 및 통합 리모컨 등을 통한 가정 내 다양한 확인 및 제어서비스를 제공하는 방향으로 홈네트워크서비스가 제공되는 추세이기 때문에 집 안팎의 상태를 휴대기기를 이용하여 실시간으로 확인·제어할 수 있게 되었다. 나아가 국내 또는 해외로밍 서비스지역에서도 인터넷이나 휴대폰을 이용하여 조명, 가스밸브, 난방기기 등을 제어할 수 있는 홈오토메이션 기능이 실현되었다.

(2) 홈네트워크

사용자들의 다양한 요구에 대응하기 위해 지능적인 기술이 개발되고 동시에 여러 가지 일들을 효율적으로 해결하기 위한 요구가 증대됨에 따라 사람과 환경을 연결하는 홈네트워크기술의 구현이 가속화되고 있다. 홈네트워크는 가정 내 다양한 정보 기기 간에 네트워크를 구축하는 것으로 유·무선 네트워크를 통해 상호 커뮤니케이션하고, 외부에서는 인터넷을 통해 상호 접속이 가능한 환경을 구현하는 것을 뜻한다. 가전기기 제어 및 시큐리티(security)를 중심으로 하는 홈오토메이션을 의미하는 수준을 넘어 외부인의 침입 및 가스 누출을 탐지하는 홈시큐리티, 멀티미디어기기 네트워킹과 콘텐츠 공유를 지원하는 홈엔터테인먼트, 원격진료를 서비스를 제공하는 홈헬스케어를 포함하게 되었다.

즉, 홈네트워크는 가정 내 2개 이상의 디지털기기나 시스템 간에 상호 통신이 가능하고, 가정의 안팎에서 유무선 네트워크에 연결되어 있는 정보통신기기를 사용하여 언제 어디서나 가정 내의 디지털기기나 시스템에 대한 원격접근과 제어, 양방향 데이터 방송 등을 통해 원하는 정보를 주고받을 수 있는 환경이다. 또한 이와 관련된 인프라 구축, 기기 개발, 솔루션 개발, 콘텐츠 및 서비스 제공을 통해 더 높은 부가가치가 창출된 스마트홈이 구현되고 있다.

① 홈게이트웨이

홈게이트웨이는 유무선 홈네트워크의 댁내 망과 각종 디지털가입자회선(xDSL), 케이블, FTTH 등 가입자 액세스망을 상호 접속하거나 중계하는 장치를 뜻한다. 가정에 있는 사용자에게 다양한 멀티미디어서비스를 제공하거나 웹서버, 멀티미디어서버, 홈자동화서버를 비롯하여 각종 서버기능을 통합하여 홈서버로서의 복합기능을 수행하기도 한다.

정부의 디지털홈시범사업과 더불어 홈네트워크사업이 본격화되면서 홈게이트웨이에 대한 관심도 함께 급증하고 있다. 현재 홈게이트웨이는 홈네트워크상에서 원격 접속을 지원하기 위한 중앙기능처럼 동작하면서 홈서비스에 대한 가입·등록·탈퇴 등을 지원하거나 가정에 있는 서버, 장비 간의 교량 역할을 하고 있다.

② 홈네트워크월패드

컴퓨터, 개인휴대용단말기(PDA), TV, 오디오 등 가정의 정보기기와 가전기기를 네트워크화하여, 주택 내 가전제품을 모두 연결하여 한 번에 제어하는 컴퓨터시스템으로 외부로는 초고속 인터넷과 연결하는 역할을 수행하기도 한다. 홈네트워크월패드는 기존 비디오 도어폰기능은 물론 조명, 가스밸브, 냉난방, 전동커튼 제어, 가전제품 등 가정 내 정보 가전기기를 통합·제어할 수 있는 기능 외에도 세대현관 및 공동현관을 통한 방문자 확인, 일반 전화 및 경비실 통화가 가능한 커뮤니케이션, 주차관제, CCTV, 날씨, 택배 도착 알림, 엘리베이터콜, 원격검침, 게시판, 커뮤니티 등 다양한 부가기능을 제공한다. 최근에는 액정화면이 대형화되고 터치스크린 형태가 도입되어 사용이 더욱 편리해졌다. 최근에는 홈네트워크시스템 제어와 동시에 다양한 정보센터로의 기능이 부가되는 홈네트워크월패드의 역할이 부상하고 있다.

③ 양방향 디지털 STB(Set Top Box)

디지털 방송(비디오·오디오) 신호를 압축된 영상 형태로 받아 TV 등 디스플레이 기기로 전송하는 디지털멀티미디어기기로 디지털방송(위성, 케이블, 지상파)을 수신할 수 있는 수신기의 일종이다. 디지털방송의 수요가 증가함에 따라 단순히 방송수신기를 넘어 가정 내 멀티미디어서비스의 중심기기로 자리매김하고 있다.

④ 홈네트워크 기반의 멀티미디어

홈네트워크 기반의 멀티미디어 기기로는 화상전화, 멀티미디어 공유기능을 제공하는 비디오·오디오기기 등이 있으며 인터넷전화를 이용한 음성인식, 영상통화, 개인일정관리, 다양한 발신자 정보 제공, 폰 리스트를 통한 자동다이얼 등 다양한 부가서비스를 편리하게 이용할 수 있다.

인터넷망을 이용하는 인터넷전화는 음성과 영상을 동시에 처리할 수 있으며, 화상전화기는 인터넷 전용 전화기로 원격지에서도 서로 얼굴을 보면서 통화할 수 있게 한다. 화상전화기는 홈네트워크시스템과 연동되어 방문자와 통화하거나 방문자 영상 확인 외에도 세대 간 통화 연결이 가능하다. 전화기를 통해 동영상 및 TV 시청, 라디오 청취는 물론 녹음 및 재생도 할 수 있다. 또한 부가기능으로 문 열림, 경비실 호출, 세대현관 호출 등이 제공되고 있다.

최근 화상 휴대전화기가 등장하고 있으며, 이를 통해 외출 시에도 집 안의 영상을 확인할 수 있는 침입감시서비스가 가능해졌다. 특히 원격진료정보를 원거리에 전달하거나 원거리의 화상회의에 사용하는 등 사용 범위가 확대되고 있다.

⑤ 홈네트워크에 연결하여 제어가능한 가전기기

홈네트워크에 연결하여 제어할 수 있는 가전기기로는 냉장고, 에어컨, 전자레인지, 보일러, 난방조절기, 가스오븐레인지, 세탁기 등이 있으며, 이들 기기를 홈오토메이션시스템을 통해 원격제어할 수 있다. 또한 디지털캠코더, 디지털카메라, DVD 플레이어, PVR(Personal Video Recorder : 개인용 디지털 녹화기) 등과 같은 오디오·비디오기기의 멀티미디어 공유기능을 통해 정보 공유 및 데이터 이동이 가능해졌다. 특히 휴대폰이나, 무선 단말기 등을 통해 외부에서도 이들 기기를 홈오토메이션시스템으로 원격제어할 수 있다.

홈패드는 컴퓨터 기능 외에도 TV, 라디오, 디지털카메라, MP3 플레이어의 기능을 하며 이웃과의 화상통화, 가전제품 원격제어도 가능하여 홈엔터테인먼트, 커뮤니케이션에 이르기까지 다양한 서비스를 이용할 수 있게 한다. 외출 시 홈패드를 외출모드로 전환하면 전등 끄기, 가스 잠금, 냉난방기 제어 등 모든 전원이 꺼져 일일이 소등하는 번거로움을 줄일 수 있다. 또한 현관과 집안에 설치된 침입감지센서를 통해 침입자 발생 시 경비실과 지정된 경비업체로 즉시 통보해 주는 시큐리티기능도 구현된다. 또 방문자의 이미지를 자동으로 저장하여 귀가 후 방문자 체크도 가능하다.

냉장고에는 무선 홈패드를 장착해 식품관리, 스케줄, 메모가 가능하다. 특히 식품관리기능을 이용하면 냉장고 안에 저장된 식품의 리스트를 한눈에 확인할 수 있어 식품을 체계적으로 관리할 수 있다. 무선 홈패드에 식품 구매 날짜 등 식품 관련 정보를 터치스크린으로 간편하게 입력·관리할 수 있어 식품 신선도 유지에도 효과적이다.

통합 리모컨은 집 안의 TV, 셋톱박스, 에어컨, 조명 등 수많은 리모컨을 한 데 통합하여 수많은 기능을 이용할 수 있게 한다. 최근 개발된 통합 리모컨은 360도의 모든 방향으로 적외선을 보내 가정 내의 수많은 기기들을 제어할 수 있다. 대화식으로도 기기 조작을 할 수 있으며, 음악 플레이어 등과 연동해 음악을 재생할 수도 있다. 센서를 통해 누가 리모컨을 사용하는지 판단하는 기능도 탑재되어 자녀가 특정 기능을 쓰지 못하게 할 수도 있다.

⑥ 홈시큐리티

최근 시큐리티에 대한 인식 강화로 사용자가 시간과 공간에 제약 없이 가정 내 안전을 확인할 수 있게 하는 한편, 기기별 특정인에 대한 인증 절차 도입의 필요성이 증대되었다. 이에 따라 침입자가 시스템에 접근하여 집 안 기기들을 마음대로 조작할 수 없는 센서시스템 도입이 이루어지고 있다. 도어락의 형태는 주키와 보조키로 이루어지며 비밀번호방식, 전자키방식, 카드키방식, 지문인식방식 등 다양한 방식을 사용할 수도 있다.

⑦ 홈헬스케어

러닝머신, 체지방분석기, 혈당측정기, 혈압측정기, 원격의료, 진료장비 등 헬스케어 장

표 8-2 **홈네트워크시스템 분류**

분류		홈네트워크시스템
인프라	아파트단지 홈네트워크 공용 인프라	• 홈네트워크 배선 공사(자재, 댁내·외 배선공사) • 홈네트워크 인프라 장비 • 홈네트워크결선 및 장비 설치 테스트
기기	공용부 기기	• 로비폰/자동문 • 관리실/경비실/IP폰 • 키오스크 • 무인택배
	중심 기기	• 홈게이트웨이 • 홈네트워크월패드(홈서버) • 양방향 디지털 STB
	주변 기기	• 댁내 홈 인프라/플랫폼 기기 • 홈네트워크 기반의 멀티미디어기기(화상전화, 멀티미디어 공유를 제공하는 비디오·오디오기기 등) • 홈네트워크에 연결하여 제어가능한 기기 • 홈오토메이션 기기(조명장치, 난방 제어, 커튼 제어, 음성 인식 제어, 가스 밸브 제어기 등) • 홈시큐리티기기(도어락, 홈뷰어용 카메라 등) • 홈헬스케어기기(원격의료 및 진료장비 등)
솔루션	홈네트워크 S/W	• 홈네트워크기기 OS • 홈네트워크기기 미들웨어 • 홈네트워크 보안·인증 S/W
서비스	홈엔터테인먼트 서비스	• 양방향 디지털 방송 서비스(IPTV) • 고화질 VOD 서비스 • 네트워크 게임 서비스 등
	홈인포메이션·에듀케이션 서비스	• 화상전화서비스 • 홈뷰어서비스 • 인터넷앨범서비스 • 전자 행정·지역커뮤니티서비스 • 대화형원격 교육서비스 • 홈뱅킹·쇼핑서비스 • 아파트 홈페이지 등
	홈오토메이션 서비스	• 정보가전 제어서비스 • 단순가전 제어서비스 • 센서기반 제어서비스 • 무인택배 관리서비스 • 주차관리시스템 등
	홈시큐리티 서비스	• 방문자확인서비스 • 원격감시(검침)서비스 • 방범·방재서비스 • 출입통제서비스 등
	홈헬스케어 서비스	• 원격체력관리서비스 • 원격의료·진료서비스 등
	유지관리서비스	• 홈네트워크시스템 유지관리서비스
	기타 응용서비스	

출처 : 한국네트워크산업협회(2008) 재구성.

비도 홈네트워크에 연결하여 정보를 주고받을 수 있게 되면서 원격 체력관리, 의료 및 진료서비스가 가능해졌다.

3) 스마트홈이 실용화된 미래의 삶

미래의 스마트홈은 단순히 기기 연결을 통해 원거리에서 조작을 가능하게 하는 것에 그치는 것이 아니라 스마트홈 기기 스스로 데이터를 통해 상황을 분석하고 작동하거나 사용자에게 알려주게 될 것이다. 이러한 지능형 주거기술은 사물 인터넷(IoT : Internet of Things)을 기반으로 한다. 우리가 그동안 사용해 오던 수많은 기기 또는 인터넷이 연결되고 센서가 들어가서 널리 사람에게 이롭고 편리하게 만들어주는 것이 바로 사물 인터넷이다. 사물 인터넷에서의 센서는 온도, 습도, 가스, 조도, 초음파 등 전통적인 센서부터 원격 감지, SAR(Synthetic Aperture Rader : 지상감시용 군용 항공기 레이더), 레이더, 위치, 모션, 영상 센서 등 유형사물과 주변환경으로부터 정보를 얻을 수 있는 물리적 센서를 거쳐, 물리적 센서에 응용 특성을 좋게 하기 위해 표준화된 인터페이스의 정보처리 능력을 내장시킨 스마트센서에 이르기까지 모든 세대의 센싱기술이 사용되고 있다. 사물인터넷 시대에는 스마트센서와 통신 기능이 탑재된 사물이 인터넷으로 연결되어 주변 정보를 수집하고 이 정보를 다른 기기와 주고받으며, 적절한 결정까지 내릴 수 있게 된다.

외출 후 집에 돌아오면 집 안의 조명이 켜지고, 거실에 들어서면 TV가 자동으로 켜지거나 오디오가 재생된다. 실내 온도에 따라 자동으로 에어컨이나 보일러가 가동되며, 냉장고에 들어 있는 재료들을 검색해 추천 요리나 맞춤 식단을 제안하고, 사용자에게 문자 또는 카메라로 촬영된 냉장고 속 정보를 실시간으로 전송해 준다. 거실 소파에 앉아 손으로 제스처를 취하거나 목소리로 명령하면 조명의 밝기가 변하고 TV의 채널이 바뀐다. 실내공기에 따라 환풍기와 공기청정기가 알아서 작동해 환기도 시켜 준다. 잠자리에 들면 명령 없이도 자동으로 조명을 끄고 커튼을 닫으며, 실내온도와 습도가 숙면에 최적화된 상태로 맞춰진다.

아침이 되면 미리 입력된 스케줄에 맞춰 일어나도록 기상 알람이 울리며, 밤새 차고에 쌓인 눈을 센서가 감지하고 제설시간과 교통상황을 고려하여 알람 시간을 변경하기도 한다. 날씨 정보와 함께 그날의 대략적인 일정이 스마트폰이나 TV 화면에 표시되고 음성으로도 알려준다. 문을 잠그고 나서면 집 안의 모든 가전제품이 절전모드로 전환된다. 미리 시동이 걸려 있는 자동차의 내비게이션에는 일정에 따른 목적지가 자동으로 검색되며, 실시간 교통정보와 추천경로, 예상소요시간 등 출근길정보가 자동으로 떠오른다.

그림 8-11 사물 인터넷을 기반으로 하는 주거

가정기기와 유무선 인터넷이 공유되어 내외부에서 제어가 가능하고 기기 간의 정보를 공유하는 스마트홈 기술은 우리에게 보다 기능적이며 편리한 생활을 영위할 수 있게 해 준다. 급속도로 발전하는 전자·정보·통신기술과 지속적인 에너지 위기는 집을 모든 활동의 중심지로 여기는 의식을 증대시킨다. 그러나 지극히 편리성만 추구하는 주거문화는 가족 또는 주변 동료들과의 오프라인 커뮤니케이션의 결핍이 우려되고 이것은 곧 인간 소외와 극단적인 개인주의의 만연을 야기할 수 있다. 편안하고 쾌적한 생활을 위해 구축된 지능형 주거환경이 본연의 인간 삶의 가치를 손상시키는 결과를 초래할 수도 있다. 그럼에도 스마트홈기술은 편리하고 안전한 환경에서 쾌적하고 건강한 삶을 누리며 진정한 인간 삶의 가치를 찾을 수 있는 인간 중심의 시스템으로 구축되어야 한다.

생각해 보기

1. 누구나 편안하고 윤택하게 살기 위해 필요한 주거디자인의 요소를 생각해 보자.
2. 건강한 삶을 위해 고령자의 신체적·정신적 특성을 고려한 유니버설주거디자인을 생각해 보자.
3. 미래 주택의 스마트홈이 우리 삶에 어떠한 영향을 미칠지 생각해 보자.

3부

SUSTAINABILITY

주거의 지속가능성

9장

건강주거

우리가 일상에서 말하는 '집'이란 단순한 건축물의 의미도 있지만, 사실 그보다 더 많은 의미가 내포되어 있는 경우가 많다. '나'와 '가족'의 생활이 이루어지는 터전으로서의 의미를 담기도 하며, 집 밖의 모든 일들로부터 휴식하고 안식할 수 있는 쉼의 공간이라는 의미도 있다. 이러한 '집', 곧 '주거'의 의미와 중요성은 시대에 맞추어 변화해 왔다.

우리나라는 전쟁 후 급격한 산업화를 겪으면서 극심한 도시집중현상에 따른 주택 부족문제에 당면하였다. 주거문제에 있어서 가장 중요한 사항은 양적 부족문제의 해결이었고, 질적 향상에 대한 노력은 그다음의 문제가 될 수밖에 없었다. 이때까지의 '집'은 그야말로 단순히 살아가는 곳의 의미만을 담았다. 그 후 경제성장과 함께 전반적인 생활수준이 향상되고, 세계적인 웰빙(well-being) 욕구의 영향으로 우리나라도 삶의 질에 대한 고민과 함께 질적 향상의 노력을 하게 되었다. 이러한 방향은 자연스럽게 건강한 삶에 대한 관심으로 이어졌고, 물리적 건축물인 '집'과 이를 둘러싼 주변환경까지 포함하여 건강주거를 만들고자 하는 노력이 지금까지 이어지고 있다. 단순했던 '집'의 의미가 보다 더 건강하고 안락하게 살 수 있는 곳으로 확대된 것이다.

본 장에서는 이러한 흐름에 맞추어 건강주거의 의미를 살펴보고, 주거환경을 구성하는 실내환경 요소들이 어떻게 조정되어야 하는지, 또 건강을 위해하는 요소에는 어떠한 것이 있는지 알아보며 '건강을 위한 집'에 대해 생각해 보고자 한다.

1 건강주거의 의미

1) 건강의 개념

많은 분야에서 이용되는 건강에 대한 개념은 일반적으로 세계보건기구(WHO)의 정의를 기반으로 한다. 1948년 세계보건기구 헌장은 단순하게 질병이 없는 상태의 건강을 정신적·사회적으로도 완전한 상태의 건강으로 확대시켰다. 이후 건강의 의미는 시

표 9-1 건강의 정의

연구자	내용
WHO(1948)	• 단순하게 질병에 걸리지 않거나 허약하지 않은 것을 뜻하는 것이 아님 • 신체적·정신적·사회적으로 모두 건강하게 활동할 수 있는 상태
Seyie(1956)	• 살아가면서 받는 복합적인 자극에 반응할 에너지를 구사할 수 있는 상태
Sylria(1987)	• 유전적 측면 • 건강 유지를 위한 교육적 측면 • 생활 여건 등의 환경적 측면 • 위의 세 가지 측면이 조화를 이룰 때 달성되는 것
Anspaugh(1994)	• 신체적·감성적·사회적·지적·정신적 구성요소들이 지속적으로 균형 잡힌 채 만들어내는 더 나은 삶의 질
Alan Dilani(2002)	• 질병의 단계 • 건강의 단계 • 위의 두 가지 단계가 신체 내에서 균형을 이루는 것

출처 : 최희승(2006), pp.10~12의 '건강의 개념' 표 내용을 요약.

대에 따라 여러 학자에 의해 정의되어, 보다 나은 삶의 질에 대한 부분까지 포함하게 되었다.

2) 건강주거의 개념

세계보건기구 헌장은 건강에 대한 정의와 함께 건강한 주거환경에 대한 개념도 함께 정리하고 있다. 이를 살펴보면, 건강한 주거환경의 기초는 공간 구성의 문제, 설비·구조적 문제, 실내환경의 문제, 커뮤니티의 문제와 관련된 조건들을 기본으로 한다(그림 9-1). 요약하면 건강한 주거는 거주자들의 안전과 쾌적성을 보장해야 하며, 주택의 내 구성과 거주자의 사회적·심리적 만족까지 지원할 수 있어야 한다.

이러한 건강주거는 외부환경으로부터 몸을 보호한다는 아주 기본적인 주거공간의 개념부터 산업혁명을 지나 현재에 이르기까지 그 세부 개념이 변화되어 왔다. 도시과밀화에 따른 과밀거주로 인해 불량한 위생상태가 야기되었던 산업혁명 이후 시절의 건강주거란 위생문제 해결이 가장 중요한 사항이었다. 그 후 도시의 위생상태가 개선되기 시작한 20세기 근대 시기부터는 진보된 기술을 통해 외부환경을 관리하고 내부 공간의 쾌적함을 인공적으로 제어하는 것이 가장 중요해졌다. 이렇게 위생문제와 쾌적한

공간 구성의 문제

- 거주자를 위한 적절한 규모
- 개인의 프라이버시 확보

설비·구조적 문제

- 식수를 위한 적절한 급수 및 배수
- 폐기물 처리를 위한 위생적 수단
- 개인의 위생과 청결을 위한 세탁실, 욕실, 조리 및 식사시설, 식품 저장시설
- 풍우를 견디는 방수성

실내환경의 문제

- 쾌적한 온·습도 환경
- 소음에 대한 방음
- 독성 및 균에게서 보호되는 깨끗한 실내공기
- 적절한 채광과 조명상태

커뮤니티의 문제

- 거주자들이 이용할 수 있는 지역서비스나 지역시설

그림 9-1 **건강한 주거환경의 조건**

실내환경 조성이 기술로 가능해지자, 무분별한 기술 사용으로 인한 환경문제가 대두되기 시작하였다. 이러한 20세기 후반부터는 지구환경과 함께 공존하는 보다 궁극적인 건강주택의 내용이 중요해졌으며, 21세기에는 환경과의 공존은 계속 고려하면서도 거주자 건강을 신체적인 건강에서 더 넓은 의미로 확대시키는 개념이 중요해지고 있다(그림 9-2).

3) WELL Building 인증제도

건강주거와 관련하여 최근에는 에너지 및 친환경 성능에 건강 관점까지 추가한 WELL Building Standard 건축물 인증제도가 시행되고 있다. 이 제도는 친환경적인 에너지 절약 건축물이 확대되는 추세 속에서 주목받고 있는 미국의 LEED 인증 같은 일

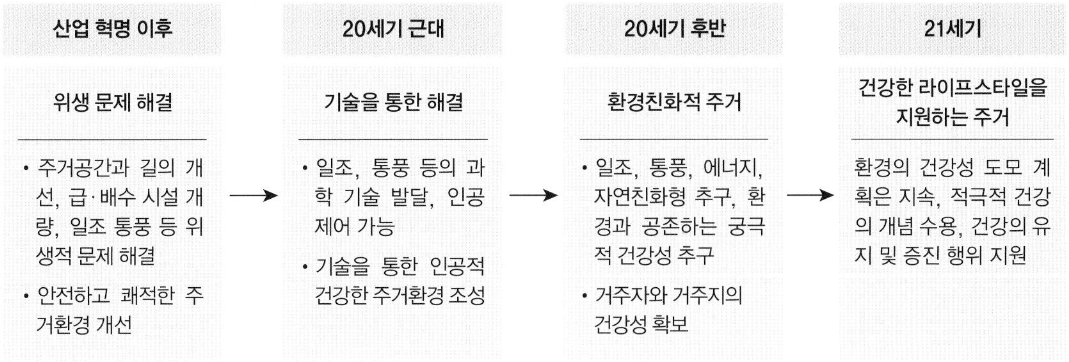

산업 혁명 이후		20세기 근대		20세기 후반		21세기
위생 문제 해결		기술을 통한 해결		환경친화적 주거		건강한 라이프스타일을 지원하는 주거
• 주거공간과 길의 개선, 급·배수 시설 개량, 일조 통풍 등 위생적 문제 해결 • 안전하고 쾌적한 주거환경 개선	→	• 일조, 통풍 등의 과학 기술 발달, 인공제어 가능 • 기술을 통한 인공적 건강한 주거환경 조성	→	• 일조, 통풍, 에너지, 자연친화형 추구, 환경과 공존하는 궁극적 건강성 추구 • 거주자와 거주지의 건강성 확보	→	환경의 건강성 도모 계획은 지속, 적극적 건강의 개념 수용, 건강의 유지 및 증진 행위 지원

그림 9-2 **건강한 주거환경의 개념 변화**
출처 : 최희승(2006). p.19.

반적인 친환경 건축물 인증제도를 보다 더 인체의 건강과 복지의 주안점을 두는 방향에서 발전시킨 것으로서, 건강친화적인 건축물을 장려하고 평가하고자 하는 것이다. 2013년부터 시행된 이 제도는 LEED의 심의기관인 GBCI(Green Business Certification Institute)에서 인증심의를 진행하며, 모든 사람이 90% 이상의 시간을 보내는 실내공간에서 웰빙(well-being)이 고려되어야 한다는 취지 아래 다음 7개 항목을 통해 건축물을 평가하고 있다.

Air(공기), Water(물), Nourishment(영양), Light(빛), Fitness(건강), Comfort(안락), Mind(정서)

2 위험한 집

1) 냉방증후군

냉방증후군이란 여름철 냉방기에 장시간 노출되었을 때 나타나는 여러 신체반응을 통칭하는 말이다. 이러한 반응은 크게 세 가지 요소에 의해 나타나는데, 그 첫 번째 요소는 인간의 신체 변화에 의한 것이다. 실내외 온도 차이가 5~8℃ 이상인 환경에 오래 노출될 경우, 평상시와는 다른 냉감으로 인해 말초혈관이 수축됨과 동시에 혈액순환과 자율신경계에 문제가 생기게 된다. 이러한 변화들은 장 운동, 뇌의 혈류, 혈압, 호르몬 작용 등에 다양한 영향을 미치며, 이로 인한 증상으로 두통, 어지럼증, 졸음, 피로, 다양한 위장 증상 등을 야기하게 된다. 또한 근육에도 영향을 미쳐 요통을 일으키거나 호르몬 이상으로 월경 불순을 일으키기도 한다(최현석, 2003).

두 번째 요소는 생물학적인 병균에 의한 것이다. 뉴스를 통해 도심의 에어컨 냉각수에서 레지오넬라균*이 검출되었다는 소식을 접할 때가 있다. 2015년 여름, 미국 뉴욕시 사우스 브롱크스에서 발생한 레지오넬라병은 뉴욕의 질병 역사상 최악의 피해 규모로 사망자 10명 이상, 최소 감염자만 100명이 넘는 피해자 수를 기록하기도 하였다. 발병의 원인은 빌딩의 냉각탑 오염으로 추정되어 쾌적한 환경관리의 중요성을 환기시켰다. 레지오넬라병은 레지오넬라균이 호흡기를 통해 몸에 침투하면서 발병하는데, 약 2~12일 가량의 잠복기가 있으며, 감기에 걸린 것처럼 목이 붓거나 고열·오한·두통·구토 등의 증세를 보이고, 심한 경우 쇼크와 출혈·폐렴 등 사망에 이르는 위독한 증상까지 나타나게 된다. 평균적으로 세균성 폐렴이 발생하는 원인의 20%를 차지하는 세균으로 노약자들에게 특히 더 위험한 이러한 감염 증상까지 모두 냉방증후군에 포함된다. 냉방기로 인한 감염증상이 위험한 이유는 일반적으로 냉방을 하고 있는 실내공간의 차가워진 공기가 밖으로 빠져나가면서 냉방효율이 떨어지는 것을 막기 위해 밀폐되기 때문에 냉각수 속 균에 의해 오염된 공기가 환기되지 못하고, 냉방기를 가동하고 있는 실내에 맴돌기 때문이다.

세 번째 요소는 냉방기의 제습작용에 의한 것이다. 냉방기를 사용하면 공기 중에 수분 양이 줄면서 성대와 코의 점막이 마르는데, 이로 인해 성대가 붓는 성대 부종이 생기거나, 후각기능이 저하되거나, 이물질을 걸러내지 못한 코가 헐거나 부을 수 있다. 이와 같은 냉방증후군의 예방을 위해서는 다음의 5가지 생활수칙을 기억해야 한다.

- 실내와 실외의 온도 차를 5℃ 이하로 유지한다.
- 환기를 자주 한다.

---

* 길이 2~20㎛ 막대기 모양의 박테리아 일종으로, 따뜻한 물을 좋아하는 습성에 따라 대형 빌딩의 냉각탑, 수도배관, 배수관 등의 급수 시설에서 흔히 발견되며, 여름에는 에어컨 냉각수에서 급격하게 번식한다.

- 냉방기 가동 중 체온이 저하되지 않도록 유의한다.
- 수분을 충분히 섭취한다.
- 세균 번식을 막기 위해 냉각기 필터를 주기적으로 청소한다.

위와 같은 생활수칙 외에 주택을 설계·선택할 때 고려해야 할 점은 기본적으로 냉방보다는 자연통풍이 건강에 좋다는 점이다. 따라서 주택 평면은 남·북 방향의 맞통풍이 가능하도록 설계되어야 하며, 이를 위해 전면과 북쪽 공간의 창의 위치 및 형태를 설계할 때 맞통풍 통로 형성을 고려해야 한다(최윤정, 2015).

2) 난방증후군

난방증후군이란 겨울철 난방기에 장시간 노출되었을 때 나타나는 두통, 피부건조 등의 여러 신체반응을 통칭하는 말이다. 공식적인 의학용어는 아니지만, 겨울철 과도한 난방으로 인해 나타나는 신체적 부작용이 지속적으로 보도되면서 냉방증후군과 반대의 의미로 일상생활에서 사용되고 있다.

난방증후군으로 인한 신체반응은 대부분 과도한 난방으로 인한 것이다. 과도한 난방으로 인한 첫 번째 증상은 계절 적응(seasonal adaptation)능력 저하이다. 인체는 속해 있는 환경 변화에 자연적으로 적응한다. 따라서 추운 계절이 다가오면 추운 외부온도에 적응할 수 있는 신체상태가 되는데, 이때 과도한 난방으로 실내온도가 급격하게 상승하면, 실내와 실외의 온도 차이가 커지면서 신체의 계절 적응능력이 저하된다.

두 번째 증상은 피부건조현상이다. 과도한 난방은 실내공기를 매우 건조하게 만드는데, 이러한 공기에 피부가 노출되면 다른 계절에는 나타나지 않던 건조현상이 나타날 수 있다. 피부가 건조해지면 각질이 생기고 이러한 각질은 모공을 막아 피지 분비를 막기 때문에 여드름과 같은 염증도 유발된다. 특히 건조증상이 심해지면 아토피로 발전될 위험이 있으며, 이미 아토피 증상을 경험했던 사람의 경우 아토피가 재발하거나 증상이 악화될 가능성이 높아진다. 겨울철에 아토피 증상이 더 심해지는 이유는 과도한 난방으로 피부가 건조해지는 것이 가장 큰 원인이다. 피부 자극을 일으킬 수 있는 스웨터나 니트 등의 옷감 때문이기도 하므로 주의가 필요하다.

세 번째 증상은 호흡기질환이다. 과도한 난방으로 인해 실내공기가 건조해지면 냉방

그림 9-3 **비닐을 붙인 창문**

증후군의 증상과 동일하게 인체 호흡기의 점막이 마르게 된다. 이로 인해 점막의 기능을 상실하면, 세균과 각종 불순물을 걸러내지 못해 각종 호흡기 질환이 유발된다.

이외에도 겨울철에는 추운 날씨와 난방효율로 인해 환기를 잘하지 않는데, 이로 인해 오염된 공기가 밖으로 배출되지 못하고, 산소부족현상이 나타나면 두통, 졸림, 피로, 작업능률 저하, 기억력 감퇴 등 신체적·정신적으로 다양한 증상이 나타날 수 있다. 이와 같은 난방증후군을 예방하기 위해서는 다음의 5가지 생활수칙을 기억해야 한다.

- 적절한 실내온도를 유지한다(겨울철 권장 실내온도 18~20℃).
- 적절한 실내습도를 유지한다(겨울철 권장 실내습도 40~60%).
- 주기적으로 실내공기를 환기시킨다.
- 주기적인 청소로 실내공기 오염원을 제거한다.
- 물을 자주 마셔 수분을 공급한다.

위와 같은 생활수칙 외에 주택을 설계·선택할 때 고려해야 할 점은 겨울철 난방에 의해 주택 내부가 따뜻해지는 것보다는 주택 외피에 의해 따뜻해지는 것이 더 효과적이라는 것이다. 최근 유리에 비닐(뽁뽁이), 창문프레임에 방풍테이프 등을 붙이는 사례가 나타나는 것은 이러한 부분이 충분히 고려되지 않아 주택 자체의 단열성이 너무 미비한 경우가 있기 때문이다. 따라서 기본적으로 일사를 잘 취득할 수 있는 남향*과 데워진 집 안의 열을 밖으로 빼앗기지 않을 단열성을 먼저 고려해야 한다.

* 일사는 태양열을 뜻한다. 여름철에는 일사로 인해 기온이 높아지기 때문에 남향 창에 일사차단장치(처마, 발코니 천장, 블라인드 등)를 설치해야 한다.

3) 복합화학물질과민증

복합화학물질과민증(MCS ; Multiple Chemical Sensitivity)*은 화학물질에 노출된 이후 소량의 특정 화학물질에도 반응을 나타내는 면역·신경계의 장애를 뜻한다. 따라서 환경적 질병이라고도 부른다. 본격적으로 연구가 진행되기 전에는 진단이나 병에 대한 판단 자체가 어려워 정신적 질환의 일환으로 생각되었다. 이후 "과거에 다량의 화학물질에 접촉하여 급성중독증상이 나타났거나, 그 후 소량의 같은 종류 혹은 같은 계열의 화학물질에 재접촉했을 때, 다시 나타나는 임상증상"으로 정의되면서(Cullen, M. R., 1987), 본격적으로 실내공기 속의 화학물질에 의한 질병으로 다루어졌다. 현재는 다양한 연구를 통해 다음의 6가지 조건을 만족할 경우 복합화학물질과민증으로 정의하고 있다(성기철, 2006).

- 화학물질 접촉을 반복한 경우, 동일한 증상이 나타난다(증상의 재현성).
- 만성질환이다.
- 미량의 화학물질 접촉에도 반응을 나타낸다.
- 관련이 없는 여러 종류의 화학물질에도 반응을 나타낸다.
- 원인물질이 제거되면 개선되거나 치료된다.
- 증상이 여러 종류의 신체기관에 걸쳐 있다.

복합화학물질과민증의 원인은 현재도 관련 연구가 진행되고 있지만 일반적으로 인체에 화학물질이 축적되는 것에 기인한다. 사람은 화학물질에 노출되었을 때, 호흡기와 피부 등을 통해 체내로 흡수하고 이를 배출하지 못한 채 축적하게 된다. 이때, 축적된 화학물질의 양이 일정한 한계치를 초과하면 과민증상이라고 일컫는 두통, 통증, 피로, 메슥거림 등의 증상이 나타나게 된다. 가장 위험한 부분은 이러한 증상을 일으키는 화학물질의 한계치 기준이 사람마다 달라 같은 양의 화학물질에도 한계까지 도달하지 않는 사람도 있는 반면, 한계치가 초과되어 과민증을 일으키는 사람도 있다는 점이다. 이렇

* 1996년 IPSC에서 IEI(Idiopathic Environmental Intolerances)로도 언급함에 따라 현재 복합화학물질과민증은 MCS, IEI라는 두 명칭 모두로 불리고 있다.

게 한계치를 초과하면, 이후에는 극소량의 화학물질에 노출되기만 해도 지속적인 과민 증상이 나타나므로 주의해야 한다. 따라서 자신의 화학물질 축적한계치를 초과하지 않기 위해 높은 농도의 화학물질에 노출되는 것을 피해야 하며, 짙은 농도가 아니더라도 화학물질에 대한 노출을 줄이려는 노력이 필요하다.

표 9-2 복합화학물질과민증 유발물질의 주요 발생원

• 향수	• 잉크
• 데오도란트	• 복사기, 레이저 프린터 토너
• 드라이크리닝 용제	• 디젤 배출 가스
• 합성 세제, 각종 세제	• 담배 연기, 간접 흡연
• 처방된 약물치료	• 도심 공기
• 인공 착색제, 감미료	• 방부 처리된 음식, 음료수, 약
• 미술, 사진, 프린트 등에 사용되는 독성화학물질	• 합성섬유로 된 페브릭(의류, 가구)
• 페인트, 타르	• 새 카펫의 방출 가스
• 유기용제	• 가스 스토브, 히터의 방출가스
• 합성수지, 플리스틱류	• 자동차 배기가스
• 세정제	• 상수도물
• 신문인쇄	• 신축 건물이나 새가구
• 농약, 목재 방부제	• 마취약제
• 소독용 알코올	• 새 의류, 책 등의 포름알데히드
• 펠트펜(마커류)	• 전자기파
• 가솔린	• 종이

출처 : Brown A. E.(1999). Multiple chemical sensitivity-an overview. ; 성기철(2006). p.10에서 번역된 것을 재인용.

표 9-3 복합화학물질과민증 주요 증상

분류	주요 증상
자율신경증상	발한 이상, 손발 차가움, 만성피로, 현기증
신경·정신증상	불면증, 불안, 우울, 두통, 기억력 상실, 집중력 저하, 운동장애, 사지 말단 신경마비, 관절통, 근육통
기도증상	목·코 통증, 기도 폐한감, 감기 유사 증상, 호흡기 계통 질환
소화기증상	복부 팽만, 대장 질환
감각기증상	후각 예민, 눈 피로, 눈 초점 이상, 미각 이상, 청각 예민, 코피
순환기증상	심계항진, 부정맥, 흉부통, 흉벽통
면역증상	피부염, 천식, 자기 면역 병환, 피하 출혈
비뇨생식기 부인과계증상	생리 불순, 부정 출혈, 월경 곤란, 빈뇨, 배뇨 곤란

출처 : 일본건축학회 지음, 김현중 옮김(2004). ; 성기철(2006). p.11에서 번역된 것을 재인용.

그림 9-4 **위험요인이 될 수 있는 생활용품**

복합화학물질과민증의 주요 발생원과 이에 따른 증상은 표 9-2, 3과 같다. 증상의 경우 사람마다 그 종류가 다르며, 나타나는 신체기관 및 증상의 정도도 매우 다양하여 아주 경미한 증상을 보이기도 하나 심한 경우 사망에 이르기도 한다.

복합화학물질과민증의 주요 발생원과 관련해서는 국내 방송에서도 향수, 향초 및 섬유유연제, 방향제 등에서 널리 쓰이는 합성향의 위험성을 보고한 바가 있다. 방송(KBS 스페셜 달콤한 향기의 위험한 비밀, 2012. 10. 28)에서 실험한 결과에 따르면 향수, 향초, 화장품, 방향제 등 23개의 향 첨가제품을 대상으로 독성검사를 실시했을 때, 모든 제품에서 하나 이상의 독성물질이 검출되어 총 24가지의 화학물질이 검출되었으며, 그중에는 1급 발암물질인 포름알데히드와 내분비계장애 의심물질인 DEP(디에틸프탈레이트)도 포함되어 있는 것으로 밝혀졌다. 특히 향초, 향수, 방향제를 각각 방 안에서 사용하였을 때의 실내공기 오염수준은 방 안에서 승용차 1대를 계속 공회전시키는 것과 같다는 결과도 보고되어 그 위험성을 알리기도 하였다. 이런 물품들은 일상생활에서 쉽게 접할 수 있으며 대부분 위험요인으로 여겨지지 않기 때문에 더욱 주의해야 한다.

이러한 복합화학물질과민증과 비슷한 현상이 새롭게 신축되거나 리모델링한 새집에서 나타날 경우 이를 새집증후군이라 할 수 있다. 차이점이 있다면, 새집증후군은 새집을 떠나면 증상이 사라지지만 복합화학물질과민증의 경우 소량의 관련 물질만으로도 과민반응이 나타나기 때문에 알레르기질환과 유사하다고 볼 수 있다. 따라서 새집증후군과 복합화학물질과민증은 서로 관련이 있는 증상이라고 보아야 하며, 새집증후군 또한 노출되는 화학물질의 양이 계속해서 많아지면 결국에는 알레르기 또는 중독증상으로까지 발전할 수 있다(Inoue, M., 2004).

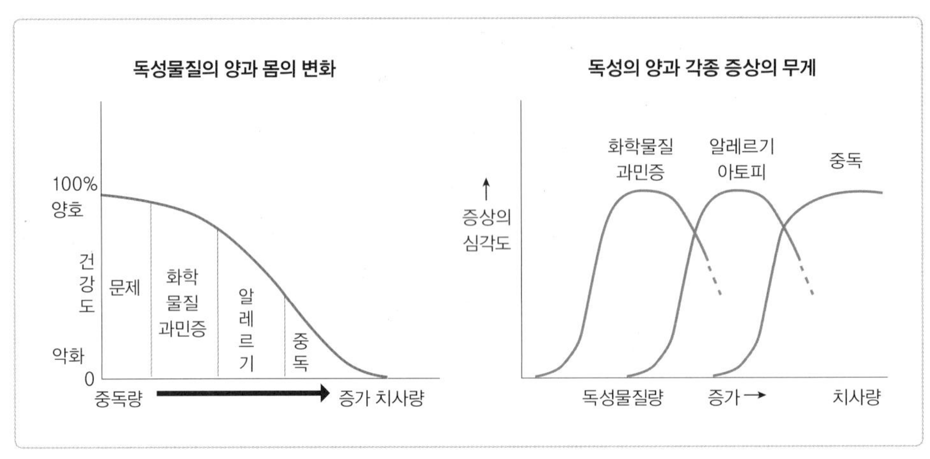

그림 9-5 독성물질의 양에 따른 인체의 증상 변화

출처 : Inoue., M. (2004). p.23.

4) 새집증후군

새집증후군(SHS ; Sick Housing Syndrome)은 새로 짓거나 리모델링한 집에 들어갔을 때, 이전까지 없던 이상 증상이 신체 각 부분에 나타나는 질병을 뜻한다. 이는 새롭게 사용된 건축자재에서 방출되는 여러 화학물질이 실내공기를 오염시켜 거주자의 건강을 위협하는 현상이다.

이러한 새집증후군은 새빌딩증후군(SBS ; Sick Building Syndrome)에서 파생된 것으로 새빌딩증후군은 새롭게 지어진 고기밀·고단열의 빌딩 내에서 화학물질을 포함한 여러 오염물질에 의해 빌딩 재실자의 건강을 위협받는 것이다. 따라서 새로운 집에서 생겨나는 증후군인 새집증후군과 새로운 학교에서 생겨나는 증후군인 새학교증후군(SSS ; Sick School Syndrome) 모두 새빌딩증후군의 틀에 속한다고 볼 수 있다. 이 증후군의 정확한 정의와 현상에 대해서는 다양한 연구가 진행되어 왔는데, 기본적인 새빌딩증후군의 현상을 정리하면 다음과 같다(Inoue, M., 2004).

- 눈, 코, 목의 감각 및 중추신경계 관련 증상(두통, 눈병, 피로)
- 피부질환, 가벼운 천식
- 해당 빌딩에서 나오면 증상이 호전되는 경우가 많음

- 장기간 해당 빌딩에 재실할 때 발생함
- 해당 빌딩 재실자 20% 이상에게서 발생함
- 증상에 대한 인과관계가 불명확함(알레르기 체질의 재실자에게서 더욱 잘 나타남)

새빌딩증후군에 속하는 새집증후군의 증상은 앞서 서술한 화학물질과민증의 증상과 흡사하다(표 9-3). 이 또한 재실자에 따라 그 종류가 다르며, 나타나는 신체기관 및 증상 정도 역시 다양하다.

새집증후군을 일으키는 주 원인은 화학물질을 포함하고 있는 건축재료이지만, 이를 악화시키는 것은 방출된 화학 물질을 계속 집 안에 머물게 하는 거주자의 생활습관이다. 이제까지 밝혀진 새집증후군의 원인을 종합해서 정리하면 다음과 같다.

- 주택의 고기밀화·고단열화
- 고정창과 같은 폐쇄적 창 증가로 인한 기계 환기 증가
- 실내에서 사용되는 사무기기나 화학제품 사용량의 증가
- 무색·무취의 기체상 오염물질을 감지하지 못하는 인간의 감각
- 냉난방비용 절약이 우선시되는 환기 부족 습관

새집증후군 방지를 위한 조건

새집증후군을 방지하기 위해서는 집을 짓는 사람과 집에서 사는 사람 모두 주의해야 할 것이 많다. Inoue(2004)는 새집증후군 예방을 위한 25가지 조건을 발표하였는데 이를 요약하면 다음과 같다.

1. 화학물질은 공기보다 무거워 아래에 고인다는 사실을 주의한다.
   - 바닥을 기어 다니거나 키가 작은 아이와 어린이들에게 더 위험하다.
   - 바닥과 가까운 곳이 환기가 잘되도록 해야 한다(바닥 환기팬, 문 아래 틈 등).
2. 제품에 대한 화학물질 유해성 정보 제공 자료를 확인한다.
   - 물질안전보건자료(MSDS ; Material Safety Data Sheet)
3. 천연계 재료를 과신하지 않는다.
   - 천연계 도료에서도 화학물질이 검출되기도 한다(천연계·합성계 모두 바르게 사용하는 것이 중요).
4. 고기밀·고단열만 유지하지 않는다.

(계속)

5. 거주하면서 실시하는 리모델링은 위험하다.
6. 신축 후에는 1~2개월간 환기를 시킨 후 입주한다.
   - 베이크아웃(bake-out)기법 활용: 일시적으로 난방을 이용해 실내 온도를 30~40℃까지 끌어 올려 화학물질 방산을 촉진시킨 후, 환기를 통해 배출시키는 방법이다.
7. 여름철은 고온에 의해 화학물질 방산이 많아지므로 주의한다.
8. 겨울철 공사 중에 생긴 화학물질은 낮은 온도로 인해 방산이 잘되지 않아 봄까지 남아 있을 수 있으므로 주의한다.
9. 보드 시공에 사용한 접착제 등의 용제는 5~6개월 정도 남아 있으므로 주의한다.
10. 건축 내장재에는 공기가 잘 통하는 재료를 사용한다.
11. 화학물질 중 포름알데히드는 단시간 내에 방산되지 않으므로 주의한다.
   - 포름알데히드는 목재의 수분과 섞이는 성질 때문에 쉽게 방산되지 않는다.
   - 위의 성질을 이용하여 실내를 가습하는 방법이 방산량을 촉진시킬 수도 있다
12. 실내에서 스프레이 제품이나 시너류의 사용을 금한다.
13. 실내에서 흡연하지 않는다.
14. 신축 레스토랑이나 서점에는 포름알데히드가 많음을 주의한다.
15. 방충제, 전기 모기향 냄새, 냄새가 강한 화장품, 염소계 살균제를 주의한다.

출처 : Inoue, M. (2004). pp.196~220에서 발췌 및 요약.

5) 집먼지진드기

실내의 공기오염물질 중에는 화학물질과는 다른 미생물성 오염물질도 존재한다. 이들은 병을 유발시키고 전염병을 옮기거나 알레르기를 일으키는 알레르겐이 될 수 있으므로 주의해야 한다. 이 중에서 가장 대표적인 것이 집먼지진드기(dust mite)이다.

집먼지진드기는 0.1~0.5mm의 미세한 벌레로 집 안의 어둡고 습한 곳(침대 매트리스, 이불, 베개, 카펫, 소파, 인형, 의류 등)에서 사람 또는 동물의 피부 각질이나 비듬 등을 먹고산다. 보통 한 사람에게서 만들어지는 비듬의 양(약 0.5~1mg)은 진드기 몇 천 마리가 몇 달 동안 먹고살 수 있는 양으로 집먼지진드기에게 있어 집은 최고의 서식처가 될 수 있다. 특히, 사람은 하루 중 약 1/3 정도를 침실에서 보내기 때문에 침구류와 천으로 된 소파 등이 이들의 주 서식처가 된다. 집먼지진드기의 생존을 위한 최적의 온도는 25~28℃로 평균 주거환경의 온도와 비슷하기 때문에 더욱 위험하며, 최적의 습도는 75%

로 사람이 수면할 때 내뿜는 열과 땀에 의한 매트리스 상태(온도 25~30℃, 습도 80~90%)와 매우 비슷하다. 이처럼 사람의 수면환경은 집먼지진드기에게 최적의 환경일 수 있다(차동원, 2007).

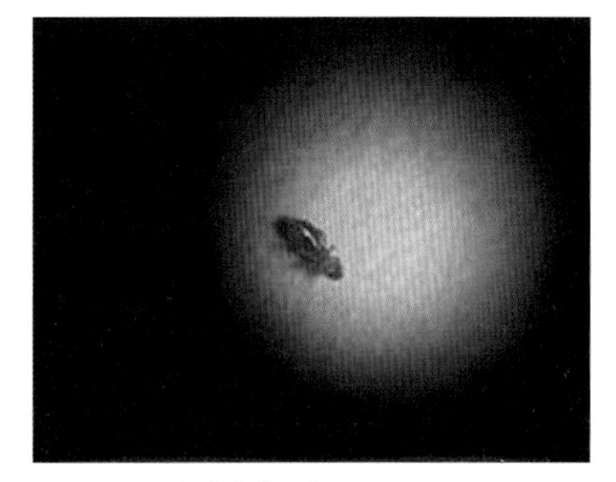
그림 9-6 **집먼지진드기**

집먼지진드기가 유독 위험한 이유는 호흡기 알레르기 질환의 가장 중요한 기인 항원으로 알려져 있기 때문이다. 우리나라에서 호흡기 알레르기 환자들을 대상으로 알레르기 항원에 대한 피부 반응 검사를 실시한 결과, 소아의 경우에는 70% 이상, 성인의 경우에는 50%가 집먼지 및 집먼지진드기에 대한 양성반응을 나타냈다(최정윤 외, 2002). 이처럼 집먼지진드기는 천식, 비염 등의 호흡기 알레르기와 더불어 아토피피부염도 유발하는 위험생물로 눈에 보이지 않더라도 주택환경 차원에서 관리해야 한다. 이를 위해 다음의 사항을 참고하고 주의해야 한다(차동원, 2007).

- 침구류에 비투과성 천(수분이나 공기는 통과되고, 집먼지진드기나 각질 등은 통과되지 않는 천)을 사용한다.
  - ➾ 집먼지진드기는 침구 밖으로 나올 수 없고, 집먼지진드기의 먹이가 될 요소들은 침구 안으로 들어가지 않는다.
- 2~3개월에 한 번씩 뜨거운 물로 침구류를 세탁한다.
  - ➾ 비투과성 천을 사용해도 시간이 지나면 위험해지기 때문에 반드시 2~3개월에 한 번씩 세탁한다.
- 카펫 등을 햇볕 아래 노출시킨다.
  - ➾ 카펫 등을 햇볕 아래 여러 시간 놓아 두면 습도가 낮아져 집먼지진드기를 죽일 수 있다.
- 의복 등은 뜨거운 물로 자주 세탁하며, 직물로 된 가구 커버 등도 자주 세탁할 수 있는 재질로 선택한다.

그림 9-7 집먼지진드기가 있음직한 위험장소 및 물건

6) 라돈

최근 그 위험성이 점점 대두되고 있는 실내공기 오염물질은 라돈이다. 라돈은 토양이나 암석에 존재하는 우라늄 계열의 방사성 물질로, 무색무취의 기체성 물질이다. 자연에서 생성되는 것이기에 공기, 지하수, 흙 등 자연재료가 사용되는 곳에서 쉽게 검출된다. 라돈이 실내에 유입되는 경로는 크게 4가지로 나누어진다(차동원, 2007).

- 건물 주변 토양에서 토양가스와 함께 유입되는 경우
- 라듐(라돈의 방사성 붕괴 전 단계)이 함유된 건축 자재(콘트리트, 벽돌, 타일 등)를 사용한 후, 시간이 흐르면서 라듐이 라돈으로 붕괴되어 배출되는 경우
- 라듐을 함유한 지하수를 건물 실내에서 샤워, 세탁 및 조리용 등으로 사용하면서 물속에 녹아 있던 라돈이 배출되는 경우

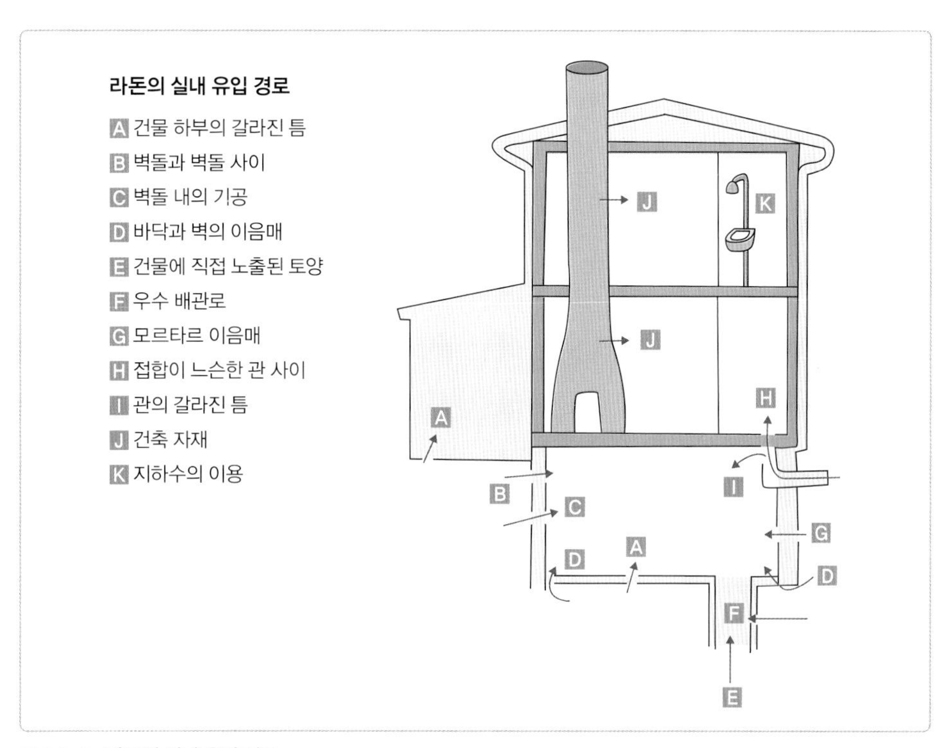

그림 9-8 **라돈의 실내 유입 경로**

출처 : 환경부(2014). 라돈저감관리매뉴얼(주택소유자용).

- 라듐을 함유한 유전에서 채굴된 천연가스 또는 석유가스를 원료로 하는 연료를 사용한 경우

이 중 대부분이 토양에 의한 유입이며(80~90%), 건축 자재에 의한 유입이 2~5% 정도를 차지한다. 라돈이 위험한 이유는 호흡을 통해 사람의 폐에 유입된 것 중 일부가 배출되지 못하고 폐에 흡착되기 때문이다. 흡착된 이후에는 붕괴를 통해 방사선을 방출시키고, 이를 통해 세포 염색체 내 돌연변이를 일으켜 결국에는 폐암을 발생시키기 때문에 매우 위험하다. 세계보건기구(WHO)는 폐암을 유발시키는 주요 원인물질로 담배 다음 라돈을 지목하였으며, 유엔 산하 국제암연구소(IARC)도 이것을 발암성 등급 1군으로 분류하였다. 따라서 토양의 라돈 농도 자체가 낮은 곳을 주택지로 선정하는 것이 중요하며, 라돈 발생량이 적은 건축자재로 라돈 발생원을 최대한 감소시켜야 한다. 세부적인 라돈 저감 관리방법은 그림 9-9와 같다(환경부, 2014).

실내 환기

- 환기는 실내에 축적된 라돈 농도 저감에 매우 효과적이다.
- 자연 환기의 경우 최소한 아침, 점심, 저녁으로 하루 3번 30분 이상 해 주는 것이 좋다.
- 저녁 늦게나 새벽 시간에는 대기가 침체되어 오염물질이 정체되어 있을 수 있으니, 오전 10시부터 오후 9시 이전 사이에 환기를 하는 것이 좋다.

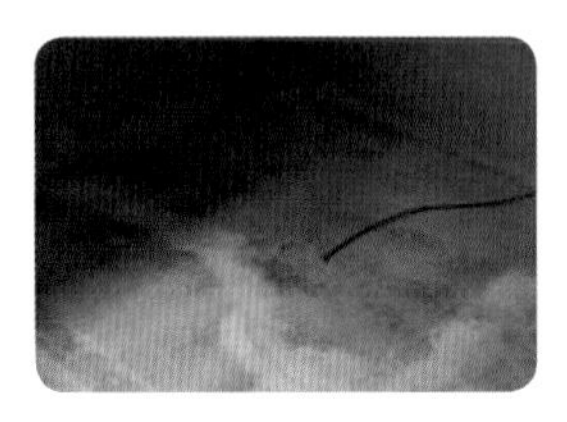

차폐법(틈새 막음) 시공

- 라돈 농도 측정 결과값이 기준치를 초과했다면, 먼저 바닥이나 벽 등에 갈라진 틈이 있나 확인한다.
- 보강재 등을 이용해 갈라진 틈만 밀폐해도 실내 라돈 농도 저감 효율을 높일 수 있다.

토양 라돈배출장치 설치

- 토양 라돈배출관은 토양 중의 라돈가스를 모아서 실내를 거치지 않고 바로 건물 외부로 배출시켜 준다.
- 배출관 중간에 환기팬을 설치하면 라돈 농도 저감효과를 더욱 높일 수 있다.

외부 공기 유입 장치 설치

외부 공기 유입 장치를 이용하여 실내공기압을 건물 하부보다 인위적으로 높이면 압력 차 때문에 라돈가스가 실내로 유입되지 못한다.

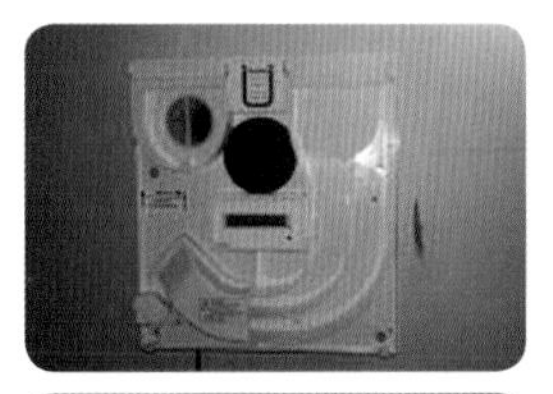

환기시스템(전열 교환기 내장)장치 설치

일반공조, 창문형, 벽체형 등 전열교환기를 사용한 저감 방법으로 전열교환기의 특징인 장치를 가동하면 외부 공기와 내부 공기가 동시에 배출 및 유입되어 외부의 신선한 공기는 유입되고 실내의 탁한 공기는 외부로 배출되어 신선한 공기가 유지된다.

그림 9-9 **라돈 저감방법**

출처 : 환경부(2014). 라돈저감관리매뉴얼(주택소유자용).

참고

【환경부가 발표한 '주택 실내공기질 관리를 위한 매뉴얼'】

1. 주택의 실내공기질 유지 및 관리방법(요약표)

항목	내용
실내 적정 온·습도 유지	• 적정 온·습도 ➲ 실내온도: 18~22℃, 실내습도: 40~60℃ • 계절별 적정 온·습도 ➲ 봄·가을 : 19~23℃, 50% ➲ 여름 : 24~27℃, 60% ➲ 겨울 : 18~21℃, 40%
실내 환기	• 하루에 최소 3번 30분 이상 환기 • 기후조건으로 인해 자연환기가 어려울 때는 기계환기(팬) 가동
친환경 제품 사용	• 친환경 제품 사용 ➲ 리모델링 시 : 친환경 마크를 획득한 건축 자재 및 인테리어 제품 사용 ➲ 가구 : 친환경 제품 구입 ➲ 전자제품 : 사용 후 환기 필요
청소	• 주기적인 청소 필요
주택 내 흡연 금지	• 주택 내 흡연 금지
주방	• 조리 시 창문 개방 및 국소배기장치 가동 • 음식물 쓰레기는 바로 처리
의류 및 침구류 관리	• 드라이크리닝 의류는 1시간 정도 환기시킨 후 보관 • 침구류는 수시로 물세탁 후 햇볕에 잘 말리고 털어서 관리
애완동물 관리	• 애완동물을 자주 씻겨줌 • 애완동물의 변은 바로 처리
방향제	• 천연 방향제 사용 • 방향제 사용 시 충분한 환기 필요
옷장 및 신발장 관리	• 습기가 차지 않도록 주의 • 축축한 옷이나 신발은 충분히 건조한 후 수납 • 주기적인 청소와 환기 필요

2. 주택 실내공기질 관리를 위한 체크리스트

이 체크리스트는 총 2개의 섹션(집안, 방안)으로 구성되어 있다. 여기서 제시한 대처 방안은 일반적으로 일상생활에서 쉽고 저렴하게 실천할 수 있는 것들이다. 체크리스트의 질문에 답변을 하면서 주택의 실내환경오염에 대한 구체적인 대응방법을 생각해 보자.

집 안

질문	답변	대처 방안
간접흡연		
집 안에서 흡연하는 분이 있으십니까?	□ 네 □ 아니오	• 집 안에서는 금연하도록 한다. • 방문객도 집 안에서는 흡연을 자제하도록 유도한다. • 집 안에 금연이라는 표지를 달고 가족구성원이 집 안에서 금연하기를 약속한다.
애완동물		
집 안에 털이 있는 동물이 있으십니까?	□ 네 □ 아니오	• 가능하다면 애완동물을 집 안보다는 집 밖에서 기른다. • 만약 불가능하다면, 어린이나 어르신의 침실에 들어가지 못하게 하고 가구류 주변에서 생활하지 않게 한다. • 애완동물의 목욕은 주기적으로 하도록 한다.
소비제품		
천식이나 환경성 질환을 가지고 있는 가족구성원이 강한 냄새를 내는 화학 제품이나 소비 제품(예를 들어 클리너, 페인트, 접착제, 살충제, 공기정화제, 화장품 등)을 주변에서 사용 시 증세가 더 악화되는 것을 보신 적이 있으십니까?	□ 네 □ 아니오	• 질환을 가지고 있는 구성원이 최대한 이런 제품에 노출되지 않도록 최소한의 양을 사용하고, 가능하다면 이 구성원이 집 안에 없을 때 제품을 사용한다. • 제품 설명서에 따라 사용하고, 사용된 곳은 환기가 잘되게 한다.
냉난방		
집 안의 냉난방기는 필터가 장착되어 있나요?	□ 네 □ 아니오	• 만약 그렇다면 분기에 한 번식 필터를 교체하거나 청소를 한다. • 제조사 규격과 일치한다면 더 효율이 높은 필터로 교체해 사용한다.
집 안에서 난방용으로 전기 또는 가스 스토브(히터) 등을 사용하십니까?	□ 네 □ 아니오	• 배기관이 잘 장착되었는지 주기적으로 확인하고 파손된 곳은 바로 고친다.
집 안에 에어컨이 설치되어 있습니까?	□ 네 □ 아니오	• 에어컨의 필터를 주기적으로 청소한다.

(계속)

방 안

질문	답변	대처 방안
침구류		
환경성 질환을 가진 구성원이 어디서 잠을 자나요?(복수 응답)	□ 침대 □ 바닥이불 □ 소파 □ 기타	• 사용하는 매트리스를 먼지 방지용(알레르겐 불침투성 재질) 커버로 덮어서 사용하고 제조사의 설명서에 따라 주기적인 세탁을 한다. • 만약 환경성 질환을 가지고 있는 구성원이 소파나 기타 가구류에서 잠을 자야 한다면, 세탁이 가능한 슬립커버 위에서 자게 하고 주기적으로 진공청소기로 소파 등의 가구를 청소해 준다.
환경성 질환을 가진 구성원이 사용하는 침구류는 어떤 것인가요?(복수 응답)	□ 침대보 □ 담요 □ 베개 □ 홑이불 □ 기타	• 세탁이 가능한 침구류를 이용한다. • 침구류를 주기적으로 뜨거운 물을 이용하여 세탁하고 완전히 건조한 후 사용한다.
바닥		
어떤 종류의 바닥재를 사용하십니까?	□ 카펫 □ 강화마루 □ 타일 □ 장판 □ 기타	• 카펫을 사용한다면 주기적으로 진공청소기를 이용하여 청소한다. • 가능하다면 고효율필터가 장착된 진공청소기를 사용한다. • 마루를 사용한다면 바닥을 자주 닦아준다. • 장판을 새로 깔았다면 베이크아웃을 해준다. • 진공청소기나 물걸레로 바닥 청소 시 환경성 질환이 있는 가족 구성원은 근처에 있지 않게 한다. • 환경성 질환이 있는 가족구성원 주변에는 항상 바닥 청소를 하여 먼지를 없애고 진공청소기의 먼지 포집기를 사용 후에 바로 비운다.
천 소재의 가구류 및 봉제완구		
천 소재의 가구가 있으신가요?	□ 네 □ 아니오	• 세탁이 가능한 슬립커버로 천 소재의 가구를 덮어 사용한다. • 천 소재 가구에 놓여 있는 쿠션 등을 치우고 기구의 틈새 구석구석까지 진공청소기를 이용해 주기적으로 청소한다. • 만약 가구를 교체할 계획이 있다면 쉽게 닦아 청소할 수 있는 목질, 가죽, 비닐 소재와 같은 것으로 구매하는 것을 고려해 본다.
집안에 봉제완구가 있으신가요?	□ 네 □ 아니오	• 세탁이 가능한 봉제완구를 구매하고 뜨거운 물로 주기적으로 세탁하고 완전 건조하여 사용한다. • 특히 침실이나 환경성 질환이 있는 가족구성원 주변에는 봉제완구의 개수에 제한을 둔다.

(계속)

질문	답변	대처 방안
창문		
집 안 창문은 어떤 것으로 가려져 있나요? (복수 응답)	□ 커튼 □ 블라인드 □ 기타	• 커튼은 주기적으로 세탁을 해 준다. • 블라인드는 물걸레나 청소기를 이용하여 주기적으로 먼지를 청소해 준다. • 먼지가 쌓인 창턱은 따뜻한 비눗물을 적신 천으로 주기적으로 닦아 준다.
주방		
가스를 이용하여 조리하시나요?	□ 네 □ 아니오	• 가스 조리기구 이용 시 레인지후드를 켜거나 창문을 열어둔다. • 제조사가 제시한 사용설명을 준수하도록 한다.
습기 조절		
집안 바닥이나 벽에서 물이 침투한 흔적이 있나요?	□ 네 □ 아니오	• 곰팡이의 번식을 막기 위해 24~48시간 이내에 젖어 있는 곳을 마른 수건 등을 이용해 건조한다. • 수도관 등에서 물이 새는지 확인하고 가능한 한 빨리 수리한다. • 바닥 타일이나 카펫에 곰팡이가 보이면 바로 교체한다. • 에어컨이나 제습기를 이용하여 실내습도를 낮은 수준(60% 이하)으로 유지한다(이상적인 습도 범위 30~50%).
화장실 욕조나 세면대, 벽지, 창문틀 등에서 곰팡이가 보이거나 냄새가 나나요?	□ 네 □ 아니오	• 샤워나 요리를 할 때 습도가 높아지므로 창문을 열거나 배기팬을 작동시킨다. • 전용 세제와 물을 이용하여 곰팡이를 제거하고 그 부분을 완전히 건조시킨다. • 주택 내부 또는 외벽을 페인트로 칠할 경우, 곰팡이를 완전히 제거하고 건조시킨 후 페인트를 도포한다.
냉장고, 에어컨, 화분 물받이에 물이 고여 있나요?	□ 네 □ 아니오	• 냉장고나 에어컨의 물받이를 주기적으로 비워 주고 세척해 준다. • 화분의 물받이에는 물이 장시간 고여 있지 않게 한다.
실내에서 가습기를 사용하시나요?	□ 네 □ 아니오	• 필요할 때만 사용하고 실내 상대습도가 30~50% 수준을 유지하도록 설정한다. • 가습기 물통을 주기적으로 세척한다. • 가능하다면 가습기에 쓰이는 물은 미네랄이 적은 물을 이용한다. • 가습기 제조사가 제시하는 사용법 및 유지방법을 준수하고, 가습기 소모품을 제때 교체한다.

출처 : 환경부(2012). pp.36~38.

3 괴로운 집

1) 빛공해

주택의 빛환경을 구성하는 요소는 태양에 의한 '일조'와 조명기기에 의한 '인공조명'으로 나누어진다. 이 중 태양에 의한 일조는 주택의 필수 조건으로 사람은 일조를 통해 크게 4가지 효과를 얻는다. 첫째, 실내를 밝혀 주는 빛효과를 얻는다. 둘째, 난방시기의 일사는 주택을 따뜻하게 만들기 때문에 에너지 절약의 방안이 되기도 하며 이를 열효과라 한다. 셋째, 지상에 도달하는 자외선을 통해 비타민 D를 생성하며 소독을 하는데 이를 보건효과라 한다. 마지막으로 일조는 사람의 심리에 미치는 효과가 매우 크며 이를 일조의 심리효과라고 한다. 일조량이 적어지는 흐린 날이나 가을·겨울철에 우울한 기분이 더 드는 이유가 바로 이 때문이다.

이처럼 다양한 기능을 하는 일조는 모든 주택에서 반드시 확보되어야 하는 요소이며, 이와 관련하여 햇볕을 받아 쾌적한 생활을 보낼 권리인 '일조권'이 생겨났다. 일조권 문제는 급격한 도시화에 의한 도시 과밀화·고층화에 의해 대두된 것으로, 공동주택 또는 다양한 건물 사이에서 고층 건물에 의해 햇볕이 차단되는 사례가 증가하자 이를 쾌

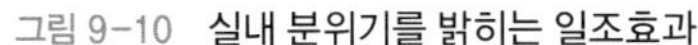

그림 9-10 실내 분위기를 밝히는 일조효과

적한 생활환경 조건에 대한 침해로 받아들이게 되며 사회문제로 인식하기 시작했다. 이에 따라 우리나라도 1976년 「건축법」을 시작으로 '일조 등의 확보를 위한 건축물 높이 제한(건축법 제61조)'을 시행하게 되었다.

일조권의 문제가 태양에 의한 것이라면 빛공해문제는 인공조명에 의한 것이다. 우리나라 환경부에서 정의하고 있는 좋은 조명환경이란 '주변환경에 미치는 영향을 최소화하면서 조명의 목적과 효과가 효율적으로 달성되는 환경'을 말한다. 조명환경이 이에 부합하지 못할 경우, 빛공해로 분류할 수 있다.

빛공해는 누출광에 의한 것으로, 누출광이란 인공조명 기구의 빛이 비추고자 목적하는 조명 영역 이외의 영역에도 비치는 빛을 말한다. 이러한 누출광에 의한 빛공해는 다양한 악영향을 끼친다. 첫 번째 영향은 밤하늘의 밝기에 미치는 영향이다. 어두워야 하는 밤하늘이 빛공해에 의해 밝아지면서 천체 관측이 점점 어려워지고 있으며, 지상에서 밤하늘의 별을 볼 수 없는 현상이 지속되고 있다. 이와 관련하여 〈월스트리트 저널〉은 2008년에 세계 인구의 2/3는 밤하늘의 별을 더 이상 볼 수 없다고 보고하기도 하였다. 두 번째는 인체에 미치는 영향이다. 누출광은 불쾌한 눈부심은 물론, 호르몬에도 영향을 미쳐 인간의 수면 및 면역력과 관계 있는 멜라토닌의 생성을 억제시킨다. 이로 인해

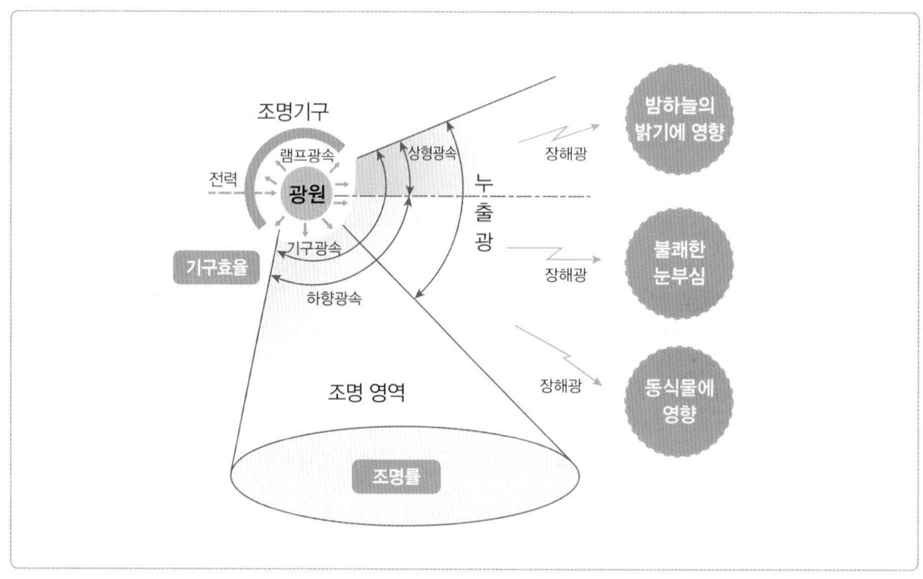

그림 9-11 **빛공해의 개념**

출처 : 환경부 생활환경정보센터 홈페이지.

불면증, 피로, 스트레스, 불안 등의 증상이 나타나며 면역력 저하로 인한 암 발생률이 증가되기도 한다. 이와 관련하여 세계보건기구 산하 국제암연구소(IARC)는 2010년 심야 수면시간대(0~5시)에 일정 밝기 이상의 빛에 노출될 경우, 멜라토닌 분비 억제로 인한 수면장애 및 면역력 저하 등이 유발됨으로 주의를 요한 바 있다. 특히, 성장기 어린이의 경우 성장장애 또는 난시 발생 등과 같은 위험도 함께 발생하기 때문에 더욱 조심해야 한다. 세 번째는 동식물에 미치는 영향이다. 빛공해는 먼저 동물들의 이동경로 및 생식과 육성에 영향을 미친다. 이로 인해 생식주기가 변하기도 하고, 성장이 늦춰지거나 생산력 자체가 낮아져 생태계의 순환이 파괴되며, 희귀종이 사멸될 가능성도 높아졌다. 또 식물의 성장 및 개화 등에도 영향을 미쳐 식물 희귀종이 사멸될 가능성도 높아졌다. 실제로 벼의 경우 야간조도가 높아질수록 출수 지연일수가 늘어나며, 심할 경우 출수가 아예 불가능해지기도 한다.

우리나라는 최근 빛공해를 중요하게 다루기 시작하여 환경부 산하 국립환경과학원에서 2012년부터 2013년까지 국내 6개 도시 79개 지점에서의 광침입 현황을 조사하여 2014년에 '국내 6개 도시 광침입 실태조사' 결과를 발표하기도 하였다. 그 결과 전체 조사지점(79개)의 약 20%(15개)에서 광침입이 주거지역 빛방사 허용 기준인 10lx를 초과한 것으로 나타났다. 특히 좁은 골목길에 가로등이 설치되어 있는 경우, 가로등에 의한 광침입(평균 28.6lx)이 타 조사지점(평균 5.6lx)보다 약 5배 정도 높게 측정되었는데, 이는 골목길의 경우 설치된 가로등과 주택의 거리(평균 6.5m)가 타 조사지점(평균 18.4m)에 비해 상대적으로 가까울 수밖에 없기 때문으로 분석되었다. 가로등의 형태와 관련해서

그림 9-12 **주거지 광침입 발생 사례**

출처 : 환경부(2014). 보도자료.

표 9-4 골목길 및 골목길 외 지점의 주택(창면) 광침입 현황

(단위: lx)

항목	조사지점(개수)	
	골목길(10)	골목길 외(69)
연직면 조도 평균값 (최소~최대)	28.6 (5.7~99.1)	5.6 (0.1~43.5)
가로등-주택(창면) 이격거리	6.5m (1.5~13.8m)	18.4m (2.5~56.7m)

출처 : 환경부(2014). 보도자료.

표 9-5 가로등-주택(창면) 떨어진 거리에 따른 광침입 현황

(단위: lx)

항목	가로등-주택(창면) 이격거리(조사지점 개수)			
	10m 이하(20)	10~20m(36)	20~30m(15)	30m 초과(8)
연직면 조도 평균값 (최소~최대)	19.0 (1.1~99.1)	6.0 (0.3~36.1)	3.7 (0.5~9.5)	2.0 (0.1~5.5)

출처 : 환경부(2014). 보도자료.

표 9-6 옥외조명 차단형에 따른 광침입 현황

(단위: lx)

항목	차단형 분류(조명 개수)		
	차단형	준차단형	비차단형
조도 평균값 (최소~최대)	3.5 (1.1~9.5)	6.2 (1.5~36.1)	25.6 (2.6~99.1)

출처 : 환경부(2014). 보도자료.

차단형

준차단형

비차단형

그림 9-13 차단형 분류에 따른 옥외조명 예시

출처 : 환경부(2014). 보도자료.

는 빛이 퍼지지 않도록 제작된 차단형(cutoff type)과 준차단형(semi cutoff type) 가로등의 경우, 비차단형(non cutoff type) 가로등보다 광침입이 0.1~0.2배 정도 낮게 측정되었다.

국내에서는 이러한 빛공해에 의한 피해를 줄이고자 「인공조명에 의한 빛공해 방지법」(약칭 빛공해방지법)을 시행하였으며, 뒤이어 「빛공해 방지를 위한 광고조명 설치·관리 권고기준」 및 「빛공해 방지를 위한 장식조명 설치·관리 권고기준」을 시행하고 있다. 주택 거주자 차원에서 빛공해를 예방할 수 있는 방법은 환경부에서 제공한 '일상생활 중 빛공해로부터 건강을 지키는 방법'을 참고할 수 있으며 해당 내용은 다음과 같다(환경부, 2014).

- 하루 중 빛에 노출되지 않는 시간을 9~10시간 이상으로 한다(0시에서 5시 사이의 심야시간대에는 빛 노출 저감 노력 필요).
- 수면 시 방을 어둡게 하기 위하여 조명, 텔레비전, 컴퓨터의 전원을 끈다(수면 중 짧은 순간이라도 빛 노출 시 멜라토닌 호르몬 분비 억제).
- 옥외조명에 의한 광침입 발생 시 실내에 커튼, 블라인드 등으로 빛을 차단한다.
- 한밤중에 사용할 수 있는 실내공간(욕실 등)에는 주황색 또는 노란색 계열의 조명을 설치한다(주황색 또는 노란색 계열의 장파장 빛은 푸른색 계열의 단파장보다 멜라토닌 생성 억제 영향이 적음).
- 수면장애환자는 야간 실내환경을 약간 어둡게 조성하고, 취침 시 모든 조명을 꺼두는 것이 수면 유도에 좋으며, 의사의 지시 없이 수면장애 개선을 목적으로 멜라토닌 정제를 복용하지 않는다(잘못된 멜라토닌 정제 복용은 성호르몬 분비 등에 영향을 주어 해로울 수 있음).
- 잠들기 전 컴퓨터, TV 시청, 스마트폰 사용은 숙면에 좋지 않다{스마트폰 등의 단파장 빛(블루라이트)은 각성효과를 일으킴}.
- 특히, 유소년, 청소년, 임산부의 경우 규칙적인 수면과 함께 야간시간대의 적극적인 빛노출 저감 노력이 필요하다.
- 가로등 및 보안등의 잘못된 설치에 의한 광침입 발생 시에는 다음과 같이 개선한다.
  - 조명 방향 조정 : 조명 방향을 침실이 없는 공간 쪽으로 조절
  - 차광판 부착 : 침실로 향하는 빛 차단

- 조명기구 교체 : 비차단형 조명기구는 차단형 또는 준차단형 조명기구로 교체 (비차단형 조명기구는 광침입 발생 가능성이 높음)
- 조명램프 교체 : 좁은 공간을 비추는 가로등은 출력이 낮은 램프로 교체
- 조명기구 설치 높이 조절 : 좁은 공간을 비추는 보안등은 설치 높이를 낮추어 광침입 발생 가능성 저감

2) 층간소음

쾌적한 음환경에서 가장 중요한 것은 소음을 차단하고 관리하는 것이다. 소음이란 청각으로 느끼는 감각공해 중 하나로, 듣는 사람이 원하지 않는 모든 음을 소음이라 할 수 있다. 따라서 어떠한 소리가 크고 낮음 또는 종류에 상관없이 누군가에게는 좋은 음악소리로 들릴 수 있으며, 다른 누군가에겐 그저 소음으로만 들릴 수도 있는 것이다.

소음은 크게 교통소음, 생활소음, 항공기소음, 공장소음, 철도소음으로 나눌 수 있으며, 소음원별 소음 크기 및 이로 인한 인체의 영향은 표 9-7과 같다. 소음에 의한 영향은 다양하게 나타나는데, 무엇보다 난청을 유발할 위험성이 있으며, 생리적인 차원에서 자율신경계 중 교감신경을 자극시켜 혈압 상승, 심장 박동 증가, 혈당 상승, 위장운동 억제 등과 같은 일종의 스트레스반응과 비슷한 증상을 보이게 한다. 또 심리적인 차원에서 수면장애 및 정서불안을 일으키기도 하며, 심할 경우 환각증세, 과대망상증 같은 신경질환의 원인이 되기도 한다. 이외에도 학습능률이나 작업능률에 영향을 미친다.

이처럼 소음은 각 공간의 기능에 맞게 적정수준으로 조절되어야 한다. 그렇지 못할 경우, 사회적인 문제까지도 야기할 수 있는데 이런 대표적인 경우가 바로 '층간소음'이다.

일반적으로 층간소음이란 공동주택의 한 층에서 발생한 소음이 다른 층에 전달되는 것을 뜻한다. 「공동주택관리법」 제20조 제1항에서는 "공동주택에서 뛰거나 걷는 동작에서 발생하는 소음(인접한 세대 간의 소음 포함)"을 층간소음으로 정의하였다.

이와 관련하여 우리나라도 이제 층간소음으로 인한 우발적 살인사건을 기사로 접하는 사회가 되었다. 급증하고 있는 층간소음 분쟁을 조기에 합리적으로 조정하고자 개설된 '층간소음 이웃사이센터'의 보고에 따르면 2012년 접수된 7,021건의 민원 건수는 1년 뒤 2013년에 1만 5,455건으로 증가했다. 시간이 흐를수록 점점 더 심각한 사회문제로 대두되고 있는 것이다. 이에 대한 다양한 대책이 절실한 가운데, 여러 가지 층간소음

표 9-7 **소음의 영향**

소음레벨(dB)	실례	청감의 정도	인간에 미치는 영향	가능한 작업
180	커다란 로켓 엔진(인접)	수용할 수 없음	신체기관의 마비 및 파손	
170				
160				
150	제트기 이륙(인접)			
140	제트기 운반로	고통의 시초	중추신경장애	
130	수압기(1m)			
120	제트기 이륙(60m), 자동차 경적(1m)	말로 할 수 있는 최대 한계		
110	건축 소음(3m), 제트기 이륙(600m)			
100	소리침(15m) 지하철 또는 기차역	대단히 견디기 어려움	다년간 노출될 경우 영구성 난청의 원인 (청각장애)	작업 중 자주 휴식을 요함
90	무거운 트럭(15m), 시내를 왕래하는 자동차 속	계속적인 노출은 청력에 위험, 산업적 노출의 한계		
80	시끄러운 기계가 있는 사무실, 화물열차(15m)	견디기 힘듦		
70	고속도로 교통량(15m), 대화(1m)	전화 사용 곤란, 방해됨	원하지 않는 음으로 지각되어 방해를 받음, 신경질 반응	
60	회계사무실, 가벼운 교통량(15m)			
50	개인사무실, 거실	조용함	심리적 반응의 시작	
40	침실, 도서관			정신적 집중 작업
30	부드럽게 속삭임(5m)	대단히 조용함		쾌적한 수면
20	방송실			
10	미풍에 흔들리는 잎사귀	겨우 들림		
0		청력의 시초		

출처 : 윤정숙·최윤정(2014). p.203.

저감 기술 및 대책이 개발되고 있다.

층간소음은 공동주택의 구조체를 통해 전달되는 '고체전달음'과 공기상으로 전달되는 '공기전달음'으로 구분되는데, 이 전달 매체들을 바탕으로 한 다양한 층간소음 저감

기술 및 대책을 살펴보면 다음과 같다.

우리나라에서는 공동주택 층간소음의 범위와 기준을 규정하고자 「공동주택 층간소음의 범위와 기준에 관한 규칙」을 제정하여 2014년 6월부터 시행해오고 있으며, '입주자 또는 사용자의 활동으로 인하여 발생하는 소음으로 다른 입주자 또는 사용자에게 피해를 주는 소음'으로 공동주택 층간소음의 범위를 산정하였다. 단 욕실, 화장실 및 다용도실 등에서 급수·배수로 인하여 발생하는 소음은 제외시켰으며, 소음의 종류를 아래와 같이 두 가지로 나누었다.

- 직접충격 소음 : 뛰거나 걷는 동작 등으로 인하여 발생하는 소음
- 공기전달 소음 : 텔레비전, 음향기기 등의 사용으로 인하여 발생하는 소음

표 9-8 **층간소음의 기준**

구분		기준{단위 : dB(A)}	
		주간 (06:00~22:00)	야간 (22:00~06:00)
직접충격 소음	1분간 등가소음도 (Leq)	43	38
	최고소음도 (Lmax)	57	52
공기전달 소음	5분간 등가소음도 (Leq)	45	40

※비고

1. 직접충격 소음은 1분간 등가소음도(Leq) 및 최고소음도(Lmax)로 평가하고, 공기 전달 소음은 5분간 등가소음도(Leq)로 평가한다,
2. 위 표의 기준에도 불구하고 「주택법」제2조 제2호에 따른 공동주택으로서 「건축법」제11조에 따라 건축허가를 받은 공동주택과 2005년 6월 30일 이전에 「주택법」제16조에 따라 사업승인을 받은 공동주택의 직접충격 소음 기준에 대해서는 위 표 제1호에 따른 기준에 5dB(A)을 더한 값을 적용한다.
3. 층간소음의 측정방법은 「환경분야 시험·검사 등에 관한 법률」 제6조 제1항 제2호에 따라 환경부장관이 정하여 고시하는 소음·진동 관련 공정시험기준 중 동일 건물 내에서 사업장 소음을 측정하는 방법을 따르되, 1개 지점 이상에서 1시간 이상 측정하여야 한다.
4. 1분간 등가소음도(Leq) 및 5분간 등가소음도(Leq)는 비고 제3호에 따라 측정한 값 중 가장 높은 값으로 한다.
5. 최고소음도(Lmax)는 1시간에 3회 이상 초과할 경우 그 기준을 초과한 것으로 본다.

출처 : 공동주택 층간소음의 범위와 기준에 관한 규칙[시행 2014. 6. 3], [환경부령 제559호, 2014. 6. 3 제정]

위와 같은 기준 제정과 함께, 특허청 보고에 따르면 현재 공동주택의 층간소음을 줄이는 기술에 대한 특허 출원이 활발해지고 있다. 층간소음 저감기술 관련 특허 출원은 2012년 141건, 2013년 285건, 2014년 311건 등으로 꾸준히 증가하여 2012년부터 3년간 총 737건의 신기술이 출원되었다. 층간소음 저감기술은 이미 많이 알려진 '뜬바닥구조'

처럼 아래층으로 전달되는 충격음 자체를 줄여 주는 바닥 슬라브 시공기술과 층간소음을 측정하여 기준치를 초과하는 소음이 측정되었을 경우 위층에 경고 신호를 보낼 수 있는 계측 및 통신기술, 그 외의 생활용품 및 관리기술 등으로 이루어져 있다.

기사에 소개된 기술을 살펴보면 다음과 같다(조선일보, 2015. 10. 31).

- 두꺼운 바닥 콘크리트(슬라브) 위의 소리·진동 감축용 완충제
- 바닥 사이에 충격 흡수용 공기층 조성기술
- 층간소음 발생 시 마룻바닥에 가해진 충격·압력을 에너지로 전환시키는 기술
  - ➩ 바닥 밑에 설치된 '압전소자층'이 바닥 위에서 사람이 걸을 때 생기는 압력을 전기로 바꾸고, 이 전기로 열을 발생시킴
  - ➩ 압력이 열로 전환되기 때문에 그만큼 층간소음은 줄어들고, 발생된 열은 난방이나 온수 가열에 사용됨
- 층간소음을 상쇄시키는 진동·음파를 만들어내는 기술
  - ➩ 바닥충격이 생기면 이를 감지한 바닥 사이의 진동판이 반대 진동을 발생시킴
- 층간소음이 아래층에 도달한 상황에서 이를 상쇄시킬 만한 소리를 내는 기술
  - ➩ 아랫집 천장에 기기를 설치해 층간소음이 생활공간에 침투되는 것을 막음
- 층간소음을 감지하고 경고하는 기술
  - ➩ 소음이 발생했을 때, 위층에 스피커로 알려주거나 경고 신호를 보내는 시스템
- 바닥에 끌릴 때 나는 소리를 줄인 기능성 의자
- 세대 간에 층간소음으로 얼굴을 맞대지 않을 수 있도록 아파트 1개 동 또는 단지 전체의 층간소음을 모니터링하여 해당 세대에 알려주는 시스템

그림 9-14 **층간소음 홍보 포스터**

출처 : 한국환경공단 홈페이지.

층간소음을 저감시키기 위해서는 지속적으로 개발되고 있는 신기술도 중요하지만 공동주택 거주자 간의 올바른 생활수칙이 공유되고 지켜지는 것도 중요하다. 이웃 간의 배려가 중심이 되어야 층간소음으로 인한 피해 자체를 줄일 수 있기 때문이다. 층간소음이 감지되었을 때는 충분한 대화로 해결해야 하며, 아이들이 뛰는 소리나 문을 크게 닫는 소리가 나지 않도록 주의하고, 생활기기(세탁기, 청소기 등)나 운동기기(골프 연습기, 헬스기구 등) 등 소리와 진동이 생길 수 있는 기기의 경우 수면시간대에 사용하는 것을 자제해야 할 것이다.

생각해 보기

1. 내가 생각하는 '건강한 집'에 대해 토론해 보자.
2. 화학물질과민증 또는 새집증후군과 비슷한 증상을 경험한 적이 있었다면 어떠한 환경에서 그런 증상을 경험하였는지 생각해 보자.
3. 집 주변의 가로등이 광침입현상을 보이지는 않는지 알아보자.
4. 의도치 않게 층간소음을 일으키진 않았는지 생각해 보자.

그린홈, 그린라이프

최근 들어 '그린'이라는 용어가 사회 전반에 흔히 사용되고 있다. '그린', '에코', '친환경' 등의 이름이 붙어 있거나 인증을 받은 제품들을 정말 많이 볼 수 있다. 그래서 '그린'의 의미를 잘 아는 것처럼 착각하기도 하고, 이름뿐인 가짜 '친환경' 제품을 골라내지 못하기도 한다. '그린홈'에 대해서도 마찬가지일 것이다. '그린홈'의 의미를 넓은 대지에 지어진 조경이 잘된 주택으로 잘못 인식하고 있는 경우가 많다.

주거 관련 분야의 전문가는 아니더라도 인간은 모두 집에 거주하는 거주자이므로, 이 장에서는 자신의 가족에 맞는 좋은 주거를 계획하거나 선택할 때 필요한 지식으로서 그린홈에 대해서, 그리고 가족과 지구가 건강해지기 위한 그린라이프에 대해 다룬다. 왜 우리의 집이 그린홈이 되어야 하는지, 그린홈은 어떤 요소들을 도입하여 계획되는지, 그린홈과 그린라이프를 확산시키고 거주자의 선택에 도움을 주는 제도에는 어떤 것이 있는지, 그린홈의 인프라를 이해하기 위한 배경이자 친환경 커뮤니티를 위한 실천적 지식인 그린캠퍼스에 대해서도 다룬다.

1 그린홈의 배경

1) 주택이 환경에 미치는 영향

인간의 주거활동 즉, 주택을 건축하는 과정에서, 주택에 거주하는 동안, 수명이 다해 주택을 폐기하는 총체적 과정은 지구환경에 영향을 미친다.

주택을 건축하는 과정에서는, 주택을 건축할 대지를 조성하기 위해 산을 깎거나 하천을 복개하는 등 자연환경을 파괴한다. 목재, 석재 등의 건축자재는 자연으로부터 생산되는 재료이고, 흔히 인공재료라고 불리는 콘크리트도 골재로 쓰이는 모래와 자갈은 자연에서 얻어지며 이를 채취하기 위해 강바닥을 긁는 등 자연에 영향을 준다. 재료 자체를 얻기 위한 자연 파괴뿐만 아니라, 자재를 생산하고 운반하는 과정에서도 에너지를 사용하게 되는데, 화석에너지의 사용은 지구상에 존재하는 에너지원을 고갈시킬 뿐 아니라, CO_2와 대기오염물질을 배출하여 대기오염의 원인이 된다.

주택은 생활공간이므로 물이 필수적으로 사용되고 생활폐수로 배출되므로 수질오염의 원인이 되며, 생활쓰레기가 배출되어 수질오염, 토양오염의 원인이 된다. 인간이 주택에서 건강하게 거주하기 위해서는 냉난방, 조명 등의 설비가 필수적으로 가동되어야 하는데, 이들 설비를 가동하기 위해서는 많은 양의 화석에너지가 필요하며, 이는 대기오염의 원인이 된다. 주택의 물리적·사회적 수명이 다해 폐기하거나 수리하는 경우에는 막대한 양의 폐자재가 배출되어 지구환경에 영향을 준다.

이와 같이 인간이 주택을 건축·거주·폐기하는 과정은 환경에 영향을 미치는데 인간의 주거활동이 환경에 미치는 영향을 최소화하고, 주택을 건축하기 위해 훼손한 자연을 회복시키고, 거주자도 건강하고 쾌적하게 거주하도록 하는 주택을 그린홈(green home)이라고 한다.

흔히 그린홈을 집주변에 나무를 심거나, 연못을 만들거나, 산세 좋은 강가에 짓는 별장용 주거로 오인하는 경우가 있다. 그러나 그린홈은 지구온난화 방지를 위해 등장한 것이다. 지구온난화의 대표적 원인은 온실효과이고, 온실효과를 일으키는 온실가스의

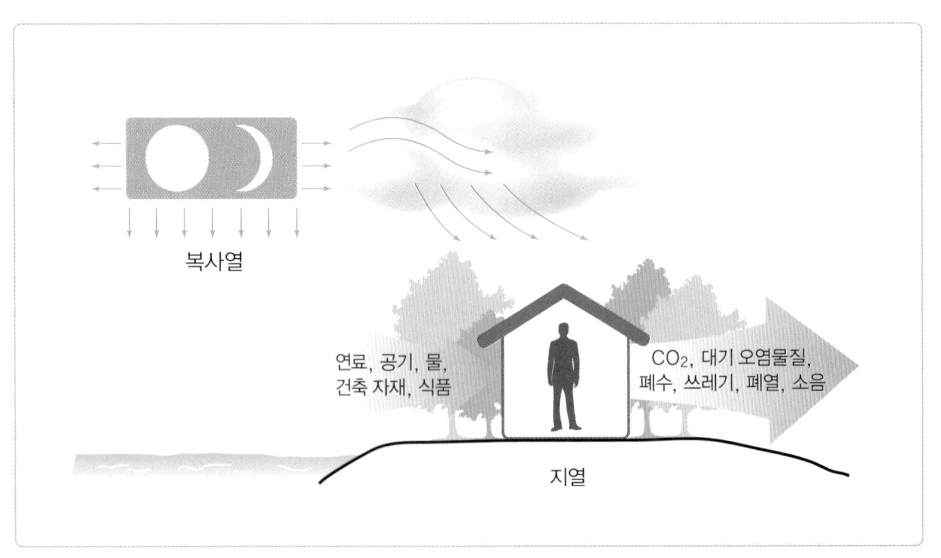

그림 10-1 **주택이 지구환경에 미치는 영향**

원인은 주로 화석연료의 대량 소비이다. 전 세계 건물 부문의 에너지 사용량은 2011년을 기준으로 전체 에너지 사용량의 31%에 해당한다. 또한 건물 부문의 이산화탄소 배출량은 직접적으로는 전체 배출량의 8%이며, 건물 부문에서 사용하는 전기를 생산하기 위해 간접적으로 발생되는 이산화탄소까지 포함하면 전체 배출량의 18%를 차지한다(IEA, 2014). 따라서 지구온난화 방지를 위해서는 건물 부문의 이산화탄소 배출의 주요 원인인 화석에너지 사용량 감소가 필수적이므로, 화석에너지 사용량 감소는 그린홈의 핵심가치이자, 일반 주택을 그린홈으로 전환해야 하는 이유이기도 하다.

2) 지구온난화와 도시기후

지구온난화란 지구의 평균기온이 상승하는 현상으로 이러한 지구온도의 상승이 빙산의 해빙, 가뭄, 폭풍 등 예측할 수 없는 기후의 변화를 불러오기 때문에 '기후변화'라고도 표현한다. IPCC*의 4차 조사 보고서(2007)에 따르면 지구온난화로 인해 지난 100년간 지구의 평균기온은 0.74℃ 상승했고 지구 평균 해수면은 약 40년 동안(1961~2003) 매년 1.8mm씩 상승하였다. 현재도 해수면 상승에 의해 일부 국가에서는 국토가 바다에 잠기고 있는데, 지금처럼 화석연료를 지속적으로 사용할 경우 2050년까지 평균기온이 20세기 말보다 1.3~1.8℃ 상승할 것이며 금세기 말에는 최대 6.4℃, 평균 해수면은 최대 59mm까지 상승할 것으로 예상된다.

기후변화는 지구의 평균기온이 상승할수록 인류의 저지 또는 완화 능력을 벗어난다. 평균기온이 2℃ 이상 올라가면, 그때는 인류가 온실가스 배출량을 제로로 만든다고 해도 기후변화를 돌이킬 수가 없다. 기후변화를 일으키는 요인이 서로 상승작용을 일으켜 인류의 개입이 불가능한 상태가 되는 것이다. 이렇게 더 이상 손쓸 수 없는 지점을 티핑 포인트(tipping point)라고 한다. 지구의 기온상승을 섭씨 2℃로 제한하려는 것은 기후변화가 티핑 포인트에 다가가는 것을 막겠다는 의미이다(김원 외, 2009).

온실가스의 원인은 화석연료의 대량 소비와 열대우림의 벌채로 추정된다. 석탄, 석유, 천연가스 등의 화석연료를 태우면 이산화탄소가 방출된다. 이산화탄소는 지구 복사의

---

* Intergovernmental Panel on Climate Change : 국제연합에서 1992년 기후변화에 대한 과학적이고 구체적인 연구를 위해 세계를 이끌어가는 약 2,000개 과학자 그룹으로 구성된 정부 간 조직

방출을 방해해 대기의 온도를 상승시켜 지표 전체를 덥힌다. 대기 중의 이산화탄소 농도 상승의 다른 원인 중 하나는 열대우림의 벌채이다. 해마다 대기 중에 축적된 이산화탄소 가운데 약 3/4이 화석연료의 연소에 의한 것이며 나머지 1/4이 열대우림의 벌채에 의한 것으로 추계된다(우자와 히로후미, 1997). 온실효과를 일으키는 기체는 이산화탄소 외에 메탄, 이산화질소, 프레온가스 등이 있으며 이들의 발생원인은 화석연료의 연소, 삼림 파괴 외에 자동차 배기가스, 쓰레기 소각 및 부패, 냉매 및 에어로졸 분사체 사용 등이다.

도시에서는 지구온난화와 같은 현상이 더욱 집중적으로 일어난다. 대표적인 도시기후현상은 도시승온인데, 이는 도시지역의 온도가 도시 주변부 온도보다 높아지는 현상을 말한다. 도시승온의 원인은 지구온난화와 마찬가지로, 도시의 CO_2 농도 증가와 대기오염에 의한 온실효과이다. 또한 도시는 자연적인 지표면보다는 아스팔트 또는 보도블록과 같이 열용량이 큰 포장면이 넓고, 벽돌이나 콘크리트와 같이 열용량이 큰 재료의 구조물에 의해 도시 자체의 열용량이 증가되고 있다. 여기에 도시에서 사용하는 냉난방, 조명, 자동차 등의 각종 기기의 배열이 더해진다.

도시승온과 같은 도시기후는 여름철 도시인의 생활상의 불편뿐만 아니라, 여름철 에너지 소비량 증가, 도시의 에너지체계 혼란, 도시생태계의 질서가 파괴되는 심각한 결과를 가져온다. 따라서 우리는 이러한 도시기후의 발생과 생태계 질서 파괴를 감소시킬 만한 방안을 강구해야 한다.

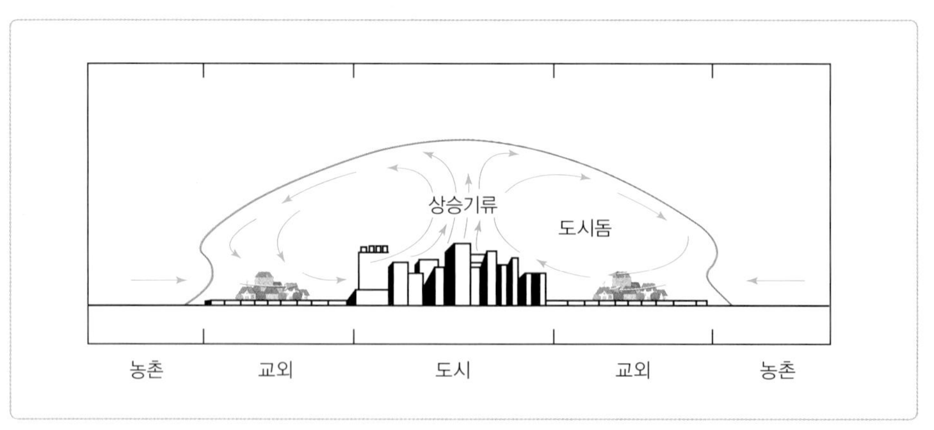

그림 10-2 **도시승온현상**

3) 기후변화협약

기후변화협약은 지구온난화 문제를 전 지구적 차원에서 공동으로 대응하기 위하여 1992년 브라질 리우에서 열린 환경협약이다. 이후 1997년 교토의정서가 채택되면서 일차적으로 협약이 완성되어 2005년 교토의정서가 공식적으로 발효되었다(1차 공약기간, 2008~2012). 그 후 교토의정서 체제 이후의 세계적인 대응을 위해 계속적인 협상을 진행하였으며 2012년 카타르 도하총회에서는 교토의정서 체제의 2차 공약기간 연장안을 채택하였고(2차 공약기간, 2013~2020), 2015년 파리총회에서 2020년 이후의 신기후체제 출범에 합의하였다.

교토의정서는 협약의 효과적인 이행을 위하여 온실가스 배출에 책임이 큰 선진국들에게 공약기간 내에 온실가스 배출량을 1990년 수준보다 5.2% 감축하라는 구체적인 의무를 부여하였다. 교토의정서에 포함된 교토메커니즘은, 청정개발체제(CDM),* 공동이행제도(JI),** 배출권거래제도***를 통칭하며 시장거래 방식을 통해 온실가스 감축의 한계비용을 최소화하는 것이 목적이다. 교토의정서는 기후변화에 대응하기 위한 최초의 국제적 움직임이었으나 선진국에만 의무적 감축 책임을 부과하는 체제이며 미국, 일본 등의 이산화탄소 다배출 국가가 불참함으로써 실효성이 없는 반쪽짜리 협약이었다는 평이다. 이러한 문제들을 해결하기 위해 2009년 코펜하겐총회, 2011년 더반총회 등의 노력이 계속되다가 2015년 파리총회에서 신기후체제를 채택하고 2020년에 출범하기로 합의하였다.

2015년에 합의된 신기후체제의 핵심은 우리나라를 포함한 대부분의 당사국이 온실가스 감축에 참여하기로 한 것으로, 협상 전에 자발적인 감축안을 제출하는 방식을 채택함으로써 변화된 국제경제의 현실과 형평성을 균형 있게 반영한 것이다. 당사국의 90% 이상이 감축량을 제출하였고, 이들 국가의 배출 총량이 전 세계 배출량의 90%가 넘는

---

* 청정개발체제(Clean Development Mechanism) : 선진국이 개발도상국에서 온실가스 저감사업을 수행하여 감소된 실적의 일부를 선진국의 저감량으로 허용하는 제도

** 공동이행제도(Joint Implementation) : 부속서I국가들 사이에서 온실가스 저감사업을 공동으로 수행하는 것을 인정하는 것으로, 한 국가가 다른 국가에 투자하여 저감한 온실가스 감축에 대하여 온실가스의 저감량의 일정분에 대하여 투자국의 감축실적으로 인정하는 체제

*** 배출권거래제도(Emission Trading) : 부속서I국가가 의무감축량을 초과 달성하였을 경우 이 초과분을 다른 부속서 I국가와 거래할 수 있는 조항으로서, 온실가스도 일반 상품과 같이 사고팔 수 있는 시장성을 가지게 하는 제도

다는 점에서 파리합의가 실효성을 확보했다고 볼 수 있다. 또 하나의 핵심 목표는 지구의 기온상승을 산업화 이전 대비 2℃ 상승보다 훨씬 아래로 묶어야 한다는 것이다. 그러나 각국이 제출한 목표치를 100% 이행해도 지구 평균온도가 2.7℃ 상승하게 되어 합의문에 제시된 2℃ 이하의 목표 달성에는 미흡하다는 문제도 있다(UNEP 홈페이지). 다만 파리합의는 각국의 감축계획을 정기적으로 평가하여 상향 조정해 나갈 수 있는 메커니즘을 포함하고 있어 이를 통해 2℃ 목표 달성에 활용할 수 있을 것이다.

우리나라는 이산화탄소 배출량이 전 세계 8위(IEA, 2014), 2014년 무역 규모는 세계 6위(한국무역협회 통계, 명목 GDP 순위는 11위(IMF 통계 2015))에 이른다. 정부에서 에너지 절약정책을 시행하는 것도 이와 같은 국제 기후협약과 무관하지 않으며, 우리나라도 친환경 및 에너지 절약형 구조로 전환하는 노력과 함께 온실가스 저감을 위한 첨단기술 개발과 실천적 노력이 절실하다. 따라서, 온실가스 배출량의 많은 부분을 차지하는 건물부문과 주거활동에서도 지구환경에 주는 부담을 줄이려는 노력이 수반되어야 하며, 이것이 우리의 주택이 그린홈으로 전환되어야 하는 이유이다.

2 그린홈의 개념과 계획요소

1) 그린홈과 패시브디자인

(1) 그린홈

그린홈(Green home)이란 2008년 8월, 정부에서 녹색성장 정책을 천명하며 그린홈 100만호 보급사업을 위해 사용하기 시작한 용어이다. 태양광, 태양열, 지열 등 신재생에너지를 도입하고 고효율 조명 및 보일러, 친환경 단열재를 사용함으로써 화석연료 사용을 최대한 억제하고, 온실가스 및 공기오염물질의 배출을 최소화하는 저에너지 친환경 주택으로 정의된다(한국에너지공단 신재생에너지센터 홈페이지).

그린홈과 유사한 개념으로 쓰이는 용어로는 친환경주거(environment-friendly housing), 지속가능한 주거(sustainable housing), 생태주거(ecological housing), 환경공생주택(環境共生住宅), 패시브하우스(passive house), 제로에너지하우스(zero-energy house) 등이 있다.

- '친환경주거' 또는 '환경친화주거'는 그린홈과 같은 개념으로, 우리나라에서 가장 일반적으로 사용된다.
- 지속가능성(Sustainability)이란 용어는 1992년 리우 UN환경회의에서 '환경적으로 건전하고 지속가능한 발전(Environmentally Sound & Sustainable Development; ESSD)'의 원칙에 합의 후 사용하게 되었다. '환경적으로 건전하고 지속가능한 발전'이란 자연환경에 이롭거나 또는 적어도 해롭지 않은 경제성장을 지칭한다. 서구에서는 친환경이란 의미로 가장 일반적으로 사용되는 용어이나, 우리나라에서는 사회적인 측면을 포함한 더 넓은 의미로 사용되고 있다.
- 생태주의란 인간을 자연의 여타 부분들과 다를 바 없이 자연계의 생물학적 법칙에 순응해야 하는 존재로 보고, 그 자신이 일부를 이루는 전체 생태계와의 조화의 틀 속에서만 살 수 있음을 강조한다. 생태주의는 생태공동체로 구체화되어, 생태공동체마을이 형성되었다.
- 환경공생주택은 일본에서 사용하기 시작한 용어로 특정 동물들이 공생관계를 이루어 서로 도우며 생존하듯 환경과 인간, 환경과 주택이 공생한다는 개념이다.
- 제로에너지하우스란 주택에서 사용하는 화석에너지를 제로로 만든다는 개념이다. 인간이 주택에서 건강하고 위생적으로 생활하려면 에너지가 소비되는데, 외피계획을 통해 냉난방 에너지를 최대한 줄이고자 하는 것이 패시브하우스이고, 이러한 패시브디자인으로 부족한 부분은 신재생에너지를 사용하여 화석에너지와 탄소 배출을 제로로 만든다는 개념이다.

즉, 그린홈 또는 친환경주거란 주택의 대지조성 단계부터 계획, 시공, 거주 중의 유지·관리, 해체 후 폐기물처리 단계까지 화석에너지 사용을 총체적으로 줄이고 폐기물을 감소시켜 환경에 주는 부담을 최소화하는 주거이다. 더불어, 주변환경과의 연계에 의해 생태계의 순환성에 기여하며, 거주환경의 건강과 쾌적성을 확보하는 주거를 의미한다. 즉, 친환경주거는 지구환경의 보전, 주변환경과의 친화, 거주환경의 건강·쾌적성을 기본 개념으로 한다.

(2) 패시브디자인

친환경주거 또는 지속가능한 주거라는 용어나 개념이 등장하기 훨씬 전, 인류는 화석에너지를 거의 사용하지 않고 그 지역의 기후에 견디는 건물을 디자인해 왔으며, 이러한 기후디자인의 원리를 토속주거에서 볼 수 있다.

기후디자인이란 기후특성에 적합하게 건물의 배치, 형태, 구조, 재료, 설비 등을 설계하는 자연형 조절방법을 말한다. 사용자에게 쾌적하고 건강한 실내공간이 되려면 실내환경을 사용자 특성에 적합하게 조절해야 하는데, 건물의 실내환경을 조절하는 방법에는 크게 자연형 조절방법(passive control system)과 설비형 조절방법(active control system)이 있다. 자연형 조절방법은 남향 배치, 단열, 창호, 지붕과 차양 등 건물 외피계획을 통해 실내환경을 조절하는 것이고, 설비형 조절방법은 보일러, 에어컨 등 에너지를 이용하는 설비를 가동함으로써 실내환경을 조절하는 것이다. 패시브하우스라는 용어도 이러한 개념에서 비롯된 것이다.

기후디자인의 원리는 그림 10-3과 같이, 춥고 건조한 한랭지역에서는 열손실을 최소

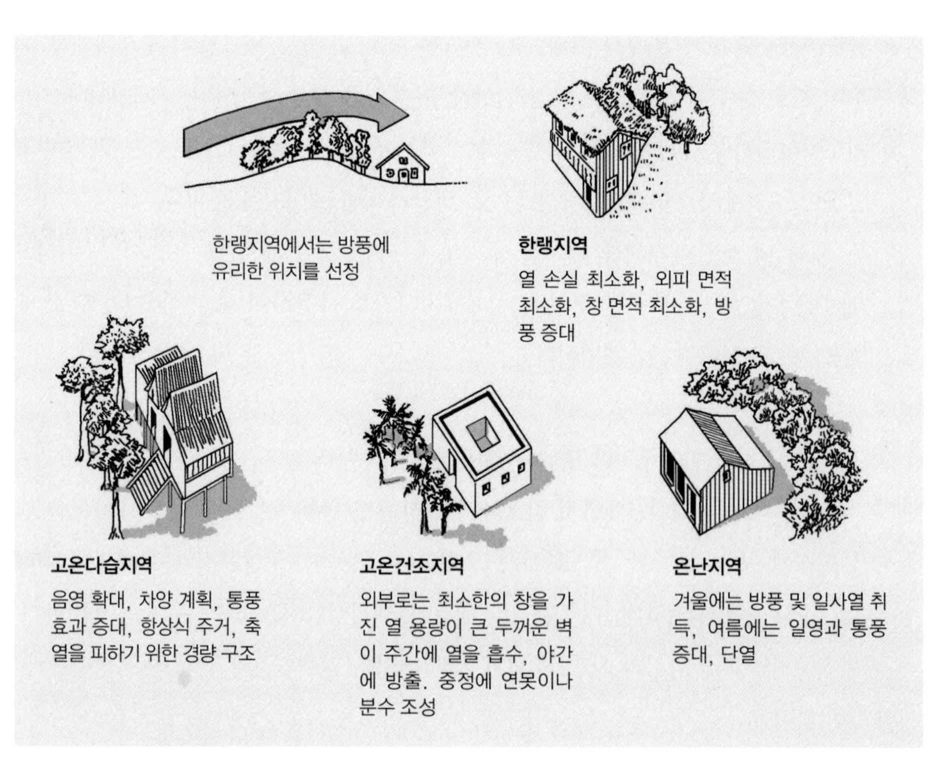

그림 10-3 기후디자인의 원리

화하고 수열량(受熱量) 및 방풍효과를 증대하는 것, 덥고 건조한 고온건조지역에서는 외부 열기의 실내 침입을 최대한 차단하는 것, 덥고 습한 고온다습지역에서는 일사는 차단하고 통풍에 의해 습도와 체감 온도를 저하시키는 것, 온난지역에서는 겨울철에는 한랭지역의 원리, 여름철에는 고온다습 또는 고온건조지역의 원리를 하나의 건물 내에 적용하는 것이다. 같은 온난지역에서도 지중해지역과 같이 여름철이 건기인 지역에서는 통풍보다는 일사를 차단하는 디자인이 적용되며, 우리나라와 같이 여름철이 다습한 지역에서는 통풍효과를 증대시키는 디자인이 적용된다.

2) 그린홈 계획요소

그린홈의 계획요소는 그린홈의 기본 개념인 지구환경의 보전(low impact), 주변환경

표 10-1 **그린홈 계획요소의 요약**

기본 개념	기법	계획요소의 예
지구환경의 보전	• 에너지의 절약과 유효 이용 • 신재생에너지 및 자연에너지 이용 • 내구성의 향상과 자원의 유효 이용 • 환경 부담의 경감과 폐기물의 감소	• 구조체와 창호 단열 및 기밀 • 일사조절(차양 블라인드, 열선반사유리, 활엽수 등) • 대지의 일조, 바람 등의 자연에너지를 적절히 이용하는 배치 • 여름철에 통풍이 충분하도록 설계 • 흙, 물, 나무를 이용하여 미기후(微氣候) 완화 • 내구성을 지닌 재료와 구조체 사용 • 신재생에너지(태양, 바이오매스, 풍력, 지열 등) 설비 • 중수, 빗물 활용 • 제조와 생산, 시공, 운반에 에너지를 적게 사용하는 건축자재, 부품, 시공법을 사용 • 재이용, 재생 사용이 가능한 건축자재나 부품 사용
주변환경과의 친화성	• 생태적 순환성의 확보 • 기후나 지역성과의 조화 • 건물 내외의 연계성 향상 • 거주자의 공동체적 활동의 지원	• 옥외녹화(옥상, 벽면녹화) • 투수성 포장 • 동물서식처 마련 • 지역의 기후나 대지의 미기후와 조화를 이루는 설계 • 반옥외 생활공간, 개방이 가능한 섀시 설치 • 거주자참여형 계획
거주환경의 건강·쾌적성	• 자연에 의한 건강성 확보 • 건강하고 쾌적한 실내환경 • 안전성 향상 • 거주성 향상	• 대기 정화력이 강하거나 CO_2 고정도가 높은 수목 등 식재 • 마감재로 천연재료나 자연소재를 이용 • 조습능력이 있는 소재 활용 • 차음설계 • 유해가스를 방출하는 등 건강에 해로운 건축자재의 사용을 지양 • 상하온도차가 적은 쾌적한 냉난방(복사 냉난방 등) 실현

출처 : 日 地球環境住居研究會(1994). 環境共生住宅-計劃·建築編. 小池印刷.

과의 친화(high contact), 거주환경의 건강·쾌적성(health & amenity)으로 구분하여 살펴본다.

(1) 지구환경의 보전

지구환경의 보전(low impact)은 이산화탄소 및 폐기물 등 주택에서 발생하는 각종 아웃풋(output)을 감소시켜 지구환경에 주는 영향을 최소화한다는 개념이다. 주택에서 에너지를 사용하는 주된 부분은 냉난방, 조명, 위생설비, 가전기기 및 조리기구 등이다. 따라서 냉난방 에너지를 줄일 수 있도록 효율을 높여 화석연료 사용을 감소시킬 수 있는 기후디자인 요소가 기본이 된다. 기후디자인으로도 아주 춥거나 더운 계절에는 냉난방 설비의 가동이 필요하고 야간의 조명설비, 위생설비, 가전기기 등의 사용을 위해서는 에너지를 사용하는 설비의 가동이 필수적이다. 이때 화석에너지가 아닌 자연에너지를 이용한다. 또한 수도 사용 감소를 위한 빗물 또는 중수 활용, 내구성 있는 재료를 사용하여 폐기물을 줄이는 것 등이다. 즉, 패시브디자인 요소, 신재생에너지 사용 설비 도입, 폐기물 감소를 위한 요소의 세 가지 측면이 지구환경의 보전을 위한 계획요소들이다.

① 단열과 기밀

단열과 기밀은 그린홈의 가장 중요한 계획요소이다. 단열성이란 주택 구조체가 실내와 주택 외부 사이의 열이동을 차단하는 성능으로, 열전도를 방해하는 저항형 원리, 열의 이동을 반사시키는 반사형 원리, 용량이 큰 구조체로 열의 이동을 지연시키는 용량형의 원리를 이용한다. 단열재를 어느 쪽에 위치시키느냐에 따라 내단열·중단열·외단열로 구분하는데 내단열에 비해 구조체 자체를 보온하는 외단열이 유리한 방법이므로 그린홈에는 외단열기법을 주로 적용하고 있다. 일반적으로 알고 있는 발포플라스틱 계열의 단열재는 저항형 단열의 원리를 이용한 것이고 그린홈에는 반사형 원리를 복합시켜 성능을 향상시킨 단열재, 공기층의 열전도저항 원리에서 더 나아가 진공 단열재 등도 적용되고 있고, 화학합성 단열재의 유해성이나 주택 해체 시의 자연성을 감안한 자연소재 단열재도 사용되고 있다.

② 남향의 단열창호와 일사조절장치

고단열·고기밀과 함께 주택 열성능의 기본 계획요소는 태양열 취득을 위한 남향의 창호, 반대로 더운 계절에는 태양열을 차단할 수 있는 처마나 차양 등의 일사조절장치, 주간에 취득한 열이 밤 사이 손실되지 않도록 하는 창호 덧문 등이 기본 계획요소가 된다. 일사획득은 동시에 일조의 획득으로, 주간의 조명에너지 소비가 감소된다. 이러한 단열, 기밀, 일사 획득과 차단 등이 패시브하우스의 계획 요소이다. 여기에 환기시스템이 추가되는데, 이는 거주환경의 건강 쾌적성 부문에서 다루도록 한다.

창호는 유리의 단열성과 프레임의 기밀성이 강화된 시스템창호를 적용하고, 아무리 단열유리라도 단열벽체에 비해 단열성이 현저히 낮으므로, 그 지역의 기후를 분석하여 겨울철 태양열 획득과 밤 사이 열손실을 고려하여 최적의 면적으로 창호를 계획해야 한다. 한동안 유리 건물이 첨단 건물을 상징하는 것처럼 관공서나 일반주택에도 유리를 과다 사용하는 사례가 많았고, 초고층 아파트에서는 철골구조에 커튼월 공법으로 유리를 사용함으로써, 여름철 과열로 인한 냉방비 문제가 사회면 기사에 여러 번 등장하였다. 예전에는 우리나라 주택에서 에너지소비의 가장 중요한 원인이 난방이었는데, 우리나라도 지구온난화의 진행으로 여름이 더워졌고 예전보다 유리를 많이 쓰고 고기밀화된 주택에 거주하면서 여름철 과열로 인한 냉방에너지 비용이 난방에너지 비용을 능가하는 사례가 많아지고 있다. 우리의 전통주택은 축열성이 크지 않고 틈새가 많은 목구조였고 적절한 너비의 처마가 있었으므로 남향배치가 유리하다. 그러나 요즈음의 주택은 고단열 고기밀한 공법에 발코니 확장으로 처마도 없는 형태인데 유리를 과다하게 사용하면서 남향으로 배치한다. 이러면 겨울철 낮 동안에는 따뜻할 수 있지만, 유리는 축열성과 단열성이 낮으므로 해가 지면 갑자기 추워지고, 여름철에는 일사획득으로 온실처럼 더운 주택이 될 수 있다.

우리나라 주택에서 남향 배치의 효과는 처마가 있을 때 얻어진다. 지붕의 처마는 태양 고도가 높은 여름에는 일사의 유입을 차단하고, 태양 고도가 낮은 겨울에는 일사를 실내 깊은 곳까지 유도하여 쾌적한 열환경을 조성해 준다.

이상의 단열, 기밀, 일사 획득과 차단 등의 패시브디자인 요소에 신재생에너지를 이용한 설비를 더하면 액티브디자인이 된다. 우리나라 기후에서는 패시브디자인만으로는 부족한 실내기후의 조절 부분과 야간의 조명설비, 위생설비와 가전기기 등의 사용을 위해서 신재생에너지를 이용한 설비를 채택해야 한다. 정부에서 추진하고 있는 그린홈

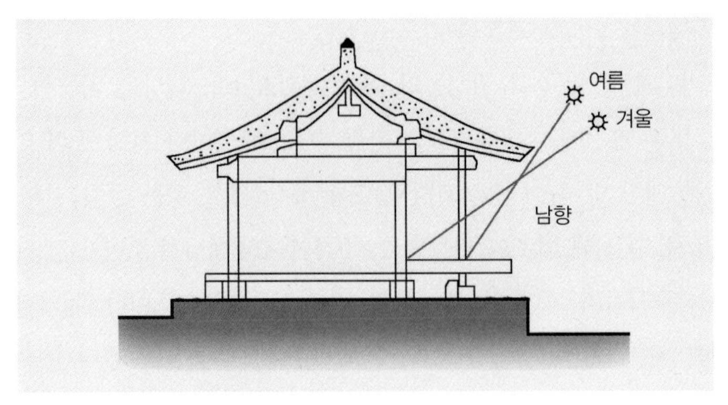

그림 10-4 **처마의 수직음영각**

개념도(그림 10-5)는 이를 잘 보여 준다.

신재생에너지는 「신에너지 및 재생에너지 이용·개발·보급 촉진법」(2015. 7. 31. 시행) 제2조에 제시되어 있는데, '신에너지'란 기존의 화석연료를 변환시켜 이용하거나 수소·산소 등의 화학반응을 통하여 전기 또는 열을 이용하는 에너지로 수소에너지, 연료전지, 석탄을 액화·가스화한 에너지 등이며, 재생에너지란 햇빛·물·지열·강수·생물 유기체 등을 포함하는 재생가능한 에너지를 변환시켜 이용하는 에너지로 태양에너지, 풍력, 수력, 해양에너지, 지열에너지, 생물자원을 변환시켜 이용하는 바이오에너지, 폐기물

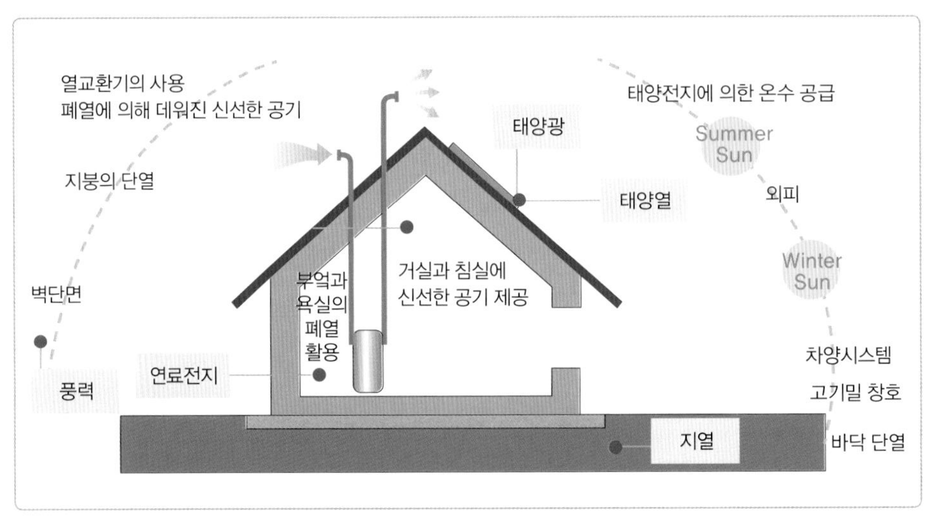

그림 10-5 **그린홈 개념도**

출처 : 한국에너지공단 신재생에너지센터.

에너지 등이다.

③ 태양에너지

태양에너지를 건축에 응용하는 방법은 패시브기법을 활용한 자연형 태양열 냉난방과 자연채광, 액티브기법의 설비형 태양열 급탕 및 냉난방, 태양광발전, 태양열발전의 5개 분야로 분류할 수 있다.

자연형 태양열난방은 그림 10-6과 같이 일사에 의해 실내온도를 상승시키는 것이다. 이와 같은 태양열 이용은 여름을 위한 태양열 차단 디자인이 반드시 병행되어야 한다.

자연채광은 자연형 자연채광시스템으로 광선반, 광덕트, 광파이프 등이 있으며, 설비형 자연채광시스템으로 광섬유 등이 있는데, 모두 일조를 유입하여 실내를 밝히는 것이다(그림 10-7, 8).

설비형 태양열 시스템은 태양열을 급탕, 난방, 냉방에 이용하기 위해 기계적 방식을

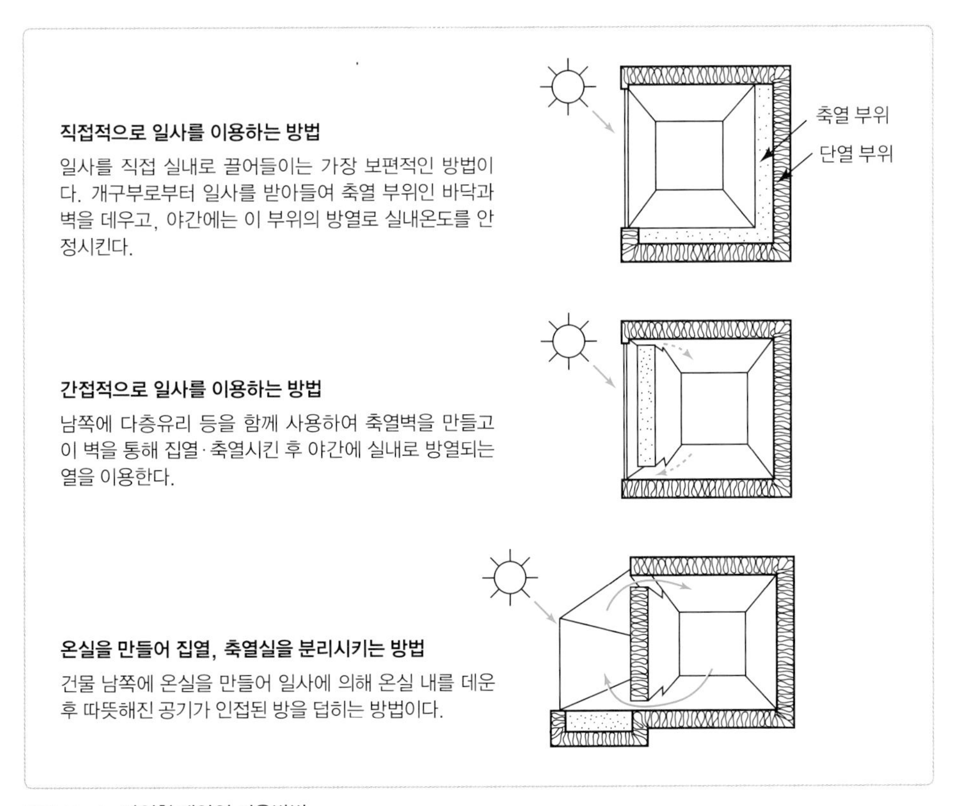

그림 10-6 자연형 태양열 이용방법

그림 10-7 광덕트시스템 개념 모형(LH공사 더그린관)

그림 10-8 광섬유(LH공사 더그린관)

도입한 것이다(그림 10-9). 태양열로 물을 끓여 급탕과 난방에 이용하는 방식은 매우 효율이 높다. 그러나 열이 필요한 겨울에는 효율이 낮아지고 열이 필요 없는 여름에는 과열이 되어 설비가 고장나는 일이 빈번하다. 우리나라 기후에서는 이러한 문제가 있어 보완방법을 지속적으로 연구 중이다.

태양광발전(PV ; Photovoltaic)은 태양광을 이용하여 전기를 생산하는 기술이다. 태양열발전은 오목 반사판에 태양복사를 집중시켜 수백 도(℃) 이상의 열을 얻은 다음 이 열을 이용해 발전을 하는 방식으로, 일반적으로 개별주택 단위가 아닌 플랜트 단위이며, 아직 우리나라에는 적용이 어려워 소규모 태양열발전소 하나만 대구에서 가동되고 있다. 그러나 구름이 적고 햇빛이 강한 지역에서는 매우 유용한 발전방식으로, 스페인에는 세계에서 가장 큰 규모의 안다솔(Andasol) 태양열발전소가 가동 중이며 그라나다(Granada)의 50만 명에게 전기를 공급하고 있다.

④ 바이오매스

바이오매스(biomass)는 일반적으로 동식물로부터 만들어진 모든 유기물질을 의미한다. 바이오매스의 이용방법 첫 번째는 땔감으로써의 장작 혹은 나무조각인 우드칩

그림 10-9 **태양열 난방 및 급탕 설비(P사 로하스아카데미)**

그림 10-10 **펠릿 보일러(P사 로하스아카데미)**

(wood chip), 펠릿(pellet) 등을 에너지원으로 이용하는 것이다. 두 번째는, 바이오매스를 기술적 가공한 액체 연료화인데, 사탕수수에서 바이오 알코올을 추출하거나 유채씨에서 바이오디젤을 추출하는 방법이 대표적이다. 세 번째는 여러 종류의 바이오매스를 생화학적 가공에 의해 발효시켜 생성되는 바이오가스를 이용하는 방법으로, 이 경우 생성가스로 전기를 만들거나 가스관을 통해 소비처로 보내기도 한다. 사용되는 주요 품목은 옥수수나 기타 곡물, 가축의 분뇨 또는 음식물쓰레기 등이다.

바이오매스를 건물에 이용하는 방법은 바이오매스를 땔감으로 사용하는 연소기기(난방시스템, 조리기구 등) 도입, 주택에서 발생하는 바이오폐기물로 바이오가스를 생성할 수 있는 시스템 설치(음식물쓰레기처리기 등) 등이다. 바이오매스를 사용하는 난방시스템은 태양열시스템과 조합하여 저탄소건축 실현에 기여할 수 있다(김원 외, 2009). 바이오매스는 연소 시 이산화탄소를 배출하지 않는 것은 아니지만, 그림 10-10과 같은 효율이 좋은 펠릿 보일러의 경우 90% 이상 연소되어 잔해가 없고 이산화탄소를 거의 배출하지 않는다. 또 나무는 이산화탄소를 흡수하므로 나무를 원재료로 하는 팰릿은 유엔에서 탄소 중립으로 인정한 청정에너지 원료이다.

⑤ 풍력시스템

풍속에 의해 전기를 생산하는 방식으로, 거대한 규모의 풍력발전기는 소음도 크고 대규모 면적이 소요되므로, 주택에는 그림 10-11과 같은 소형발전기를 설치하며, 최근에는 초고층빌딩에 건물일체화 디자인이 등장하고 있다.

⑥ 지열

최근 국내에 많이 도입된 지열시스템은 지열히트펌프이다. 지열히트펌프에 의한 냉난방장치는 기존의 중앙공급식에 비해 건물의 사용시간대 및 부하에 따라 대응하며 간편하게 조작할 수 있는, 우리나라의 기후조건에 적합한 아주 효과적인 시스템이다. 이보다 좀 더 단순한 시스템으로는 건물 주변이나 정원의 땅속에 쿨튜브(cool tube ; earth tube)를 매설하여 건물의 유입공기를 예열 또는 예냉하는 방식도 있다(김원 외, 2009). 이는 실내공기의 배기관 및 유입관을 지면 밑으로 통과하도록 하여 겨울에는 지열에 의해 온도를 상승시켜 실내로 유입시키고, 여름에는 온도가 낮은 지하 배기관을 통해 공기의 온도를 하강시키는 공기조화기법이다(그림 10-12, 13).

이상의 요소 외에도 폐기물을 줄이기 위한 개념으로서, 내구성이 있고 해체 시 자연으로 돌아갈 수 있는 성질의 재료를 사용하거나 한 번 사용한 재료를 재사용하거나, 업사이클링을 통한 이용, 물을 절약하기 위한 요소들이 포함된다.

⑦ 중수 및 빗물 활용

중수란 공급되는 물인 상수와 버리는 물인 하수의 중간이라는 의미로, 한 번 사용한

그림 10-11 **풍력발전기(D사 제너하임)**

그림 10-12 **지열시스템의 공기유입 부분(D사 건축환경연구센터)**

그림 10-13 **말뚝형 지열시스템 모형(D사 건축환경연구센터)**

오염이 심하지 않은 물을 간단히 걸러 화장실 용수나 정원 등에 사용하는 것이다. 수돗물은 상당한 에너지와 비용을 들여 만들어지는데 우리나라는 수도료가 원가보다 저렴하다. 유럽 등 다른 나라는 수도료가 우리나라의 5~6배까지 비싸므로 수돗물을 절약하는 장치들이 상용화되어 있다. 요즈음은 우리나라의 일반주택에서도 물을 절약할 수 있는 위생기구의 사용이 점차 늘어가는 추세이나, 아직까지 중수 또는 빗물 활용시설의 필요성을 절감하지 못하고 있다. 그러나 우리나라는 유엔이 지정한 물부족국가로, 수돗물을 생산하고 폐수를 처리하는 데 상당한 양의 이산화탄소가 발생하므로 수돗물을 절약하기 위한 설비를 도입해야 한다.

일반적으로 비가 오면 빗물이 모여 하수로 처리되며, 집중호우 시 하수처리능력보다 많은 양의 비가 하수로 모여 역류하는 현상이 발생하기도 한다. 이것을 도시홍수라 하며 반지하주택 등이 물에 잠기는 원인이 된다. 따라서 빗물이 땅속으로 스며들도록 투수성 포장을 하고, 건물옥상에서 빗물을 수집하여 빗물 저장탱크에 보관하다가 정원이나 화장실 용수로 활용하는 빗물 활용시설을 채택한다.

(2) 주변환경과의 친화

주변환경과의 친화(high contact) 기법은 주택이 건설됨으로써 훼손된 자연을 회복시키며, 자연과 더욱 접촉하자는 의미로 생태적 순환성, 지역성, 공동체 개념을 도입하여 주택과 생태계와의 조화를 추구한다.

그림 10-14 **아파트단지의 지하 빗물탱크(수원 매탄W아파트)**

그림 10-15 **빗물을 사용하는 화장실**

① 옥외 및 건물녹화

옥외녹화로는 아스팔트나 보도블록 같은 인공재 대신, 흙이나 잔디 등의 자연재를 이용하여 도로나 보행로를 포장하는 방법이 있다. 빗물이 땅속으로 스며들 수 있으므로 투수성 포장이라고도 한다. 건물녹화는 지붕 또는 옥상녹화, 벽면녹화, 또는 차음벽을 비롯한 담장녹화가 있다. 인공물의 녹화는 자연을 회복시키며 건물의 단열성을 향상시키고 도시의 소음을 감쇄시키는 효과도 얻을 수 있다.

② 동식물서식처

생태적 순환성 또는 생태계와의 조화를 위한 생물종 다양성을 보존하기 위한 계획으로 수생비오톱, 육생비오톱을 들 수 있다. 수생비오톱은 수생생물이 서식할 수 있는 수(水) 공간을 의미하는데 수돗물을 사용하는 분수나 고인 물이 아닌, 생물이 서식할 수 있도록 빗물을 이용하고 썩지 않도록 자연정화가 가능한 설계 또는 정화시스템을 필요로 한다. 육생비오톱은 흙과 식물에 의해 생물이 서식할 수 있는 환경을 말하는데, 이러한 동식물서식처를 조성하면 생태계와의 조화라는 의미뿐만 아니라, 물과 식물에 의해 미기후(微氣候)가 완화되는 효과와 물소리·새소리 등으로 도시소음 또는 단지 내 생활소음이 은폐(마스킹효과)되는 효과도 얻을 수 있다.

그림 10-16 **옹벽녹화(성남 K아파트)**

그림 10-17 **수생비오톱(성남 K아파트)**

③ 개방형 생활공간, 거주자참여형 커뮤니티계획

인간도 자연의 일부라는 생태학적 개념에서, 계절의 변화를 느끼고 자연과 더불어 생활할 수 있도록 옥외공간으로 쉽게 접근할 수 있는 계획을 하거나 반옥외 생활공간을 도입한다. 또 주택의 초기 계획단계부터 거주자의 의사를 반영하는 거주자참여형의 계획은 주택의 사회적 수명을 연장시킴으로써 개조행위 발생을 억제할 수 있다.

지구온난화 방지를 위한 다양한 추진은 한 사람 또는 한 가족만의 실천으로는 그 효과가 미미할 뿐만 아니라, 쓰레기 분리수거나 에너지절약의 실천 등 커뮤니티 차원에서 추진하지 않으면 실천하기 어려운 부분이 많다. 따라서 커뮤니티 활성화가 가능한 계획은 생태공동체 탄생의 배경처럼, 그린라이프 실천을 위한 계획요소가 된다.

(3) 거주환경의 건강·쾌적성

거주환경의 건강·쾌적성(health & amenity) 기법은, 지구환경을 보전한다고 해서 거주자는 에너지도 사용하지 않고 불편하게 생활하자는 것이 아니라, 거주자의 건강과 쾌적성도 향상시켜 지구와 인간 모두를 이롭게 한다는 개념으로, 건강한 실내환경 조성과 관련된 요소를 도입하는 것이다. 어메니티(amenity)란 흔히 쾌적성으로 번역되지만, 신체적인 쾌적(comfort)을 포함하여 정신적으로 쾌적한 생활을 위한 경관의 쾌적성, 녹지나 수변공간과 같은 주변환경의 쾌적성, 교육 및 복지 등 근린환경의 쾌적성 등을 포함하는 개념이다.

거주자의 건강에 대한 개념과 계획요소는 9장의 건강주거에서 다루었다. 다만, 지구온난화 방지를 핵심으로 하는 그린홈은 건강한 주거를 위한 설비를 채택할 때 신재생에너지를 사용하는 설비나 배열회수시스템으로 건강성이 강화된 소재를 선택할 때도 재활용 또는 업사이클링 소재, 해체 시 자연으로 돌아가는 소재, 대나무와 같이 성장속도가 빨라 환경훼손이 적은 소재, 생산과정에서의 이산화탄소 발생량이 적거나, 운반 시 이산화탄소 발생량이 적은 지역에서 생산되는 소재를 선택한다.

그린홈, 그린리모델링 등에서 거주자의 건강에 가장 중요한 요소는 환기시스템이다. 그린홈의 기본은 고단열·고기밀이고, 패시브하우스도 고단열·고기밀에 의해 화석에너지 사용을 거의 하지 않는 주택이며, 그린리모델링 역시 단열 및 기밀 시공을 기본요소로 한다. 그러나 고단열·고기밀로 시공된 주택은 실내공기가 악화될 수 있다. 구조체에 틈새가 많은 주택이 건강한 것으로 오해할 수 있으나 그렇지 않다. 고단열·고기밀 구조체를 만들어 일정한 실내환경을 유지하는 것이 거주자의 건강에 좋고 에너지소비도 감소시키고, 여기에 필요한 만큼 환기를 시킬 수 있는 환기시스템을 도입하는 것이 최선이다. 최근에는 황사처럼 실외공기가 악화되는 사례도 많으므로, 창을 열거나 구조체 틈새로 외부공기가 도입되는 것보다는 필터로 걸러진 깨끗한 외부공기를 도입하는 환기시스템 채택이 에너지절약과 거주자의 건강이라는 두 가지 측면에서 도움이 된다. 그러나 아무리 자연소재를 채택하더라도 새로 건축하거나 새 가구를 도입한 시기에는 맞통풍에 의한 오염물질 감소방법을 써야 한다. 이러한 경우를 위해 맞통풍을 시킬 수 있는 개방이 가능한 창호계획이 필요하다.

우리나라에 건축된 제로에너지하우스의 거주후평가 결과를 보면, 오염물질 저방출자재를 사용하고, 패시브디자인 기법에 태양광 발전시스템, 태양열과 지열의 하이브리드시스템, 고효율 환기시스템을 통합설계한 경우 일반주택에 비해 실내공기질은 매우 양호하게 유지되면서도 거의 80% 이상의 에너지 사용량 감소가 이루어진 것으로 나타났다.* 그린홈은 초기비용이 다소 많이 들 수 있으나, 에너지비용 없이 거주자가 건강하게 생활할 수 있으며, 절감된 에너지비용으로 초기비용을 회수하는 기간이 현재도 그다지 길지 않고, 기술이 개발되면서 초기비용이 계속 낮아지고 있으므로 회수기간도 단축되고 있다.

3) 그린리모델링 요소와 사례

(1) 그린리모델링의 정의와 요소기술

건물의 리모델링은 재건축과 비교할 때 그 자체가 친환경이라고 할 수 있다. 기존 건물을 해체하고 신축하는 재건축과 달리, 리모델링은 건물의 수명을 연장하는 것으로 건축폐기물을 만들지 않고 신축에 소요되는 자재를 소비하지 않는다. 그러나 기존 건물은 설계 당시의 규정이나 노후화에 의해 환경성능이 좋지 않아 화석에너지를 과소비할 가능성이 많으므로, 이를 개선하는 그린리모델링이 필요하다. 그린리모델링 역시 그린홈과 마찬가지로 이산화탄소 배출 감소를 위한 에너지 절약이 핵심가치이다.

「녹색건축물 조성지원법」에 의하면, 건축물의 노후화를 억제하거나 기능 향상 등을

---

* M.A 건축사사무소 ZeeHome 자료. http://www.zeehome.co.kr

위하여 대수선하거나 일부 증축하는 행위를 리모델링(건축법 제2조 제1항 제10)이라 하며, 환경친화적 건축물을 만들기 위해 에너지성능 향상 및 효율 개선이 필요한 기존 건축물의 성능을 개선하는 것을 그린리모델링이라 한다. 국토교통부에서는 2012년부터 그린투게더(www.greentogether.go.kr)라는 녹색건축 포털의 운영을 시작하고, 2013년에는 한국시설안전공단 내에 그린리모델링 창조센터(www.greenremodeling.or.kr)를 설립하여 그린리모델링 사업을 시작하였다. 이 센터에서 소개하고 있는 그린리모델링 요소기술은 열획득, 열차단, 단열, 기밀, 창호, 열교방지, 환기, 자연채광, 실내마감재료, 건축물녹화, 시뮬레이션, 에너지생산, 자원순환, 폐기물 재활용, 고효율설비 등이다. 현재 시범 또는 본사업으로 시행되고 있는 그린리모델링 사업으로는 '그린리모델링 이자지원사업', '민간건축물 그린리모델링 시범사업', '공공건축물 그린리모델링 시범사업' 등이 있다.

(2) 그린리모델링 사례

그린홈 계획요소에 대해 단독주택 기준으로 살펴본 것과 마찬가지로, 그린리모델링의 개념과 계획요소도 단독주택 사례가 이해하기 좋다. 아직 국내에는 그린리모델링 적용요소나 사후 결과가 보고된 사례가 없어, 일본 나라(奈良)시에 있는 오래된 단독주택의 그린리모델링 사례를 소개한다.

① 건물·대지 개요

- 대지면적 : 약 314m^2
- 법적제한 : 제1종 저층 주거전용지역, 용적률 60%, 건폐율 40%
- 기존건물 : 철근콘크리트조 2층 건물(일부 목조 1층), 연면적 약 143m^2
- 건설시기 : 당초 건축 1972년, 개조공사 1999년, 옥상 테라스 정비 2001년

② 그린리모델링을 위한 입지 및 기존 건물 분석

- 건물이 위치한 지역은 인근의 대도시 오사카보다 월평균 기온이 2~3℃ 낮다. 여름은 비교적 서늘하고 겨울은 춥다. 따라서 추운 겨울에 대비하여 단열성을 향상해야 하고, 여름이 비교적 서늘하므로 패시브쿨링(passive cooling, 자연형냉방)의 가능성이 있다.

- 일조가 양호한 지역이므로 태양에너지 활용의 가능성이 크다.
- 주거구역의 끝부분에 위치하여 바람이 강하고 2층에서의 조망이 좋다. 따라서 자연 환기에 유리하고, 옥상 테라스를 생활공간화하면 조망을 즐길 수 있다.
- 구조체에 변형이나 손상이 적으므로 수명연장이 가능하다.
- 적절한 외벽 단열 처리에 의해 콘크리트 구조체를 축열체로 이용 가능하다.

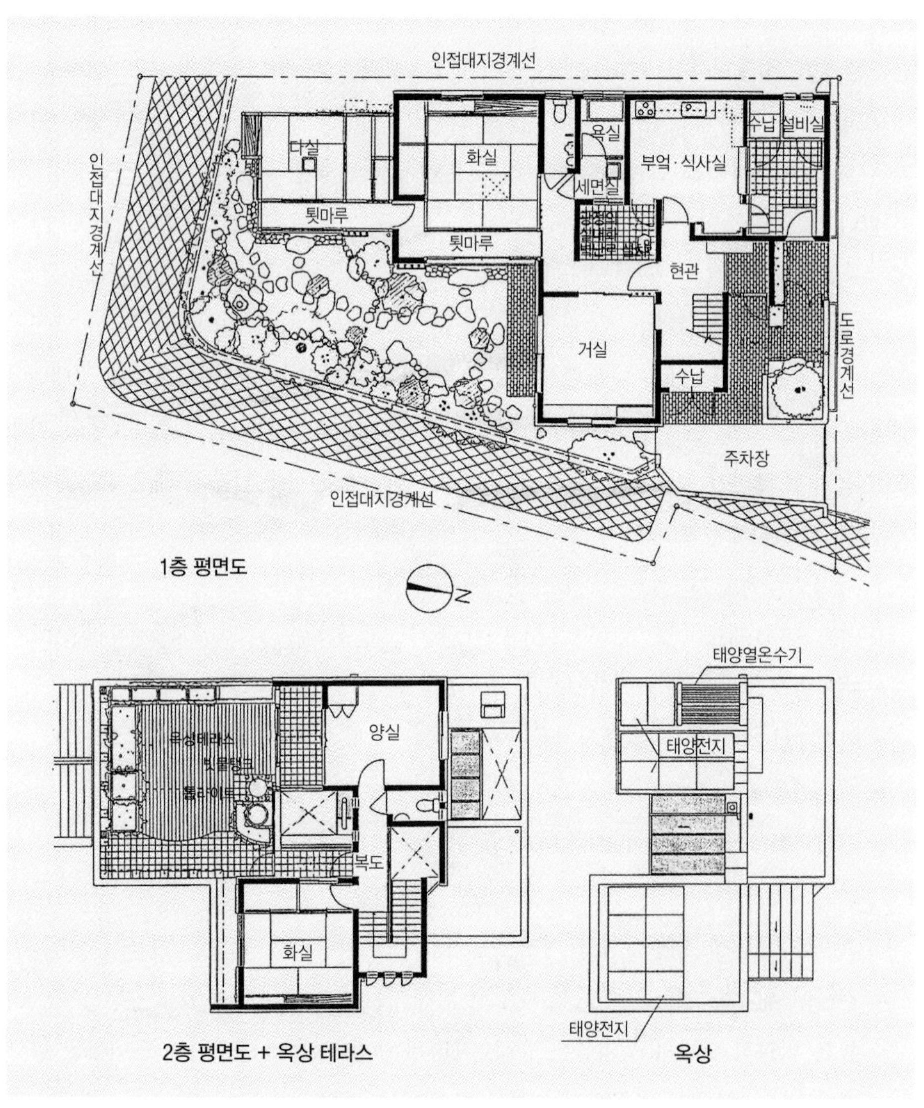

그림 10-18 **재생(리모델링) 에코하우스 배치도 및 평면도**

출처 : 濱(2002). 한국주거학회 일본 답사 중 배부 자료.

- 툇마루(緣側), 광정(光庭), 다실(茶室) 등 융통성 있는 공간이 있다.
- 옥상 테라스를 생활공간이나 녹화공간으로 개조할 가능성이 크다.

③ 리모델링의 내용

- 거주 가족은 부부 + 자녀 1인인데 공간구성은 침실 3개, 식사실 + 부엌, 거실 + 다목적공간, 작업 코너, 다실로 하였다.
- 건강한 건축재료를 이용하기 위하여, 자연소재 및 처리가 용이한 소재를 선택하고 유해물질을 배출하는 재료는 가능한 배제하였다.
- 폐기물의 감소를 위해 콘크리트, 철근, 알루미늄, 유리, 위생도기, 카펫, 급탕기, 공사 시 나온 목재는 잡(雜)공작·연료용으로 현장에서 재이용하였다.
- 단열성 향상을 위해, 구조체 외벽 외측에 단열재를 시공하였다. 개구부 단열은 기존의 싱글글래스였던 창유리를 열선반사형 페어글래스로 하고, 고단열·고기밀의 섀시 창틀을 선택하고, 일반 알루미늄 섀시를 외부에 추가하여 총 3종류의 개구부 단열시공을 하였다.
- 자연에너지 이용을 위해, 옥상에 태양광발전을 위한 태양전지 모듈, 태양열 + 가스 급탕시스템을 위한 집열기를 설치하였다. 기존의 광정(光庭) 부분에 유리지붕을 설치하여 실내(온실)화하였다. 축열성 있는 벽체를 태양열 집열벽으로 이용하였다.
- 쾌적성 향상을 위해, 난방설비로 가스온수에 의한 복사형 설비를 선택하여, 일부 공간은 바닥난방, 일부 공간은 자연방열 라디에이터를 설치하였다. 여름철은 자연냉방을 목표로 하여, 차열·녹화·축냉에 의한 패시브 방식을 도입하였으며 1개 공간에만 에어컨을 설치하였다.
- 옥상녹화를 위해, 옥상 테라스의 일부에 식재하였으며, 벽면녹화를 위해 도로에 면한 벽, 옥상 테라스 서측을 녹화 진행 중이다.
- 빗물저장용 간이 저수탱크를 옥상에 설치하였다.

④ 공사 기간·비용

- 공사 기간 : 1999년 8월 25일~11월 15일. 옥상 테라스 2001년 8~9월
- 공사비 : 보조금을 포함하여, 건축·전기 약 1,050만 엔, 위생·가스 약 150만 엔, 태양에너지 등 250만 엔, 옥상 테라스 정비 약 100만 엔

⑤ 그린리모델링 결과

- 벽과 개구부의 단열시공 후, 사계절을 통해 실온의 변동이 적었다. 여름철에도 1층은 축냉효과와 그늘이 있어 냉방을 하지 않고도 여름을 날 수 있어, 입주 후 에어컨을 사용하지 않았다. 열선반사형 페어글래스는 겨울의 열흡수 부족을 초래하였다. 일반적인 알루미늄 새시 추가는 안락하고 현실적이며 방음효과도 컸다. 결로현상도 나타나지 않았다.
- 태양광발전에 의해 전력을 실질적으로 자급할 수 있었다. 2000~2001년의 발전량은 2941kWh, 2903kWh, 소비량은 2563kWh, 2451kWh였다. 남는 전기는 전력회사에 판매할 수 있었다.
- 태양열 + 가스급탕시스템을 이용하였다. 급탕의 연간이용열량은 태양 52%, 가스 48%였다.
- 태양열 집열벽 설치로 2001년 5월~2002년 4월에 집열벽이 획득한 단위면적당 열량은 창의 약 1/3에 달했다.
- 바닥난방은 소음이 적고, 바람이 나오는 것이 아닌 난방설비여서 쾌적했다.
- 빗물 저수탱크에 저장한 빗물은 정원수, 청소용으로 이용할 수 있었다.
- 리모델링 후 생활습관을 에너지 절약적으로 하여, 난방온도는 다소 낮게 하였고, 태양열급탕을 유효하게 이용하는 입욕형식을 취하였으며, 자연광 아래에서 아침식사나 독서를 하였다. 스위치 부착 콘센트로 대기전력을 차단하였고 절전형 가전제품을 이용하였다.
- 종합적으로 환경부하로 인한 에너지 소비는 전국 평균치(세대당)의 약 절반이었으며, 탄소배출량은 나라시 주택 평균치의 1/3 이하였다.

3 그린홈 관련 제도

여기서는 거주자 입장에서 그린홈을 건축하거나 선택할 때, 신재생설비를 설치할 때, 조명기구나 가구, 가전기기 등의 주생활재를 친환경적으로 구입하는 데 유용할 그린홈 관련 제도들에 대해 다룬다.

1) 그린홈 관련 인증제도

국외 그린빌딩 인증으로는 세계 최초 친환경건축물 인증제도인 영국의 BREEM을 비롯하여 각국에 다양한 제도가 운영되고 있다. 국내에서 많이 접하게 되는 인증제도로는 LEED와 패시브하우스 인증이 있다. 국내 인증으로는 G-SEED라 불리는 녹색건축 인증이 대표적이다.

(1) 국외 인증제도

① LEED

LEED(Leadership in Energy & Environmental Design)란 미국의 그린빌딩위원회(U.S. Green Building Council)에서 운영하는 인증제도로, 그린빌딩 프로그램으로 건축방법을 적용하고 실행한 모범 사례를 인정해 주는 것이다. 평가점수에 따라 플래티늄(80 이상), 골드(60~79점), 실버(50~59점), 인증(40~49점) 레벨로 구분된다. 2015년 기준 135개국의 프로젝트 5만 4,000여 개가 인증을 받았다.

미국 그린빌딩위원회에서는 그린빌딩 인증 외에도 친환경설계전문가(LEED GA/AP) 자격인증, 그린스쿨(Green School) 순위 발표 등 여러 가지 사업을 진행 중이다.

② 패시브하우스 인증제도

패시브하우스란 고단열, 고기밀, 태양열 취득 등을 통해 난방설비 없이 추위에 대응하는 주택이다. 여기에 거주자의 건강을 위한 환기시스템을 필수요소로 추가하는데, 에너지 절약을 위해 열교환 장치로 배열을 철저히 회수함으로써 가능해진다.

패시브하우스는 독일에서 시작되었고, 단위면적당 연간 난방에너지 요구량이 15kWh 이하인 주택이다. 이는 우리나라 기존 일반주택의 1/5~1/10 수준이다. 독일 PHI(Passive House Institute)에서 인증제도를 운영하고 있으며, 세계에 30여 개의 인증기관이 지정되어 있는데, 국내에서는 한국파시브하우스디자인연구소(연구소 공식 명칭 그대로 '파시브'라고 사용)가 독일 인증기관의 자격을 가지고 있다. 이와는 별개로 한국패시브건축협회에서는 협회인증 패시브건축 인증제도를 운영하고 있어 독일의 인증과는 구분된다.

③ 국외 친환경 인증의 의미

그린홈은 기후디자인을 기본으로 하며, 건물이란 사용자의 생활이 반영되어야 하고 그린빌딩 역시 그 지역의 기후나 문화에 적합해야 한다. 국내 그린빌딩에 국외 인증을 받기 위해서는 소모되는 비용과 노력이 크고, 독일의 패시브하우스 기법을 그대로 적용했을 때 우리 기후와 맞지 않는 부분도 발견된 사례가 있으므로, 국외 인증제도보다는 우리나라의 기후와 실정에 맞는 국내 인증제도를 존중할 필요가 있다.

(2) 녹색건축물 인증

우리나라의 '친환경건축물 인증제도'는 초창기 인증제들을 통합하여 공동주택을 대상으로 2002년부터 시행되었다. 이와 유관한 제도로 '주택성능등급 표시제도', '건물에너지 효율등급 인증제도', '에너지절약형 친환경주택' 등이 시행되었다.

2013년 3월에는 이러한 인증제도들을 통폐합하면서 에너지 이용효율 및 신재생에너지의 사용비율을 높여 온실가스 배출을 최소화하는 건축물을 조성하기 위하여 「녹색건축물 조성지원법」이 시행되었고, 같은 해 6월에 「녹색건축 인증에 관한 규칙」과 「녹색건축 인증기준」이 시행되었다.

- 관련 법규 : 「녹색건축 인증에 관한 규칙」
- 인증 심사기준 : (녹색건축 인증기준 제3조) 신축건축물로서 공동주택, 복합건축물(주거), 업무용 건축물, 학교시설, 판매시설, 숙박시설, 소형주택, 기존 건축물로서 기존 공동주택, 기존 업무용 건축물, 그 외 용도의 건축물로 구분된다. 그중 공동주택 또는 소형주택의 인증 심사기준의 평가항목은 앞에서 다룬 그린홈의 개념 및 계획요소와 유관하다. 녹색건축이 되기 위해 필요한 항목을 평가항목으로 구성하고 있으며 평가항목별로 배점과 계산식, 점수 획득기준이 포함된 세부 평가기준이 규정되어 있다.
- 인증등급 : (녹색건축 인증에 관한 규칙 제8조) 최우수(그린 1등급), 우수(그린 2등급), 우량(그린 3등급), 일반(그린 4등급)
- 인증유효기간 : (규칙 제9조) 인증서를 발급한 날부터 5년
- 녹색건축 인증의 취득의무 : (규칙 제13조) 다음 각 호의 어느 하나에 해당하는 기관에서 연면적의 합이 3,000m² 이상의 건축물(국토교통부장관과 환경부장관이 정

하여 공동으로 고시하는 용도로 한정한다)을 신축하거나 별도의 건축물을 증축하는 경우에는 국토교통부장관과 환경부장관이 정하여 공동으로 고시하는 등급 이상의 녹색건축 예비인증 및 본인증을 취득하여야 한다.

1. 중앙행정기관
2. 지방자치단체
3. 「공공기관의 운영에 관한 법률」에 따른 공공기관
4. 「지방공기업법」에 따른 지방공사 또는 지방공단
5. 「초·중등교육법」 제2조 또는 「고등교육법」 제2조에 따른 학교 중 국립·공립 학교

2) 그린홈 지원제도

그린홈 주택지원사업이란 「신에너지 및 재생에너지 개발·이용·보급 촉진법」 제27조(보급사업), 신재생에너지설비의 지원 등에 관한 규정에 근거하여, 2020년까지 신재생에너지주택(Green Home) 100만호 보급을 목표로 태양광, 태양열, 지열, 소형풍력, 연료전지 등의 신재생에너지설비를 주택에 설치할 경우 설치비의 일부를 정부가 보조지원하는 사업이다. 이 사업은 한국에너지공단 신재생에너지센터에서 2008년부터 시행 중이다(신재생에너지센터 홈페이지).

- 사업 지원대상 : 개별단위로서 단독주택 또는 공동주택, 마을단위로서 동일 최소 행정구역 단위에 있는 10가구 이상의 단독 또는 공동주택
- 사업 진행 절차 : 사업 신청 → 사업 승인 → 설비 시공 → 설치 확인 → 결재 완료 후 사용 시작 → 사후관리

그린홈 주택지원사업에 의해 신재생설비 설치 후 절약되는 전기비로 설치비가 회수되는 기간이 주택 및 가구의 상황에 따라 5~10년으로 나타나, 설치를 희망하는 가구가 증가하고 있다. 그러나 정부가 초기 설치비를 일부 보조하기 때문에 거주자 입장에서는 설치시점에 목돈이 없으면 사업에 지원하기가 어렵다. 따라서 2013년부터는 설치비를 전액 지원하여, 설치 시 개인 부담금 없이 절약되는 전기료를 월 대여료 개념으로 납부

하게 하는 태양광대여사업이 시행되고 있다.

3) 그린라이프 관련 인증제도

주택자재나 생활용품과 관련된 친환경 인증제도는 표 10-2와 같다. 제품의 오염물질 방출 정도를 인증하는 제도에는 친환경건축자재 단체품질인증제도(HB)와, KS표시인증제도 중 SE0~E1형이 있다. HB마크는 건축자재를 대상으로 TVOC와 HCHO 방출량에 대해 인증하는 민간제도로서 마감재에 많이 적용되어 있는 것을 볼 수 있다. KS SE0~E1형은 포름알데히드 방산량에 따른 등급이 합판, 파티클보드 등의 가구 자재에 표시되어 유통되고 있다. 그러나 이들 인증제도는 의무법령이 아니므로, 현재 우리나라에 유통되는 건축자재나 가구 등이 모두 이러한 인증을 받아야 하는 것이 아니어서 아직까지 인증을 받은 제품이 상대적으로 적다. 제품을 생산하는 과정에서 배출한 탄소량을 인증하는 제도로는 환경표지제도와 환경성적표지제도, GR인증제도, 녹색인증제도, 로하스인증 등이 있다.

건축자재의 생산자나 판매자들은 제품에 대한 소개 문구에 친환경 건축자재라고 흔히 표기하고 있으므로, 소비자는 이를 구분할 수 있어야 한다. 친환경 건축자재란 천연건축재료(natural material), 친환경 재료(environmental material), 지속가능한 재료(sustainable material)로 정의된다. 천연건축재료는 흙이나 나무, 돌 같은 원재료를 채취하여 건축재료로 사용하기 적합하게 절단하거나 연마한 재료를 의미한다. 친환경 재료는 각 나라의 환경기준치에 맞춰 가공·생산된 건축재료로, 인체나 환경에 무해하다는 의미가 아니다. 지속가능한 재료는 영구히 사용할 수 있는 재료로 대부분 스틸, 동판, 알루미늄, 강철 등의 금속재가 이에 속한다. 재활용 건축재료는 폐자재를 원료로 이용하여 생산한 재료로 재생섬유 흡음재, 재활용 섬유판재, 재활용 골재 등이 이에 속한다(김원 외, 2009).

표 10-2 **그린라이프 관련 인증제도**

	HB마크 인증제도	KS표시인증제도 중 SE0~E1형	환경표지제도	GR인증제도	환경성적표지제도	녹색인증제도	로하스인증	탄소성적표지제도
개요	친환경건축자재(Healthy Building Material) 단체품질 인증제도는 국내외에서 생산되는 건축자재에 대한 유기화합물(TVOC, HCHO) 방출강도를 품질인증시험 후 인증등급을 부여	특정 상품이나 가공기술 또는 서비스가 한국산업 표준 수준에 해당함을 인정하는 제품인증제도 중 합판, 파티클보드 등의 포름알데히드 방산량에 따른 등급 인증	동일 용도의 제품 중 생산 및 소비과정에서 오염을 상대적으로 적게 일으키거나 자원을 절약할 수 있는 제품에 환경표지를 인증	우수재활용제품(Good Recycled product) 인증제도는 국내에서 개발 생산된 재활용 제품을 실험·분석·평가한 후 우수제품에 대하여 인증	재료 및 제품의 생산, 유통, 소비 및 폐기 단계 등의 전 과정에 대한 환경성 정보를 계량적으로 표시하는 제도	유망 녹색기술 및 사업을 명확화 하기 위함	LOHAS의 정의에 따라 노력하고 성과를 보인 기업 및 단체의 제품, 서비스, 공간에 대하여 한국표준협회가 인증	제품의 생산·수송·사용·폐기 등의 모든 과정에서 발생되는 온실가스 발생량을 CO_2 배출량으로 환산하여, 라벨 형태로 제품에 부착하는 것
운영 기관	한국공기청정협회	산업통상자원부 기술표준원	환경부, 한국환경산업기술원	산업통상자원부 기술표준원, 자원순환산업진흥협회	환경부, 한국환경산업기술원	산업통상자원부 한국산업기술진흥원 등 11개 평가기관	한국표준협회	환경부, 한국환경산업기술원
인증 마크	NO : HB000O00-00		도안 상단에 "친환경○○○○"의 형태로 친환경 제품임을 표시	Good Recycled		녹색인증 Green Certification	LOHAS	000g CO_2 저탄소제품 000g CO_2

출처 : 한국공기청정협회(http://www.kaca.or.kr), 산업통상자원부 기술표준원(http://www.kats.go.kr), 국가표준인증종합정보센터(http://www.standard.go.kr), 한국환경산업기술원(http://el.keiti.re.kr), 환경표지 홈페이지(http://el.keiti.re.kr/service/index.do), 자원순환산업제품 인증제도 홈페이지(http://www.kats.go.kr/gr), 환경·탄소성적표지 홈페이지(http://www.edp.or.kr), 대한민국 로하스인증 홈페이지(http://www.korealohas.or.kr), 녹색인증 홈페이지(http://www.greencertif.or.kr).

4 그린캠퍼스와 그린라이프

캠퍼스는 친환경기술 및 그린피처(친환경시설물) 개발의 테스트베드이다. 또한 캠퍼스 내부에는 주거 커뮤니티의 구성요소, 즉 근무하고 거주하는 건물군, 도로 교통, 공원과 같은 녹화 및 수공간, 전기나 수도를 공급하고 홍수를 조절하는 도시 인프라, 물건을 구입하고 배출하는 과정에서 에너지를 소비하고 폐기물을 배출하는 시스템이 주거 커뮤니티와 유사하다. 따라서 친환경적인 주거환경의 필수요소들을 이해하는 데 그린캠퍼스의 요소들이 유용하다.

우리나라의 대학 캠퍼스는 최근 몇 년간 에너지 다소비 기관의 상위권을 독점할 정도로 에너지 다소비 인공물로, 생활실천적 측면에서도 일반 주거단지보다 친환경적 실천이 미흡하다. 따라서 국가적으로 이산화탄소 배출 감소라는 당면 과제를 위해서나, 지구온난화 방지와 구성원의 건강을 위해서는 에너지 다소비 커뮤니티인 캠퍼스를 진정한 의미의 그린캠퍼스로 변화시키는 일이 절실하다.

이에 친환경 주거 커뮤니티의 인프라와 실천적 개념으로, 저자가 현장 조사한 그린캠퍼스 우수 사례인 미국의 포틀랜드주립대학교(PSU ; Portland State University)와 독일의 베를린자유대학교(FU ; Freie Universität Berlin)의 그린캠퍼스 추진내용과 그린홈의 실현을 위한 그린라이프 요소에 대해 살펴본다.

1) 그린캠퍼스

(1) 조직 및 네트워킹

여기 소개하는 두 대학교와 우리나라의 실정에 가장 큰 차이가 나는 부분이 바로, 학생, 교수, 교직원들이 캠퍼스 지속가능성(Campus Sustainability)을 위해 협력하고 프로젝트를 진행하고 있다는 점이다. 두 학교 모두 연구, 교육, 행정 및 관리라는 3가지 분야에서 지속가능성의 추진이 필요하다고 인식하고, 본부에 캠퍼스 지속가능성을 담당하고 있는 부서와 전담직원이 있으며, 예산이 배정되어 있고, 교내외 네트워킹을 통해 그린캠퍼스 추진과 그린라이프를 실천하고 있다.

PSU의 그린캠퍼스 추진 조직은 연구소(ISS ; Institute for Sustainable Solutions), 그

린캠퍼스 전담부서(CSO ; Campus Sustainability Office), 지속가능성 교육담당부서(SLC ; Sustainability Leadership Center)로서, CSO는 캠퍼스기획부(Campus Planning Sustainability) 내의 단위부서로 캠퍼스 지속가능성을 담당하는 주요 조직이다. 예산자문위원회, 빌딩위원회, 기후행동계획위원회에서 총장의 최종 의사 결정을 자문하기도 한다. SLC는 본부 학생입학처 산하조직으로 친환경 관련 학생활동과 리더십 프로그램, 공동교과를 운영하고 있다. 이외에 그린팀(green team) 직원들은 캠퍼스의 지속가능한 활동을 위해 지원한다. 녹색소비, 에너지 보존방법, 통근, 폐기물 감축, 재활용 등을 중점적으로 진행하고 있다.

FU 그린캠퍼스 담당부서(Sustainability and Energy Management Unit)는 부총장 직속 조직으로, 부서 책임자(director)는 학교의 경영진이다. 예전에는 에너지소비 감소를 위한 기술에 치중했지만, 교내외 다양한 네크워킹을 통한 참여 확대가 중요하게 부각되어 2000년 이후에는 이를 위한 노력을 확대하고 있다. 대학 내 개별 부서 또는 학과와의 협력으로 건물 점검 및 에너지 절약 프로그램을 계획·운영하고 있으며, 지속가능성 측면의 교육 확대를 위한 독일 내외의 다양한 대학교 연합에 참여하고 있다. 또한 베를린 연방주와 기후 보호에 관한 협정을 하였으며, 통합관리시스템을 기반으로 한 '직업의 건강과 안전관리시스템'을 시작하였다.

이 부서의 업무 중 하나는 폐기물관리이다. FU는 대학 전체의 쓰레기를 정확하고 경제적으로 폐기하는 것뿐만 아니라 분리수거와 쓰레기 흐름을 모니터링하는 것을 포함하는 개념으로 폐기물 관리를 하고 있다. 연간 폐기물 보고서는 폐기물 발생, 처리 비용, 처리를 최적화하기 위해 시행되고 계획된 방법에 대한 기본적인 정보를 포함하고 있다. 예를 들어 2011년 대학의 폐기물 처리비용은 약 33만 유로, 60가지의 폐기물이 처리되었고, 이 중 40종류가 유해하여 특별한 공적 절차를 통해 처리되었다.

(2) 에너지

캠퍼스 내에서 에너지 소비를 줄이려는 내용으로, 친환경 커뮤니티를 위한 가장 중요한 인프라로 적용될 수 있다.

- 그린 리볼빙 펀드(Green revolving fund) : PSU에서는 그린펀드를 조성하여 건물을 리노베이션 하고, 이 건물에서 절약된 에너지비용으로 원금을 갚아 나가는 방

식으로 운용하고 있다. 이는 모든 건물을 동시에 공평하게 지원해야 한다는 개념에서 벗어나, 에너지 손실이 큰 건물부터 순차적으로 해결한다는 장기계획에 대한 구성원의 동의가 필요하다는 점에서 시사하는 바가 크다.

- 열병합발전소 : 지역냉난방은 개별건물의 냉난방에 비해 에너지 손실이 적고 친환경적이다. 두 학교 모두 캠퍼스 내 열병합발전소를 가동 중이다. FU는 열과 전기를 동시에 생산하는 발전소를 2013년에 가동하기 시작하여 연간 1,300톤의 이산화탄소 배출량을 감소시켰다.
- 신재생에너지설비 설치 : 두 학교 모두 태양광 발전설비를 설치, 가동 중이다. FU는 현재 대학건물의 지붕에 총 9개의 태양광전지시스템이 설치되어 있고, 연간 약 60만kWh의 전기가 생산된다. 이 중 특별히 가치가 있는 프로젝트는 학생들의 투자만으로 설치한 'UniSolar'로, 학생들이 태양광설비에 필요한 일정 지분을 구입하고 거의 영구적으로 배당을 받는 형태에 투자한 것이다(그림 10-19).
- 에너지 절약 행정 및 프로그램 : 에너지 절약 안내지침 보급, 에너지 절약을 고려한 수업시간표 편성, 전등 끄기 등 에너지 절약을 위한 설명문 또는 스티커 부착(그림 10-20), 보일러 업그레이드, 인체감지소등시스템 설치, LED 조명으로 교체 등의 설비 교체, 컴퓨터 및 모니터의 파워관리 세팅, 에너지 사용량과 생산량이 표시되는 에너지보드(그림 10-21)를 설치하거나 에너지 관련 정보 부착 등을 추진하고 있다.
- FU는 Green IT 실행 프로그램, 에너지 절약 인센티브 제도, 온라인 에너지 모니

그림 10-19 FU의 태양광 패널 설치 사례

그림 10-20 PSU 기숙사 세탁실에 부착된 친환경 세탁 요령

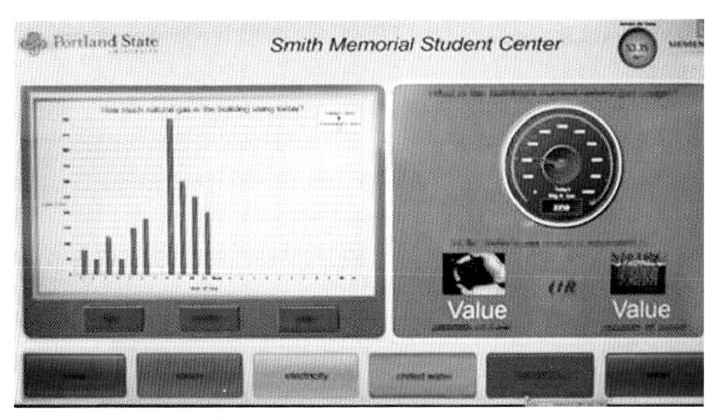

그림 10-21 PSU의 대시보드

터링 등의 에너지관리시스템을 운영하고 있다. 이러한 에너지관리시스템과 빌딩 리노베이션을 통해 2000년부터 2012년까지 약 25%의 에너지소비량 감소를 달성하였고, 이산화탄소 배출량도 약 20% 감소시켰다.

(3) 그린빌딩 및 그린리모델링

캠퍼스에서 에너지 사용과 폐기물 발생의 주된 부문은 건물로, PSU는 2003년부터 신축 및 개축 건물에 LEED 인증의무정책을 시작하였으며, 학교건물을 그린빌딩으로 건축하기 위한 디자인 기술표준을 제정하였다. 역사적 양식의 외관을 보존하는 리노베이션으로 LEED-NC 플래티넘을 획득한 사례에서는 건축 폐기물의 75%를 매립하지 않고 다른 용도로 사용하였으며, 옥상에 태양광 발전을 설치하고 자연채광 등의 요소를 도입한 리노베이션 이후 연간 4만 1,341달러의 에너지 비용을 절감하였다.

FU는 1920년대, 1950년대, 1970년대 등에 건축된 매우 오래된 학교 건물의 에너지 소비를 줄이기 위한 리노베이션을 지속적으로 추진하고 있다. 건물의 인증 획득에는 의미를 두지 않고 단열, 기밀 등의 건물 외피 및 창호 개조, 냉난방 및 환기 시스템의 현대화, 공조시스템 개조, 온라인 에너지 모니터링 시스템 설치, 태양광 발전시스템 설치, 전등 교체, 자동센서 설치 등을 통해 에너지 사용량을 감소시키고 있다. 또 석면 포함 자재를 교체하는 등 구성원의 건강 쾌적성 측면에서도 리노베이션을 추진하고 있다.

(4) 물관리

물관리는 크게 두 가지 개념이다. 하나는 홍수 방지와 수돗물 절약을 위한 빗물 저장 및 활용을 위한 시설이며, 또 하나는 캠퍼스에서 발생되는 폐기물 중 페트병을 줄이고 구성원의 건강 증진을 위해 탄산음료 섭취를 줄이기 위한 음용수시설이다. 빗물 저장시설은 식물박스, 투수성 포장, 그린루프, 바이오스웨일(bioswales ; 빗물의 오염물질을 거르면서 서서히 스며들게 하여 지하에 저장하는 장치) 등이 있다.

식물박스

기숙사의 그린루프

음용수 시설

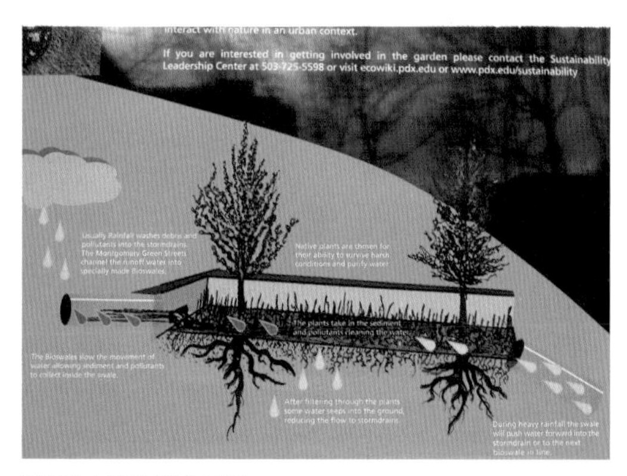

바이오스웨일 안내 보드

그림 10-22 **PSU의 물관리시설들**

(5) 교통

- 대중교통 장려 정책 : PSU는 통근 또는 통학 시 개인차량을 억제하고 대중교통과 자전거 이용을 장려하는 정책을 추진 중이다. 미국 내 일반적인 대학 캠퍼스가 대도시로부터 거리를 두고 대학타운을 형성하는 것과 달리, PSU는 오리건주에서 가장 큰 도시인 포틀랜드시 다운타운에 위치하여, 담장이 없으며 도시의 도로가 통과한다. 주차요금도 다운타운과 거의 같은 가격이며 주차건물에 월 단위 또는 학기 단위로 주차비를 내고 주차해야 한다. 일회성으로 시간 단위의 주차요금을 내고 도로에 주차하려면 매우 비싼 요금을 내야 한다. 포틀랜드시의 세 가지 대중교통 모두는 캠퍼스를 통과하며 건물 앞에 정차한다. 학교에서는 캠퍼스를 통과하는 대중교통에 보조금을 지급하여, 교직원과 학생은 스트리트카를 무료로 이용할 수 있다. 자가용을 구입하지 않고도 필요시 자동차를 쉽게 대여할 수 있도록 학교에서 대여 자동차(Zipcar)를 보유하고 구성원들이 무료 또는 할인된 가격으로 이용할 수 있도록 하고 있다.
- 전기자동차 무료 충전소(Electric avenue) : 전기자동차 보급 확대를 위해 전기회사와 포틀랜드시와 PSU가 협력하여 만든 캠퍼스에 위치한 전기충전장소이다. 전기충전은 무료이지만 주차비는 지불해야 한다.
- 자전거 이용 확대를 위한 자전거 도로계획, 자전거 주차장 및 보관소 확대, 자전거 수리서비스, 자전거 강좌, 자전거 판매 및 수리를 하는 바이크허브(Bike hub)와 이의 페이스북 페이지 운영, 자전거 타기 장려를 위한 프로그램을 운영하고 있다. 학교 통근 시 자전거 이용이 확대되려면 도시 전체적으로 자전거 도로가 계획되어 안전하게 이용할 수 있어야 하고 필요시 대중교통에 자전거를 가지고 탈 수 있도록 도시 인프라가 선행되어야 한다. 베를린의 경우, 자전거를 이용하는 것이 자동차를 타는 것보다 빠르고 편리하도록 인프라가 구축되어 있으며 대중교통에 자전거를 가지고 올라타는 것이 자연스러울 만큼 생활화되어 있다.

(6) 토지이용

PSU는 캠퍼스 전체 토지이용을 장기적으로 계획하여, 종합해충관리계획, 살충제사용 감소계획, 친환경 보행자 통행로 조성, 금연 등으로 깨끗한 대기상태를 유지하는 통행로 조성, 토종이나 가뭄에 견디는 식물종 우선 식재, 커뮤니티가든, 파크블록 조성 및

PSU 캠퍼스를 통과하는 대중교통(Street car)

PSU의 전기자동차 충전장소(Electric avenue)

PSU의 자전거 판매·수리점(Bike hub)

FU 주변 도로의 자전거 도로

베를린 지하철에 가지고 탄 자전거

FU의 자전거 거치대

그림 10-23 **그린캠퍼스의 교통부문 추진 모습**

관리 등을 추진하고 있다. 캠퍼스 내 파크블록에서 매주 생산자와 소비자의 직거래 장터인 포틀랜드 파머스마켓이 열려, 그린캠퍼스 조성으로 지역사회에 기여하고 있다.

FU는 캠퍼스도 베를린의 도시계획법에 따라 장기계획에 의해 토지이용을 추진하고 있는데, 캠퍼스 구성원들이 햇볕을 쬐며 식사나 휴식을 취할 수 있는 옥외공간 조성을 매우 중요시하여, 11개의 옥외공간(그린코너)을 조성하였다. 그림 10-24의 온실형태 그린코너는 학생휴게실, 학술동아리실, 실습실과 인접하여 조성되어 있다.

2) 그린라이프

앞에서 살펴본 그린캠퍼스, 즉 친환경 주거 커뮤니티의 물리적 추진내용과 함께, 그린홈의 실현을 위해서는 그린라이프의 실천이 매우 중요하다. 다음에 소개하는 그린라이프는 캠퍼스 구성원으로서, 거주자로서 공감과 실천의 확산이 필요한 내용이다.

그림 10-24 FU의 한 단과대학 건물의 그린코너(온실형태로 조성)

(1) 에너지 절약

PSU는 기후행동지침을 보급하고, 각 부서에서는 이를 실천한 후 기후보호챔피언(Climate champion) 신청서를 제출하고 선정되면 인센티브를 받는다. FU의 에너지 절약 인센티브제도는 부서별로 에너지 소비가 베이스라인(baseline) 이하로 감소했을 때 그해 목표 예산 감소량의 50%를 보너스로 받는 것이다. 각 부서는 이 인센티브를 또다시 에너지 절약에 도움이 되는 기기 구입에 재투자하여 다음 해에도 인센티브를 받으려고 노력하는 과정이 계속되고 있다.

(2) 친환경 구매

PSU는 건강하고 지속가능한 구매를 위한 단체에 가입하고, 에너지 효율등급이 높은 제품, 에너지 인증제품, 에코 인증제품의 구입을 추진하고 있으며 계절생산제품, 지역생산제품, 여성 소상공인 판매 제품의 구입을 장려한다.

(3) 폐기물 감소와 재활용

PSU는 수업 카탈로그나 수업 일정 및 목록 등을 인쇄하지 않고 온라인에 무료 pdf

파일을 제공하며, 리사이클링 안내문을 언제든지 출력해서 부착할 수 있도록 온라인으로 제공한다. 재활용쓰레기의 분리수거는 아주 세부적으로 분리하지 않는 한 쓰레기집하장에서 다시 분리해야 하므로, 차라리 재활용이 가능한 쓰레기는 혼합 수집하여 재활용쓰레기 분리 참여율을 높이고자 하는 프로젝트를 추진하고, 학생들의 동아리활동에서 재활용쓰레기 분리봉사를 한다. 특수폐기물 수거 온라인 신청, 폐기물 감소와 재활용을 주제로 한 경진대회 또는 발표대회의 개최, 재사용을 위한 보관실(reuse room)과 이의 페이스북 페이지 운영, 기증받은 머그컵을 비치하고 무료 사용, 재사용이 가능한 물건을 기부하는 행사, 가구나 설비 등 규모가 큰 물건의 재사용, 빌려 쓰는 물품 온라인 라이브러리 운영, 음식물 퇴비화 수거함을 비치하고 있다.

(4) 식품

PSU에서는 캠퍼스 내 식당이나 구성원들이 식품을 구매할 때 재사용 가능한 식품 포장용기 사용 프로젝트를 추진 중이며, 캠퍼스에서 발생하는 모든 폐식용유는 바이오디젤로 재생산한다. 여분의 식품을 수집 후 기부하는 푸드뱅크, 포장용기 없는 식사하기, 지역 생산 및 유기농식품 구매 프로젝트, 개인 머그컵 사용 시 음식가격 할인, 소포장 개인 양념 비치하지 않기, 캠퍼스 식당 계약에 인증식품 구매를 포함하고 있다. FU에서는 유기농 식품만을 판매하는 카페, 베지테리언을 위한 카페테리아를 운영하고 있다.

(5) 교육 및 학생활동

PSU는 친환경 관련 교과목을 개설하고, 홈페이지에서 전공 구분 없이 전체적으로 파악이 가능하도록 소개하며, 대학원생을 대상으로 관련 교과목 이수를 통한 친환경전공인증제(sustainability)를 운영 중이다. 이는 대학원에서 주전공 외의 연계전공을 이수하는 형태인데, 미국의 오리건주와 포틀랜드시는 친환경 정책이 강력한 지역으로 친환경 전공 시 취업에 유리하기 때문에 많은 학생들이 해당 전공을 이수하고 있다.

학교에서 주관하는 친환경 학생참여 프로그램이나 리더십 프로그램들을 운영 중이고, 많은 수의 친환경 관련 학생 동아리가 활동하고 있다. 이 학교는 신입생 오리엔테이션은 없지만, 각 학과에서 대여할 수 있는 친환경 내용이 포함된 신입생 오리엔테이션용 비디오 자료가 제작되어 었다. 그림 10-25는 ISS와 CSO의 주관으로 캠퍼스 폐기물관리 개선을 위한 교수, 직원, 학생이 참여하는 프로그램인 현장밀착형 친환경프로젝트

(Living Lab Initiative)의 활동 모습이다. PSU와 FU는 친환경 교육의 일환으로 그린빌딩의 요소와 그린피처(시설물)를 구성원이 인지할 수 있도록 설명문을 세우거나 팻말을 부착하고 있다(그림 10-26).

그림 10-25 PSU의 Living Lab Initiative

본 장에서 가족에 맞는 주거를 계획하거나 선택할 때 필요한 지식으로서, 그리고 지구환경에 주는 영향을 최소화하고 건강하고 쾌적한 생활을 하기 위한 그린홈과 그린라이프의 개념을 명확히 하였다. 우리의 주택이 왜 그린홈으로 전환되어야 하는지, 그린홈이 되기 위해서는 어떤 요소가 도입되어야 하는지, 그린홈을 계획하고 그린라이프를 위한 제품 선택에 도움을 주는 제도에는 어떤 것이 있는지, 그린캠퍼스를 위한 추진요소와 그린라이프 실천항목에 대해서도 살펴보았다. 이를 통해 그린홈과 그린라이프의 확산으로, 미시적으로는 개인과 가족의 건강 증진과, 거시적으로는 우리나라가 기후협약에 대응하고 지구온난화에 대비할 수 있게 되기를 기대한다.

그림 10-26 PSU 그린 빌딩에 부착된 이 건물에 도입된 요소에 대한 안내문

생각해 보기

1. 현재 자신이 살고 있는 집이 어떤 면에서 그린홈이라 할 수 없고, 또 어떤 면에서 그린홈이라 할 수 있는지 생각해 보자.
2. 가족에 맞는 집을 선택하거나 건축하고자 할 때 그린홈이 되기 위해 가장 중요하게 고려해야 할 점은 무엇인지 생각해 보자.
3. 주변의 녹색건축(구 친환경)인증 아파트단지나 건물들을 둘러보며 어떤 그린홈 계획요소가 적용되었는지 살펴보고, 개선할 점을 생각해 보자.
4. 캠퍼스 구성원으로서 그린캠퍼스를 추진하기 위한 실천적 내용의 목록을 만들고 확산하기 위한 방법을 생각해 보자. 예를 들어 등교하는 과정부터 학교 건물에 있는 동안, 점심식사와 동아리활동 등 하루 일과 순으로, 또는 학과 건물에서, 동아리 건물에서, 기숙사에서 등 건물별로 실천할 내용의 목록을 만들고 홍보방법을 구체화해 보자.

11장

스톡시대의 주거관리

스톡시대의 주거관리에서는 상품이 아닌 거주공간으로서의 주거의 의미 변화와 함께 공동주택 중심의 주거문화 특성을 사회적, 기술적, 관리적, 커뮤니티적, 그리고 복지적 차원 등의 다양한 측면에서 살펴보고자 한다. 특히 아파트를 중심으로 한 관리상의 변화, 주민 참여의 특성 등을 알아보고 이에 관한 현장 사례를 통해 주거관리의 다양한 영역을 탐색하고자 한다.

1 지속가능한 주거관리로의 패러다임 변화

1) 자산으로서의 주택과 거주공간으로서의 주거

현대사회에서 주택은 소비 경제적 관점에서 볼 때, 상품이자 생산품으로 취급되며 자산으로서의 가치를 극대화하기 위한 의미가 강하다. 주택은 다른 상품에 비해 가격이 높고 여러 시설과 설비로 구성된 반영구적 제품으로서, 주거환경에 따라 주택의 질과 주택가격이 결정되는 매우 복잡한 제품이다. 아파트가 본격적으로 보급되기 시작한 1970년대 이후 주택의 대량공급으로 인해 주택시장이 과열되기 시작했으며, 자산으로서의 주택이 부동산시장에서 활기를 띠면서 주요한 투자 대상이 되었다. 특히 아파트를 중심으로 한 분양 경쟁은 거주공간으로서의 주거가 갖는 의미를 퇴색하게 만드는 데 일조했다. 각종 매체에서 보여지는 아파트 분양 광고는 투가가치를 지닌 대상물로 오랫동안 유도되어 왔다.

오랫동안 주택의 상품적인 가치만이 부각되어 온 것이 사실이지만, 그 공간에서 일상을 보내는 가족에게는 다른 의미를 가진다. 실존철학적 입장에서 주택은 긴장감이 가득한 외부 세계와 정적인 내면 세계를 이어주는 중간자 역할을 한다. 주택은 가족의 안식처이자 삶의 근거지로서, 상품이 아닌 거주하는 공간으로서 그 의미가 있다. 또한 이웃을 찾기 어려운 현대 도시에서 주거는 가족의 일상생활이 이루어지는 삶의 장소일 뿐 아니라 이웃관계를 형성하고 공동의 가치관을 공유하는 거점으로서의 기능을 한다. 개인주의적 사고와 치열한 경쟁 아래 이웃 역시 경계 대상이 된 지금, 서로에게 무관심하고 배려하지 않음으로써 다양한 분쟁과 사회적 병리현상이 발생하는 장소가 바로 주택과 주거지라고 할 수 있다.

최근 와해된 이웃 관계망과 공동체 의식, 소속감 등을 높이기 위한 노력이 정부와 시민단체, 주민자치단체 등을 통해 시도되고 있다. 더 이상 주택은 자산으로서의 의미만이 아닌, 가족과 이웃이 공존하는 삶의 터전으로 탈바꿈되려는 시도가 이어지고 있다.

2) 공동주택의 사유재적 성격과 공유재적 성격

2010년대에 들어 공동체 활성화, 커뮤니티 회복, 이웃 만들기 등의 키워드가 본격적으로 정책적인 이슈가 되었다. 주거지를 기반으로 한 공동체 활성화는 지역과 주거지를 생활 기반으로 하여 살고 있는 곳의 문제를 자체적으로 해결하려는 목적을 담고 있다. 특히 놀이터, 주차장, 광장, 커뮤니티센터 등 공유공간을 둔 아파트의 경우, 이웃과 공유하는 공적인 공간이 많으며 이 공간에서 주민 간 교류를 통해 소속감을 높이고 공동생활의 문제를 해결하려는 움직임이 두드러지게 나타나고 있다.

단독주택의 경우, 담장을 중심으로 경계가 뚜렷하여 사유재로서의 영역성이 확실히 인정된다. 반면 공동주택의 경우 복도, 계단, 엘리베이터부터 시작해 단지 내 옥외공간의 대부분을 공유하는 특성이 있다. 단지 경계를 중심으로 아파트 주민은 단지의 모든 영역을 공유하지만 단지 밖 지역사회와의 관계에서는 폐쇄적인 성격을 띤다. 주택 관리 역시 단지 내 공유 부분에 대한 범위까지 공동주택 관리 영역으로 정하고 있기 때문에 모든 관리 업무는 단지 경계를 중심으로 그 내부까지 공식적으로 이루어진다. 관리에 소요되는 비용은 아파트 입주자 등이 납부할 의무가 있기 때문에 단위 주호에서 발생하는 주거비뿐 아니라 공용 부분에서 발생하는 관리비 등을 추가로 부담하고 있다. 정책적으로도 아파트를 중심으로 한 공동주택은 사유재적 성격이 있다고 하여 단지 내 모든 일을 사적 자치에 입각해 주민 스스로 결정·관리할 것을 유도해 왔으며, 공공의 개입을 최소화하려는 것이 지난 수십 년간 공동주택 관리 정책의 특징이었다.

하지만 지속적으로 언론을 통해 이슈화되는 공동주택 관리문제를 살펴보면, 사유재이자 사적 영역으로만 공동주택의 특징을 구분하는 것이 적절한지 의문이다. 건물과 시설·설비의 노후화, 관리비 부과와 집행 문제, 각종 공사 및 용역 비리, 층간소음으로 인한 주민 갈등 등은 더 이상 당해 아파트에 거주하는 거주자만의 사적 문제로 분류하기 어려운 지경이다. 재건축 관련 법이 강화되기 전, 물리적으로 50년을 사용할 수 있는 공동주택을 부실 관리하여 사용한지 20여 년밖에 안 되는 주택의 재건축 시기를 앞당김으로써 장기적인 국가 경제에 낭비를 초래하였다. 또한 사적공간인 주택 내부의 층간소음으로 이웃 간에 폭력 사건과 살인까지 일어나며 '이웃'이 아닌 '원수'라는 말이 나올 정도로 이웃 관계가 와해되고 있는 것이 지금의 공동생활이다. 결국 사유재이자 사적 영역으로 간주되어 주민 자치적으로 운영하도록 한 많은 부분에 정부의 개입이 불가피해졌으며, 이러한 개입은 건물 하자 및 노후화 관리 강화, 관리비 등 공동비용의 투명성 확보, 층간소음조정위원회 구성 독려 등 관련 법 규정의 개정과 보완을 통해 직·간접적으로 이루어지게 되었다.

복도, 주차장, 놀이터, 이웃 간에 공유하는 천장·바닥과 벽은 이웃과 공유하는 대표적인 공유재이지만, 이 공유공간이 아파트단지에서 거주하는 거주자만의 사유재이자 공유재의 성격을 지닌다고 보기는 어렵다. 최근 대부분의 지자체에서는 공동주택보조금지원사업 등을 통해 공동주택의 여러 공용부분의 수선, 개선, 교체 등에 재정을 할애하고 있다. 대표적인 사업이 어린이 놀이터 바닥재 등의 교체,* 노인정 개·보수, 단지 내 도로 포장 교체, 상하수도 배관 교체, 단지 내 공용 전기료 지원사업 등으로 단지 내 모든 사람에게 주어지는 서비스에 해당된다. 일부 지자체에서는 공적 자금이 투입되는 공동주택보조금지원 사업을 통해 개선된 시설 등(어린이 놀이터, 노인정 등)을 지역사회 주민도 이용하도록 유도하기도 하였다. 또 보조금의 공정한 지원을 위해 주민평가단을 구성하고 회의를 통해 의견을 수렴하는 지자체도 있어, 지역주민의 의사 결정과 참여가 강화되고 있음을 볼 수 있다.

---

* 2007년 1월 26일 제정, 공포된 「어린이놀이시설 안전관리법」에 따라 2008년 1월부터는 전국의 모든 놀이터들이 각 조건들을 충족해야 한다. 바닥재와 관련해서는 아이들이 넘어지거나 떨어지는 등 사고가 발생해도 일정수준 충격을 완화해 주고 버틸 수 있는 바닥재로 설치해야 한다. 또 바닥재로 사용된 재질은 납, 크롬, 카드뮴, 수은 등의 중금속 검사를 반드시 받아야 한다.

공공재는 공공성이 높은 자산이나 서비스를 의미한다. 여러 사람이 동시에 누릴 수 있으며, 어떤 한 사람에게 점유되지 않으며 구성원이 똑같이 누릴 수 있는 권리가 있을 뿐 아니라 잠재되어 있는 모든 수요자를 배제할 수 없는 물리적·비물리적 서비스라고 할 수 있다. 전체 주택의 60%가 넘는 공동주택은 더 이상 사유재로서의 성격만을 고집하기에는 한계에 달했다. 공동주택은 단지 주민들의 사유재이자 공유재이면서, 나아가 그 지역사회와 국가의 공공재적 성격도 분명 가지고 있다.

공동주택의 공적인 성격은 공동체 활성화를 통해서도 찾아볼 수 있다. 현대 사회학 연구에서 공동체는 다양하게 정의되어 왔지만, 대부분의 정의에서 지역성, 사회적 상호작용, 공동의 유대 혹은 연대라는 세 가지 요소를 포함하고 있다. 전통적으로 공동체라는 개념은 지역공동체, 민족공동체와 같이 동류의식으로부터 비롯된 집단성을 수반하는 공적인 개념이다(김건위, 2013). 공동주택에서 나타나는 공동체활동은 거주지를 중심으로 한 지역공동체라고 할 수 있으며, 주민 간 상호작용과 소속감 함양 등을 통해 접근되고 있다. 공동체활동은 구성원들의 공동이익을 추구하기 위함이며, 주민 참여를 통해 공동의 이익이 극대화될 수 있다.

3) 소비하는 주택과 생산하는 주거, 자발적 에너지 관리

새로운 건축재료가 발명되고 건축기술이 발달하면서 첨단시설과 설비가 갖추어진 주택이 등장하여 편리함과 기능성이 높아졌다. 하지만 주택을 건축하고 입주 후 사용하며 폐기하는 일련의 과정에서 많은 에너지가 소모되고 있다. 과다한 에너지 소비는 지구 생태계에 과부하를 초래하며, 주위의 자연환경과 조화를 이루지 못하는 아파트로 동네와 도시가 채워지고 있다. 우리나라는 세계 10대 에너지 소비국으로 총 에너지의 97%를 해외 수입에 의존하고 있다. 그중 건축물은 국가 에너지 소비의 25%, 자원 소비의 40%를 차지하여 상당한 수준의 소비량을 차지하고 있다. 에너지경제연구원에 따르면 국내 최종 에너지 소비 분포는 2014년 기준으로 가정 부문이 39.4%를 차지하여 산업 부문의 45.5%에 이어 두 번째로 많은 소비량을 보였다(권오정 외, 2015). 특히 가구의 소가족화와 1인 가구 수의 증가 등도 에너지 소비를 증가시키는 원인으로 지목되었다. 주택 에너지 소비의 80% 이상은 거주자가 주택에 거주하면서 소모하는 것으로 나타났다.

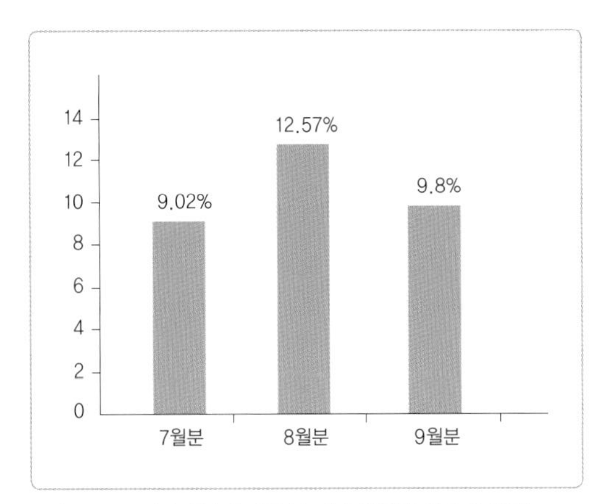

그림 11-1 **전기절약 캠페인 후 세대 전력량 감소율 사례**
출처 : 은난순 외(2005).

그림 11-2 **반상회를 통해 전기 절약 체험을 나누는 모습**
출처 : 은난순 외(2005).

과다한 에너지 소비에 대응하기 위해 주거의 에너지 절감을 유도하고자 하는 방안이 등장하고 있다. 패시브하우스, 제로에너지주택 등 친환경주택이 등장하게 된 것도 이러한 맥락에서 살펴볼 수 있다. 주택을 건설하는 단계부터 에너지 절감형 건축물을 개발하고자 하는 노력도 필요한 반면, 이미 지어진 주택의 에너지 소비를 줄이고자 하는 노력도 시도되고 있다.

충청남도의 한 아파트단지에서는 관리비 절감 차원에서 전기 등 에너지 절감을 위한 주민활동을 시작하였다. 전 세대의 주민 참여를 유도하기 위해 게시판과 홍보물 등을 이용해 에너지 절약활동에 동참할 것을 독려하였는데, 너무 많은 내용을 담기보다는 우선적으로 실천할 사항 몇 가지를 강조하는 형태로 시각화하여 장기간 게시하였다. 홍보와 더불어 에너지 절약교육과 청소년 자원봉사활동과 연계한 에너지 절약 캠페인도 시도하였으며, 반상회를 통해 주민 간 에너지 절약 체험을 나누는 교류의 장을 마련하기도 했다. 또한 모든 세대의 참여를 유도하고자 매월 22일에 '불 끄기 행사'를 축제처럼 진행하였다. 전기 절약 캠페인 등의 효과를 파악하고자 세대 전력량 변화를 비교한 결과, 이 단지는 직전 연도 동월과 비교했을 때 약 10%의 절감효과가 나타난 것으로 분석되었다(은난순 외, 2014).

서울 성북구의 한 아파트 역시, 주민들의 에너지 절약 노력과 성과를 인정받아 기초자치구 최초로 '에너지 절전소'로 지정되었다. 이 단지 주민들은 아파트가 오래되어 시설·설비의 에너지 효율이 떨어지는 것에 주목하여 지하주차장과 지상 가로등, 엘리베이

그림 11-3 주민 에너지 절약 강좌를 하고 있는 입주자대표회의 회장

사진 제공 : 은난순(2012).

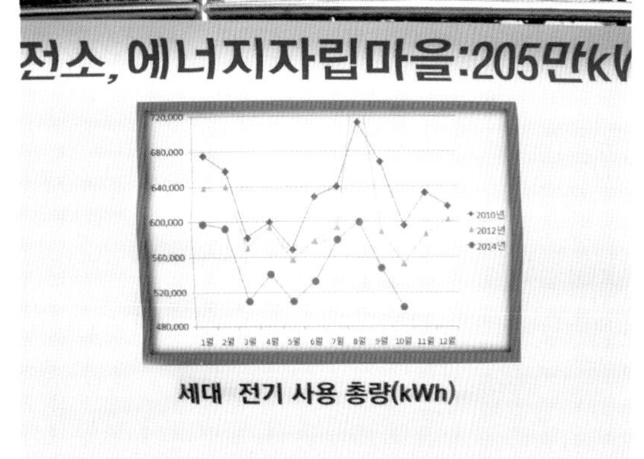

그림 11-4 성북구 D 아파트의 3년간 세대 전기 사용량 절감에 대한 홍보 현수막

사진 제공 : 은난순(2014).

터 실내등을 모두 LED로 교체하였으며, 비용이 많이 드는 고가수조방식을 부스터펌프 방식으로 교체하여 합리적인 전기 절약의 모델이 되었다. 또한 열효율이 떨어지고 노후화된 중앙난방방식을 개별난방방식으로 전환함으로써 에너지효율을 높이고 세대별 가스 절약을 유도하였다.

에너지 절약은 공유부분뿐만 아니라 세대별 동참으로 이어졌으며, 창문 틈새 바람막이 시범사업, 베란다 태양광 집열판 설치 시범사업, 절수기 공동구매, 에너지 절약을 위한 세대별 컨설팅서비스, 에너지 절약 강좌, 그리고 엘리베이터 게시판을 활용한 상시적 홍보활동 등으로 꾸준히 진행되고 있다. 약 2,000세대 규모의 이 단지는 4년 동안 개인전기 2억 원, 공용전기 2억 5,000만 원, 도시가스 약 2억 원 정도를 절감함으로써 총 7억 원에 가까운 에너지를 절감하였다.

이 두 단지의 사례에서 볼 수 있듯, 주민 참여는 에너지관리에 있어 진정한 공동체의 힘을 보여줄 수 있다. 주택은 더 이상 에너지를 소비하는 대상이 아니다. 에너지 자체를 생산할 수도 있고, 에너지 절감의 노력을 통해 에너지 부족 문제에 간접적으로 대응하는 거점이 될 수도 있다.

4) 첨단화된 주거기능과 자동제어관리

첨단기술의 발달은 주택의 기능을 지속적으로 향상시키며, 주거생활의 다양한 측면에 도입되고 있다. 아파트는 도입 초기부터 첨단시설로 불리는 시설·설비 등이 우선적으로 도입되면서 기능화되고 첨단화된 주택의 상징의 이미지를 형성해 갔다. 최초의 공동주택단지로 기록된 마포아파트의 경우, 당시 일반주택에서는 보기 힘들었던 연탄 엘리베이터, TV와 전화 연결망 등이 설치되어 있음을 신문 광고를 통해 소개하기도 했다.

현재는 주택관리 측면에서도 첨단기술과 자동제어시스템이 활용되고 있다. 주택에 설치된 디지털계량기로 검침원 없이 전기, 수도, 가스 등의 사용량을 원격 검침하고 있으며, 가정 내 각종 기기를 통합·제어할 수 있는 HA컨트롤러가 도입되어 거주자가 선택한 조건에 따라 냉난방시스템, 조명장치, 보안시스템 등을 자동 조절할 수 있다. 이 뿐만 아니라 자동환기시스템, 공기청정시스템이 도입되고, 중앙 통제실에서 각 층과 공간의 화재 및 안전 등과 관련된 시스템을 제어·관리함으로써 인력 배치와 관리의 효율성을 높이고 있다.

홈네트워크시스템(home network system)은 원래 컴퓨터와 통신회선을 이용하여 가정 내 가전제품을 연결하여 한꺼번에 제어할 수 있도록 한 홈오토메이션(home automation)과 네트워크 인프라를 결합한 것으로, 정보통신부의 IT장려정책에 힘입어 공동주택 단지에 빠르게 적용되고 있다. 지능형 홈네트워크설비 설치 및 기술기준(2009)에 따르면, 이를 설치하고자 하는 단지에는 단지와 세대의 홈네트워크망 및 장비와 가스, 조명, 난방의 원격 제어 기능, 가스 및 개폐 감지기를 포함한 홈네트워크 시스템으로 주동출입시스템과 원격검침시스템이 설치되어야 한다. 즉 기존 홈오토메이션의 기능뿐만 아니라 가정 내의 인터넷 환경을 통하여 재난 방지, 방문자 확인 등의 안전 서비스, 원격의료, 원격교육 등의 각종 서비스를 제공받는 등 단지의 운영 및 보안을 통합적으로 실시할 수 있는 시스템으로 입주자의 편의뿐만 아니라 효율적인 관리 운영과 비용 절감이 가능하다(홍형옥 외, 2011).

홈네트워크 초기에는 각 가정에서 외부인을 확인하고 1층 현관문을 열어주는 비디오 도어폰을 사용했다면, 이후 등장한 월패드는 조명·가전제품 등 가정 내 각종 기기를 연결하여 제어할 수 있으며 주인이 없는 경우, 방문자의 영상을 촬영하여 저장하는 보안 시스템이 적용되기도 하였다. 지하주차장 및 단지 내 CCTV를 비롯해 방범기능을 강화하는가 하면, 저층부와 최상층에 적외선 감지기를 설치하여 세대 내 침입과 도난 사고를 낮추고자 하였다.

최근에는 아파트단지의 중요한 의사 결정에 많은 주민이 참여할 수 있도록 인터넷을

그림 11-5 **아파트 무인택배시스템**
사진 제공 : 은난순(2014).

기반으로 한 투표 방식도 시도되고 있다. 컴퓨터와 스마트폰의 보급을 적극 활용해 아파트 단지의 정보를 공유하고, 주민의 권리를 행사할 수 있는 선거 등 온라인 투표제를 도입함으로써 주민 참여의 편의성을 도모한 것이다. 이처럼 앞으로의 주거관리는 기술 발달과 함께 변화하는 주민 요구에 대응하기 위해 다양한 방법이 모색될 것이며, 특히 첨단기술을 접목함으로써 지속적으로 변화하고 진화하게 될 것이다.

5) 주거관리와 주거복지

주거관리는 세 가지 관점에서 정의할 수 있다. 첫째, 물리적 실체로서의 주택 그 자체가 관리의 대상이라는 점이다. 주택은 개별 가구의 중요한 재산으로 가정을 유지하는 보금자리이며, 가장 쾌적하고 안전하며 재산적 가치를 유지 혹은 증가할 수 있도록 유지·관리될 필요성이 있다. 둘째, 주택이라는 물리적 시설을 이용하는 주민의 생활까지 포함한다. 공동주택의 경우, 눈에 보이는 물리적 시설인 아파트 건물 그 자체의 유지관리에 국한되는 것이 아니라 그 속에 살아가는 주민의 안전, 네트워크, 생활의 질을 향상시킬 수 있도록 관리되어야 한다. 셋째, 주택 단지 혹은 커뮤니티를 필수적으로 고려해야 한다. 안전하고 살기 좋은 커뮤니티를 유지하지 못할 때는 커뮤니티 속에 존재하는 개별 주택의 보금자리 역할과 생활의 질을 기대할 수 없기 때문이다(하성규 외, 2014).

이러한 관점에서 볼 때, 주거관리의 목적은 관리 소홀로 발생할 수 있는 국가적 낭비를 줄이고 양질의 사회적 자산 형성에 기여하며, 공동주택의 경우 공용공간 등 공동의 공간과 공동의 자산을 효율적으로 관리하며, 시간의 흐름에 따른 물리적 노후화와 안전사고 등을 예방하고, 주거환경의 위생과 쾌적성을 높이며, 나아가 거주자 간 커뮤니티를 활성화하여 개인과 공동체의 이익을 추구하는 것이다.

공동주택관리의 주요 업무 분류

- 건물 및 시설·설비의 유지관리
- 관리비 운영과 인사관리, 행정관리 등을 포함하는 운영관리
- 주민들의 공동생활로 인한 민원 처리 및 공동체 활성화 등 생활관리

정부에서는 관련 법에 공동주택관리와 관련된 각종 규정을 둠으로써 바람직한 관리 문화를 유도하고자 하였다. 주택의 관리방법 등과 전문영역으로서의 공동주택관리와 관련된 다양한 업무에 대한 규정을 두고 있으며, 주민의 권리와 주민의 대표인 입주자대표회의의 역할, 관리주체의 업무 등을 제시하고 있다. 또 공동주택관리규약을 통해 관리업무뿐 아니라 주민 스스로 공동생활의 질서를 유지하고 공동의 이익을 위한 다양한 기준을 마련하도록 하고 있다.

공공주택은 정부의 주거복지정책의 일환으로 공급된 주택으로, 주거약자의 주거 안정과 주거복지 실현을 위해 지어진다. 공동주택 형태의 공공 임대주택의 관리는 단순히 안정된 거처를 유지하는 데 그치지 않고, 거주자의 주거비 등 생활상 고충을 들어주고 소일거리 연계와 전유공간의 점검·수선 등의 서비스를 제공하며 다양한 주거복지서비스와 연계하는 업무 등을 포함하고 있다. 즉, 물리적 환경의 유지·관리뿐만 아니라 입주자의 주거생활 관리 지원도 제공하고 있는 것이다. 관리주체는 거주자의 생활 실태를 정기적으로 파악하여 거주자 특성에 맞는 주거복지서비스와 연계함으로써 관리적 차원에서 주거복지와의 연계를 지원해야 하는 중요한 주체 중 하나이다. 주거복지 프로그램이 적절하게 제공되려면 공공임대주택 거주자의 특성과 요구에 대한 파악이 우선되어야 하며, 거주자관리업무를 맡고 있는 관리주체가 주거복지 전달자의 역할을 해야 한다.

공동주택 관리와 관련된 규정의 주요 골자

- 공동주택 관리방법
- 관리주체와 입주자대표회의
- 공동주택관리규약
- 공동주택 층간소음의 방지 등
- 관리비 등의 납부와 공개
- 관리비 예치금
- 공사·용역의 적정성 자문 등
- 공동주택관리 정보시스템
- 담보 책임 및 하자보수 등
- 하자진단 및 감정
- 하자심사·분쟁조정위원회
- 공동주택관리 분쟁조정위원회
- 장기수선계획과 장기수선충당금
- 안전관리와 안전점검
- 주택관리업
- 관리사무소장의 업무 등

공공 임대주택을 관리하는 토지주택공사, SH공사, 주택관리공단 등에서는 복지적 차원에서의 주거관리 프로그램을 도입하고 있다. 예를 들어, 임대주택에 거주하는 노인 가구 및 장애인 가구를 위해 세대 내부의 수선과 개조서비스, 안부 콜서비스 등을 제공하기도 하며 소일거리 연계 등을 통한 주민 자활과 공동체 활성화를 통한 주민 간 교류를 유도함으로써 주거지를 중심으로 한 지역사회 보호와 주거복지서비스 전달의 허브(hub) 역할을 수행하고 있다.

2 건물의 노후와 수선

1) 건물의 하자와 노후화

우리나라는 국민의 약 65% 정도가 아파트에서 산다. 하지만 공동주택을 둘러싼 문제가 해마다 끊임없이 기사로 등장하고 있다. 그중 부실공사, 하자 발생, 노후화 문제 등은 본격적으로 공동주택을 짓기 시작한 1960년대부터 끊이지 않고 등장하고 있다. 공동주택과 관련된 1970년대 충격적인 사건 중 하나는 와우 시민아파트 붕괴 사건이었다. 1970년 4월 8일, 서울시 마포구에서 발생한 이 사건은 경사지에 세워진 아파트 한 동(棟)이 완전히 무너져 사망자가 발생했던 아파트 부실 공사의 대표적인 사례이다. 이 사

그림 11-6 **와우 시민아파트 붕괴 현장**
출처 : (좌)조선일보(1970. 4), (우)중앙일보(2005. 9).

건으로 인해 부실공사와 감리, 건물 하자에 대한 사회적 관심이 집중되었으며, 시설·설비 등의 안전과 유지·관리에 대한 관심으로 이어졌고, 이후 제도적 보완을 통해 이러한 인재(人災)가 다시는 발발하지 않도록 대책을 마련하였다.

하지만 이러한 부실공사와 하자는 최근까지도 발생 중이다. 부실한 아파트 안전성 검사에 관한 문제로 인해 광주의 한 아파트는 붕괴 위험에 직면해 입주민들이 모두 대피하는 소동이 벌어졌다. 이 33년이 지난 노후화된 아파트의 붕괴 위험 원인은 박리현상으로 밝혀졌는데, 기둥 속 철근이 하중을 견디지 못하고 휘어져 건물의 안전을 위협한 것이다. 공사 하자는 마감 부분이나 시설·설비의 설치 부분 등에서도 비일비재하다. 새로 분양받은 주택에 결로가 생긴다든지, 창틀의 균형이 맞지 않는다든지 등 다양한 하자가 발생하고 있다.

국내의 주택 평균 수명은 공동주택이 평균 20.5년, 공동주택 중 아파트는 22.6년, 연립주택은 18.7년이었으며, 단독주택은 32.1년으로 나타났다(한국경제, 2010. 5. 10). 철근콘크리트로 지은 주택의 물리적 내용연수는 약 50년이라고 본다. 그렇다면 철근콘크리트 주택의 대표적인 형태인 아파트 경우 50년 사용할 수 있는 건물을 그 절반도 사용하지 못하고 있다는 것이다. 이렇게 주택의 수명이 짧은 것은 건물과 시설·설비 등의 관리가 제대로 이루어지지 않아서이다. 거주공간이라기 보다는 투자 대상의 상품적 성격이 강했던 사회적 분위기는 빠른 재건축을 위해 의도적으로 건물 노후화를 촉진하려고 관리를 하지 않는 병폐를 만들었다. 또한 지하 혹은 벽 등 보이지 않는 곳에 존재하

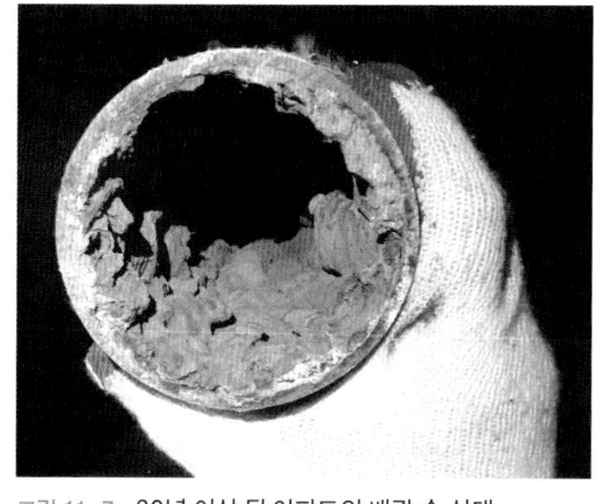

그림 11-7 **20년 이상 된 아파트의 배관 속 상태**
사진 제공 : 은난순(2015).

는 시설·설비에 대한 노후화 관리가 주거환경의 질에 영향을 미침에도 불구하고 어떻게 관리되고 있는지 아무도 관심을 두지 않고 있다.

예를 들어 1990년대 중반까지 각 세대로 공급되는 물의 급수관으로 주로 아연도강관이 사용되었는데, 재료의 특성상 시간이 경과될수록 녹물은 물론 이물질이 나오는 등의 문제가 발생하고 있다. 특히 우리나라는 콘크리트 구조물이 대부분인데, 아파트의 경우 공동구 내 입상관은 교체가 가능하지만, 입상관에서 각 세대로 나누어지는 관은 바닥 또는 벽체 내에 시공되어 있어 배관을 교체하는 것이 쉽지 않다. 오염된 물을 돈 주고 사먹는 셈이다.

2) 장기수선계획과 집행

건물이 노후화되면서 발생하는 파손이나 불량 등은 신속하게 보수해야 한다. 특히 어린이놀이터나 주차장, 엘리베이터 등 주민들이 자주 접하는 부분에 발생한 문제는 이용의 불편과 안전사고 방지를 위해서라도 더욱 신경 써야 한다. 아파트의 경우 하자가 하자보수기간 내 발생한 경우에는 적절한 절차를 거쳐 사업주체가 이를 보수하도록 조치하고, 하자보수기간 이후의 보수나 사업주체의 하자보수에 해당하지 않는 부분의 보수는 비용이 수반되므로 입주자대표회의의 의결을 거쳐 비용을 확보한다.

단독주택의 경우, 주택에 문제가 생기면 소유자가 알아서 기술자를 불러 고치고 대가를 지불한다. 하지만 공동의 공간과 시설 등이 많은 아파트의 경우, 의사 결정부터 비용 지불까지 단독주택과는 매우 다른 특성을 가지고 있다.

주민의 대표인 입주자대표회의는 건물의 노후화에 대비하고 안전을 확보하기 위한 다양한 의사 결정을 하게 된다. 건물 등의 유지관리와 관련하여 중요한 것은 장기수선계획과 안전관리계획에 대한 결정이다. 장기수선계획은 해가 지남에 따라 건물의 구조 및 설비가 노후화하는 것을 감안하여 공종별로 중·장기적인 수선 시기를 예측하고 미리 계획함으로써 효율적으로 건물의 유지관리하도록 하는 계획이다. 또 계획에 따라 적절한 시기에 공사와 교체 등을 할 수 있도록 비용을 예측하여 입주 후부터 장기수선충당금을 적립하도록 법으로 의무화하고 있다. 수선공사 시기를 놓치면 건물의 노후화와 안전사고를 유발할 수 있기 때문에 필요한 시기에 유지보수를 실시하는 것이 중요하다.

최근 관리비 부담으로 인해 수선과 교체 시기가 도래했음에도 적절한 수선을 하지 못해 주민의 안전을 위협하는 사고가 발생하고 있다. 경북 영주시의 한 아파트에서는 엘리베이터가 고장 나는 바람에 주민이 20여 분간 갇히는 사고가 발생하였다. 사고를 당한 주민에 의하면, 입주자대표회의에서 엘리베이터 부속 교체에 대한 결의를 미루는 바람에 이러한 사고가 발생하였다고 한다. 어린이 놀이터 역시, 놀이기구나 바닥재, 주변시설 등에 대한 관리를 소홀히 함으로써 안전사고가 발생하기도 하였다. 이처럼 주민 안전과 직결되는 주요 시설에 대한 수선과 공사를 차일피일 미루는 바람에 주민의 피해가 발생하는 경우가 적지 않다.

정부에서는 이러한 주요 시설의 관리 부실을 막기 위해 공동주택의 경우, 장기수선계획을 수립하고 이에 따라 정기적인 관리를 하도록 관련 규정을 두어 강제화하고 있다. 예를 들어, 아파트 건물 외부 벽면은 수성 페인트칠을 5년 주기로 전면 도장하도록 하며, 건물 내부의 계단 논슬립은 20년마다, 철제난간은 25년마다 전면 교체하도록 정하고 있다. 각 세대에 물을 공급하는 급수관(강관)의 경우, 15년을 주기로 전면 교체하도록 강제하고 있다.

장기수선계획에도 불구하고 비용 부담으로 인한 입주자대표회의의 의결이 제대로 이루어지지 않자, 관리주체뿐만 아니라 입주자대표회의도 수립 또는 조정된 장기수선계획에 의하여 주요 시설을 교체하거나 보수할 의무가 있음을 관련 법에 명시하고, 위반 시 입주자대표회의의 대표자에게 과태료를 부과하도록 하였다.

하지만 장기수선충당금에 대한 이해 부족으로, 관리비 부담을 최소화한다는 명분하에 필요한 공사비를 충당할 만큼의 장기수선충당금을 확보하지 못한 단지가 대부분이다. 국토교통부 발표(2014. 10. 13)에 따르면, 장기수선충당금의 적립금액을 정하는 요율을 관리규약으로 운영함에 따라 장기수선계획에 맞게 부과하기보다는 적립금액을 낮추어 부과하고 있는 실정이라고 보고하였다. 장기수선충당금의 전국 평균금액은 m^2당 97.5원, 다른 연구에서도 필요한 적립금액은 m^2당 322원 수준이었다. 수도권 및 광역도시의 아파트를 대상으로 조사한 결과, 장기수선충당금이 부족하다는 응답이 78.3%로 나타났다. 이로 인해 보수공사가 지연되며 특히 리모델링, 승강기 교체 공사 등 대형 공사 시 부족분을 입주자 추가 부담하여 이에 대한 민원이 발생하고 있으며, 실제 장기수선충당금 부족으로 공사 추진을 보류한 적 있는 곳이 많은 것으로 지적되었다.

공동주택의 경우, 미흡하나마 장기수선계획과 장기수선충당금제도를 통해 건물의 노후화에 대응하고, 유지·관리를 통해 주거 안전과 쾌적성을 확보하도록 유도하고 있다. 하지만 단독주택이나 다가구 주택, 장기수선계획 수립 대상에 해당하지 않는 소규모 공동주택 등은 관련 법 규정을 적용받지 않아 노후화를 체계적으로 관리하기가 어려운 상황이다.

일부 지자체에서는 이러한 노후화 관리의 사각지대에 놓인 주택들의 유지·관리를 지원하기 위해 아파트 관리사무소와 같은 관리지원서비스를 시도하기도 했다.

장기수선계획과 장기수선충당금

'장기수선계획'이란 공동주택을 오랫동안 안전하고 효율적으로 사용하기 위하여 필요한 주요 시설의 교체 및 보수 등에 관하여 「공동주택관리법」 제29조 제1항에 따라 수립하는 장기계획을 말한다. 공동주택을 건설·공급하고자 하는 사업주체나 리모델링을 하는 자가 공용부분에 대한 장기수선계획을 수립하여 사용검사를 신청할 때 제출하도록 하고 있으며, 사용검사권자는 이를 그 공동주택의 관리주체에게 인계하도록 정하고 있다.

장기수선계획을 수립해야 하는 공동주택은 ① 300세대 이상의 공동주택, ② 승강기가 설치된 공동주택, ③ 중앙집중식 난방방식 또는 지역난방방식의 공동주택, ④ 「건축법」 제11조에 따른 건축허가를 받아 주택 외의 시설과 주택을 동일 건축물로 건축한 건축물이다(「공동주택관리법」 제21조).

입주자대표회의와 관리주체는 장기수선계획을 3년마다 검토하고 필요한 경우 이를 조정하여야 하며, 수립 또는 조정된 장기수선계획에 따라 주요 시설을 교체하거나 보수하여야 한다.

'장기수선충당금'이란 장기수선계획에 따라 공동주택 주요 시설의 교체 및 보수를 위해 적립해두는 금액이다. 장기수선충당금은 해당 주택의 소유자로부터 징수하여 적립하여야 하는데, 각 아파트에서는 관리비고지서에 포함하되 관리비 항목과 별도로 구분하여 장기수선충당금을 부과하고 있다.

그림 11-8 **일반 주택 지역 관리사무소 '반딧불센터'**
출처 : 한국아파트신문(2015. 4. 8).

3) 주택의 안전관리

주택관리는 가족의 안전하고 쾌적한 환경 유지를 기본 목표로 한다. 단독주택과 공동주택의 경우, 관리주체와 관리공간이 다르기 때문에 안전관리에 대한 접근도 조금 달라져야 한다. 주택 내에서 발생하는 안전사고를 내용별로 살펴보면 추락·넘어짐·미끄러짐 사고가 가장 많은 것으로 나타났다. 특히 고령자와 어린이의 경우, 주택 내에 머무르는 시간이 길고 가정 내 안전사고에도 취약한 것으로 나타났다. 개별 주택 내에서의 이러한 안전사고는 일차적으로 보호자의 주의가 필요하다는 의견이지만, 주택의 물리적 환경 개선을 통해 안전장치 미비로 인한 사고를 방지할 수 있도록 배려해야 한다.

공동주택의 경우 이웃 세대로 불길이 번지기 쉬워 대형 화재의 위험이 있다. 고층화되고 벽과 바닥 등을 공유하는 공동주택의 특성상 화재 발생 시 신속하게 대응하지 않으면 그 피해가 막대할 수밖에 없는 구조이다. 의정부의 한 아파트 화재사고는 이러한 위험을 잘 보여 준 사례이다. 건축 시 안전기준 사각지대에 있었던 소규모 아파트 경우, 화재 발생 시 구조적으로 취약함이 드러났고, 평소 관리에 있어서도 화재 예방과 관련된 안전관리가 제대로 이루어질 수 없는 상황에 놓여 있음이 밝혀졌다.

모든 의무관리대상 공동주택은 시설물의 안전 관리 특별법에서 규정하고 있는 안전점검을 의무적으로 실시하여야 한다. 의무관리대상 공동주택의 안전점검은 시설물의 안전관리에 관한 특별법에서 정하고 있는 지침에 준해서 실시하도록 하고 있어 안전진단 장비, 설계도서 등을 확보하고 자격자에 의해 점검을 실시한 후 국토교통부에서 구축하는 시설물정보 관리종합시스템에 안전점검 결과를 보고하여야 하는 등 기준이 강화되었다(홍형옥 외, 2011). 하지만 의무관리대상이 아닌 소형 공동주택과 오피스텔 등은 여전히 안전의 사각지대에 놓여 있다.

국토교통부는 의정부 아파트 화재 사고 이후, 건축물 화재사고 방지 대책을 담은 「건축법 시행령」, 「건축물의 피난·방화규칙」 등 관련 법령 개정을 통해 건축물 외벽을 불연·준불연 마감재료를 사용해야 하는 대상 건축물 규모 기준을 30층 이상에서 6층 이상 건축물로 확대하고, 스프링클러 설치 의무 대상도 6층 이상으로 확대하는 등의 아파트 화재안전 관련 기준을 강화하고자 나섰다. 하지만 건축 시 안전시설물 등을 설치하는 것뿐 아니라, 일상적인 관리를 통해 안전시설물이 잘 작동하고 있는지 안전점검을 하고, 화재 예방과 화재 시 대피요령 등 주민 홍보를 강화할 수 있도록 안전관리 차원의 대책도 마련해야 한다.

공동주택의 범죄 예방을 위한 보안관리는 외부인 및 외부 차량의 출입 통제, 단지 내의 순회 감시 등의 활동을 통해 이루어진다. 보안관리는 범죄가 일어나지 않도록 미리 원인을 제거하거나 환경을 조성하기 위하여 행하는 모든 활동을 말한다. 범죄를 예방하는 유형은 단계적으로 범죄 발생 여지를 개선하는 활동, 잠재적 범죄자를 초기에 발견하여 차단하는 것, 범죄자들이 더 이상 범죄를 행하지 못하도록 교정하는 것으로 나눌 수 있다(홍형옥 외, 2011).

최근 최저임금제로 인한 경비비 상승으로 경비 인력을 축소함으로써 단지 내 범죄 예방에 문제가 발생하고 있다. 경비원이 하는 감시업무를 CCTV 등 기계가 대신하고 있지만, 구석에 위치한 놀이터라든지, 조명이 어두운 벤치 근처 등에는 조명을 개선하고 집중적으로 순찰하는 관리활동이 필요하다.

범죄 예방에 대한 주민의 관심을 유도하기 위해 주민 스스로 자율방범대를 구성하여 봉사하는 사례 단지들이 있다. 보안관리를 더 이상 관리 직원의 업무로만 한정하지 않고 주민 스스로 범죄 없는 안전한 환경을 만들기 위해 노력하는 활동을 찾아볼 수 있다. 자율방범대 혹은 아버지방범대 등 다양한 이름으로 구성된 주민봉사대는 봉사조끼를 입고, 2~3명씩 조를 짜서 단지 내 곳곳을 돌아다닌다. 이러한 활동은 주민들에게도 긍정적인 효과를 주어 안전한 주택, 안전한 단지를 스스로 만들어 간다는 주민 참여 인식을 유도할 수 있다.

3 공동주택 관리비의 비밀

1) 관리비 항목과 내역

아파트 관리비는 법 규정에 그 항목이 정확히 나와 있다. 관리비는 총 10가지 항목인 일반관리비, 청소비, 경비비, 소독비, 승강기유지비, 지능형 홈네트워크 설비 유지비, 난방비, 급탕비, 수선유지비, 위탁관리수수료로 정해져 있다. 하지만 관리비고지서를 보면 이 10가지 항목에 포함되지 않는 항목도 찾아볼 수 있다. 장기수선충당금, 입주자대표회의 운영비, 선거관리위원회 운영경비, 보험료, 생활폐기물수수료 등이 바로 그것이다. 또한 주차장충당금, 전기안전관리비, 커뮤니티시설 운영비·이용료, 회계감사비 등 아파트 관리 특성에 따라 부과하는 비용이 포함되어 있다.

관리비 납부 의무자는 입주자(소유자 등)와 사용자(세입자)로 관련 법에서 정하고 있는데, 해당 주택에 거주하고 있는 거주자가 관리비와 사용료 등 관리 외 비용을 납부한다고 보면 된다. 다만 장기수선충당금은 소유자가 부담해야 하는 것으로, 세입자의 경우 퇴거 시 그동안 관리비고지서에 함께 부과되어 납부한 장기수선충당금을 소유자로부터 정산받을 수 있다.

관리비 중 가장 큰 비중을 차지하는 것은 일반관리비이다. 일반관리비에는 관리 직원의 인건비, 4대 보험료와 수당, 퇴직금, 복리후생비 등이 포함되며 관리업무 수행에 필요한 사무비용, 각종 공과금, 피복비, 교육훈련비도 포함되어 있다.

수선유지비의 경우, 단지 내 크고 작은 수선과 보수에 사용되는 비용을 말하며, 매월 발생하는 수선 정도에 따라 부과되는 금액이 달라진다. 예를 들어 화단의 일부가 망가져 직원들이 직접 필요 자재를 구입하여 보수하였다면, 여기에 들어간 자재비 등이 다음 달 수선유지비에 포함되어 부과되는 것이다.

수선유지비와 구분할 것은 장기수선충당금으로, 일상적인 수선이 아닌 공동주택 주요 시설의 장단기적인 수선·교체 등의 계획 하에 소요되는 비용을 예상하여 매월 적립해 두는 금액이다. 장기수선충당금은 매월 일정 금액이 부과된다.

관리비 외 비용

1. 장기수선충당금
2. 안전진단 실시비용
3. 각종 사용료 등
   - 전기료, 수도료, 가스사용료
   - 지역난방 방식인 공동주택의 난방비와 급탕비
   - 정화조오물수수료, 생활폐기물수수료
   - 공동주택단지 안의 건물전체를 대상으로 하는 보험료
   - 입주자대표회의 운영비, 선거관리위원회 운영경비

우리 집 관리비를 항목별로 구분하여 볼 수 있는 것이 관리비고지서이다. 관리비고지서는 지난달에 발생한 금액을 이번 달에 납부할 수 있도록 각 세대에 고지하는 서류인데, 그 양식은 매우 다양하다. 최근에는 공동주택의 에너지 절약 캠페인 차원에서 우리 집 에너지 소비 현황을 한눈에 비교할 수 있는 관리비고지서가 나왔다.

관리비 항목별로 상세한 부과 내역과 산출 근거를 확인하고 싶다면 관리비내역서를 확인해야 한다. 관리비내역서는 법정 관리비와 관리비 외 비용의 항목별로 자세한 산출 근거를 제시하는 자료로, 모든 세대에 배분하기보다는 1층 현관 로비나 게시판 등에 게시하여 관심 있는 주민이 열람할 수 있도록 하고 있다.

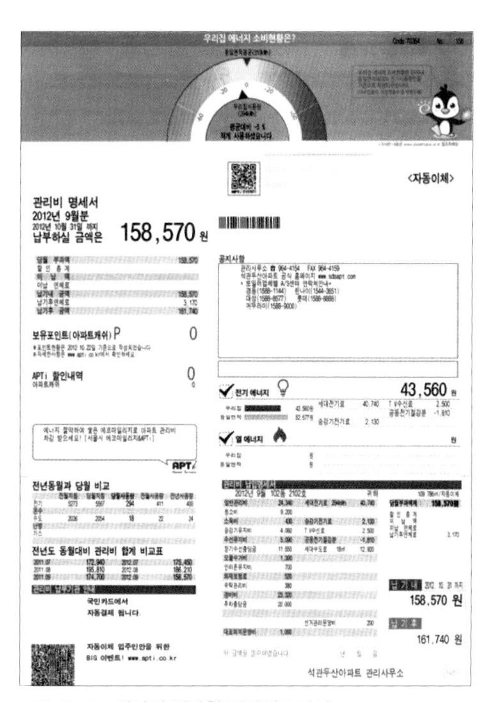
우리집 에너지 소비현황은?

<자동이체>

관리비 명세서
2012년 9월분
2012년 10월 31일 까지
납부하실 금액은 158,570 원

공지사항

보유포인트(아파트캐쉬) P 0

APTi 할인내역 0

전기 에너지 43,560 원

열 에너지 원

전년동월과 당월 비교

전년도 동월대비 관리비 합계 비교표

2011.07	172,940	2012.07	175,450
2011.08	195,810	2012.08	186,210
2011.09	174,700	2012.09	158,570

국민카드에서
자동결제 됩니다.

자동이체 입주민만을 위한
BIG 이벤트! www.apti.co.kr

2012년 9월 102동 2102호 귀하

158,570 원

161,740 원

석관두산아파트 관리사무소

그림 11-9 에너지 절약형 관리비고지서

2) 관리비와 관련된 문제

관리비 비리와 부적절한 집행 등을 기사로 해서 해마다 신문과 뉴스에서는 아파트 관리문제를 내보내고 있다. 이러한 이슈들은 주민들로 하여금 지불하고 있는 관리비에 대한 관심을 가지게 하는 데 기여하기도 한다. 하지만 이내 '문제가 많아'라고 넘길 뿐 주민들은 문제의 근원에 대해, 내가 내는 비용에 여전히 무관심하다. 조금만 관심을 갖는다면 내가 매월 내고 있는 관리비에 대한 상식을 얻을 수 있고 수많은 관리비 문제를 해결할 수 있다는 것을 아는 사람이 많지 않다.

사회적으로 관리비 비리, 부풀려진 관리비, 관리비 내리기 등 관리비에 대한 내용이 언론을 통해 보도되고 있지만, 그럼에도 내가 사는 아파트의 관리비를 다른 단지, 다른 지역과 비교해 보는 수고는 좀처럼 하기 힘들다. 그저 다른 아파트에 사는 지인이나 친척을 통해 나와 비슷한 면적의 집에서 내는 월 평균 관리비 액수를 듣고, 관리비가 많이 나왔는지 혹은 적게 나왔는지 단순 비교를 할 뿐이다.

하지만 다른 단지의 관리비와 단순하게 비교하는 것은 별로 의미가 없는 일이다. 왜냐하면 계단식인지 복도식인지, 직원 수가 몇 명인지, 시설·설비에는 어떤 것이 있는지 등 단지의 특성에 따라 관리비가 다르게 부과되기 때문이다. 또 나와 같은 아파트에 사는 동일 평형의 다른 집과도 관리비의 차이가 발생한다. 집집마다 사용하는 전기, 가스, 수도 등 사용료가 관리비고지서에 부과되기 때문이다. 따라서 우리 집의 관리비가 많이 나오는지 궁금하다면, 관리비고지서에 있는 각종 관리비 항목에 대한 이해와 정확한 비교기준이 필요하다.

관리비의 거품을 빼기 위해서는 주민의 관심이 가장 중요하다. 관리비 부과에 대한 비리에 대응하기 위해 정부에서는 일정 규모 이상의 공동주택의 경우 공인회계사에 의한 회계감사를 의무적으로 받도록 제도화하였다. 하지만 단순히 회계 서류가 아니라 공사·용역 등이 결정되고 집행되는 과정이 적절한지, 결제 과정과 전표 등 지출 서류에 문제가 없는지 등을 따져 볼 부분이 많다. 이러한 일련의 과정을 주민 스스로 조금만 관심을 갖고 체크한다면 관리비 거품을 빼고, 비리를 막을 수 있을 것이다.

3) 관리비의 투명한 집행과 공개

관리비 부과 내역에 대한 주민 공개 방식은 단지별로 조금씩 다르다. 별도의 책자로 매월 발행되는 관리비부과내역서가 있다면, 그 첫머리에 지난 달 입주자대표회의의 심의 의결 사항이 무엇이었는지 공고된 회의 결과를 찾아볼 수 있을 것이다. 모든 관리비 집행은 입주자대표회의의 결정에 따라 진행되기 때문에, 회의에서 어떤 공사를 할 것인지, 어떤 비용을 지출할 것인지 등에 대한 결정 사항을 눈여겨 보아야 한다.

자신의 관리비를 다른 단지와 비교하고 싶다면 정부에서 제공하는 관리비 비교 사이트를 이용하면 된다. 국토교통부에서 운영하는 '공동주택관리정보시스템(k-apt)'에서는 우리 아파트의 관리비 부과 내역을 모두 볼 수 있을 뿐 아니라, 우리 단지와 유사한 다른 단지의 관리비를 비교해 볼 수 있고, 지역별 혹은 전국의 관리비 항목별 평균을 확인할 수 있다. 타 단지와 관리비 비교 시 주의할 점은 단지별로 특성이 다르므로 관리비 항목별 단가를 단순 비교하는 것은 바람직하지 않다는 것이다. 건축경과연수, 세대수, 직원 수, 난방방식(중앙난방, 개별난방 등), 복도식·계단식 등 단지의 특성을 고려해서 비교해야 한다.

공동주택관리정보시스템을 활용해 우리 단지와 유사한 단지의 관리비를 비교해 보자. 이 시스템의 첫 화면 중 가장 첫머리에는 "우리 아파트 관리비 적정한지 궁금하세

그림 11-10 공동주택관리정보시스템 홈페이지

요?"라는 문구가 눈에 띈다. 클릭해서 들어가면, 우리 단지 관리비를 확인할 수 있는데, 단지 주소와 아파트명을 넣으면 내가 사는 단지를 선택할 수 있다. 가장 최근에 낸 관리비를 비교하고 싶다면 발생 월 기준에서 연도와 월을 선택하면 지난달 부과된 관리비를 항목별로 확인할 수 있다. 우리 단지에 대한 정보만 볼 수 있는 것이 아니라 시·군·구 평균, 시·도 평균, 전국 평균을 같이 볼 수 있으며 그래프를 통해 우리 단지의 평균과 비교할 수도 있다.

K-apt에서는 관리비 상세 항목을 2015년부터 대폭 늘려 자세한 정보를 제공하려고 했지만, 각 단가의 많고 적음을 모두 설명해 주지는 못했다. 이는 서울시 공동주택통합정보마당에서도 마찬가지이다. 단지별로 관리의 차이가 나기 때문에 그 이유를 이 사이트에서 모두 설명하기는 어렵다. 그렇다면 이러한 궁금증을 어떻게 해소할 수 있을까?

정부에서는 항목별 차이에 대해서 주민들이 관심을 갖고 그 이유에 대해 관리사무소나 동대표에게 왜 그런지 질문하고 답을 찾기를 기대할 것이다. 사실 그 이유는 관리사무소가 가장 잘 알 것이며 의문에 대한 답을 설명해 줄 수 있을 것이다. 주민 입장에서 모든 단지의 정보가 공개되어 있다는 점과 찾기만 한다면 전국의 어떤 단지와도 비교가 가능하다는 점이 이 관리비 공개 사이트의 장점이다. 이제 주민이 관심만 갖는다면 관리비와 관련된 비교적 상세한 정보까지 얻을 수 있는 환경이 조성되어 있다.

4) 착한 관리비 내리기, 나쁜 관리비 내리기

계속되는 물가 상승과 서민 경제 부담으로 인해 아파트 관리비의 지속적인 증가 추세는 거주자의 부담이 되고 있다. 서울시 자료(2013)에 따르면, 서울의 아파트 관리비는 2년 사이에 평균 30%가량 증가(2009년 12만 9,000원, 2011년 16만 7,000원)한 것으로 보고되었다. 아파트 관리비가 가계 소비에서 차지하는 비중은 2009년 5.8%에서 2010년 6.3%, 2011년 6.6%에 이를 정도로 꾸준히 상승하였다. 일반관리비 등 공동관리비의 경우 변화율이 크지는 않지만 꾸준히 상승하는 추세이며, 세대별 사용료는 계절적 요인이나 전기 및 기름값 인상요인 등에 따라서 심하게 변동하면서 상승 중이다.

관리비 인상 부담은 관리비 비리와 불합리한 배분에 대한 사회적 관심과 에너지 절약에 대한 범국민적 운동과 맞물려 관리비 절감, 관리비 거품 빼기 등을 목표로 한 시민운동으로 이어졌다.

하지만 이러한 무차별적인 관리비 절감 운동은 관리비는 무조건 줄이는 것이 좋다는 잘못된 인식을 유도할 수 있으며, 관리비를 줄이기 위해서는 비용 대비 효과에 대한 고민 없이 가장 손쉽게 줄일 수 있는 방법을 먼저 적용하는 문제를 발생시키기도 한다. 관리비 중 일반관리비나 수선유지비 같은 공용관리비 경우, 가장 많은 금액을 차지하는 것이 관리 직원들의 인건비 등이 포함된 일반관리비이다. 다음은 최저임금제 적용으로 인해 꾸준히 상승하고 있는 경비비로, 이 비용 역시 인건비와 관련된 항목으로 볼 수 있다. 수도권 한 단지의 동별대표자 선거에서는 동별대표자 후보의 선거 공약 사항 중 하나로 인건비를 낮추어 관리비를 내리겠다는 주장이 내걸리기도 했다. 관리직원 수를 줄이거나 임금을 몇 년씩 동결하는 방법으로 비용을 절감하기도 하고 최저임금 적용을 받는 경비비를 낮춘다는 이유로 경비원의 휴게시간을 비정상적으로 늘리는 방법 등이 사용되었다.

하지만 다른 불합리한 비용 발생 구조를 그냥 둔 채, 직원들의 인건비를 낮추는 것은 바람직한 방법이 아니다. 직원에 대한 처우가 나빠지면 그만큼 관리서비스의 질도 기대하기 어렵다. 특히 소소한 수선과 관리, 보이지 않는 부분의 관리 업무에 대한 직원들의 자발적인 업무 수행을 기대하기 어려우며, 단지에 대한 충성도와 소속감이 떨어지는 것은 당연한 결과이다. 경비원의 휴게시간을 늘려 임금 인상에 대응하려는 것 역시 주민 입장에서는 경비원이 없는 동안 관리서비스를 받을 수 없는 시간이 늘어남으로써 불편함을 감수해야 하는 일이 된다. 서비스를 포기하면서 관리비를 내리는 것은 바람직한 관리비 절감이 아니다.

최근 서울의 한 아파트단지에서는 합리적인 관리비 절감, 상생하는 관리비 절감을 실천하고 있다. 우선 이 단지의 입주자대표회의에서는 관리비 등의 항목별 발생 금액이 차지하는 비율을 분석하였다. 주민들에게 부과되는 관리비고지서에 기재된 공용관리비와 세대별 사용료 전체 금액을 분석한 결과, 세대 사용료인 전기료와 도시가스료, 수도료가 차지하는 비율이 전체 관리비의 66.9%를 차지하는 것으로 나타났다. 이러한 수치는 정부에서 밝힌 세대별 사용료가 차지하는 비율인 50%보다 훨씬 높았다.

관리비 절감은 각 세대의 참여 없이는 한계가 있다. 공용부분에 드는 비용의 경우, 각종 용역이나 공사, 공산품 구입 등에 거품을 없애고 투명하게 집행하며, 시설 투자 등을 통해 통상적으로 발생하는 에너지의 비용을 줄이려는 노력이 필요하다. 하지만 이러한 노력은 절반의 노력에 그치는 것으로, 나머지 절반은 각 세대가 동참해야 총체적인 관리비 절감의 효과를 얻을 수 있다.

사례 단지에서는 직원들의 임금 동결이나 경비원의 인원 감축 및 휴게시간 연장 등의 방법이 아닌 다른 방법을 시도하였다. 공용관리비와 관련해서는 각종 공사 용역과 계약 시 여러 업체의 견적서를 비교하여 같은 시방서에 대한 최저가를 선택하는가 하면, 물품 구매 시 인터넷에서 동일 상품의 최저 금액을 파악하여 구매하는 방법을 택하였다. 또 낮 동안 불필요하게 낭비되는 지하주차장의 전기료를 줄이기 위해 형광등을 LED 등으로 교체하되, 향후 유지관리비를 고려하여 제품을 선택하고, 단지 특성에 맞게 동작감지센서를 이용하여 조도를 조절하는 방식을 택하기도 하였다.

이러한 입주자대표회의와 관리주체의 노력으로, 이후 8개월간의 공용전기료 절약 금액만으로도 지하주차장 LED설비 공사비 1억 4,000만 원을 모두 회수하였으며, 약 80%의 절전효과로 인해 2,000세대의 공동 전기료를 매년 약 1억 8,000만 원씩 절감할 수 있게 된 것이다. 물론 모든 단지가 LED로 교체 시 절감효과를 볼 수 있는 것은 아니다. 중요한 것은 각 단지의 특성에 맞는 절감 방안을 고려해야 한다는 점이다.

이와 동시에 관리 직원의 노력을 높이 산 입주자대표회의와 주민들은 임금 인상에 동의하였으며, 직원들이 처우 개선을 위해 노력하였고, 경비원 역시 인원 수를 줄이는 등의 방법을 적용하지 않았다. 절감할 수 있는 부분은 합리적으로 절감하면서, 일자리 나눔 차원에서 경비원의 고용 안정과 최저임금을 보장하고자 하는 노력 등이 진정한 관리비 내리기의 사례라고 할 수 있을 것이다.

5) 관리비 사각지대인 오피스텔

오피스텔에 사는 사람이라면 관리비고지서를 받고 깜짝 놀랐던 경험이 있을 것이다. 오피스텔에서는 관리비가 공과금을 포함해서 몇만 원에서 몇십만 원까지 천차만별로 부과되며, 난방을 하는 겨울철에는 관리비 부담이 더욱 커진다. 종일 밖에 있다가 짧은 시간 동안 잠을 자는 게 고작이더라도 공동으로 부과되는 관리비가 엄청난 경우가 비일비재하며 중대형 오피스텔의 경우에는 더욱 그러하다. 하지만 겨우 1~2년 정도 살고 나갈 집인 데다가 주인도 아니고 하니, 관리인을 찾아가 관리비가 왜 이리 많이 나오느냐고 따지는 것도 쉽지 않다.

오피스텔 관리와 관련된 규정은 「집합건물 소유 및 관리에 관한 법률」과 동 시행령에서 찾아볼 수 있다. 오피스텔은 구분 소유자 전원을 구성원으로 하여 관리에 관한 사업의 시행을 목적으로 하는 관리단을 설립하도록 하고 있다. 구분 소유자가 10인 이상일 때는 관리단을 대표하고 관리단의 사무를 집행할 관리인을 선임해야 하는데, 이 관리인이 공용부분을 관리하고, 사무 집행을 위한 분담 금액과 비용을 각 구분 소유자에게 청구·수령하는 행위 및 그 금원을 관리하는 행위 등을 할 권한과 의무가 있다. 관리인은 매년 1회 이상 구분 소유자에게 사무에 관한 보고를 해야 한다.

관련 법 규정을 볼 때, 매월 부과되는 관리비 등에 대한 기준이나 상세 항목 등에 대한 내용은 제시되어 있지 않으며, 보고의무를 지키지 않았을 때는 100만 원 이하의 과태료를 부과한다고 되어 있어 그 처벌 수준 역시 약하다. 이러한 허술한 규정으로 오피스텔 관리비와 관련된 각종 민원과 소송이 지속적으로 발생하고 있다.

의무관리대상 공동주택*이 아닌 주택들도 관리비에 대한 기준이 법적으로 명확하게 정해진 바 없다. 따라서 건물주나 관리인이 마음대로 부과하더라도 누구 하나 이의를 제기하기 어려우며, 심지어 같은 평형의 아파트보다 2배 이상 많은 관리비를 내야 하는 사례도 발생하고 있다.

4 더불어 사는 삶

1) 아파트의 최고 권력자

아파트 관리비 등의 집행을 둘러싼 비리와 불합리한 처리가 언론 매체에 보도되면서, 이러한 부조리의 근원이 무엇이고 어떠한 대책이 필요한지에 관한 열띤 논의가 계속되고 있다. 아파트의 각종 용역과 공사는 많은 예산을 필요로 한다. 이러한 예산 집행의

---

* 의무관리대상 공동주택이란 150세대 이상 공동주택 중 해당 공동주택을 전문적으로 관리하는 자를 두고 자치 의결기구를 의무적으로 구성하여야 하는 등 일정한 의무가 부과되는 공동주택을 말한다(「공동주택관리법」 제2조 제1항 제2목). 즉 세부적으로는 300세대 이상의 공동주택, 150세대 이상으로 승강기가 설치된 공동주택, 150세대 이상으로 중앙집중식 난방방식(지역난방방식 포함의 공동주택, 「건축법」 제11조에 따른 건축 허가를 받아 주택 외의 시설과 주택을 동일 건축물로 건축한 건축물로 주택이 150세대 이상인 건축물을 말한다(「공동주책관리법 시행령」 제3조).

결정은 누가 하며, 그 집행 과정은 어떻게 이루어지는 것일까?

아파트는 의사 결정권을 가진 입주자대표회의*와 결정된 사항을 집행하는 관리주체** 로 나뉘어 업무를 집행하고 있다. 입주자대표회의는 세대 수에 비례하여 선출한 주민의 대표인 동별 대표자로 구성된다. 입주자대표회의는 의결권을 비롯해 관리주체에 대한 감독권과 주민을 대표하는 대표권 등을 가진다. 무엇보다 입주자대표회의는 주민의 대표로서 주민의 의견을 청취하고 수렴하여 주민 모두의 이익을 위해 봉사하는 봉사자의 역할이 중요하다.

관리비는 매월 입주자대표회의의 관리비 심의과정을 거쳐 부과된다. 결정된 관리비를 걷어서 업무를 집행하는 곳은 관리사무소이다. 관리비를 지출하기 위해서는 입주자대표회의 회장의 도장을 받아야 하기 때문에, 회장의 승인 없이는 관리비를 통장에서 마음대로 인출할 수 없다. 그렇다고 회장이 관리비를 마음대로 집행할 수 있는 것은 아니며 일정 금액 이상의 돈을 집행하려면 입주자대표회의의 의결이 필요하다. 하지만 회장은 입주자대표회의의 회의를 주관하고, 회장의 전결에 의해 집행할 수 있는 금액이 있으며, 중요한 관리업무에 대한 보고와 결재가 모두 회장을 거치게 되어 있다. 그만큼 회장의 역할은 다른 동별 대표자보다 중요하다.

한 방송에서 보여 준 아파트의 권력 구조에 대한 사례를 보면, 입주자대표회의의 권한이 과도하게 남용되는 경우가 보인다. 법적 권한은 아니지만 현실적으로 관리사무소장을 포함한 관리 직원, 경비원 등 관리 인력에 대해 위탁관리업체에 과도한 인사를 요구하는 경우도 있다. 관리사무소장이 자주 교체되는 아파트의 경우, 관리업무의 집중도와 연속성에 문제가 발생할 수 있다. 이와 반대로 관리주체가 입주자대표회의의 관리 전문지식이 부족하다는 점을 악용하는 사례도 있다. 불합리한 권력 구조는 결국 전체 주민의 무관심에서 비롯된다.

---

* 입주자대표회의는 4명 이상으로 구성하되, 동별 세대수에 비례하여 공동주택관리규약으로 정한 선거구에 따라 선출된 대표자로 구성한다. 동별 대표자는 선출공고일 현재 공동주택단지 안에서 주민등록을 마친 후 계속하여 6개월 이상(최초 구성의 경우는 제외) 거주하고 있는 입주자 중에서 선거구 입주자 등의 선거를 통해 선출한다.

** 관리주체는 관리방법(위탁관리, 자치관리)에 따라 조금 다르게 정의되는데 위탁관리의 경우, 주택관리업자(주택관리회사)가 관리주체가 되며 업체에서 각 아파트단지 관리사무소에 배치하는 관리사무소장이 관리주체 역할을 대리하여 업무를 집행한다. 자치관리의 경우, 자치관리기구의 대표자인 공동주택의 관리사무소장이 자치관리기구의 대표자가 된다. 그 밖에 관리 업무를 인계하기 전의 사업주체와 임대사업자도 관리주체가 된다(「공동주택관리법」 제2조 제1항 제10목 참조).

그림 11-11 **주민공청회를 통한 주민 의견 수렴**
사진 제공 : 은난순(2013).

아파트에서 이루어지는 모든 관리 업무는 전체 주민의 주거 생활의 질을 향상시키고 쾌적한 주거환경을 제공하는 것이 목적이다. 입주자대표회의를 구성하는 것은 주민을 대신해 합리적인 의사 결정을 하도록 하기 위해서이며, 관리주체를 두는 것 역시 전문적인 관리서비스를 받기 위해서이다. 하지만 주민이 그들의 대표 선출을 소홀히 하고 주민 의견을 잘 수렴하고 있는지 관심을 갖지 않는다면 투명하고 질 좋은 서비스를 기대하기 어렵다. 결국 주민이 주인의식을 갖고 아파트의 최고 권력자로서 권리를 행사해야 관리와 관련된 비리와 불협화음을 해결할 수 있다.

한 단지에서는 주민위원회를 구성하고 주민공청회를 마련하여 직접적인 주민 의견을 수렴하려는 시도를 하였다. 단지 내 어린이집 운영자 선정에 관한 사항을 두고, 국공립 어린이집으로 전환할 것인지 아니면 현 방식대로 민간 운영자에게 위탁하는 방식으로 할 것인지에 대한 사안이었다. 중앙광장에 마련된 주민공청회에서는 자발적으로 참여한 주민위원회와 관심 있는 주민이 열띤 토론을 하였으며, 충분한 의견 개진 후 찬반 의결권을 가진 주민의 공개 투표로 사안을 결정하였다. 이러한 과정을 거쳐 결정된 사항은 더 이상의 이견 없이 주민의 의사대로 원활히 진행되었다. 이러한 시도는 해당 단지에서도 처음 있는 일이었으며, 이를 지켜 본 주민들은 주민 참여가 무엇인지, 의견이 분분한 사안에는 어떻게 대응해야 하는지, 입주자대표회의의 바람직한 역할은 무엇인지 등을 생각해 볼 수 있었다.

아파트의 공동생활과 관리에 대한 주민 관심과 참여를 유도하기 위한 방안들이 다양한 측면에서 시도되고 있다. 관련 법에서는 주민의 참여를 유도하기 위해 관련 규정을 마련하기도 하였으며, 시민단체와 지자체를 중심으로 살기 좋은 아파트 마을 만들기, 공동체 활성화 운동 등이 시도되고 있다.

2) 스마트폰으로 행사하는 권리

입주자대표회의의 중요성을 부각시키고, 주민 참여를 유도하기 위한 방법의 하나로 주민 직접 선거를 통해 동별 대표자 선출을 하고 있다.* 동별 대표자를 선거로 선출하도록 한 2010년 이전에는 세대별로 경비나 통반장 등이 동의서를 들고 다니며 주민 사인을 받아 대표자를 선출하였다. 이 과정에서 주민들은 동별 대표자에 대한 인적 사항이나 공약 사항, 소신 등에 대한 정보를 제대로 인지하지 못한 채 단일 후보로 나온 후보자에 선택의 여지 없이 동의함으로써 그들의 대표를 선출하였다.

그 때문에 주민 대표의 중요성에 대한 공감대가 형성될 수 없었으며, 뽑는 사람의 책임도 뽑히는 사람의 책임도 크게 부각되지 않았다. 또한 절차상의 하자가 발생함으로써 동별 대표자 선출 시점부터 주민 간 갈등이 발생하는 경우도 비일비재하였다. 이러한 문제를 해결하고자 법 규정을 통해 선거관리위원회를 구성하여 선거 규정에 따라 절차와 형식을 갖추어 주민이 직접 투표하도록 하는 방식으로 변경하였다. 하지만 입주자대표회의의 중요성에 대해 주민들은 여전히 체감하지 못하며, 선거를 통해 공동체의 일원으로서 중요한 권리를 행사하는 것을 간과하는 분위기가 이어졌다.

사례 조사에 의하면 주민 선거 참여를 높이고자 축제처럼 선거를 준비하는 단지가 있었다. 게시판과 엘리베이터에 후보자의 사진과 약력, 공약 사항 등을 크게 붙이고, 선거 참여를 독려하는 홍보물과 방송을 지속적으로 내보내는가 하면, 선거에 참여하는 주민들에게 소정의 기념품을 제공하는 등 다양한 방법이 시도되었다. 하지만 여전히 많은 단지에서는 형식적인 절차로 선거를 진행하며, 주민 참여를 높이는 방안 강구를 소

---

* 동별 대표자는 입주자 중에서 선거구 입주자등이 보통·평등·직접·비밀 선거를 통해 선출하도록 하고 있다. 또한 500세대 이상의 공동주택의 경우, 입주자대표회의의 임원 중 회장, 감사를 전체 입주자등의 보통·평등·직접·비밀 선거를 통해 선출하도록 하고 있다.

홀히 하고 있다. 또 선거과정에서 일어나는 부정 행위와 불합리한 절차로 인해 여전히 민원과 분쟁이 계속되고 있다.

주민 참여를 높이고 선거 비용을 줄이며, 선거과정에서 발생하는 문제점 등을 해결하고자 하는 새로운 선거방법이 제시되었다. 「공동주택관리법」 제22조에 의하면, 전자적 방법을 통한 입주자 등*의 의사 결정에 대해 규정하고 있다. 즉 입주자와 사용자는 인터넷이나 스마트폰 등을 이용해 동별 대표자와 입주자대표회의 임원을 선출할 수 있으며, 공동주택의 관리 방법을 결정·변경, 공동주택관리규약의 제정·개정할 수 있고 기타 공동주택의 관리와 관련된 의사를 결정할 수 있게 되었다.

온라인 투표**는 스마트폰에 익숙한 젊은 주민들을 투표에 손쉽게 참여할 수 있도록 유도함으로써 주민 참여율을 높이고, 궁극적으로 관리와 관련된 여러 가지 문제점과 비리를 견제하고자 하는 목적으로 시행된다. 주민 입장에서는 바쁜 시간을 쪼개어 투표 장소에 갈 필요가 없으며, 다양한 의사 결정과정에 참여할 수 있고, 비용적인 측면에서도 세대 평균 4,000~5,000원 정도 소요되던 비용을 약 1/10 정도로 낮출 수 있어 관리비 절감효과도 기대된다. 실제 온라인 투표를 실시한 한 단지에서는 14명의 동별 대표자를 선출하는 투표에서 자발적 참여에 의해 50%가 넘는 투표율이 나타나기도 하였다.

모든 정보가 인터넷으로 공유되는 현대사회의 장점을 활용해, 많은 주민이 아파트의 관리 정보를 공유하고, 자신의 권리를 쉽게 행사할 수 있도록 유도하는 것은 바람직한 관리 문화의 정착을 위한 중요한 시도라 할 수 있다.

3) 공동생활에 관한 규정과 층간소음 문제

단독주택과는 달리 공동주택은 공동생활로 인한 이웃 간의 민원과 분쟁이 자주 발생한다. 또한 공유공간과 시설·설비 등을 관리해야 하고, 관리비 중 공동의 비용 부담

---

* 「공동주택관리법」 제2조는 '입주자'란 주택을 공급받는 자, 주택의 소유자와 그 소유자를 대리하는 배우자 및 직계존비속으로 정의하고 있으며, '사용자'란 주택을 임차하여 사용하는 자 등으로 정의하고 있다. 또 입주자와 사용자를 합쳐 '입주자 등'으로 명명하고 있다.

** 온라인투표 사이트(www.kvotion.go.kr)에서 관련 정보를 제공하고 있다.

그림 11-12 **층간소음관리위원회의 이웃 만들기 캠페인**

사진 제공 : 한국주거문화연구소(2014).

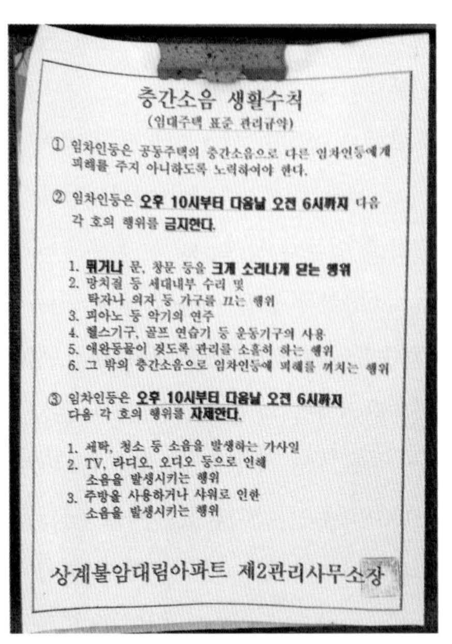

층간소음 생활수칙

(임대주택 표준 관리규약)

① 임차인등은 공동주택의 층간소음으로 다른 임차인등에게 피해를 주지 아니하도록 노력하여야 한다.

② 임차인등은 **오후 10시부터 다음날 오전 6시까지** 다음 각 호의 행위를 **금지한다.**

1. **뛰거나** 문, 창문 등을 **크게 소리나게 닫는 행위**
2. 망치질 등 세대내부 수리 및 탁자나 의자 등 가구를 끄는 행위
3. 피아노 등 악기의 연주
4. 헬스기구, 골프 연습기 등 운동기구의 사용
5. 애완동물이 짖도록 관리를 소홀히 하는 행위
6. 그 밖의 층간소음으로 임차인등에 피해를 끼치는 행위

③ 임차인등은 **오후 10시부터 다음날 오전 6시까지** 다음 각 호의 행위를 **자제한다.**

1. 세탁, 청소 등 소음을 발생하는 가사일
2. TV, 라디오, 오디오 등으로 인해 소음을 발생시키는 행위
3. 주방을 사용하거나 샤워로 인한 소음을 발생시키는 행위

상계불암대림아파트 제2관리사무소장

그림 11-13 **층간소음 생활수칙 공고문**

사진 제공 : 은난순(2016. 6).

분이 발생하기 때문에 공평한 분배와 처리를 해야 한다. 이러한 공동생활과 관리를 원활하게 하기 위해 각 아파트에서는 주민 동의과정을 거쳐 공동주택관리규약을 만들고 이를 근거로 관리를 한다. 시·도지사는 공동주택관리규약의 준칙을 정하여 관할 단지에서 관리규약 제정·개정 시 이를 참고하도록 한다.

공동주택관리규약 준칙에 포함되어야 할 내용으로는 입주자 등의 권리 및 의무, 입주자대표회의의 구성·운영 등, 관리비 등의 세대별 부담액 산정방법 등 관리비 등을 납부하지 아니한 자에 대한 조치, 관리규약을 위반한 자 및 공동생활의 질서를 문란하게 한 자에 대한 조치, 공동주택의 층간소음에 관한 사항 등이 있다.

공동생활로 인한 이웃 간 분쟁 중 가장 심각한 것은 층간소음이다. 층간소음의 종류로는 벽이나 바닥을 통해 전달되는 고체 전달음과 공기로 전달되는 가벼운 층간소음이 있다. 고체 전달음은 경량충격음과 중량충격음으로 나눌 수 있는데, 주민 간 분쟁의 원인이 되는 소음인 중량충격음은 아이들이 뛰는 소리나 발자국 소리 등으로 잔향이 많이 남아 불쾌감을 많이 불러일으킨다.

층간소음의 원인은 근본적으로 건물의 구조적인 문제 때문에 발생한다. 아랫집·윗집

이 공유하는 바닥의 두께가 얇고 건축 시 소음방지재를 사용하도록 규제하지 않았기 때문에 발소리 등 생활소음으로 인한 층간소음이 발생하고 있는 것이다. 예전에 지어진 아파트의 경우 아파트 층고가 대개 2.6m로 최근 지어지는 아파트의 2.9m에 비해 낮으며, 스프링클러가 의무적으로 설치하지 않아도 되는 층의 경우, 그만큼 층고가 낮아 소음을 완충할 공기층이 확보되지 않아서 층간소음에 더욱 취약할 수 밖에 없다. 이미 지어진 아파트의 경우, 층간소음에 취약한 구조적인 문제를 해결하기에는 한계가 있다.

이웃 간의 층간소음 문제를 중재하고 원만한 조정이 이루어지도록 하기 위해, 정부에서는 층간소음을 방지하기 위한 규정*을 두는가 하면, 아파트 '층간소음 이웃사이센터'**를 운영하기도 하고, 각 아파트단지에 층간소음중재위원회 등 주민위원회를 구성하도록 하고 있다. 또한 아파트단지에서는 공동체 활성화를 통한 이웃 만들기를 통해 서로 이해하고 배려하는 마음을 형성하고자 노력하고 있다. 주민 간 인사를 통해 마음의 문 열기를 시도하는가 하면, 어떤 단지에서는 어린이들이 좋아하는 캐릭터를 이용해 "집에서 뛰면 아랫집에서 힘들어 하니 조심하자"라는 내용의 편지를 보내고 엘리베이터에 게시하는 교육·홍보적인 방법을 도입하기도 하였다.

층간소음 문제는 구조적인 문제뿐 아니라 당사자 간 심리적인 문제와도 관계가 있다. 아랫집·윗집 간의 말 한마디에 이웃이 되거나 원수가 되거나 하기 때문에, 층간소음에 대한 명확한 기준과 홍보가 적극적으로 이루어져야 하며 이웃관계 형성과 소통을 통해 일상생활에서 서로 배려하려는 노력이 시도되어야 한다.

4) 소셜믹스의 허와 실

종종 같은 아파트단지임에도 임대 동에 산다는 이유만으로 노골적으로 차별하는 경우가 있다. 아파트단지 내 길이 흉물스런 철망으로 가로막혀 있으며, 옆 동으로 통하는 문도 굳게 닫혀 있다. 전체 49개 동의 아파트단지 가운데 맨 끝에 있는 임대 동인 5동에서 분양 동으로 통하는 길이 막힌 것이다. 임대 동 주민들은 가까운 길을 멀리 돌아갈 수밖에 없다. 누군가에게는 별일이 아닐 수 있지만 아이들까지 상처를 받고 있다

* 「공동주택관리법」 제20조(층간소음의 방지 등)

** 국가소음정보시스템(http://www.noiseinfo.or.kr)에서 운영 중이다.

(KBS 뉴스, 2015. 1. 2).

혼합주택단지는 분양주택과 임대주택이 한 단지 내에 공존하는 단지로 2005년 「도시 및 주거환경정비법」 개정으로 재개발·재건축 시 임대주택을 단지 내에 건설토록 강제 규정을 마련함으로써 2009년부터 혼합주택단지가 대규모로 공급되기 시작했다.

서울시는 임대 10만호 건설을 추진하며 임대와 분양을 섞는 소셜믹스(social mix)를 도입하였고, 서울시 내 임대와 분양 혼합 단지는 전체 공공주택의 52%에 이를 정도로 많이 공급되었다(2014년 기준). 그런데 정책 당국의 당초 도입 목적과 달리 공공임대주택 입주민은 위화감과 소통 부재 등을 경험하고 있다며 소셜믹스에 부정적 견해를 나타내는 것으로 나타났다. 사회·경제적 수준이 조금 다르다는 이유로 이웃 간에 어울려 사는 것을 거부하고 경계를 나누는 행태는 더불어 사는 삶에 대한 한계를 보여 준다. 계층 격차를 해소하려는 의도는 좋지만 주민 통합을 위한 프로그램이 부족한 데다 분양주택 위주의 관리 체계가 갈등을 유발한다는 분석이다.

분양아파트 경우 「공동주택관리법」 등을 근거로 관리를 하도록 하고 있으며, 임대아파트는 「공공주택 특별법」과 「민간임대주택에 관한 특별법」의 적용을 받아 관리를 한다. 다만 「공공주택 특별법」과 「민간임대주택에 관한 특별법」에 규정되지 않은 사항에 대해서는 「공동주택관리법」 등을 따른다. 이러다 보니 분양아파트의 입주자대표회의와 임대아파트의 임차인대표회의 간 의견 차이가 발생하게 되고, 심지어 임대아파트보다 분양아파트의 세대 수가 훨씬 작아도 분양아파트의 결정에 따라 관리를 해야 하는 경우도 발생하였다. 이러한 문제점을 개선하고자 「공동주택관리법」 제10조*에서는 혼합주택단지의 관리에 대한 규정을 두고, 입주자대표회의와 임대사업자의 권한과 역할을 정하고 있다. 임차인대표회의가 구성된 혼합주택단지에서는 임대사업자는 「민간임대주택에 관한 특별법」 제52조 제3항 각 호의 사항**을 임차인대표회의와 사전에 협의하도록

---

* 「공동주택관리법」 제10조(혼합주택단지의 관리) ① 입주자대표회의와 임대사업자는 혼합주택단지의 관리에 관한 사항을 공동으로 결정하여야 한다. 이 경우 임차인대표회의가 구성된 혼합주택단지에서는 임대사업자는 「민간임대주택에 관한 특별법」 제52조제3항 각 호의 사항을 임차인대표회의와 사전에 협의하여야 한다. 〈개정 2015. 8. 28.〉

② 제1항의 공동으로 결정할 관리에 관한 사항과 공동결정의 방법 및 절차 등에 필요한 사항은 대통령령으로 정한다.

** ③ 제1항에 따라 임차인대표회의가 구성된 경우에는 임대사업자는 다음 각 호의 사항에 관하여 협의하여야 한다.

1. 민간임대주택 관리규약의 제정 및 개정
2. 관리비
3. 민간임대주택의 공용부분·부대시설 및 복리시설의 유지·보수
4. 그 밖에 민간임대주택의 유지·보수·관리 등에 필요한 사항으로서 대통령령으로 정하는 사항

하고 있다.

하지만 이러한 법 규정에도 불구하고 분양아파트 주민들은 임대아파트 주민들과 여전히 물리적·심리적 경계를 두고 어울려 살기를 거부하고 있다. 혼합주택단지 내 분양주택 입주자대표회의는 "소유권이 침해받고 있다"고 주장하고, 임차인대표회의는 "아무런 권리 보장이 안 된다"고 주장하며 서로에게 불만을 표출하며 갈등하고 있다. 서울 시내 공공 임대주택 입주민 332명을 대상으로 설문조사를 실시한 결과, 응답자의 60%가 "임대주택끼리 사는 것이 좋다"고 답했다. 단지 내 소득, 연령, 배경 등 다른 계층과의 혼합으로 갈등을 경험해 본 적 있다는 답변도 28.4%(94명)나 됐다(아시아경제, 2013. 11. 28). 차이가 많이 나는 계층 간 혼합이 주민 간 소통 부재를 불러온다는 분석이다.

물론 혼합주택단지라 하더라도 분양과 임대 아파트가 조화롭게 운영되고 있는 곳도 있다. 아파트 관리 우수 단지로 선정된 중랑구 '신내 D 아파트'는 분양 단지와 임대 단지의 비율이 3대 7에 달한다. 이 아파트는 15개동 1,326세대로 분양주택이 27%, 임대주택(장기전세, 국민임대)은 73%로 구성되어 있다. 하지만 아파트 공통의 관리규약을 정해 주민 간 갈등을 최소화하였다. 이 단지 역시 입주 초기에는 주민 간 갈등과 분쟁이 심했다. 하지만 주민들은 공통의 관리규약을 제정하고 공동주택대표회의의 회장(분양), 부회장(임대)을 합의에 의해 각각 선출함으로써, 분양 위주의 주택관리에서 탈피해 각각의 의견을 공유하여 갈등을 최소화하고자 하였다. 주민 간 화합을 위한 노력의 일환으로 단지 내 유휴공간을 활용한 아파트단지 도서관 '책울터'를 만들어 소통공간으로 활용하고 있다. 주부들의 자발적인 참여와 재능기부로 도서관관리자를 주민 중에서 선정하고 도서관을 매개로 다양한 프로그램을 통해 아이들과 부모 커뮤니티가 활성화되었다. 그 밖에도 주민 탁구장 개설과 동아리회 구성, 가을맞이 주민잔치, 주민어울림 윷놀이 대회 등 다양한 프로그램을 통해 혼합주택단지 내 주민 간 교류를 넓히고 있다(은난순, 2015).

5) 주민주도형 커뮤니티의 활성화와 성과

경쟁과 개인주의적 삶이 유도된 현대 도시에서는 전통의 마을 공동체에서 볼 수 있었던 친밀한 이웃 관계와 상부상조의 협력이 사라지고, 이웃에 무슨 일이 일어나든 상관하지 않는 무관심이 팽배해졌다. 또 층간소음이나 나에게 피해를 주는 행위에 매우 민감하게 반응하기도 한다. 이러한 개인 이기주의는 이웃 사람이 홀로 죽음을 맞이하거나 나쁜 일을 당하더라도 나와 상관없는 일로 여기게 한다. 공동체의 와해로 개인의 소외감은 커져가고 사회적 관계망이 구축되지 않은 상황에서 누구도 지역사회에서 보호받기 어려워졌다. 이런 곳에서 마을 공동체를 만들 수 있을까?

> 전주 한 영구임대아파트에서 고독사 50대 남성, 한 달 만에 발견…
> 다세대주택 반지하방 독거노인 사망 20여 일 만에 발견…
> 복도식 아파트 현관문이 6일 동안 열려 있었지만 뒤늦게 발견된 남성…
> 대구 60대 독거노인, 사망 20일 만에 발견…

21세기 마을의 개념은 근대화 이전의 개념과 다르다. 사생활을 존중하면서도 서로의 관심사와 필요한 것을 나누는 선택적 공동체의 성격을 띤다. 마을의 종류도 다양하다. 아이를 함께 키우는 돌봄 공동체로 시작해서 대안학교를 만들고, 아이와 어른이 함께 할 수 있는 다양한 커뮤니티 활동을 하는 생애주기형 공동체, '원전 하나 줄이기'를 목표로 절전 운동과 에너지 축제 등을 벌이는 에너지 자립 공동체, 밀고 다시 짓는 재개발이 아니라 오래된 주거 지역을 고치고 단장해서 다시 쓰는 대안 개발 공동체, 콘크리트 숲인 아파트에서 함께 텃밭을 가꾸고 먹을거리를 나누는 아파트 공동체, 지역주민과의 관계망 형성을 통해 전통시장에 활기를 불어넣는 시장 공동체, 마을 공동체를 기반으로 먹고사는 방법을 고민하는 마을기업 등이 대표적이다(오마이뉴스 특별취재팀, 2013).

주민주도형이란 커뮤니티 사업과 관련된 요소, 즉 주민 공동체 만들기, 열린 아파트 만들기, 이웃과 소통하는 아파트 만들기 등 커뮤니티 사업과 관련하여 주민들이 주도적으로 추진하는 것을 의미한다. 커뮤니티 사업과 관련하여 그동안 정부나 지자체 주도형 사업에서 벗어나 사업을 정부나 다른 지역의 주체에 의존하지 않고, 주민 스스로 커뮤니티 활성화 사업을 추진하는 것이다. 주민주도형 커뮤니티 사업은 관 주도의 커뮤니티 사업과 비교했을 때, 자발적인 주민 참여와 재정 자립, 주민 요구를 적극 반영한 프로그램 운영 등이 특징이다(은난순, 2015).

현대사회에서 추구하는 아파트 커뮤니티는 거주자들이 아파트라는 주거지를 중심으로, 공유하고 있는 물리적 공간을 활용하여 공동생활에 대한 의식 개선과 주민 참여, 관리에 대한 공동의 의사 결정에 관심을 갖도록 유도함으로써 더불어 사는 이웃이라는 의식을 갖도록 하는 데 의의가 있다(은난순 외, 2014). 이러한 일련의 활동을 통해 민주적인 의사 결정과 투명한 관리를 유도하고 사회적 관계망을 형성함으로써 서로 소외되지 않고 행복한 삶을 영위할 수 있으며, 나아가 지역사회와도 소통하며 교류하는 것을 목표로 한다(천현숙 외, 2013). 일부 지자체에서는 마을 만들기 지원 조례를 만들고, 공동주택관리규약준칙을 통해 공동체 활성화 단체의 구성과 활동 지원 등을 규정하여 권

그림 11-14 다양한 커뮤니티 활동 프로그램
사진 제공 : 은난순(2011, 2013, 2014).

고함으로써 커뮤니티 활성화를 위한 지원과 기반 조성에 나서고 있다.

공동주택에 있어 커뮤니티 프로그램은 단지의 현실적인 문제를 해결하는 데 도움을 주고, 지속가능한 주거 발전에 활용된다. 커뮤니티 프로그램을 통하여 공동주택 단지 환경을 개선하고, 주민들의 건강·문화생활을 돕거나 사회봉사활동을 할 수 있으며 환경친화활동, 에너지절약활동 등을 유도함으로써 주민 간 공동체의식을 높이고 바람직한 공동생활 문화를 정착시키는 데 기여할 수 있다.

최근 공동주택 커뮤니티 프로그램의 종류로는 주민축제, 문화강좌, 건강강좌, 도서관 운영, 재능기부 프로그램, 공동육아, 녹색장터, 아나바다, 텃밭 가꾸기, 자원봉사활동, 관리비와 에너지 절감활동 등 다양한 형태가 있다. 공동주택 커뮤니티 프로그램을 분류하면 목표에 따라 주민화합 분야, 주거환경 개선 분야, 건강·운동 분야, 여가·취미·교양교육 분야, 사회봉사활동 분야, 친환경 활용·에너지 절약 분야 등으로 구분되며(은난순, 2015) 대상별로 차별화된 프로그램이 실시되고 있다.

공동체 활성화의 성과는 자신이 살고 있는 주거지와 지역사회, 그리고 이웃에 관심을 갖고 공유하는 삶의 의미를 조금씩 찾아가는 것이다. 프로그램에 참여함으로써 주민 스스로 살고 있는 단지와 지역사회의 문제점을 찾고, 개선하고자 하는 공동의 사안을 도출하게 된다. 이 과정에서 의사 결정자로서의 역할을 인식하고 단절된 이웃과의 관계를 회복하며, 지역사회의 일원으로서 소속감과 연대의식, 친밀감이 형성되어 궁극적으로는 주거 만족도가 높아지게 된다.

생각해 보기

1. 공동주택관리정보시스템 홈페이지(www.k-apt.go.kr)에 방문하여, 자기 집 인근 아파트의 관리비 부과수준을 확인해 보자.
2. 공동주택 층간소음을 줄이기 위한 사례를 찾아보자.
3. 집에서 손쉽게 실천할 수 있는 에너지 절약방법을 찾아보자.
4. 마을이나 아파트단지에서 시도되는 공동체 활성화 사례를 찾아보자.

1장

국토교통부(2013. 12. 30). 제2차 장기(2013~2022년) 주택종합계획 추진(보도자료).
국토교통부(2014). 2014년도 주거실태조사: 연구보고서. 세종: 국토교통부.
권혁삼(2014. 11. 29). 다양한 수요에 대응한 주택유형 다변화방안. 2014 국가건축정책 컨퍼런스 자료집. 서울: 국가건축정책위원회.
대한주택공사(2002). 주택40년. 성남: 대한주택공사.
박신영·백혜선·임정민·정소이·석해준(2011). 소득 3~4만불 시대의 주택수요특성과 주택공급방식. 대전: 한국토지주택공사 토지주택연구원.
백혜선·이영환·이수민·주재영(2014). 인구사회구조변화에 대응하는 신개념 임대주거 개발 방안 연구. 대전: 한국토지주택공사 토지주택연구원.
삼성뉴스룸(2010. 11. 14) 친환경 주택, 친환경 주거공간 그린 투모로우. http://news.samsung.com/kr/617
염철호·하지영(2011). 주거문화진단 및 주택정책 방향설정 연구. 안양: 건축도시공간연구소.
윤정숙·유옥순·박선희·김선중·박경옥(2011). 한국주거와 삶(개정판). 파주: 교문사.
이창무(2012. 11. 5). 주택시장 중장기 변화와 주택정책 방향 재정립. 주택산업연구원세미나 자료집.
이태훈·정임수(2013. 10. 12). 한국인에게 집이란 무엇인가. 동아일보. http://news.donga.com/3/all/20131012/58155663/1
주택산업연구원(2012. 11. 1). 한국·일본 비교를 통한 주택시장 전망. 주택시장 일본식 장기침체 가능성 없다(보도자료).
주택산업연구원(2012. 11. 6). 보도자료 권주안, 주택시장 변화와 주택산업 대응전략(보도자료).
최상희·김두환·김홍주·신우재(2013). 소규모 계획공동체 특성을 고려한 주거단지 계획방향 연구. 대전: 한국토지주택공사 토지주택연구원.
통계청(2010. 12. 30). 2010 가계금융조사 결과(보도자료). http://kostat.go.kr
통계청(2011. 12. 7). 장래인구 추계(2010~2060)(보도자료). http://kostat.go.kr

통계청(2011. 5. 31). 2010 인구주택총조사 전수집계결과 인구부문(보도자료). http://kostat.go.kr
통계청(2011. 7. 7). 2010 인구주택총조사 전수집계결과 가구·주택부문(보도자료). http://kostat.go.kr
통계청(2012. 3. 21). 인구·가구 주거와 주거 특성 변화(보도자료). http://kostat.go.kr
통계청(2012. 4. 26). 장래인구 추계(2010~2035)(보도자료). http://kostat.go.kr
통계청(2015. 3. 19). 2014 한국의 사회지표(보도자료). http://kostat.go.kr
한국경제(2015. 12. 4). 소득에 비해 부동산시세 높아, 주택 아파트담보 대출금리 비교 통해 이자 부담 줄여야. http://land.hankyung.com/news/app/newsview.php?aid=201512048499a

2장

류명(2014). 내 집 짓기 프로젝트. 경기 파주: 쌤앤파커스.
박지혜(2015). 전원주택 짓기 가이드북. 서울: 투데이북스.
유영주(1984). 신가족관계학. 서울: 교문사.
이경희·윤정숙·홍형옥(1993). 주거학개설. 서울: 문운당.
이웅희·홍순천(2007). 세상에서 가장 따뜻한 집 스트로베일하우스. 서울: 시골생활.

국토교통부 http://molit.go.kr
대법원인터넷등기소 http://www.iros.go.kr
온나라부동산포털 http://www.onnara.go.kr
은행연합회 http://www.kfb.or.kr
주택청약서비스 http://www.apt2you.com
토지이용규제서비스 http://luris.molit.go.kr
한국주택금융공사 http://www.hf.go.kr
한국토지주택공사 청약센터 http://myhome.lh.or.kr

3장

고용노동부(2015). 한눈에 보는 2015 장애인 통계. 세종: 고용노동부.
국토교통부(2014). 2014년도 주거실태조사: 연구보고서. 세종: 국토교통부.
국토해양부(2011a). 최저주거기준(국토해양부 고시 제2011-490호). 서울: 국토해양부.
국토해양부(2011b). 2011년도 주택업무편람. 서울: 국토해양부.
권지웅(2014). 청년주거실태 진단과 협동형 주거 모델: 민달팽이주택 사례를 중심으로. 2014년 LH_Housing 2차 세미나(청년, 사회초년계층의 희망주거) 자료집, 5-22.
권지웅·이은진(2013). 청년 주거빈곤 보고서. 제3회 주거복지컨퍼런스 자료집, 561-578.
권혁진(2015). 주거기본법 제정배경 및 정책 추진방향. 2015년 한국주거학회 추계학술발표대회

자료집, 1-14.
김옥연(2015). 인구사회구조 변화에 대응한 임대주택 공급 다변화. 2015년 한국주거학회 추계학술발표대회 자료집, 33-56.
보건복지부(2014a). 2014년도 노인실태조사(정책보고서 No. 2014-61). 세종: 보건복지부.
보건복지부(2014b). 2014년 장애인 실태조사. 세종: 보건복지부.
보건복지부(2015a). 2015년 기준 중위소득 및 급여별 선정기준과 최저보장수준 고시(보건복지부 고시 제2015-67호). 세종: 보건복지부.
보건복지부(2015b). 2016년 기준 중위소득 및 생계의료급여 선정기준과 최저보장수준 (보건복지부 고시 제2015-136호). 세종: 보건복지부.
보건복지부(2015c. 7. 1). 사각지대 해소를 위한 복지3법, 7월1일부터 시행(보도자료). 세종: 보건복지부.
보건복지부(2015d). 2015 노인복지시설 현황. 세종: 보건복지부.
보건복지부(2015e). 2015년 장애인 복지시설 일람표. 세종: 보건복지부.
주택관리공단(n.d). 업무 개요. http://www.kohom.co.kr/web/mainComm/HM003002001.do
통계청(2015). 2015 고령자 통계. 세종: 통계청.
하성규 외(2012). 한국 주거복지 정책: 과제와 전망. 서울: 박영사.
한국주거학회(2007). 주거복지론. 파주: 교문사.
Foundations: The National Body for Home Improvement Agency and Handy Person Services.(2013). *Handyperson services financial benefits toolkit: Full guidance 2013.* http://foundationsweb.s3.amazonaws.com/4133/hp-toolkit-full-guidance-2013.pdf
Office of the United Nations High Commissioner for Human Rights.(2009). *The right to adequate housing.* http://www.ohchr.org/Documents/Publications/FS21_rev_1_Housing_en.pdf

마이홈 포털 http://www.myhome.go.kr
행복주택 송파삼전지구 홈페이지 http://samjeon.happyhousing.kr

4장

김영국·하미경·이효창·변기동(2011). 공동주택범죄안전 환경디자인 가이드라인: 안전한 주거환경 조성을 위한 공동주택 환경디자인 계획기준 연구. 서울: SH공사.
김철주(2002). 단지계획. 서울: 기문당.
박진경(2013). 생활안전형 보행환경 정책 개선방안.
서울특별시(2013). 범죄예방환경설계(CPTED) 가이드라인(서울시 주거환경관리사업 연구보고서). 서울: 서울특별시.
신상영(2012). 생활안전을 위한 도시환경 개선전략(SDI 정책리포트 제108호). 서울:

서울시정개발연구원.
신상영(2013). 주민참여형 안전마을 만들기(정책리포트 제134호). 서울: 서울연구원.
신상영·김혜령(2010). 생활안전 관점에서 본 서울의 도시환경특성 연구(시정연 연구보고서 2010-PR-67). 서울: 서울시정개발연구원.
원종석(2011). 서울형 도시안전 가이드라인에 관한 연구: 재난관리를 중심으로(시정연 연구보고서 2011-PR-11). 서울: 서울시정개발연구원.

5장

강남구(2014. 11. 3). 강남구, '구룡마을 화재 이재민 조속한 이주대책 마련'호소(보도자료).
국토교통부(2013). 도시형생활주택 상담업무매뉴얼. 서울: 국토해양부.
국토교통부(2014). 재난·재해 대비 임시거주공간 시스템 개발 최종보고서. 세종: 국토교통부.
국토교통부(2016). 토지이용 용어사전. 세종: 국토교통부.
국토교통부·국토교통과학기술진흥원(2013). 이동과 재사용이 가능한 모듈러 건축기술개발 및 실증연구 기획보고서. 세종: 국토교통부.
권영민(2005). 신 건축계획. 서울: 기문당.
길빛나·김미경·문영아(2014). 국내 컨테이너 건축물의 계획특성 및 활용방안. 한국실내디자인학회논문집, 23(2), 201-209.
김동수·김경래·차희성·신동우(2013). 건물 유형별 사례분석을 통한 모듈러 공법 수요창출 방안 수립. 한국건설관리학회논문집, 14(5), 164-174.
김지원(2011). 경사지 테라스하우스의 거주성 개선을 위한 건축계획적 적용방안. 석사학위논문, 홍익대학교, 서울.
김형수·지장훈·김보람(2012). 공업화주택인정제도를 통한 모듈러주택의 개선방향 및 활성화 방안 연구, 한국주거학회 추계학술발표대회논문집, 24(2), 305-310.
대한건설정책연구원(2011). 전문건설업 발전을 위한 공업화건축 활성화 방안. 서울: 대한건설정책연구원.
문영아·김미경·박미정(2013). 주거용 단일유닛 모듈러의 활성화를 위한 국내외 사례연구. 대한건축학회논문집 계획계, 29(10), 65-73.
박용주(2014. 11. 26). 해상 컨테이너 활용해 서울에 대학생 기숙사 건립. 연합뉴스. http://www.yonhapnews.co.kr/bulletin/2014/11/26/0200000000AKR20141126056300002.HTML?input=1195m
박준석(2010). 컨테이너를 이용한 소규모주거건축계획에 관한 연구. 석사학위논문, 홍익대학교, 서울.
서울연구원(2015. 4. 22). 중고 화물컨테이너 411개로 조립한 기숙사단지 오픈(독일 베를린市)(보도자료).
심우갑·유해연·이상학·민치윤(2007). 국내 '타운하우스'의 계획방향 연구. 대한건축학회논문집 계획계, 23(10), 53-62.
염철호·여혜진(2013). 시설연계형 주택사업방식 활성화를 위한 제도 유연화 방안. 한국주거학회논문집, 24(6), 111-121.
유해연·박연정·윤중연(2012). 국내 컨테이너 하우징의 실태조사를 통한 개선방향연구: 수도권 지역의 12개 사례를 중심으로. 한국주거학회논문집, 23(6), 21-30.
윤자영(2006). 재해·재난민을 위한 임시주거로서의 모듈러 건축의 적용가능성에 관한 연구. 석사학위논문, 연세대학교, 서울.
이운기(2014). 친환경적 요소를 고려한 전원주택 실태분석에 관한 연구: 김포시 사례를 중심으로. 석사학위논문, 연세대학교, 서울.
이윤지(2012). 땅콩주택의 평면 유형 및 특성에 관한 연구. 석사학위논문, 서울대학교, 서울.
이정목·장옥연·김진솔(2014). 거주 후 평가를 통한 모듈러 주택에 대한 인식 및 만족도 연구. 한국주거학회논문집, 25(5), 63-71.
이종원·이호영·홍원화(2009). 고시원 평면유형별 소방환경 실태조사 및 화재안전성능 향상에 관한 연구. 대한건축학회논문집 계획계, 25(11), 365-372
이종찬·강윤도·김병선(2014). 해상컨테이너를 이용한 대학생기숙사 거주 활용 계획 연구-암스테르담 대학생기숙사 키트보넨 사례를 중심으로. 한국생태환경건축학회, 14(6), 59-65.
정미연(2009). 게르(ger)의 패브릭 이동주거적 특성을 적용한 임시구호주택에 관한 연구. 석사학위논문, 홍익대학교, 서울.
정소이 외(2012). 1인가구의 수요특성을 고려한 주택유형 개발 연구. 대전: 한국토지주택공사 토지주택연구원.
정효성(2005). Ebenezer Howard의 전원도시 특성에 관한 연구. 석사학위논문, 순천향대학교, 아산.
조민정(2011). 서울시 도시형생활주택 원룸형 주거의 계획특성 및 개선방안 연구. 한국실내디자인학회논문집, 20(2), 156-166.
최상희·정소이·김용태·정경석(2013). 도시형생활주택의 평가 및 발전방향 연구. 대전: 한국토지주택공사 토지주택연구원.
최영은(2011). 도시형 타운하우스 도입 방안. 대구: 대구경북연구원.
최지환(2010). 테라스하우스의 테라스공간에 대한 건축계획적 연구. 석사학위논문, 한양대학교, 서울.
포스코 A&C 기술연구소(2011). 유럽모듈러 업체 기술현황조사. 인천: 포스코 A&C 기술연구소.
해양수산부(1998). 컨테이너 편람 1998. 세종: 해양수산부.
Davies, C. (2005). *The prefabricated home.* London, UK: Reaktion Books.
Esnard, A. (2014). *Displaced by disaster: Recovery and resilience in a globalizing world.* Oxford, UK: Routledge.
Kramer, S. (2014). *The box: Architectural solutions with containers.* Salenstein,

Switzerland: Braun Publishing AG.
Middleton, C. (2012. 5. 3). *Container living: A home for under £50,000.* The Telegraph. http://www.telegraph.co.uk/finance/property/9243318/Container-living-a-home-for-under-50000.html
POSCO A&C. (2013). *Modular system.* Incheon, Republic of Korea: Posco A&C.
Siegal, J. (2008). *More mobile: Portable architecture for today* (1st ed.). New York, USA: Princeton Architectural Pr.
Slawik, H., Bergmann, J., Buchmeier, M., & Tinney, S. (2010). *Container atlas: A practical guide to container architecture* (2nd ed). Belin, Germany: Gestalten.
内閣府(防災担当)(2012). 東日本大震災における災害応急対策の主な課題. http://www.bousai.go.jp/jishin/syuto/taisaku_wg/5/pdf/3.pdf

국가법령정보센터 http://www.law.go.kr
부동산 114 리서치 센터 http://www.r114.com/z/news/research_intro.asp?only=0&m_=6&g_=9
해운시장 종합정보망 http://kminet.re.kr
Federal Emergency Management Agency(FEMA) http://www.fema.gov

6장

국토교통부·국토교통과학기술진흥원(2013). 한옥기술개발(2단계) 기획보고서.
김왕직·이강민(2011). 한옥의 특징과 신한옥의 미래. 한옥정책 브리프, 3, 1-8.
박경옥(2004). 전통마을과 주거단지. 주거학연구회, 안팎에서 본 주거문화. 서울: 교문사, 54-73.
박광재·김성우·박희영(2002). 한국전통주거의 계획개념을 응용한 공간구성기법에 관한 연구(주택도시연구원 연구보고서 연구-2002-46). 성남: 대한주택공사 주택도시연구원.
심경미(2012. 12. 28). 한옥밀집주거지 한옥분포 및 이용실태-서울, 안동, 목포를 중심으로. 2012 auri 국가한옥센터 제 4차 한옥포럼: 생활공간으로서의 한옥, 가치와 전망 한옥의 활용과 조성을 위한 정책과제는 무엇인가. 23-49.
심경미(2012. 4). 한옥지원조례 제정 현황 및 운영특성. 한옥정책 브리프, 7, 1-8.
심경미·서선영(2012). 최근 한옥입주자 특성 및 한옥 수요조사 연구. 안양: 건축도시공간연구소.
SH공사(2013. 11. 15). 15일 은평한옥마을 조성 신호탄 쏘아올린다(보도자료).
이강민·이민경·황준호(2012). 한옥활성화를 위한 신한옥 모델개발 연구(Ⅰ): 한옥 생활공간 리모델링 매뉴얼 개발. 안양: 건축도시공간연구소.
이헌진(2015. 10. 23). 아파트, 한옥을 향해 가다. 2015 제2차 한옥포럼: 한옥, 살아보기. 세종: 건축도시공간연구소 국가한옥센터, 22-35.
전봉희·이강민(2011). 한옥의 정의와 범위. 한옥정책 브리프, 2, 1-8.
허정연(2016. 2. 8). [전국 한옥마을은 지금] 뚝딱뚝딱 망치소리에 잡음도 새어 나와.

중앙시사매거진, 중앙일보. http://jmagazine.joins.com/economist/view/310049

가온건축 http://www.studio-gaon.com
경주 양동마을 http://www.yangdongvillage.com
국가한옥센터 http://www.hanokdb.kr/main/portal/main.do
서울한옥 http://hanok.seoul.go.kr/index.htm
안동 하회마을 http://www.hahoe.or.kr
전주시 문화관광 한옥마을 http://tour.jeonju.go.kr/index.9is?contentUid=9be517a74f72e96b014f8332a1e4145f

7장

고야베 이쿠코·주총연 컬렉티브하우징 연구위원회, 지비원 역(2013). 컬렉티브하우스-언제나 함께하고 언제든 혼자일 수 있는 집. 서울: 퍼블리싱 컴퍼니 클.
박경옥(2013. 12). 중산층을 위한 협동조합주택. 주거, 8(2), 5-12.
방경식(2011). 부동산용어사전. 서울: 부연사.
소통이 있어서 행복한 주택만들기(2011). 소통이 있어 행복한 주택-소행주 1호를 마무리 하며…(소책자). 서울: 소통이 있어서 행복한 주택만들기.
신병흔(2014). 일본 셰어하우스의 운영실태 분석: 다세대 간 공유 거주의 가능성: 일본의 다세대 셰어형 임대공동주택 '컬렉티브하우징' 사례분석('작은 연구 좋은 서울' 연구과제 보고서 2014-CR-09). 서울: 서울연구원.
염철호·여혜진(2012). 소규모 주택사업방식 다양화를 위한 주택관련제도 유연화방안 연구(AURI-기본-2012-9). 안양: 건축도시공간연구소.
우채련(2015). 중소기업 간 공유경제를 위한 비즈니스 모델. 석사학위논문. 동아대학교, 부산.
임효민(2016). 사회적기업의 지속가능발전을 위한 성공요인에 관한 연구-한국 구세군 內 사회적기업을 중심으로. 박사학위논문. 성결대학교, 안양.
정소이 외(2012). 1인가구의 수요특성을 고려한 주택유형 개발 연구. 대전: 한국토지주택공사 토지주택연구원.
서울특별시 주택정책실 주거환경과(2012. 12. 20). 서울시, 셰어하우스형 공공 임대주택 도봉구에 첫 선(보도자료).
国土交通省 住宅局(2012. 3). *民間賃貸住宅における共同居住形態に係る實態調査報告書*. 東京, 日本: 国土交通省.
久保田裕之(2009). *他人と暮らす若者たち*. 東京, 日本: 集英社.
シェアパーク(2013). *シェアハウスで暮らす シェア生活の良いところも悪いところもぜんぶ書きました*. 東京, 日本: 誠文堂新光社.

ひつじ不動産(2010). *東京シェア生活*. 東京, 日本: アスペクト.
日本住宅會議(2008). *若者たちに「住まい」を! 格差社會の住宅問題*. 東京, 日本: 岩波書店.

우주(WOOZOO) 홈페이지 http://www.woozoo.kr
통계청 http://www.kostat.go.kr
NPOコーポラティブハウス全国推進協議会 http://www.coopkyo.gr.jp/
NPOコレクティブハウジング社 http://www.chc.or.jp/
コレクティブハウスかんかん森ブログ http://blog.livedoor.jp/kankanmori
シェア住居白書 http://www.hituji-report.jp/index.html
ひつじ不動産 https://www.hituji.jp/
株式会社コレクティブハウス http://www.collectivehouse.co.jp/index.html

8장

닛케이 디자인·홍철순 저, 양성용 역(2007). 유니버설디자인 사례집 100. 서울: 미진사.
배은경(2008). 주거환경변화에 의한 스마트 홈에 관한 연구. 한국공간디자인학회논문집, 3(2). 44-59.
서울특별시 문화·체육·관광 디자인 http://sculture.seoul.go.kr
오영근(2001). 인체척도에 의한 실내공간계획. 서울: 도서출판 국제.
오혜경·홍형옥·홍이경·김도연·이소미(2012). 생활세계의 공간감성. 서울: 교문사.
우민지(2014. 10). 사물 인터넷의 미래, 향후 발전방향과 비전. 네이버 매거진 캐스트. http://navercast.naver.com/magazine_contents.nhn?rid=2864&contents_id=70167
이수진·권현주·이연숙·민병아(2007). Aging in Place를 지원해주는 유니버설디자인 욕실설비 및 제품 특성 분석연구. 대한건축학회논문집, 23(12), 125-134.
이연숙(2005). 유니버설디자인. 서울: 연세대학교출판부.
이유미·임미숙·김석경(2007). 인텔리전트아파트 시스템에 대한 수요자 그룹별 요구 분석. 한국주거학회지, 18(5), 33-43.
정용찬·김윤화(2014). 2014년 방송매체 이용행태조사 보고서. 서울: 방송통신위원회.
주거학연구회(2004). 안팎에서 본 주거문화. 서울: 교문사.
한국홈네트워크산업협회(2008). U-Life를 위한 지능형 홈네트워크. 서울: 진한엠비.

Kokuyo Co. Ltd. http://kokuyo.co.jp
San-Ei Faucet Mfg Co. Ltd. http://www.san-ei-web.co.jp
Sekisui House Ltd. http://www.sekisuihouse.com
ToTo Ltd. http://www.toto.com

9장

성기철(2006). 사무직 종사자가 일상생활에서 노출되는 VOCs 농도와 화학물질과민증 자각증상에 관한 연구. 석사학위논문, 연세대학교, 서울.

안옥희·최현숙·김년희·이인효(2013). 현대인과 생활환경. 서울: 신정.

윤정숙·최윤정(2014). 주거실내환경학(개정판). 파주: 교문사.

이노우에 마사오 저, 김현중·김수민·이영규 역(2004). 새집증후군의 방지와 대책. 서울: 기문당.

일본건축학회(2004). 새집증후군 대책의 바이블(김현중 역). 서울: 신진문화사.

장일현(2015. 10. 31). 위층 애들 뛰면 그 압력을 열로 바꿔 난방에… 층간소음 잡는 新기술 잇따라. 조선일보. http://premium.chosun.com/site/data/html_dir/2015/10/30/2015103002387.html?Dep0=twitter

최현석(2003). 내 몸의 생사병로 내가 먼저 챙겨보기. 서울: 에디터.

최희승(2006). 건강한 주거환경 계획을 위한 건강 관련 의식 및 행위에 관한 연구. 석사학위논문, 연세대학교, 서울.

환경부(2014. 4. 3). 골목길 가로등 빛공해 줄여 소중한 건강을 지켜요(보도자료). http://www.me.go.kr

ASHRAE(2005). *Handbook: Fundamentals.* Atlanta, USA: American Society of Heating, Refrigerating and Air Conditioning Engineers.

Brown, A. E.(1999). Multiple chemical sensitivity(MCS): An overview. *Presticide Information Leaflet,* 21, 1-4. http://pesticide.umd.edu/products/leaflet_series/leaflets/pil21.pdf.

Cullen, M. R.(1987). Workers with multiple chemical sensitivities. *Occupational medicine: State of the art reviews,* 2(4), 655-806.

국가표준인증종합정보센터 http://www.standard.go.kr

생활환경정보센터(환경부 국립과학연구원) https://iaqinfo.nier.go.kr

한국환경공단 http://www.keco.or.kr

환경부 http://www.me.go.kr

10장

김원 외(2009). 친환경 건축설계 가이드북(pp.74-75, 119-120, 192-204, 204-213). 서울: 도서출판 발언.

우자와 히로후미 저, 김준호 역(1997). 지구온난화를 생각한다(pp.17-19). 서울: 소화.

윤정숙·최윤정(2014). 주거실내환경학(개정판). 파주: 교문사.

최윤정·김수경·윤혜경·이윤희·임정아(2015). 실내환경. 파주: 교문사.

허범팔 외(2003). 뉴리빙스페이스. 서울: 기문당.

地球環境住居研究會(1994). *環境共生住宅-計劃·建築編-*. 小池印刷.

IEA(2014). Energy Technology Perspectives(p.90). http://www.iea.org
IPCC(2007). 4차 조사보고서. http://www.ipcc.ch
국토교통부 녹색건축포털 http://www.greentogether.go.kr
(사)한국패시브건축협회 http://www.phiko.kr
M.A 건축사사무소 ZeeHome 자료 http://www.zeehome.co.kr
한국무역협회 무역통계 http://stat.kita.net/main.screen
한국시설안전공단 그린리모델링 창조센터 http://www.greenremodeling.or.kr
한국에너지공단 신재생에너지센터 http://greenhome.energy.or.kr/ext/itr/intr/greenHomeIntro.do
Freie Universität Berlin http://www.fu-berlin.de/en/sites/nachhaltigkeit/index.html
Intertational Monetary Fund http://www.imf.org
Portland State University http://www.pdx.edu/planning-sustainability/greencampus
United Nations Environment Programme http://www.unep.org/newscentre/default.aspx?DocumentID=26851&ArticleID=35528

11장

국토교통부 주택건설공급과(2014. 10. 13). "국가, 아파트 유지보수 역할 담당해야" 보도관련(참고·해명자료). http://www.molit.go.kr
김건위(2013). 집단과 개인 목적이 조화를 이뤄야 마을성 회복, 일상생활에서 공공재로 자리매김할 때 가능. 주민자치, 20.
김슬기(2015. 3. 30). 분양받은 내 아파트, 손대면 천장 뚫려요. 초이스경제. http://www.choicenews.co.kr/news/articleList.html
서울특별시(2013. 2). 아파트 관리비 내리기 길라잡이.
오마이뉴스 특별취재팀(2013). 마을의 귀환. 서울: 오마이북.
은난순(2015). 주거복지와 커뮤니티. 권오정 외 10인. 주거복지총론. 서울: 주거복지교육지원단.
은난순·지은영·채혜원(2014). 도시형 아파트 마을공동체 활성화. 컨설팅보고서. 충남: 충청남도청.
이명진·채성진·권승준·오유교·김정환(2013. 5. 22). 댁의 아파트 관리비 새고 있진 않나요(11) 아파트 노후 방지 위한 적립금... 서울 아파트 단지 64%가 부당집행. 조선일보. http://srchdb1.chosun.com/pdf/i_service/pdf_ReadBody.jsp?Y=2013&M= 05&D=22&ID=2013052200158
인천시, 마을 주택관리·주거안정 서비스 지원(2015. 1. 12). 중부일보. http://news.joins.com/article/16916418
임대민들 "소셜믹스 싫다"(2013. 11. 28). 아시아경제. http://www.asiae.co.kr/news/view.htm

?idxno=2013112714315968093
천현숙·은난순·지은영·채혜원(2013). 공동주택 커뮤니티 활성화 지원과 평가 방안. 안양: 국토연구원.
'층간소음' 다투다 이웃 흉기로 살해(2010. 4. 28). 매일경제. http://news.mk.co.kr/newsRead.php?year=2010&no=218057
KBS(2015. 1. 2). '같은 아파트 내 임대 동' 노골적 차별에 큰 상처. 서울: KBS.
하성규 외(2014). 현대 공동주택관리론. 서울: 박영사.
한국 기대수명 80세(2010. 5. 10). 한국경제. http://www.hankyung.com/news/ app/newsview.php?aid=2010051024418&intype=1
홍형옥·은난순·유병선·김정인(2011). 주거관리. 서울: KNOU.

공동주택관리정보시스템 http://www.k-apt.go.kr
국가법령정보센터 http://www.law.go.kr

찾아보기

ㅁ

ABC

저자 소개

박경옥 충북대학교 주거환경학과 교수

김미경 충북대학교 주거환경학과 교수

박지민 (주)플랜잇 이사, 충북대학교 주거환경학과 겸임교수

신수영 미래공간문화연구소 전문연구위원

유호정 특허청 디자인심사정책과 심사관, 전 충북대학교 주거환경학과 겸임교수

은난순 한국주거문화연구소 연구위원, 가톨릭대학교 소비자주거학전공 겸임교수

이상운 충북대학교 주거환경학과 강사, 전 상지대학교 생활과학산업학과 교수

이현정 충북대학교 주거환경학과 교수

최유림 연세대학교 실내건축학과 연구교수

최윤정 충북대학교 주거환경학과 교수

사회 속의 **주거**
주거 속의 **사회**

2016년 9월 2일 초판 발행 | 2020년 3월 27일 2쇄 발행

지은이 박경옥 외 | **펴낸이** 류원식 | **펴낸곳** **교문사**

편집부장 모은영 | **책임진행** 이정화 | **본문디자인** 김재은 | **표지디자인** 김경아 | **본문편집** 우은영
제작 김선형 | **영업** 정용섭·송기윤·진경민 | **출력·인쇄** 동화인쇄 | **제본** 한진제본

주소 (10881)경기도 파주시 문발로 116 | **전화** 031-955-6111 | **팩스** 031-955-0955
홈페이지 www.gyomoon.com | **E-mail** webmaster@gyomoon.com
등록 1960. 10. 28. 제406-2006-000035호
ISBN 978-89-363-1589-4(93590) | **값** 24,000원

* 저자와의 협의하에 인지를 생략합니다.
* 잘못된 책은 바꿔 드립니다.

불법복사는 지적 재산을 훔치는 범죄행위입니다.
저작권법 제125조의 2(권리의 침해죄)에 따라 위반자는 5년 이하의 징역 또는
5천만 원 이하의 벌금에 처하거나 이를 병과할 수 있습니다.